图版 1 同时见图 6-1

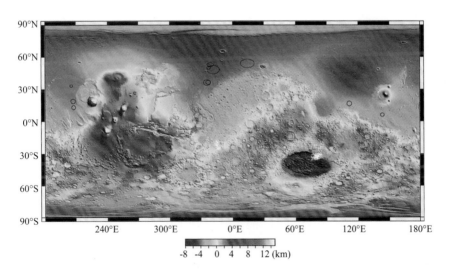

图版 2 同时见图 8-12

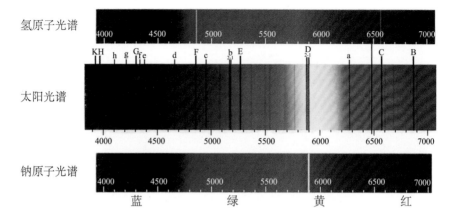

氢原子光谱

太阳光谱

钠原子光谱

蓝　　　　　绿　　　　　黄　　　　　红

图版 3　同时见图 2-3

图版 4　同时见图 5-0

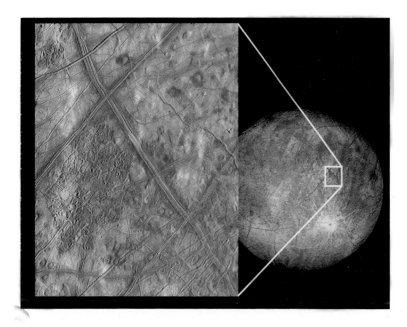

图版 5 同时见图 8-4

图版 6 同时见图 8-4

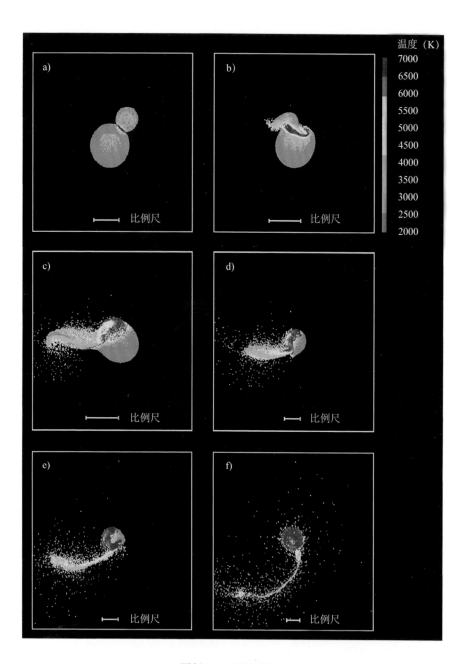

温度（K）
7000
6500
6000
5500
5000
4500
4000
3500
3000
2500
2000

a)
比例尺

b)
比例尺

c)
比例尺

d)
比例尺

e)
比例尺

f)
比例尺

图版 7 同时见图 8-7

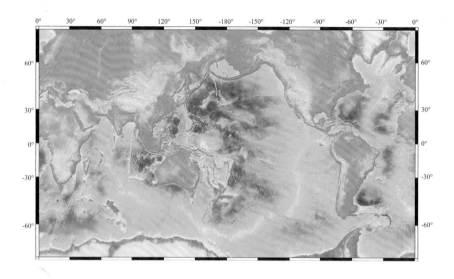

图版 8 同时见图 10-0

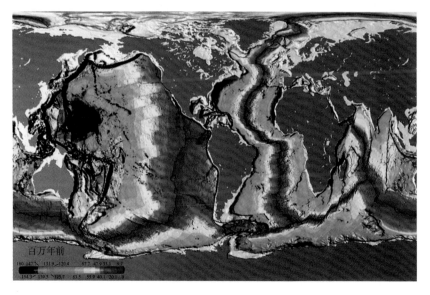

图版 9 同时见图 10-5

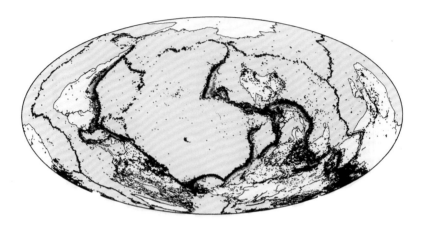

图版 10　同时见图 10-7

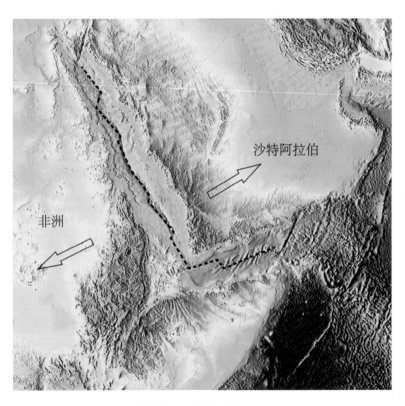

沙特阿拉伯

非洲

图版 11　同时见图 10-14

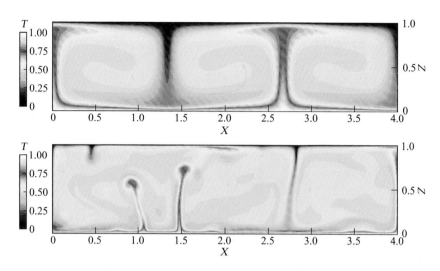

图版 12　同时见图 11-5

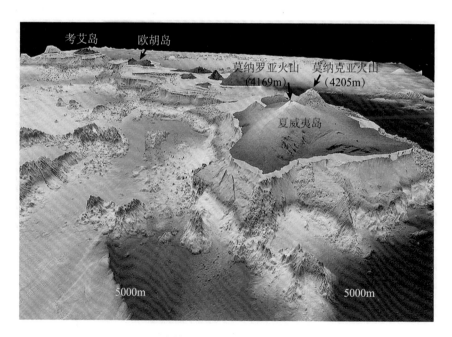

图版 13　同时见图 11-0

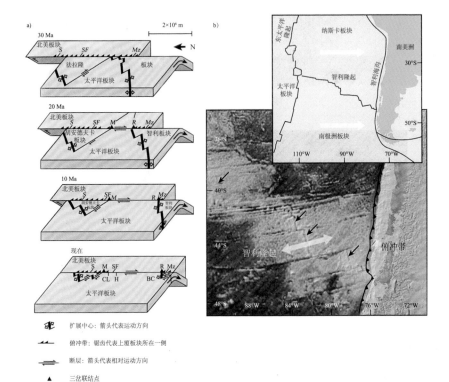

图版 14 同时见图 11-7 (在上板块的俯冲带锯齿; 断层, 三联点)

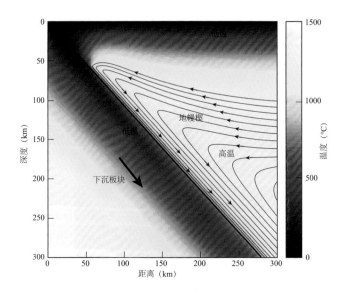

图版 15 同时见图 11-9

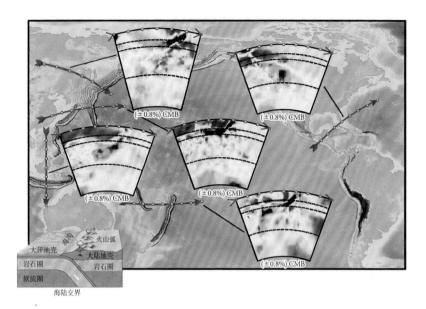

图版 16 同时见图 11-10

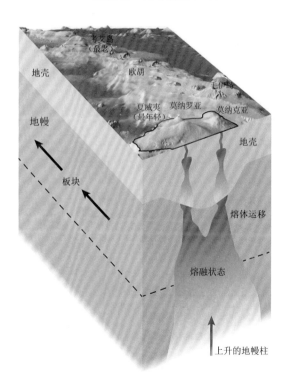

图版 17 同时见图 11-13

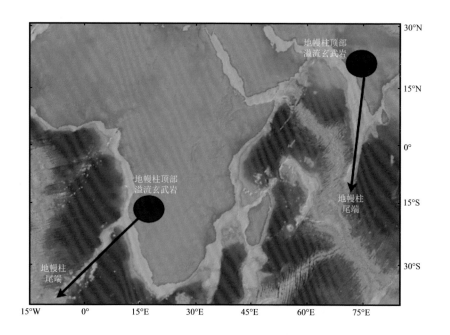

图版 18　同时见图 11-15

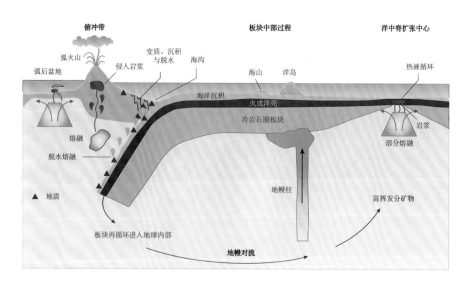

图版 19　同时见图 12-1

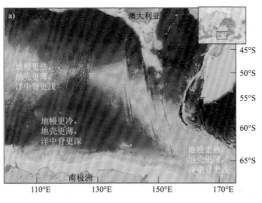

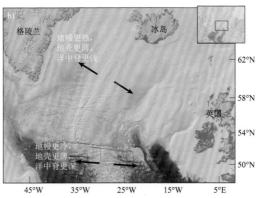

图版 20 同时见图 11-19

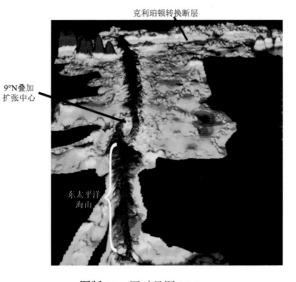

图版 21 同时见图 12-2

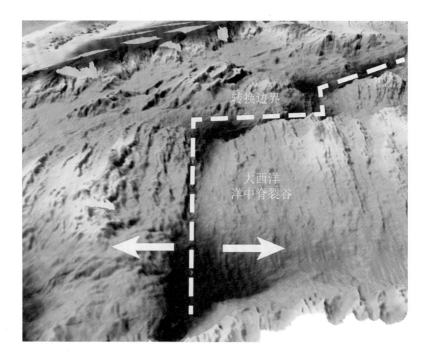

图版 22 同时见图 12-3

图版 23 同时见图 12-0

图版 24　同时见图 12-6

图版 25　同时见图 16-0

1 cm

图版 26　同时见图 16-5

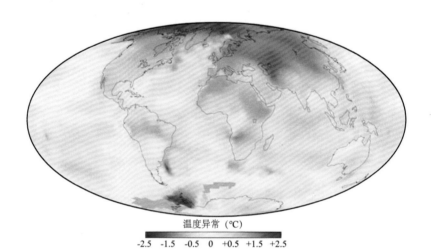

温度异常（℃）

-2.5　-1.5　-0.5　0　+0.5　+1.5　+2.5

图版 27　同时见图 20-6

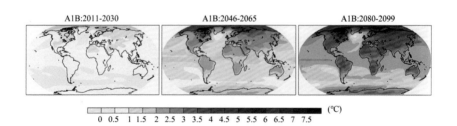

A1B:2011-2030　　　A1B:2046-2065　　　A1B:2080-2099

（℃）

0　0.5　1　1.5　2　2.5　3　3.5　4　4.5　5　5.5　6　6.5　7　7.5

图版 28　同时见图 20-17

构建生命宜居的类地行星

—— 从宇宙大爆炸到人类文明的地球演化史

[美]查尔斯·朗穆尔

[美]华莱士·布勒克   著

厉子龙   译

ZHEJIANG UNIVERSITY PRESS
浙江大学出版社

图书在版编目(CIP)数据

构建生命宜居的类地行星：从宇宙大爆炸到人类
文明的地球演化史/(美)查尔斯·朗穆尔，(美)华莱士·
布勒克著；厉子龙译.——杭州：浙江大学出版社，
2020.12
　　ISBN 978-7-308-20805-5

　　Ⅰ.①构… Ⅱ.①查… ②华… ③厉… Ⅲ.①地球
演化－普及读物 Ⅳ.①P311-49

中国版本图书馆CIP数据核字(2020)第233773号

We have been authorized by Princeton University Press to
use the content (该内容由普林斯顿大学出版社授权使用)
浙江省版权局著作权合同登记　图字：11—2020—457

构建生命宜居的类地行星
从宇宙大爆炸到人类文明的地球演化史
[美]查尔斯·朗穆尔　[美]华莱士·布勒克　著
厉子龙　译

责任编辑	伍秀芳（wxfwt@zju.edu.cn）
责任校对	蔡晓欢
封面设计	周　灵
出版发行	浙江大学出版社
	（杭州市天目山路 148 号　邮政编码 310007）
	（网址：http://www.zjupress.com）
排　版	杭州荻雪文化创意有限公司
印　刷	浙江省邮电印刷股份有限公司
开　本	710mm×1000mm　1/16
彩　插	8 页
印　张	34.5
字　数	694 千
版 印 次	2020 年 12 月第 1 版　2020 年 12 月第 1 次印刷
书　号	ISBN 978-7-308-20805-5
定　价	98.00 元

译者序

　　1984年，由埃尔迪戈(Eldigo)出版社出版的《构建生命宜居的类地行星》(*How to Build a Habitable Planet*)第一版，在欧美及日本等国家和地区曾引起认识地球及行星的热潮。遗憾的是，本书未曾在中国出版发行。距离本书第一版的出版已过去30多年，在科学迅猛发展的今天，人们对自然现象的很多观测和认识发生了翻天覆地的变化，旧的认知已不能适应大众的需求。作为第一版的修订和扩展版本，本书自2013年由美国普林斯顿大学出版社出版后引起了极大的轰动，迅速成为畅销书而名噪一时，且在欧洲和加拿大等地有较大的影响，在中国也有一定的知名度。本书对人类赖以生存的地球的形成和演化以及在行星甚至太阳系和宇宙如何建造宜居地进行了系统、深入的阐述，对人类的现在及未来工作、生活以及精神素养的提高都具有重要的实用意义和参考价值，这是译者翻译本书的主要目的。另外，译者在哈佛大学地球与行星科学系查尔斯·朗穆尔(Charles H. Langmuir)教授的实验室进行了近两年的访问，比较熟悉和了解该书的深远意义以及主要作者朗穆尔教授的渊博知识和科学精神。朗穆尔教授曾在美国哥伦比亚大学拉蒙特-多尔蒂(Lamont-Doherty)海洋研究中心、现在哈佛大学地球与行星科学系工作，他在发现海底洋中脊热液活动及其机理、洋壳俯冲再循环等方面作出了重大贡献。本书对地球中的大陆和海洋，以及太阳系行星(包括地球)甚至银河系是否存在宜居地有其独到的见解,因此,译者将本书展示给读者,尤其是年轻人,希望大家也喜欢甚至爱上这本书,这是翻译本书的另一目的。

本书的翻译前后花了五年多的时间,其中艰辛一言难尽。译者在翻译时,尽可能尊重原著的内容和编排,同时对原著有误的地方进行订正,并与第一作者朗穆尔教授多次讨论翻译中涉及的相关问题。

本书内容丰富,涉及自然和人文多学科的综合知识,不但对地球的内部及地表各方面的影响因素和因果关系进行了明确的阐述,也对地球科学的未来进行了较好的探索。另外,在本书翻译过程中,有些文字需要多方面推敲和斟酌,尽管花费了不少时间和精力,仍然无法准确表达原意,有待进一步挖掘其内涵,这是译者的责任。如果读者发现书中的问题,希望能与译者联系,这是译者的荣幸。

中国科学院海洋研究所孙卫东研究员审阅了本书的部分章节,并提出了一些建设性意见,尤其是对第 8 章至第 13 章作了细致的修改和提高。原著曾于浙江大学 2015－2016 年度秋学期作为地球科学学院研究生必修课"专业外语"课程内容的一部分,获得了较好的教学效果,其中 20 多名选课同学作了早期的部分翻译和报告(章笑艺、张煜洲、戴之希、王中一、严佳凯、陈阳、陈森、顾智炜、朱浩然、龙盼盼、张天舒、向芷莹、程子华、周洁琼、陈武科、徐慧燕、夏持之、王威、林涵、陈秀秀、陈宇乔、叶伟文、徐流畅),为本书的翻译工作提供了一些参考,也为译者在地球物理、大气和人文地理等方面的翻译工作带来一定的启发。译者的研究生中,包括已毕业的励音骐博士(现在浙江大学任副教授)、杨孝强博士和苏欣瑶等在前期翻译工作中提供了一些帮助和有效的建议,厉晨健对本书作了不少修改和提高,霍政鑫修改了本书中少部分内容,骆雅琴等完成了部分图件的英文翻译和插图工作。同时加上我的家人和朋友一直以来的支持、鼓励、理解和帮助,本书得以顺利而有序地完成。译者在此对他们的辛勤劳动和付出表示由衷的感谢!

感谢浙江大学地球科学学院本科生课程建设项目和浙江大学本科生课程建设项目以及浙江大学海洋学院人才项目的经费支持,为本书的翻译出版解决了经费方面的后顾之忧。翻译过程中定有不当之处,敬请广大读者和同行批评指正(zilongli@zju.edu.cn)。

厉子龙

2020 年 10 月

序 言

本书是埃尔迪戈(Eldigo)出版社于 1984 年出版的畅销书《构建生命宜居的类地行星》(*How to Build a Habitable Planet*)第一版的修订和扩展版本。近 30 年里又有了许多新发现，但在 1984 年，暗能量和暗物质尚未发现，洋脊几乎没有被绘制出来，人们对海底的热液喷口几乎一无所知，南极冰芯没有被钻探过，"雪球地球"假说(the "snowball Earth" hypothesis)还没有被完全构建出来，全球变暖尚不是一个紧迫的话题，太阳系以外的行星还没有被发现。本书第一版没有讨论生命或地球的历史、氧气的上升，也极少讨论火山活动和固体地球在宜居性中的作用。目前这个版本包括了新发现的以及第一版中未充分表达的主题，同时努力保持原书的风格，并尝试阐明什么是已知的、什么是未知的。我们也强调用"系统(systems)"方法去接近我们星球的历史与对星球的理解，并强调地球系统所有部分之间的联系及其与太阳系和宇宙的关系。如果我们希望有一个贯穿全书的主题，那就是一个相互有联系的宇宙，而人类是其中一个自然的结果和组成部分。

知识和新主题的增长带来的不幸后果是这本书的篇幅增加了一倍多。我们试图从头开始展开每个主题，从而使这些内容让感兴趣的非科学家读者可以理解。第四章谈到基础化学，有助于对具有该领域基础知识的人快速阅读。其他主题，比如作为短寿命放射性核素、等时线定年、相图和氧化/还原反应等，对于生命和行星的影响来说至关重要，更具挑战性。

本书写作过程受益于与朋友和同事的无数互动，难以对他们给以足够的感谢，其中一些人可能在这本书的九年的酝酿过程中已被遗忘。James Kasting 对整本书进行了正式的审稿，哈佛的同事 Rick O'Connell、Ann Pearson、Andy Knoll、Francis Macdonald、David Johnston 和 Peter Huybers 分别对他们学科中的各章进行了审阅。Dan Schrag 提出了将"让地球变得更加舒适"分为两章的好建议，一章与早期的地球有关而另一章与冰期循环有关。Felicia Wolfe-Simon、Candace Major、Dave Walker、Dennis Kent、

John Hayes、ChrisNye、Bob Vander Hilst、David Sandwell、Thorston Becker、Raymond Pierrehumbert、Wasserburg Student、Steve Richardson、Stephane Escrig、Jeff Standish 和 Sarah Stewart 也提供了有益的意见或讨论。职业作家 Kirsten Kusek 和 Molly Langmuir 仔细编辑了本书的前半部分，改进了写作内容并指出那些对非地质学家来说不甚清楚的部分。

笔者在哈佛大学讲授与本书同名的课程已有六年，这门课的学生对不清楚或过于困难的内容提供了宝贵的反馈意见。助教们，特别是 Sarah Pruss、Michael Ranen、Susan Woods、Allison Gale、Carolina Rodriguez 和 Francis Macdonald，为改善本书的内容作出了重要贡献。Jean Lynch-Stieglitz 在佐治亚理工学院使用本书提交给出版社的草稿讲授课程，数十名学生提供了有关章节的反馈意见，并指出了需进一步修改的内容。Jean 使用这本书时还提供了有关"什么有效和什么无效"的宝贵见解。

Christine Benoit、Rady Rogers 和 Olga Kolas 提供了非常宝贵的行政帮助。Raquel Alonso 协助编辑，寻找图和绘制图，并确保一切都有较好的组织和编辑，她的帮助是不可或缺的。

所有的这些互动和评论以及许多其他人的帮助使本书质量得以大幅度提高。余下的错误和缺点由作者自己负责。

作为教学和自学的补充材料，包括许多彩色图版和潜在课程概要，欢迎访问网站 www.habitableplanet.org。

目 录

1

绪言　自然系统中的地球与生命

在我们有时间将自己从日常琐事中抽离出来进行深思之际，大多数人都遇到过关于作为人类自身存在的一些基本问题。我们从哪里来？人类诞生之前的地球发生过什么事件？恒星来自哪里？在行星的演化中我们处于怎样的位置？银河系中还有其他有类似于我们人类生命存在的地方吗？

这些问题对于我们所有人来说都是要思考的，无关乎国籍或政治信仰。它们是贯穿人类史的神话、创世故事、哲学和宗教的素材。当今这些问题中的某些方面对严谨的科学探索来说仍然是敏感话题。在本书中，我们将探究这些问题，包括创世的科学故事和宇宙史。

故事起始于由大爆炸导致的宇宙诞生，即从恒星中元素的形成到太阳系的形成及地球的演化。它把我们和宇宙的起源、所有的自然史以及我们所能观察到的一切联系起来。本书的首要目的是介绍当前关于这些主题的一些科学知识，另一目的是鼓励一种思维方式，这种思维方式对我们来说往往是潜在的——我们是如何起源于一个更大的世界并与之相关的。

理解我们所居住的这个世界以及与我们有千丝万缕联系的环境所用的方法涵盖广泛(从原子到宇宙)，超出了本书范围。我们所讲的这个故事也不能过于精简，其组成部分之间的关系及其随时间的演化都是必要的，即科学意义上的一个"系统"(systems)方法。从一个系统的观点看，恒星、行星和生命具有共同属性，即构成宇宙的许多"自然系统"(natural systems)的特征。

1.1 引 言

我们所栖息的世界起源与演化既是一个单一的主题，又是一个多样化的主题。"自然科学"作为探索自然的术语在数百年以前就已经启用了，但却涵盖了科学的大部分领域和信息。它既包括物理、化学、生物这些基础学科，又含有综合的并具有历史性的科学——天文学和地球科学。本书所讨论的多数学科都可以作为独立的学科。

我们的目的是详细地探索作为宜居行星之一的地球的演化史，并由此去推断宇宙中类地星球存在的可能性。这个故事里会涉及大量令人振奋的科学进展和悬而未决的问题。这是人类所能讲述的最宏大的故事——宇宙的科学起源。而宇宙的演化促使人类去质疑并探究人类起源以及造就人类的相关宇宙法则。

我们所面临的挑战之一便是需要涵盖几乎是深不可测的尺度范围——从组成包括我们在内的宇宙万物的基本微观粒子，到让人类显得无比渺小的太阳系和宇宙。最小范围涉及原子的形成和分子的结合。我们所关注的最小范围是氢原子核(所有原子的起点)的尺寸——只有 10^{-15} m。记录很小(或很大)的数字显然是非常繁琐的，所以我们用指数记号和缩略来表示(见表 1-1)。氢核的直径为 10^{-15} m。在宏观范围内，星球之间的距离是按光年计——光在一年中传播的距离。光速是 3×10^8 m/s，一年大约有 3×10^7 s，二者相乘，则得到一光年为 9×10^{15}。离太阳系最近的恒星依然有 3 光年那么远。我们所处的银河系的长度约为 1×10^5 光年，而宇宙的直径据估算有数十亿光年，或约为 1×10^{26} m。因此，我们涵盖的范围从 10^{26} m 到 10^{-15} m，抑或有 41 个数量级的距离。

表 1-1 指数级单位和名称

数字	10^n	前缀	符号	名称
1000000000	1×10^9	giga	G	十亿
1000000	1×10^6	mema	M	百万
1000	1×10^3	kilo	k	千
1	1×10^0	mili	m	毫
0.001	1×10^{-3}	micro	μ	微
0.000001	1×10^{-6}	nano	n	纳

　　类似的大数量级差还体现在时间尺度上。正如我们将在第 2 章中会发现，宇宙的年龄大约为 140 亿年(14 Ga)，即 $4.2×10^{17}$ s，而在形成物体的时候参与反应的原子的反应时间可能仅为纳秒(10^{-9} s)。因此，我们涉及的时间尺度涵盖了 26 个数量级。

　　处理这些巨大的时空差异所面临的挑战，在于我们人类的经历非常有限。在一页纸上，相同尺寸的图(见图 1-1)可用来指示完全不同尺度的事物。我们可以在讲述宇宙过去的几十亿年的演化故事时加入一些暑期旅行的故事作为调料，而不必认识到事物之间的尺度差异以及人类的渺小。如果我们时刻都能留心所研究事物的尺度，那么讲述这个宇宙的故事将会更有意思。

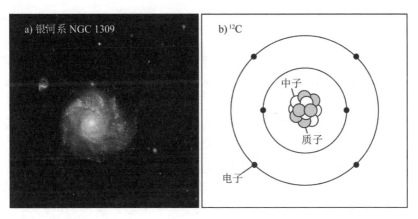

图 1-1　(a)银河系和(b)原子。它们在图中看似大小相同，但实际尺度上相差超过 25 个数量级。(a)螺旋星云 NGC 1309 (http:// hubblesite.org; NASA, ESA, the Hubble Heritage Team [STScI/AURA]和 A. Riess [STScI])；(b)碳原子(^{12}C)模型示意图，其中碳的符号 C，原子数 6，质子数 12；原子核的尺寸被显著放大以便可见

1.1.1　科学还原论的强大和局限

　　本书试图把最小的物质与最大的系统联系起来，这似乎与传统的所谓还原论(reductionism)的科学方法形成了对比。通过发现控制各种现象的数学方程式或定律，人们获得了许多科学上的理解。这种方法中，对事物的理解来自于我们把所有事物"分解"为产生所有现象的根源，即物理学基本定律的能力。这样，在最基本的层面上计算得出的现象至少在理论上可以解释和预测一切事物。

十七世纪伟大的科学革命已经证明了还原论的强大。牛顿对重力的数学表达式能够同时阐述开普勒的行星运动定律和伽利略所做的自由落体实验。从牛顿的成功中诞生了一个伟大的设想，即由数学公式描述的基本物理定律可以解释一切。今天，我们难以想象这一设想刚诞生时的伟大——每一个我们所能观察到的现象，从一块滚动的大理石到星体的运行，都是由我们大脑可认知的数学方程式所支配的。正如亚历山大·蒲柏(Alexander Pope)谈到牛顿的发现时所说，自然和自然的规律都隐藏在黑夜之中。上帝说：生个牛顿吧，于是一切都被照亮。

从这些惊人的成功中诞生了"机械宇宙(clockwork universe)"这一概念，即一切事物都遵循物理定律而非神的干涉。只要定律被发现，一切事物都可以通过计算来精确地描述和预测。这一观点作为基本的科学方法为人们所熟知。

这一基本科学方法被认为可以将复杂的现象分解成最简单的部分来理解。如果我们想要精准描述一个晶体或一种气体，那么组成它们的单个原子的行为能够提供最终的答案；如果我们想要了解单个原子的行为，那我们必须要了解亚原子的粒子和量子理论，并理解弦理论的弦。分离变量、所观察事物的精度和分辨率的提高，以及理论上可以从第一原理计算得到的基本定律的发现，都有助于我们对事物的理解。

在此种情况下，许多不可思议的现象都可以得到解释。科学革命之前的人类若能听到来自音响系统的声音或是看到电视屏幕上的图像，都会认为他们在见证奇迹的发生(或者更像是见证魔鬼的诞生)。而一旦机器被拆开，所有的部件都被了解之后，其中的物理定律就昭然若揭了。了解电子元器件的操作需要将其还原并在微观层面观察，最终观察到构成原子的基本粒子。相同的方法也可运用到生命科学的研究之中。药物的"奇迹"源于对身体内部进程以及对药物在分子尺度的活动的理解。进化的奇迹可以归结为DNA分子的个体突变。本书的许多主题都反映了这种方法的有效性。理解在微小尺度上起作用的定律如何在大尺度上显现是这个科学方法的伟大胜利之一。

尽管科学还原论取得了显著的成功，但是当我们想要用它来计算或者解释自然界的许多现象时，却没有达到预期的效果。从实际的观察角度来看，只有很少的现象能真正通过上述第一定律来计算。我们举个简单的例子来计算地球表面的大气压，比如在你阅读这本书时说一下你头顶的大气压。这明显是一个一维问题，只需要简单地将你头顶的大气柱的重量相加即可得出。事实上，尽管我们能精确地测量气压，然而要采用什么方法来计算它呢？计算结果可能同测量结果一样精确吗？

要计算大气压，我们需要知道大气柱上每个点的大气密度。热力学有助于确定常见的"压力－温度－体积"关系，但是定量的热力学计算只适用于封闭的体系，而我们头上的空气则是运动着且不断变化的。空气的密度也受水蒸气浓度的影响，而这在横向和纵向上都是变化的。风对气压梯度有影响，所以压力随个人的空气柱的移动和外力作用而不断变化。假设天气晴朗、湿度相对恒定且无风，我们能获得一年中此时的平均温度剖面，但只能计算出一个近似值，与测量所得的精确值是无法相提并论的。我们能发射一个探头到大气中去测量温度和水蒸气，但那有点像简单的测压。等到我们获得数据并进行计算时，大气已经受天气或一天中时间的迁移而经历了微小的变化，从而导致小偏差。

这个简单例子说明一个基本观点：自然系统在任何时刻都无法被确定。它们是没有明确边界的开放系统。能量和物质在不断地流进流出，物理和化学性质并非一成不变。无论是大气中的空气、海洋中的水、地球深部地幔中的岩石、地球外核的液态金属元素，还是太阳内部的等离子体，其中的温度和压力都是随时间和空间变化的，物质和能量在系统中不断地流进和流出。我们不能做足够的测量去准确地定义系统的状态，无论是在某种近似尺度下，还是寻求它的一个长期的或宽间隔的平均值。

这种情况影响我们进行计算和预测的能力。每次计算都需要指定初始条件。计算明天的天气始于我们对今天天气的认知，而在实际的系统中我们无法获得同一时刻所有地方的初始条件，即便是最接近的预测都很困难，更别说是长期的、更不确定的预测了。对于具有平衡补偿的"反馈"性质的系统尤其如此，在那里，某一方向的运动会引起抵消作用。真实世界的共同特征经常导致混沌(chaos)。

1.1.2 混 沌

不管在何处，预测的不确定性比混沌系统更明显。混沌发生在常见的方程中，其结果对方程中的初始条件或常数的微小变化非常敏感，因此不可能进行长期预测。举一个简单的例子：有一个符合时间序列的"反馈"方程，它的初始变量 x 的变化范围为 0~1，之后的 x 值由以下方程式计算得出：

$$F(x_n)=Ax_n(1-x_n) \tag{1-1}$$

其中，A 是一个常数。为了构建时间序列，方程式是重复将上一步的输出值作为下一步的输入值，并且不断计算方程，如 $x_{n+1}=F(x_n)$。每当 x 变大，Ax 项会变大，而 $(1-x_n)$ 项则会变小；反之亦然。我们将这种一方增大会导致另一方减小的过程称为负反馈(negative feedback)。负反馈在许多自然进程中起到了重要的作用。如果 $A=3$，x 的初始值为 0.5，那么 $F(x)=0.75$；$x=0.75$，$F(x_n)=0.5625$，并如此循环往复下去。我们可以在电子制表或计算机程序中轻松计算很多步之后的结果。这是推荐给读者的一个简单练习。

式(1-1)是一个反抛物线(图 1-2)，我们能在抛物线上追踪方程的时间序列演化。图 1-3a 显示了适中的 A 值的时间序列方程变化。当 $A=2$ 时，系统快速发展到一个稳态值 0.5；当 $A=2.8$ 时，稳态值在 0.64 附近。对于特定的 A 值，系统最终的稳态值与 x 的初始值无关。当 A 的取值超过 3 时，时间序列会显示更有趣的结果。例如当 $A=3.2$(图 1-3b)，时间序列会在两个值之间震荡；同样地，这与 x 的初始值也没有关系。当 $A=3.9$ 时，无论计算多少步，结果并没有出现以上规律。

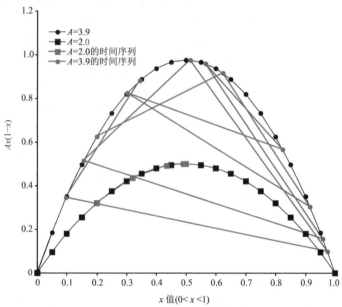

图 1-2　A 值不同时，由 $Ax(1-x)$ 生成的简单函数对不同的 A 值控制的时间序列所呈现的行为。当 $x_0=0.2$ 时，两个时间序列都从同一起始值 x 开始。当 $A=2$ 时，时间序列(方块)与曲线吻合，并逼近恒定值；当 $A=3.9$ 时，时间序列(点号)的值不稳定且达不到固定值

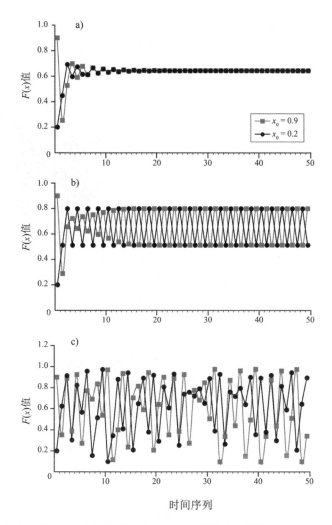

图 1-3　时间序列式(1-1)在不同的 A 值和两个不同的 x 起始值(x_0=0.2 和 x_0=0.9)时的演进过程。(a) 当 A=2.8 时，与 x 的初始取值无关，时间序列最终稳定在 $F(x)$=0.64；(b) 当 A=3.2 时，时间序列最终在两个值之间震荡而达到稳态；(c) 当 A=3.9 时，$F(x)$无法达到稳态，并且在计算某一固定的步数后 $F(x)$对初始值的微小变化非常敏感

　　为了对这个简单函数的行为有更广泛的理解，图 1-4 的纵坐标轴表示不同 A 值情况下，经过多次计算后 x 的取值范围。当 A<3 时，时间序列能取到一个与 x 的初始值无关的固定数值；当 A<3.45 时，时间序列在两个值之间震荡；当 A 的取值稍稍大于 3.45 时，会出现四个震荡的值；当 A 的取值增加到约 3.57 时，混沌现象就出现了。在这之后，数值几乎是

在一个上下区间内随机改变。当 $A=3.83$ 时，稳态值将再次出现，之后直至 $A=4$ 之前，混沌又出现了。对于混沌态来说，A 的最细微的变化都将导致截然不同的结果序列，这就是为什么我们不能准确地预测这一系统在将来的变化。

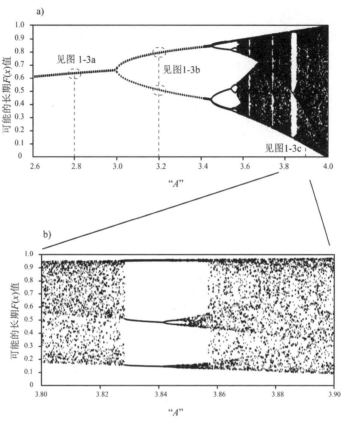

图 1-4   由 $Ax(1-x)$ 生成的时间序列在不同 A 值下的变化。(a)当 $A<3$ 时，时间序列能获得一个与 x 的初始值无关的恒定的稳态，然后时间序列在两个值之间震荡，甚至在四个值之间震荡；(b)当 A 的取值增至约 3.6 时，有混沌行为出现。在混沌态下，可在有限的区域又获得稳态值。图中为>100 步后时间序列的状态范围

在混沌区，在某一固定的步数后得到的结果也会随最初条件(比如 x 的初始值)的不同而变化，并且这一变化不是直观的。表 1-2 显示了 $A=3.9$ 时的时间序列经过 100 步之后的结果。无论初始的 x 值被精确地设置为多少，且第一步是相同的，在经过足够步数的运算后，最终值还是可以在整个范围内变化。对初始条件有极强的敏感性是混沌系统的特点，并被许多

人描述为蝴蝶效应(butterfly effect)：中国的一只蝴蝶扇动一下翅膀有可能会导致大西洋的一场飓风。

表 1-2　混沌的表达

X_0	0.3	0.29	0.299	0.29999	0.299999	0.2999999
$N=1$	0.819	0.803	0.817	0.819	0.819	0.819
…	…	…	…	…	…	…
…	…	…	…	…	…	…
98	0.974	0.918	0.845	0.411	0.203	0.954
99	0.098	0.292	0.511	0.944	0.632	0.170
100	0.346	0.807	0.974	0.205	0.907	0.551

表 1-2 中显示了当 $A=3.9$，X_0 约为 0.3 时，式(1-1)迭代 N 次之后的输出值。在第一次迭代后，计算结果相近，但是在计算 98 至 100 步后，它们的计算结果是十分混乱的。

天气是混沌系统的一个人们熟知的例子。温度的上下变化反映季节的特征。要预测几个小时内的天气可以很准确，但是昨晚的天气预报说今天的波士顿会下雨并且伴有一英寸的积雪，事实上今天的天气却是阴天，并没有什么积雪。这种预报失准的情况也很常见。从现在开始两周后的天气会是怎样的呢？季节仍然相同，但精确的天气预报是不可能的。大自然是一个混沌系统，即便控制的方程式已经知晓，其内在的行为依然无法被准确计算。

自然系统的另一个特征是自相似性(self-similarity)，抑或说是它们表现出的具有分形行为(fractal behavior)的趋势。分形是指一个不规则几何体的外形在一个大尺度范围内具有相似性。在分形体系中，你无法在没有比例尺的情况下辨别物体的大小。大峡谷能绵延数千公里，其中的大河床与泥滩里的小溪有相近的宽度/深度比以及同样的曲折度(图 1-5)。Benoit Mandelbrot 在他的文章"英国的海岸有多长"中阐明了这一概念：海岸线在大、小尺度上的不规则性是相似的。海岸线的长度完全取决于丈量用的标尺尺寸，标尺尺寸越小，量得的海岸线越长。举个例子，如果你沿着每一个卵石的边来测量海岸线的长度，那结果一定是相当长的。如果不能确定标尺尺寸，那么对于海岸线长度的答案是不统一的。Donald Turcotte 已阐述了自然界中大量的分形行为。

当然，这些不同的挑战并不意味着不能获得科学的认知。许多伟大的发现在于基本定律与公式的确定。同样地，计算也并非没有意义。即使是式(1-1)，提高其初始条件的精度也能够提高长期预测的可能性，即最初的一些能确定的步数会越来越多。然而长期的变化区间依然无法预测。

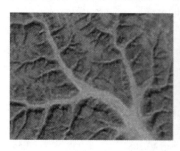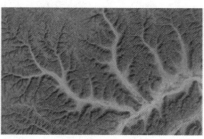

图 1-5　树枝状水系的例子。在整图中截取一部分图像，其形状和整体形状是相似的。因为图案和纹理在放大后依然存在，仅看图片无法判断尺度。你能辨别哪幅图是另一幅图的放大影像吗？(Copyright © 1995–2008 Calvin J. Hamilton and courtesy of NASA: http://www.solarviews.com/huge/earth/yemen.jpg)

尽管如此，还原论在现实和哲学上都面临着困境。从原则上讲，一切事物都可以归结成其他事物赖以产生的最小的现象。实际上，即使是像水从花园中的水管流出这种简单的现象都无法用上述第一定律进行定量预测。我们的实践经验与纯粹的现象规律之间存在着差距。定律依然是真实的，自然也不能违背定律，但鸿沟却是不可逾越的，即使是在理论上也是不可能的。

1.2　"系统"

在我们人类能感知到的层面上，还原论也失败了。一个细胞绝不仅仅是一堆化学反应的产物，它还具有原子尺度上无法推测和理解的一些功能。它的历史可以追溯到最初的生命起源，而它与环境的各种联系必须以观察的方式加以理解。它既与低一级的分子尺度有关，又与紧邻的更大的尺度(例如有机体)有关，后者是其中一部分。大尺度事物所表现出的特性不能简单地由较小尺寸的单个部分推断得到。对任何自然现象的理解都需要对它的组成部分及其相互关系的认识，以及对这个现象是其中一部分的更大世界的了解。

在研究自然现象的同时研究各事物之间的关联性，被称为"系统思维"

(systems thinking)。这种方法认为需要精确描述事物的简化部分及各组分之间的关系。简单地说，还原论是假设所有事物都能被简化为各部分的相加。系统思维则是强调整体不仅仅是部分的相加，而是从整体中升华具有"自然发生的特性"，而这是无法通过还原论的方法预测的。最显著的例子就是活的生物体。对于单个细胞而言，它的 DNA 序列可能被精确地定义，但是它的生命特征却必然与外界开放系统的交互反馈有关。例如，"系统生物学"认为，想要充分认知 DNA 或者 RNA 这类生物个体的基本组成部分，就必须研究它们与大尺度事物(比如细胞器、细胞、器官等)之间的关联。这一概念能够扩展到更大的尺度之上。仅凭非常了解动物每个细胞的功能是无法完全认识一种动物的，我们还需要知道它体内细胞之间的相互作用以及动物本体与它生活的生态环境的协同关系。单一研究单种植物和动物是无法真正认识生态系统的，我们还要研究它们所处的环境，比如土壤、海拔高度和气候。同样地，仅凭深入研究每一个星系是无法充分认识我们的宇宙的。

上面这些例子还有一个重要的方面就是它们处于运动当中。"关联" (relationship)包括物质的交换和能量的传输。想要了解一个细胞，一个生物体，一个生态系统，或者一个行星，不能仅凭它们在某一时刻的状态而忽视了它们的运动属性。运动中的观察是有必要的。

为了阐述这些规律，我们可以考虑一个像机械表这样简单的对象。如果我们把机械表的所有部件拆卸下来摆在桌面上，我们能从齿轮、弹簧和其他零部件中知道很多。我们能详细地研究零件的化学组成甚至原子结构。然而，倘若我们是孤立地研究某个零部件，即使将其原子层面都研究透彻，我们也不能知道每个零件在整个手表中所发挥的功能。当手表被组装起来时我们就会有新的认知——我们能了解各部件之间的关系，如弹簧的驱动原理、齿轮之间的啮合和表盘的位置。只有当手表开始运转，具有计时功能，比起简单的零部件有了更多的价值时，其内部的机械原理才能变得清晰。当手表被佩戴在手腕上，用于监测和引导一个人每天的活动，我们会因它而提高工作效率，它的功能会变得更加显著。当我们回顾钟表制造业和时间的历史，用手表来计量时间已成为人类文明发展的一个里程碑。

上述简单例子说明了用于系统中的几个基本原理：

●手表的全部意义无法通过部件的描述进行预测(没有预备的知识)，尤其是在原子尺度上的描述更是如此。

●理解零件之间的关系会产生一个完全不同于零件本身的现象。

●如果不观察运转中的手表并意识到没有运转就没有作用，就不可能对其功能有更充分的理解。

●手表在它与由人类所代表的更大系统的关系得到理解后，它的功能才显现出来。

●手表与人类文明之间的关系是伴随大系统发展的相关性而变化的。

从最大的尺度来看，把手表放置在合适的环境中，才能理解其精确的机理。也就是说，从大尺度往下俯视才能看出最小尺度与大尺度之间的关联，而以最小尺度为视角，朝上看则是非常局限的。如果我们只关注手表里的弹簧，即使知道它是与什么相连接且前后运动的，也并不能觉察到它在全局中的作用。

你也许意识到了本书没有一张用于阐述系统的图片。为什么呢？因为系统涵盖了关联、循环、反馈和运动，它们是无法用一张静态的图片来充分说明的。

1.3 "自然系统"的特征

系统思考具有非常广泛的适用性，但我们关注的是我们周围世界的自然系统。对这些系统的观察可得出一系列共同的特征。

1.3.1 自然系统是非均衡的

达到均衡(equilibrium)，即没有任何变化趋势的一种最低能态，这是化学和物理学的基本原理之一。掉落的物体会在能量最低时静止，化学反应会在没有更多的反应发生时终止。虽然这种驱动力随处可见，但自然系统即使处于稳定状态，也往往远离平衡。在平衡状态下，温度和压力等性质在整个系统中是恒定的，而系统从外界的影响中隔离出来。然而那绝不是自然世界！实验室测量均衡态属性的经验使我们认识到要达到平衡状态实际上是非常困难的。自然系统并非孤立的。物质在流进流出，温度、压力等属性在持续变化。自然现象不会存在于静止均衡态，而是在所有尺度上都运动着。

事实上，大多数自然系统的一个共同特征就是不均衡(disequilibrium)。这种情况通常反映了一种力量和通量的平衡，这种平衡导致了一种稳定的不平衡状态，而自然系统保持在一个狭窄的范围内，处于不平衡状态。例如所有的生物体都反映了这种状态。我们的体温保持在一个狭窄的范围内而不管周围环境的温度如何，它由我们所摄取的食物、空气以及维持温度的各种反馈来维持。构成生命的大多数分子与氧失去平衡，一旦不再代谢，就会迅速衰变。地球的大气也是处于不均衡态的，它的温度之所以能保持稳定是因为太阳能的持续供给以及来自地球内部温室气体和生物调节的加温影响。太阳也是不均衡的，但反映了收缩的重力作用和来自核聚变的内部热扩张作用之间的平衡。能量不停地往外释放，趋向均衡的力也不断地在作用着，而其所处的状态则是一种不均衡。

自然系统的另一个特征就是随着时间的推移，它们会变得越来越复杂和有组织。这一特征也是与均衡论相矛盾的。部分均衡态的驱动力必须是增加熵、随机性以及有序衰变。两个绝缘的气体混合到一起，温度的差别会变得均一，势能会降到最低态。那么，在保持或提升等级时，远离均衡态的相对稳定态又是怎样维持的呢？为什么系统不能简单地运行到最低能量、均衡态并静止呢？

1.3.2   自然系统是由外部能源维持的

均衡适用于向最小能量状态移动并保持最小能量的孤立系统。若要维持远离均衡态，外界的能量供应是必需的。太阳是由内部的核聚变能维系的。地球在从太阳获取能量的同时自身也具有元素衰变的放射能。地球上的生命靠太阳维系。没有外部能量，这一切都会向着静态均衡衰变。外部能源也允许进化以增加系统内的秩序。但是在更大的环境中，无序性就增加了。

1.3.3   "稳态不均衡" 是由反馈和循环机制维系的

尽管自然系统是不均衡的，但自然态却能在外界条件不断变化的影响下保持在微小的变化范围内。这又是如何维系的呢？

尽管能量输入有变化，但仍有各种机制保持稳定。比如说，当我们烧水时，外部热源将水保持在与周围环境不同的稳态温度。是什么让水温与室温不同？是外界的热源。那为什么水温能保持恒定不变？为什么水温不是升高到与提供热源的火焰的温度相同呢？

当水沸腾时，液体被转变为气体。这需要大量的能量用于汽化。使 1 g 水升高 1 ℃ 所需的热量为 1 cal (1 cal=4.1859 J)，而当水变为水蒸气时则需消耗 539 cal。一旦水开始沸腾，额外的热量就不再用于升高水的温度，而是用于将水转化为水蒸气。如果我们把水供能绘制成温度–时间图，就会得到图 1-6。注意有一长段时间内温度都是恒定的。当我们降低热输入，水就慢慢地沸腾；如果我们提升热输入，水沸腾得更快(吸收了所有额外的能量)。因此，沸腾的水在图 1-6 中以保持恒定温度的方式反映热输入的变化，尽管能量源或外部环境发生变化，但仍保持稳定状态。许多更复杂的化学现象也有类似的特性。

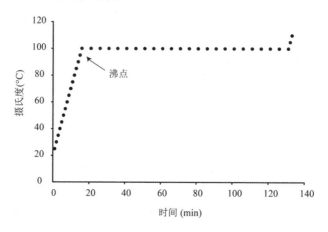

图 1-6 水温随外界热能和时间的变化。水最初快速升温，而在到达沸点时稳定了很长一段时间，直到所有的水都转变为水蒸气

反馈是在系统处于稳定状态时发生的，通过响应"反馈"来控制输入。另一个例子是厨房中烤箱的恒温器。一旦为烤箱设定了某一特定值，烤箱内的调温器会在温度低于设定值时开始加热，而当温度高于设定值时，调温器停止加热。外加的能源能够使烤箱内的状态远离厨房的平衡态，而调温器的功能则使烤箱温度维系在一个狭窄的范围内。

调温器是一个负反馈的例子。负反馈能让系统保持一个稳定的状态。输入的增加会触发一个响应，该响应会抵消或关闭输入。这种负反馈原理是自然系统的一个重要组成部分。

当然，自然界也存在着正反馈。与负反馈不同，它会使反应进一步加剧。烤箱的正反馈是瞬间的电火花能够触发燃气的供给。自然界中一个重要的正反馈例子存在于气候系统中。二氧化碳(CO_2)是温室气体，如果没有人类的排放，它在大气中的量约为 300 ppm。CO_2 排放的增加会导致气温略微升高，并产生更多的水蒸气。水蒸气也是一种温室气体，而大气中存在着大量的水蒸气。这么多的水分导致的变暖效应比仅由 CO_2 导致的要更大。因此，水分加剧了气温的升高。同样的进程也能在反方向出现——减少 CO_2 排放使温度略微下降的同时也减少了水蒸气量，从而导致温度变得更低。正反馈使变化进一步加剧。

在自然系统中，正反馈和负反馈都是非常重要的(见图 1-7)。正反馈对于变化非常敏感，并且能加剧变化；负反馈则为系统的平衡和稳定作出贡献。两者都是系统保持稳定的非均衡态的重要因素。在自然系统中，它们经常相互作用，使得我们难以对其进行精确的模拟。例如，增加温室效应时会增加水蒸气，从而导致云覆盖的增加。这是一个负反馈，因为云层将阳光反射回太空。因此，气候模型对与水蒸气相关的正反馈与负反馈都相当敏感。

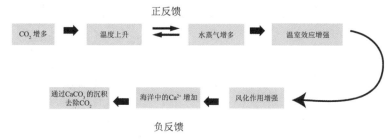

图 1-7 影响地球气候的反馈机制。CO_2 的增加(如火山喷发)导致温度的略微升高并引起水蒸气的增加，导致温度进一步升高。这是一种正反馈。而升温导致天气的剧烈变化，使得海洋中的 Ca 增加，可以吸收 CO_2 合成 $CaCO_3$(灰岩)。这是一种负反馈，即温度的升高引起 CO_2 减少，并导致温度的降低。该系统的负反馈发生在长时间尺度上

化学循环也是远离平衡的长期稳定的必要条件。循环本身意味着缺乏平衡，因为在平衡时，没有运动和静止状态，而系统处于连续运动的循环。对于具有长寿命的系统，它们必须能够维系很长一段时间。随着时间的推移和为了维持稳态不平衡，物质不能被耗尽，因此自然系统必须循环利用。

地球系统中有许多部分都说明了这种循环利用。岩石从固结，遭受侵蚀、风化、沉积，再受热、熔融和喷发，最后又形成岩石(图 1-8)。在地质年代表中，岩石是不断运动的。水在岩石循环中起作用，并在更短的时间尺度上循环(图 1-9)。如果海洋只有蒸发，那么其面积将快速缩小且盐度迅速增加，而作为"排泄物"的水蒸气需要在某些地方储存。那样的话，

就不会有稳态和长寿命的系统了。事实上，水蒸气在此过程中会变为降雨并流回到大海，且侵蚀大陆。海洋在体积和盐度上都趋于稳定，水的侵蚀有助于大陆地壳的循环，保持陆地的体积和海拔的稳定。地球系统的不同部分(岩石、水、大气)均参与到相互关联的循环中。在这一循环体系中，物质在不断地运动，并在各种行星过程中被使用和重复使用。没有持续循环和循环利用，地球就不能作为一个系统发挥作用。

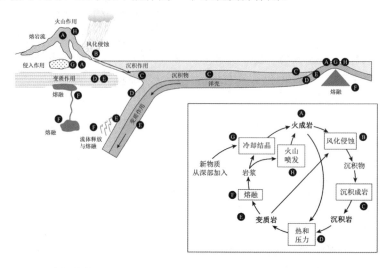

图 1-8   岩石在板块构造过程中的循环。新的火成岩在大洋板块边界被地幔熔融，并在汇聚板块边缘通过火山喷发形成，侵蚀–沉积作用使之成为沉积岩。无论是沉积岩还是火成岩，都经历地球内部高温高压而发生变质作用。若变质温度足够高，岩石就会发生熔化，形成新的火成岩。变质作用也能导致流体的释放并产生熔融。右上角的小图用更概括的示意和一般术语说明了岩石循环。这是时间尺度以百万年计的岩石循环

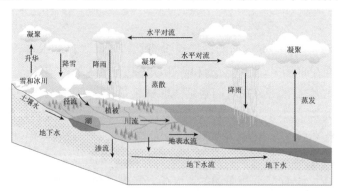

图 1-9   水循环。蒸发和降雨都是在非常短的时间尺度(天气)上发生的，而地表径流则需要更长的时间尺度(>1000 a)

上述讨论引发了一系列自然系统的共同特征：

- 自然系统总是在运动的。
- 它们是由外部能源和流入系统的能量维系的。
- 物质循环贯穿着系统，并通过再循环维系其可持续性。
- 系统会维持在一个很小的波动范围内，这一状态通常被称为"稳态非均衡"。
- 反馈运行可以维护系统稳态条件。
- 这一系统隶属于大尺度，并且在较小尺度与其他系统相关联或者具有包含关系。
- 系统会随着时间而变化——诞生、长期的演变和最终的消亡。

这些特征可以应用到不同尺度——细胞、动物、生态系统、行星、恒星等。让我们看看地球是如何符合这些特征的：

- 在最近的五十年里，我们认识到地球内部圈层的运动，包括地球表层的板块、地幔和地核以及大气和海洋。
- 地球有两个重要的外界能源：太阳和在地球形成时存储在地球内部的放射性"电池能"。这些能量在地球系统的各个组分之间流动。
- 地球上所有的储库都有化学循环，其中物质被加入、循环并且从各种储库中消耗掉。地球进行着再循环运动——元素在所有系统中都在循环并被重复利用。
- 地球在大部分地质历史时期都保持在一个很窄范围的状态中。大气/海洋系统的温度在数十亿年来均在水的冰点以上且在沸点以下，为生命提供适宜的环境条件。板块在地球表面移动的时间与之相似。对我们能接触到的地球历史，既有大陆也有大洋板块，前提是海平面只发生了轻微的变化。
- 每个地球储库由反馈维系着。
- 地球依赖于更大的太阳系，并包含了较小尺寸的自然系统(如海洋、生态系统)。
- 地球起源于太阳系形成初期，有许多的证据显示地球的演化和变化。当我们的能源改变时，固体地球的运行就会发生变化，复杂的生命和海洋、大气、地壳之间会有显著的改变。最终，伴随着太阳能和放射能的衰竭，地球会走向死亡。

詹姆斯·洛夫洛克（James Lovelock）曾假设地球表面特征性的稳定非均衡态使地球成为一个"生命体"(living organism)，并称之为大地女神盖亚(Gaia)。这一设想引起了一些争论,因为生命和盖亚之间存在着明显的差异——是否符合达尔文进化论的演化和繁殖就是其中最为显著的差异。地球和生命具有自然系统的一些共同特征,而这些特征不仅局限于洛夫洛克称之为盖亚的生物圈。地球系统既包括固态地球的板块,也包括一直到地球内部地核的所有运动。因此,如果有人对自然系统提出一个普遍问题:系统是基于什么原理运行的?回答为地球和生命是按相似的方式运行的。它们都拥有自然系统的特征。也许有人会问宇宙是否也是符合这些特征运行的,如非均衡、起源于大爆炸、在长期演化的进程中具有化学和能量的循环。那么,从这一前景看,有从微观尺度扩展到宏观尺度的共性。系统似乎是宇宙运行的方式。

1.4 小 结

多种尺度和方法对于理解可居住行星的发展是必要的。最大的尺度就是宇宙空间,其在时空上拥有数十亿光年的范围和超过百亿年的历史。我们研究的最小的尺度则是由中子和质子组成的原子。与宇宙相比,原子在指数等级上要小 41 倍,而它们之间的反应则是以纳秒计的。

科学还原论意味着理解和因果关系可以通过将其减少到最小的尺度来确定。我们的确需要用这种方法去研究包括恒星、地球和生命在内的许多物质和过程。尽管还原论有很强的解释力,但它是不完整的。用这种方法进行计算时,初始条件需要指定,边界也需要确定。而对于诸如行星这种复杂的自然系统,我们无法完全搞清其初始条件,而且边界是开放的。此外,描述自然过程的许多方程式都表现出了混沌行为,且使我们无法精确计算长时期的演化过程。

恒星、地球和生命这类自然系统是无法仅凭科学还原论就被完全揭示的。它们具有非均衡态,并由贯穿整个系统的力、物质和能量的持续运动之间的平衡维系稳态。系统思维认为,整体的功能不可能是各部分特性的简单组合,考虑各部分之间的关系和随时间的演化也是必要的。大部分的系统也是嵌套式的,它们包含了更小尺度的系统,而后者又作为更大尺度系统的一部分。从系统思维来看,地球和生命拥有许多共同特征,即自然系统的特征。想要了解这种系统必须要同时具备以下知识:系统的各组成部分、驱动系统的能量、与各部分之间相关的循环和反馈、多系统嵌套之间的关联，以及随时间而持续发生的地球演化。这些都是我们后面章节中的任务。

补充阅读

Capra F. 1997. The Web of Life. New York: Anchor Books.

Gleick J. 1998. Chaos. New York: Penguin Books.

Lovelock J. 1995. The Ages of Gaia. New York: W. W. Norton & Co.

Mandelbrot B. 1982. The Fractal Geometry of Nature. New York: W. H. Freeman & Co.

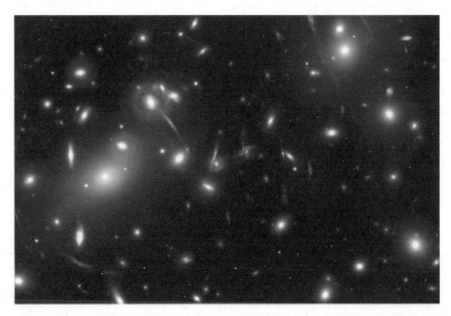

图 2-0 Abell 2218 星系。它离地球约 21 亿光年，由数千个星系组成。图中弧线形的是更远处的巨大星云，这一切都是由高倍的天文望远镜捕捉到的(NASA, ESA, Richard Ellis (Caltech), and Jean-Paul Kneib (Observatoire Midi-Pyrénées, France), NASA, A. Fruchter, and the ERO Team (STScI and ST-ECF))

背景　大爆炸与星系形成

　　地球是太阳系中的一个小成员，而太阳是组成银河系的约四千亿颗恒星之一。如此众多的恒星发出的光亮，使得我们只要在银河系外围观测，即可辨识出银河系的旋臂盘形结构，然而银河系只是宇宙细分的基本单元。

　　与其他数以亿计的星系一样，我们的星系由于宇宙大爆炸而加速向外运动，根据遥远星系的光线向元素谱线"条形码"红边移动的现象，我们得出宇宙中这些物质正在远离彼此的结论。从地球到银河系间的距离与红移现象的量级数值之间存在着密切的关系，可以推算出所有星系在 137 亿年前可能都处于同一位置。宇宙灾难性的开始也可以通过宇宙的背景光晕来预知。这种光晕是大爆炸后的物质冷却到一定温度时氢核和氦核捕获电子到其轨道上所产生的巨大光亮的遗留物。我们可以认为大爆炸是宇宙万物起源的推动力。在望远镜所能探测到的范围内有大约四千亿颗恒星，巨大数量的星系足以让我们相信宇宙中存在着其他类地行星系统。

　　对星系数据的仔细研究表明，在我们所能看到的物体中，有大量看不见的物质("暗物质")至今无法解释。这种"暗物质"对我们而言不仅是看不见的，也是难以理解的，但它的总质量几乎是构成恒星、行星及生命的原子物质的六倍。对星系的精确测量发现，这些星系随时间推移而加速退离，使得宇宙不会紧密收缩而形成"宇宙大收缩"。为解释这一现象我们引入"暗能量"的概念，它有着对抗重力影响的相斥力。物理学家们相信宇宙有近 76%的物质由暗能量组成，而我们所知且了解的物质只占大爆炸所产生的物质的 4%。尽管宇宙的起始事件已经确定，但宇宙的组成和运行仍是一个巨大谜团，有待人们去探知。

2.1 引 言

宇宙从何而来？又是如何形成的？这是我们深入研究地球历史开端的首要问题。它的时间尺度甚至早于银河系的形成。宇宙是否有一个开端？它是何时发生，又是如何发生的？在这一章里我们将了解到，这个我们所知的万物之始——宇宙，的确有一个恢弘的开端，我们甚至能确定它发生的时间。在那里，一切真相都将重新显现出来。

2.2 大爆炸

我们所知的宇宙始于137亿年前的一场爆炸，天文学家们称之为宇宙大爆炸。宇宙中的所有物质都朝这场爆炸的侧翼飞去。对于这个宇宙事件起源的假设构成了宇宙学领域的前沿。大爆炸之前发生了什么并不是时下科学调查和研究的对象，因为宇宙中人类所知的能观测到的一切现象都发生在大爆炸之后，目前还未发现任何大爆炸之前遗存的痕迹。

如果有人说知道我们所处宇宙的年龄以及其他非大爆炸之外可能的起源，那是难以置信的异想天开。事实上，我们对宇宙的起源有详细的了解，天文学家的观测结果也为宇宙起源的大爆炸理论提供了强有力的证据。如果将可信度分成0(空想)到10(证实)，那么大爆炸理论的可信度甚至可以达到9.9。

在列举这项证据之前，让我们回忆一下在宇宙扩张概念提出之前，天文学家们遇到的一个悖论。海因里希·奥博斯(Heinrich Olbers)于1826年提出了这个悖论。简而言之，没有人可以解释为什么夜空是黑色的。星星之间的黑色背景说明要么宇宙是有限的空间，要么来自最遥远恒星的光线被宇宙中的暗物质所遮挡。为了方便理解，我们只需假设宇宙是一个由许多被无实体存在的物质所分隔的发光体组成的无限空间。在这样的宇宙中，无论我们望向哪里，总能看到从遥远恒星发出的光芒(图2-1)，那么天空将是一片耀眼的光亮。在一个有限的宇宙中，我们应该可以看到两颗恒星之间的黑色空白背景。当然，存在另一种可能是在这些空间笼罩着云雾状的不发光物质，它们遮挡了我们所能看见的、更遥远恒星的光芒。

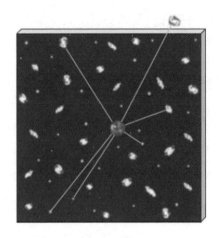

图 2-1 奥伯斯悖论的一维示意图。如果宇宙在时空上是无限的，那么从地球向宇宙看去，视线所及之处必将看到一个恒星或是遥远的星系。如果这个盒中视线所及之处并没有与任何东西相交，则可以将盒子无限延伸直到视线有相交为止。按这种理论推断，夜空应该是璀璨如昼的，然而事实并非如此

第一种假设显然是不合理的，因为在一个有限的宇宙空间中没有任何物质可以使得所有恒星保持分离状态。恒星间相互的万有引力吸引将会导致一种失衡状态，产生向宇宙"中心"的拉力。这就好比我们在一个巨大的三维格子中安放好一系列的球，然后用橡皮圈把每个球连接到另一个球上。那么，格子中心的球受到各个方向的拉力应该近乎相等，而格子边缘的球则受到向中心的拉力。如果我们能瞬间移除格子，只剩下所有的球和拉伸的橡皮圈，那么将会发生一个猛烈的内爆，因为所有的球都会迅速向格子中心移动。只有在格子是无限的情况下才不会发生内爆，使每个球受到的拉力刚好保持平衡。宇宙没有这样的格子将所有恒星分开，但恒星却保持相对平衡。因此，在黑暗的天空中，宇宙是有限的这种解释是不恰当的，我们将这种假设的可能性予以排除。

第二种假设——从遥远星系发出的光，在穿过地球时，被尘埃和气体引起的暗云雾所遮挡——同样是不能接受的。在这种情况下，由中等距离的星系发出的光也会受影响，我们应该看到一束分散的光线与在夜空下俯瞰一座大城市或者透过雾气看见大灯一样。然而，我们并没有看到这样的光线。因此，这个假设也不成立。

这个天文难题在经历了一百多年后终于得以解决。1927 年，比利时天文学家乔治·勒梅特(Georges Lemaitre)提出了宇宙始于一个爆炸的宇

宙"蛋"。这个聪慧的概念完美地解释了长期存在的悖论，让爆炸的冲击力抵消了将所有物质聚向宇宙中心的万有引力。这就好像一个炸弹将我们格子中的球炸飞，其力量盖过了橡皮圈的作用。因缺乏观测实证，勒梅特假说没有得到较多的关注。然而，在这一假说发表两年后，爱德温·哈勃(Edwin Hubble)得到了一个观测结果，将整个科学界的注意力都指向了宇宙膨胀说。哈勃报告了从遥远星系的恒星射向我们的光中存在光谱线向红端移动的现象。对于这种偏移现象的最简单解释，就是这些遥远的星系正以惊人的速度快速远离我们。

2.2.1 红移：测速

太阳光是由一系列频率的光谱组成的。当这些光线穿透雨滴时，就会发生弯曲。每一种频率的光其弯曲的角度有细微的差异，这就将一束混合光分成了由单色光组成的彩虹。每一种频率的光在我们的视网膜上留下了不同印记，我们称之为彩色。

艾萨克·牛顿(Isaac Newton)在 17 世纪做过一系列光的实验，将太阳光通过一个玻璃棱镜获得彩色。光线通过这样一种棱镜按频率会发生不同程度的弯曲。如图 2-2 所示，红光(人眼所能识别的最低光频)是弯曲程度最低的，而紫光(人眼所能识别的最高光频)则是弯曲程度最高的。事实上我们所见到的白光是可见光谱中各色光的混合结果。

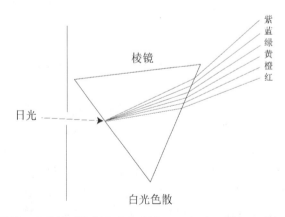

图 2-2 光线通过一个棱镜后按频率发生弯曲。红光(人眼所能识别的最低光频)是弯曲程度最低的，而紫光(人眼所能识别的最高光频)则是弯曲程度最高的

　　长期以来，天文学家通过在望远镜中加入棱镜(现在通常使用衍射光栅)来检测来自遥远星系的光谱组成。恒星发出的光通过这种望远镜后，本应平滑连续的红、橙、黄、绿、青、蓝、紫的光谱会被一些黑色条带破坏。黑色条带的出现，是因为恒星所发出的某些特定频率的光会被恒星周围富含元素的气体光环带所吸收。当一束光包含的能量刚好能使电子跃迁到另一能级时，它才会与原子相互作用。当光线穿过气体光环时，部分特定频率的光会被特定的元素吸收，而其他频率的光则可以顺利通过。早期的光谱只测定出了较明显的光谱线(图 2-3)。在详细检测后可以显示数千条光谱线。大部分光不会完全使雨虹变黑，它们只是让特定频率的光强度减弱罢了。这种减弱是由分离的光线经过恒星的"大气"而发生选择性吸收的结果，它取决于元素的丰度。

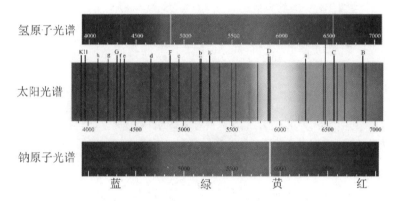

图 2-3　太阳波谱段，以其发现者的名字命名为夫琅禾费波谱(Fraunhofer spectrum)，与氢和钠的部分发射光谱比较后得出。夫琅禾费波谱的C线和F线是由太阳大气层中的氢元素引起的；在黄色光中较暗的 D 线是钠元素波谱中最活跃的部分。其他线条则是由其他元素吸收产生的。详见图版 3

　　天文学家最初对这些波段比较感兴趣，是因为它们可以提供一种对恒星的气体光环进行化学分析的方法。不像地球的大气成分与地壳或地球内部的组成无关，恒星大气的成分接近于恒星的总成分。波谱中每一条暗线都代表一种元素。通过实验室弧(arcs)进行定量分析，可以得到临近恒星大气的元素丰度。因为所有恒星至少包含元素表中的部分元素，所以这些特征线就构成了一个固定的"条形码"，间距和相对强度由原子的基本特征所决定(图 2-3)。

　　随着研发出更大更好的望远镜，天文学家们能对更远的物体进行化学分析。正因如此，大爆炸理论才得以诞生。当观察一个非常遥远的对象时，天文学家发现了特征"条形码"会依据雨虹背景发生偏移。如太阳光谱中的蓝光部分对应遥远星系光谱中的绿光部分，太阳光谱的黄光部分对应的则是遥远星系光谱中的橙光部分，以此类推。"条形码"的间距和线条的相对强度保持不变，但它看起来就像有人将背景彩虹上所有的黑线都抹掉了，代以将它移至红端。更令人吃惊的是，距离越远的物体红移的程度越大(图 2-4)。

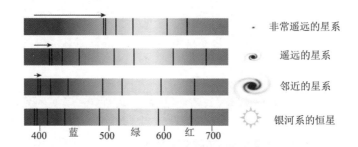

图 2-4   遥远恒星波谱线红移(右侧光谱末端)示意图。底端波谱示意的是银河系附近的一颗恒星，所示波谱线与地球上可观测到的元素波长一致。第三条波谱所示则是望远镜中看起来更大的河外星系群，它的光谱有轻微的红移现象。对于第二条波谱所示的更远的星系群，在望远镜中看起来非常小，但其红移现象更加明显。箭头表示每条波谱的红移程度

如果引用"火车鸣笛概念"(物理学家称之为多普勒频移)将更好地理解上述概念。那些爱好观察火车运动的人都知道，大多数特快列车的司机会在火车进站时鸣笛，当火车经过时，站在站台上的人会有一种特别的感受，就是鸣笛声的音量会突然下降。鸣笛声的骤降和遥远星系的光谱移动是一个道理。

声音在空气中传播的速度是 1236 km/h。如果火车以 123 km/h 的速度经过车站，那么在火车接近时传到人耳的声音频率会提高 10%，而当火车离开时又会降低 10%。为便于理解，我们用一个每秒发生一次嗡鸣声的嗡鸣器替代火车鸣笛，那么当火车沿轨道停下时，毡站台上的人可以听到每分钟 60 次的嗡鸣声；如果火车以 123 km/h 的速度向他驶来，他将听到 66 次嗡鸣声；如果火车是以 123 km/h 的速度驶离，他只能听到 54 次嗡鸣声。人耳只计算声波撞击耳膜的频率，当声源逐渐远离，每一次震动都在远离，需要经历更远才能到达耳膜，因此耳朵检测到了一个偏小的频率，故向大

脑传达了一个偏低的音频。

如果是光源在远离，那么这束光的"音频"也会降低。然而，由于光传播的速度接近 $10.8×10^8$ km/h，从一辆飞驰的火车上传来的光的频率并没有发生显著变化，只有当远离速度占传播速度足够大的部分才能对频率产生影响。因此，当我们观测到遥远星系发射的光的波谱红移程度相当于频率有10%的降低时，表明这个星系正在以 $1.74×10^8$ km/h 这样惊人的速度远离我们。

2.2.2 测距

如前所述，银河系后退越快，光的红移程度越大。来自银河系的一系列波谱观测例子如图 2-5 所示。在红移现象被发现后的另一大发现，就是红移程度最大的星系同样也是最远的星系。这项发现建立在一系列学科知识发展的基础上，并逐渐发展出了强距离尺度。

距离远比速度难测，困难在于如何准确测定它，这已超出了我们的研究范围。以下我们将简单阐述一般的原理。

所有向太空进行的探索和测量都需要一个基准线(图 2-6)。当一个探测者想要测量一个难以接触到的遥远物体(如海洋中的岩石)，他只需在岸边设置一条基准线并测出其长度，然后分别到基准线两端记录人眼观察岩石的视线与基准线之间的夹角，就可以根据几何关系轻松算得海岸到岩石的距离。

正如我们在图 2-7 中看到的，天文学家所面临的距离范围是惊人的。天文学家开始大胆地将地球绕行太阳的轨道作为距离探测的基准线(图 2-6)，在轨道的两端进行观测，同理可用三角法则求得宇宙中的"岩石"。即使有如此巨大的基准线，这也是一项非常艰巨的任务。这条基准线有 $3×10^8$ km 长，然而最近的恒星也有 $4×10^{13}$ km 之远，这相当于用岸边 1 cm 的基准线去测 10 km 远的岩石。

通过使用精密视差仪，离地球最近的几千颗恒星的距离可以通过把地球的轨道作为基线来确定。尽管如此，这种方法所探测到的星球数量对于整个银河系而言仍然是九牛一毛。

太阳系在银河系中的运行速度为 $6×10^8$ km/a，这样巨大的速度让我们可以极大地拓展基准线。以这种方式，可以建立一条远远大于地球轨道的持续增长的基准线。这就好比一个观测者驾驶着卡车沿海岸线行驶，周期

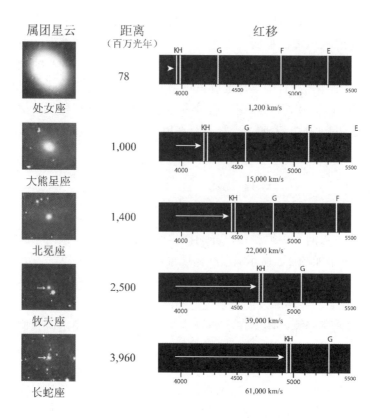

属团星云　　距离　　红移
（百万光年）

处女座　　78　　1,200 km/s

大熊星座　　1,000　　15,000 km/s

北冕座　　1,400　　22,000 km/s

牧夫座　　2,500　　39,000 km/s

长蛇座　　3,960　　61,000 km/s

图 2-5　星系及其光谱。左图所示为哈雷观测望远镜拍摄的照片。因为观测对象尺寸都相近，因此可知处女座距离地球要比长蛇座近很多。同样如右图所示，是类似地球波谱线图的对应光谱简图，图中水平的白色箭头表示一系列易识别的暗线在白光波谱中的位移(或实验室弧度)，其退离速度与箭头长度相关。可以看出，越遥远的对象，退离速度越大(图像来自美国加州理工学院)

性地观察远处的海岛。根据卡车的速度和行驶的时间，观测者可以求得不断变长的基线长度。以同样的原理但更加复杂的方法(统计视差)，天文学家最远已经探测到 3×10^{15} km 以外的恒星。尽管如此，我们所能测到的恒星仍然局限于银河系。

测定银河外星系的距离仍是一个非常棘手的问题，以至于天文学家们放弃了三角法则。然而，大自然提供了另一个有效的方法可为天文学家们使用，即银河系中许多恒星的亮度都有规律性脉冲，因此，它们更像是灯塔而不像前照灯。这些恒星有一系列的闪烁速率，其重要特性是相同亮度的恒星以相同速率闪烁。这就好比海岸警卫员让灯塔中的"灯泡"亮度和它们的点亮时刻相关，例如所有灯泡为 1×10^4 W 的灯塔每分钟亮一次，那些灯泡为 2×10^4 W 的灯塔则每分钟亮两次等。恒星间的强度变化比率非常大，几乎相差 10 倍，因此，它们甚至比银河内恒星更易于观察(图 2-8)。

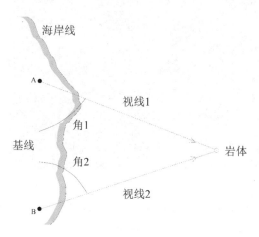

图 2-6 远距离对象几何法测距示意图。观测者要测量海洋中岩石到海岸的距离，只需测出海岸线上一条已知长度的基准线与两端视线的夹角，即可通过三角法则求得岩石到海岸的距离

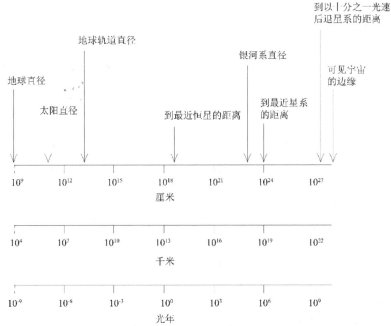

图 2-7 距离的比例尺。天文学家需要计算超过 19 个数量级的长度

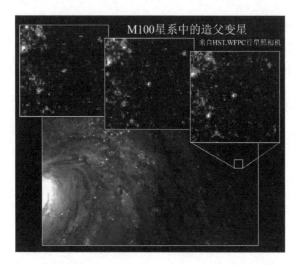

图 2-8　一颗河外星系的脉动变星分级(光强度)示意图。图像上方的三个正方形是图像中间小方框所示的可确定的一颗恒星的三张不同倍数放大的照片(引自 NASA；http://apod.nasa.gov/apod/ap960110.html. Credit: NASA, HST, W. Freedman (CIW), R. Kennicutt (U. Arizona), J. Mould (NU))

　　天文学家利用了这一关系推断出河外星系可见闪烁的恒星很可能遵循同样的规律，即根据闪烁速率可以确定恒星的亮度级。通过对比源头的亮度与在某区观测到的光强，就可以获得恒星的距离以及它的主星系。就像我们能通过前照灯的光强，直观地判断出高速公路上驶来的汽车的距离，上述测恒星距离的方法就是"前照灯"法则的量化版。因为汽车的前照灯具有相似的亮度，我们可以通过驶来的汽车前照灯的亮度判断它的距离。同样我们只要对比河外星系中的恒星发出的光强与银河系中同类恒星的光强，就可以根据三角法则推算出河外星系的距离。在知道这些河外星系的距离之后，天文学家又可以通过三角法则求出它们的直径。如图 2-9 所示是一张银河系及其临近星系与气体和尘埃云的"地图"。

　　遗憾的是，发生显著红移的那些星系距离实在太远，就连我们最大的望远镜也无法分辨出单个恒星。尽管使用哈勃望远镜可以用这种方法测量更远的星系，它在太空中避免了地球大气层的干扰，然而，对于最遥远的星系来说，整个星系看起来只比附近的恒星大一点点。因此，没有单个的脉冲恒星可以被识别，灯塔的方法是不适用的。

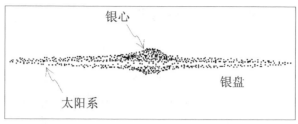

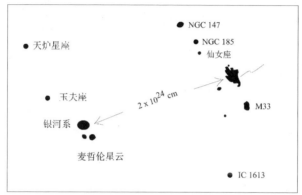

图 2-9 银河系及邻近星系尘埃云示意图。仙女座星系有一万亿颗恒星，距银河系 250 万光年(引自 NASA/CXC/M. Weiss：http://Chandra.harvard.edu/resources/illustration/ milkyWay.html)

最后向太空迈出的一步就是利用银河系自身大小了。通常观测发现成群星系，天文学家们仔细研究了银河外星系群的大小，发现它们与人(和汽车)的大小一样，都符合一些简单法则。这个假设是找到与非常遥远的星系群具有相似大小和亮度的光谱"附近"的星系群。这就像一辆车的距离不仅可以从它前照灯的亮度判断出，还可以根据它看起来离我们多远进行判断。由于这个方法存在一定误差，这里不作过多介绍。就像汽车的驾驶员一样，天文学家也可以通过星系群中单个星系的大小推断这些星系群的距离。

近日，科学家们观测到了遥远星系中的一颗超新星爆炸并进一步改进了这种方法。超新星爆炸事件在已知的星系中发生的概率接近于一个世纪一次，因此，每 10 个星系在每个 10 年中都会观测到一次因超新星爆炸发生的光亮。在测距实验中，这些光亮就是非常合适的"前照灯"。

2.2.3 速度—距离关系：追溯宇宙的开端

观测到了宇宙中星系的速度和距离，科学家们可以以银河星团的距离为横坐标，以逐渐远离的速度为纵坐标制作一张图表。如图 2-10 所示，当观测到的银河星团由此图显示时，可以发现所有的点都呈线性排列。横坐标距离放大 10 倍得到的点，其纵坐标的速度值也放大了将近 10 倍。这样显著的相关性有什么重要意义？

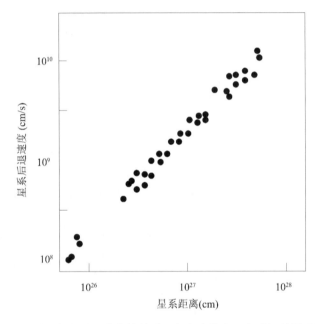

图 2-10 银河星团距离和后退速度的关系。每个点代表一个遥远的星系(或不同星系组成的星系群)。因距离尺度变化系数超过了 100，故采用对数坐标表示

距离—红移间显著相关性的重要意义在于，我们所关注的星系群在某个时刻是处在同一地点的。设想，一个生日聚会上突然所有人在同一时刻离开，有人以 4 km/h 的速度步行回家，有人以 10 km/h 的速度骑车回家，有人以 50 km/h 的速度开车回家，还有人乘坐速度达 500 km/h 的直升机。假设他们都朝着不同方向沿直线移动了 1 h，1 h 后那个步行者走了 4 km，骑行者为 10 km，以此类推。将他们离开的速度和他们到聚会房子的距离按散点图形式表达，会得到一条直线，而这条直线的斜率就是他们离开的时间长度。事实上，散点图中每个点到原点的斜率是相等的，因为他们一

起参加聚会且同时离开。两个点之间的位置越远，表示它们分离的速度越快。在三维空间也是一样的，如果我们将时间倒转，让远离的星系以观测到的速度返回，那么所有的星系都将同时回到同一个位置。这个具体的时间可以由任意星系的距离(距银河系)和退离速度(相对银河系)求得。

这张简图不仅证明了所有星系在某个时刻都在同一个点，而且还给出了宇宙的形成年龄。横坐标轴的单位是 cm，而纵坐标轴的单位是 cm/s，斜率是时间(或时间的倒数)。距离与速度之比即宇宙的年龄。计算结果表明，宇宙中物质在大爆炸后向外飞离事件发生在 137 亿年前。

图 2-11 展示了距离—速度的演化关系。如果宇宙大爆炸发生在 50 亿年前，那么速度—距离趋势线的斜率是真实趋势线的 3 倍。对于每个星系而言，速度是不变的，但距离却在随时间增加。

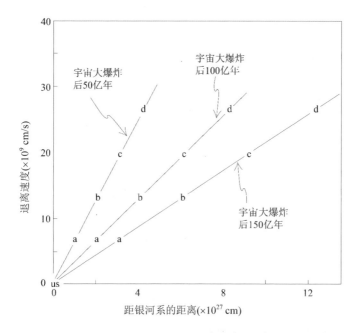

图 2-11 距离—速度关系演变图。a、b、c、d 四个星系以四种不同的速度离我们远去，四种速度随时间变化而几乎保持不变。然而，当宇宙年龄增加了，星系和我们之间的距离也在增加，大爆炸后 150 亿年的距离约为大爆炸后 50 亿年距离的 3 倍

根据这个理论，人们自然而然会问，宇宙的中心在哪儿？图 2-12 所示的火车类比案例显示依靠距离—速度关系并不能知道它的起点。观测者们在一辆沿铁轨飞驰的夜间火车 A 上，看到了同样沿另一条铁轨飞驰而过

的火车 B 顶上的光亮，同时他们还听到了火车 B 的鸣笛声。他们知道火车 B 是与火车 A 同时从中心站驶出的。观测者通过光的强度可以测定其与 B 的距离，通过鸣笛声的音频可以判断火车 B 在离他们远去且能得到离开的速度。仅知道这些信息，观测者还是无法得知中心站的具体位置。同理，科学家们也无法确定宇宙的中心。

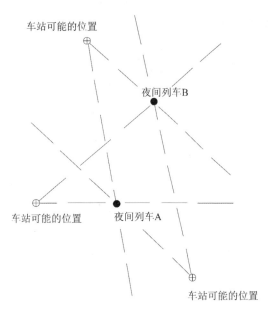

图 2-12 火车类比。夜间火车 A 上的乘客观察到火车 B 上的明灯，而两辆火车是同时从中央车站出发的。他们通过灯的亮度确定了两辆火车的距离，通过听到的鸣笛声的音量确定了火车 B 的速度，而且能确定两辆火车在彼此远离。然而，尽管他们还掌握一些其他的信息(如自己火车的运行方向和速度)，他们还是无法确定这个中央车站的具体位置。在无限的可能性中，这里描述了其中的三种

2.3 大爆炸假说的补充证据

这个证据得益于不可见的背景辐射的发现。为了更好理解这种背景辐射，有必要知道所有温度高于绝对零度的物体都有辐射(图 2-13 所示是各类温度比例尺的描述)。这种辐射叫黑体辐射，可以用于探测远距离物体的温度。当温度上升时物体发出的辐射波长将变短，而温度很低时，便无法探测到辐射。当温度上升到几百摄氏度以上时，波长就进入可见范围，

物体会发出暗红的光。当温度越来越高，物体颜色会变橙色、白热等。物体释放的辐射并不是单色波，而是完全由物体温度决定的一个特征模式。电炉就是一个典型的例子。当线圈逐渐变热，它的辐射波长也在改变，一开始线圈是黑的，因为此时的辐射是人眼无法感知的红外线。然后线圈变成暗红色，因为有部分辐射进入可见光范围。当线圈变得非常热时，颜色会变成白色，因为这时许多颜色的可见光都发散了辐射。因此，测量遥远物体具体的辐射模式可以确定物体的温度。比如地球表面的辐射特征显示地球的温度为 288 K，这个辐射集中在红外线段，而太阳辐射特征显示它表面的温度为 5700 K，这个辐射集中在可见光波段。

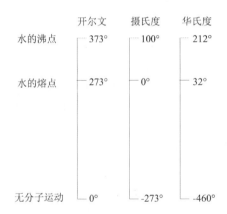

图 2-13 三种温度尺度图解。开尔文绝对零度是没有分子运动的温度。美国的日常生活是使用华氏温度度量的，而世界上其他大部分国家则是使用摄氏温度

还有微波背景辐射。以下惊人的数据来自新泽西贝尔实验室的物理学家罗伯特·威尔逊(Robert Wilson)和阿诺·彭齐亚斯(Arno Penzias)。因为其他原因，他们要使用对超长波辐射即波长 0.1~100 cm 的电磁波(如微波)敏感的探测器进行实验。当他们碰巧将仪器朝向天空时，发现即使是星球或星云之间真空的地方，也能探测到不可见的辐射。观测辐射的细化模式可以发现，这个宇宙辐射与温度高于绝对零度 2.73°的物体辐射相同。在威尔逊和彭齐亚斯的发现之后，包括卫星上进行的精细测量在内的一系列工作发现，在这个范围内，各个波长辐射的强度与这个冷辐射的模式高度吻合(图 2-14)。

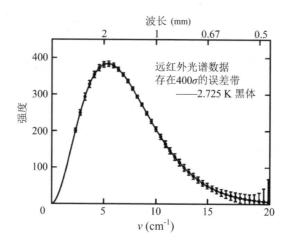

图 2-14 COBE(宇宙背景探测器)卫星上远红外绝对光谱仪探测到的宇宙背景太空微波。宇宙按微波形式的辐射。通过测量多种波长辐射强度可以发现，这种波谱与黑体辐射即某种温度为(2.725+0.002) K 的材料辐射相一致。这个温度与大爆炸理论相当吻合(引自 NASA；http://lambda.gsfc.nasa.gov/product/cobe/firas_overview.cfm)

　　什么是宇宙黑体辐射的源头？在大爆炸后没多久，宇宙的温度冷却到可以让质子和电子结合为中性的原子，并释放出巨大的闪光。那时宇宙大概只有 10 万年，气体的温度大约是 4000 K，然而现在看来巨大闪光是由一个温度比现在低 1500 倍的物体发出的(即温度为 2.76 K)，原因与自那时以来宇宙的膨胀有关。虽然对于这个"冷却"过程的量级计算相当复杂(这里不作介绍)，但对物理学家而言，计算结果完全符合预期。因此，物理学家们通过大爆炸后的余晖，证实了大爆炸假说。

　　大爆炸后宇宙中的物质组成几乎只有两种元素，即氢(H)和氦(He)，下一章将进一步介绍。通过仔细模拟大爆炸过程，物理学家们能够计算出大爆炸时原子反应中氢和氦的比例。计算结果 H/He 比值为 10:1，与观测到的宇宙中 H/He 比值相一致。

　　这些不同类型且相互独立的证据，即星系的速度与距离的关系和宇宙背景辐射以及宇宙化学组成共同构成了宇宙起源——大爆炸假说的理论支撑。

2.4 一个膨胀的宇宙和暗能量

宇宙从一开始就在膨胀，后受万有引力作用达到平衡状态。这就会让我们想到，万有引力可能足够大，使这个扩张过程逐渐变缓，直到静止，然后会发生一个巨大的收缩，产生一个"大收缩"甚至是整个宇宙的大振荡。这个设想能否通过观测证实？1998 年哈勃空间望远镜成功发射，为此提供了必要的数据，还有一个完全出乎意料的结果，即这个膨胀过程在加速。理论家们又努力地对这个结果进行可能的解释，各种各样的想法都涉及一个共同的名词，即暗能量。暗能量不是少数的现象，为了符合这一观测结果，暗能量需要达到宇宙的 70%之多。不仅如此，暗能量还与我们所理解的物质和能量具有相反的作用，能起到一种膨胀力的作用，使得宇宙能克服万有引力的吸引。

接下来的问题是，我们所见宇宙中的一切物质的总质量，对于许多宇宙观测结果而言都远远不够，余下不可见的部分被认为是暗物质。暗物质不是一种微不足道的物质，它组成的质量达"正常"物质的 6 倍之多。暗物质不在恒星、行星或黑洞中。物理学家们能确定它不是常见的物质，但无法确定它到底是什么。

本书后面的内容所讨论的，都是针对"正常"物质和能量而言的。我们所见能谈的整个世界，事实上只占了整个宇宙的大约 4%(见图 2-15)。尽管我们接下来讨论已知的事物以及那些已知是什么的问题，但仍有必要去反思一个事实，即对这个世界的探索，我们未知的仍远远多于已知的。

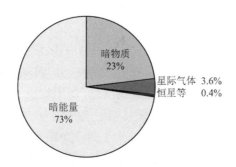

图 2-15 饼图示意宇宙的组成。我们所能直接观测到的以及本书将讨论的一切物质，仅占宇宙的 4%

2.5   大爆炸余波

大爆炸后约 10 万年，当膨胀物质已降温到一个自由电子能在正电荷核子周围的轨道上被俘获时，氦气和氢气就此形成。这种气体在大爆炸的余波中，而此时的宇宙，是一个浑浊无趣的地方，没有星系，没有恒星，没有行星，更没有生命，只有迅速膨胀的分子云。

然后，由于尚未完全理解的原因，分子云开始分解成无数个群，这些群在形成后成为稳固的单元，被彼此的引力作用连接着。每一个群发展成一个或多个星系。在这些星系中，气体又进一步分解，形成了数百亿发亮的恒星。宇宙从此不再黑暗。

虽然现在这些古老的恒星不是已经灭亡了，就是在年轻的类似恒星中消失了，不过我们可以非常确定的是，那时没有类地行星，因为类地行星不可能在只有氢或氦的环境中形成，它所需要的元素不在年轻宇宙中。因此，要到达我们宜居旅程的下一站，要先看看余下的 90 种元素是在哪里以及如何形成的。

2.6   小 结

人类总是热衷于找寻有关太空的知识和灵感。最原始的好奇和疑惑，就像"太阳光谱是怎样的，与其他恒星有何差异"以及"那些恒星离我们有多远"等，这些都指引着我们获得意想不到的新发现。遥远的星系有它们的"条形码"属性，即光谱线向红光移动，表明它们在以极大的加速度远离我们。令人惊叹的是，逃离速度与距离成比例关系，说明在 137 亿年前在同一时间和地点世间万物存在着一个共同的起源。这个直接观测所得的推断恰巧得到了另一个观测结果的支持，即为解决"宇宙是否发射出任何背景辐射"问题的观测结果，黑体辐射就此成为宇宙大爆炸理论的强有力证据。随后，核物理的研究又证实了另一个关于氢/氦比值的预测。以上证据共同构成了大爆炸理论的依据，成为解释我们从何而来，何时产生的基础认知。

近十年来，哈勃空间望远镜得到的更遥远的观测结果告诉我们，我们人类所能观测到的最远范围仅为宇宙的一小部分，在我们对宇宙的探索中还有许多有待发现的东西。

补充阅读

Durham F, Purrington RD. 1983. Frame of the Universe. New York: Columbia University Press.

Kaufman WJ III. 1979. Galaxies and Quasars. New York: W. H. Freeman & Co.

Panek R. 2011. The 4 Percent Universe: Dark Matter, Dark Energy, and the Race to Discover the Rest of Reality. Boston: Houghton Mifflin Harcourt.

Silk J. 2011. The Big Bang, 3rd ed. New York: W. H. Freeman & Co.

Weinberg S. 1977. The First Three Minutes. New York: Bantam Books.

图 3-0 蟹状星云是金牛座的一颗超新星残留物，距地球约 6500 光年。星云是膨胀的云，始于公元 1054 年由中国和阿拉伯天文学家记录的超新星。该星云的膨胀率约为 1500 km/s，目前直径约为 11 光年。太阳系到海王星的距离(约 0.001 光年)只有图像上一个小点的大小。该星云是历史上第一个与超新星爆炸有关的星云

3

早期物质　星球的元素组成

　　在宇宙大爆炸诞生的过程中，只有两种元素大量形成：氢和氦。如果就此为止，那么在宇宙历史中也就不会出现行星和生命。我们居住的行星和太阳包含了所有元素，所以元素周期表中的其他 90 多种元素一定都是在宇宙的漫长历史中产生的。恒星是宇宙中制造元素的工厂，恒星内部温度非常高，这使得原子核能相互作用并融合在一起，释放大量的能量，并且在这个过程中产生更重的元素。然而，核熔融只会在原子粒(相对原子质量)56(即铁元素)的核中发生。当恒星达到这个阶段时将会爆炸，在此过程中生成更重的元素，并将其余 90 种元素的混合物向外抛撒到银河系附近区域。如此令人敬畏的爆炸频率在我们的银河系中大约为每 30 年一次。

　　支持这个观点的证据记录在构成太阳系的元素的相对丰度中。比如，相对丰度较高的铁表明其核反应的最终产物大致位于恒星的中心。同样的，短半衰期元素的辐射谱线也可为恒星中元素的生成提供证据。半衰期为 78 天的 ^{56}Co 及其 56 个核粒子的放射性衰变主导了超新星爆炸后发出的光，这证明在爆炸过程中有重元素生成。元素锝(Tc)也同样存在于恒星光谱中，因为锝的所有同位素都是短半衰期的放射性元素，所以锝只能存在于不断产生新物质的核反应熔炉中。

　　由于超新星发生的频率相对较频繁，个别爆炸的历史可以被监测，中国的天文学家观测到了 1054 年发生的超新星爆炸，这个爆炸的碎片云持续的扩散成为现在我们所熟知的蟹状星云(见图 3-0)。在银河系的历史进程中，已经有大约 1 亿颗红巨星形成并消亡，这使银河系中大约 2%的氢和氦转换成更重的元素，在这之中又有 2%是形成行星与生命所必需的成分。这种元素的形成过程在所有星系的恒星中都是普遍存在的。对行星与生命来说，早期物质在宇宙中无所不在。

3.1   引 言

按宇宙的标准，地球以及其他类地行星都有着独特的化学组成，它们主要由四种元素组成：铁(Fe)、镁(Mg)、硅(Si)、氧(O)。相比之下，我们所观察到的恒星几乎只由两种元素组成：氢、氦。在整个宇宙中，除了氢、氦以外的其他元素微不足道，它们只占所有物质的 2%(不多于 4%)。当然，这并没有包括暗物质以及暗能量。

氢、氦以外的元素尽管很稀有，但它们是适宜居住星球的先决条件。一个宜居的星球必须拥有一个固态或液态的地表条件，且必须拥有丰富的碳元素(C)。由氢、氦为主要元素组成的物体不可能拥有固体形态。因此，我们必须首先了解比氢、氦更重的元素是如何形成的，又是如何从大体积的气体中分离出来的，最终又是如何形成岩石状行星的。在本章中，我们将探讨第一个问题。

3.2   太阳的化学成分

所有的恒星都形成于气体星云的引力坍缩，由于在坍塌星云中的绝大多数物质最终形成恒星本身，所以恒星的化学成分必须代表原始星云的成分。如果我们在某种程度上确定了太阳的化学成分，那么就可以知道形成太阳的星系物质。

如同在第 2 章提到的，我们所了解的恒星组成信息来自于光谱中的暗线，这些暗线是太阳大气中化学元素吸收的结果，而光线正是通过大气中化学元素吸收而来的。在彩虹色谱中对应的各个光谱宽度是太阳大气中某种特定元素丰度的度量。值得庆幸的是，类似太阳的恒星中，除了氢与氦，其大气成分被认为与恒星内部成分几乎完全相同。

谱线的强度可以被转换成太阳大气中元素的相对丰度，这里提到的"相对丰度"是指给定元素的原子个数与参考元素原子个数的比值。按照惯例，天文学家以硅作为基准元素，一种元素的相对丰度是 100 万个硅原子对应该元素的数量。在图 3-1 中绘制了元素的相对丰度及其原子序数。这个图表以 10 为底的对数尺度，如相对丰度为 10^9~10^{10} 的氢元素在这个尺度中比相对丰度为 10^{-1}~10^0 的铋(Bi)元素高出 100 亿倍。

除了氢和氦的丰度远比其他 90 种元素含量高之外，图中还有一个显著的特点，就是随着原子序数的增加其元素的相对丰度呈下降趋势。除了这种趋势，丰度曲线还显示出其他一些特点，首先是铁元素的相对丰度比这种下降趋势的丰度高 1000 倍，然后是元素锂(Li)、铍(Be)、硼(B)的相对丰度相比之下也要低很多，最后是丰度曲线表现出一种锯齿状，这是由于拥有奇数质子的元素相对丰度比偶数的相邻元素低。丰度曲线的这些特征使得人们对重元素的起源关注度要远远高于氢和氦。

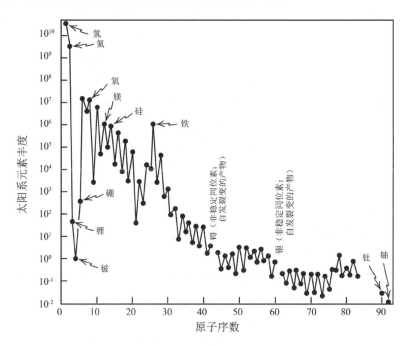

图 3-1　太阳中元素的相对丰度。由于丰度的范围已超过了 13 阶，所有元素丰度都将在对数下展示。相对丰度指该元素原子个数在 100 万个硅原子下的值。在元素锝和钷之间有一个间隙，这表示它们只有放射性同位素，在相对低温的恒星中是不存在的

3.3　氢、氦、星系、恒星

物理学家猜想，在宇宙大爆炸的一瞬间，所有的成分一定都集中在一个紧凑的原始团中。这个原始团的压力与温度非常高，以至稳定的质子和中子组合不能存在，但是当大爆炸发生几秒后，这种组合可能出现且确实能形成。曾经有一段时间，我们以为太阳中所有元素的混合物都是在宇宙诞生的第一

小时内一同生成。然而，后来的研究表明，在宇宙演化初期，只有氢和氦是大量生成的元素，其他元素都是在数十亿年后在巨星内部生成的。

在大爆炸中产生的氢、氦气体最终凝聚成为巨型云，我们从遥远的星系中可以观察到这些巨型云通常呈螺旋形和椭圆形。这些新形成的星系中的一些气体云陆续破裂形成远小于它的子云，并且由于它们之间的引力坍塌形成恒星。天文学家通过望远镜看到了许多星系，每一个星系都由数十亿颗恒星组成。通过细致的观察，天文学家已经能够证明恒星形成的过程仍在继续，他们看到新恒星正在形成，而老的恒星正在消亡。通过观察各种大小的恒星及其演化的各个阶段，天文学家已经能够绘制出这些天体的历史。在这些天体演化过程的各个阶段，都存在氢、氦转变成重元素的反应。更重要的是，我们必须寻找不是在大爆炸阶段形成的地球主要组成，即铁、镁、硅、氧化物。

同时，有人会有疑问，科学家们是怎么知道比氦重的元素是在恒星中心诞生的？下面的讨论会很有说服力，无人会否认它。如同大爆炸理论，元素起源的恒星合成理论将获得满分 10 分中的 9.9 分。

3.3.1 原子物理的描述

为了能理解支持恒星合成假说的证据，我们首先需要考虑关于原子核结构的一些简单事实。

每一个原子都有一个复杂的原子核，由电中性的中子和带正电荷的质子组成(图 1-1b)。这些原子核几乎占了所有的原子质量，但又是令人难以置信的小，直径只有大约 10^{-15} m。棉絮状的带着负电荷的电子围绕中心的原子核沿着复杂的轨道旋转，虽构成了原子的大小但它几乎没有质量。电子云的直径大约为 10^{-10} m(即原子的大小是原子核的 10 万倍)。电子被束缚在其轨道中，这是由原子核中正电荷质子的电引力引起的。

保持质子和电子组合在一起的电磁力可以与引力相对应。一个回形针可以被放置在台面上是由于地球的重力作用；如果一个小磁铁悬在回形针的上方，回形针会跳到磁铁上，那是因为这个小磁铁的电磁力大于地球的重力。通过精确的测量，物理学家发现电磁力比重力大 10^{37} 倍。地球这么大的物体没有显示出强大的电磁力，那只是因为原子的正负电荷正好相互抵消了。这造成了庞大的物体由引力占主导，对于如原子一样微小的物体，电磁力是主要的，而引力微乎其微。

如同相反电荷相互吸引，相同电荷会相互排斥(磁铁的两个相似磁极如果放到一起也会相互排斥)。这种排斥力会随着两极距离减小而迅速增加。原子的这种特性会阻止两个正电荷原子核在化学反应中相互靠近，电子也能保持独立，即使它们数量众多也能避免相撞。一般的化学反应依赖于吸引和排斥作用。

该理论到目前为止还算合理，但再深入一点就会导致一个大悖论。如果电磁力随着距离的缩短而大大增加，那么，多个正电荷质子是如何在这么小的空间里共存的？它们的排斥力一定异常大。由于原子核内存在非常大的排斥力，因此一定存在一个更大的力将质子集合在一起。这个"强作用力"须大于电磁力138倍，但它同样要在如此短的距离中产生。这如同胶水，一种力只存在于两种物体相互触碰的时候；由于这种强大的力所特有的性质，物理学家将带有这种力的粒子称为胶子。想象一下，两个强磁铁相互排斥，但又有强力胶在它们的表面，当它们相互靠得越来越近，它们的排斥力就会越来越强，但如果将其表面相互触碰，不管它们的排斥力有多强，强力胶都会把它们粘在一起。在宇宙中，这种力的相对强度如表3-1所示，与其他力相比，对我们如此重要的引力却显得十分渺小。

表 3-1　四种基本力

力的名称	相对强度	运行距离	重要领域
强相互力	1	10^{-15} m	原子核
电磁力	1/137	无限长	任何地方
弱相互力	10^{-5}	10^{-37} m	核粒子间
万有引力	10^{-39}	无限长	远远超出原子尺度，需要大质量

在低温条件下，原子核的排斥力使得原子相互分离，原子之间的相互作用由共享电子占据并形成化合物。在这种化学反应下，只有电子的轨道发生了变化，而原子核保持完整。这种化学反应在十几到几千摄氏度的温度下发生。要使得核反应发生，就必须让原子核足够靠近并触碰到一起，让这种很强的力发生作用。这只会在原子核高速运转的情况下发生，而速度又随着温度的上升而增加，所以必须要有很高的温度。要点燃核反应，温度需要达到 5×10^7 ℃ 或更高，这对于行星来说不是一件容易完成的任务。物理学家们只有在大型回旋加速器中加速带电粒子或者引发核爆炸才能达到这样的温度。这就是炼金术士想从低价值的元素中提炼金子失败的原因，他们从没有想到要点燃核反应。

宇宙中能达到核反应所需温度的天然熔炉位于恒星的中心。作为恒星，也只有在恒星的中心才有这样的反应，不然它就不会发光。恒星如同宇宙的炼金术士，可以将一种元素转换成另一种元素。

为了解哪些核素可能在恒星中生成，我们必须知道，只有特定的中子与质子的组合才能形成稳定的集合。排斥力有助我们了解中子的重要性，它们使质子彼此分离，减少了静电排斥。中子与质子对于各自来说都有着特殊的关系，那就是它们可以相互转化。孤立的中子是不稳定的，当它们加上一个电荷(氢原子)就衰变成质子，大约一半的中子每 10 min 衰变一次。当有合适的诱因，一个质子捕捉一个电子后变成中子，所以原子核的质子—中子组合在其组成上是可以转变的。中子可以将质子分离，所以非常重要，但它们本身也会衰变。质子被胶子粘到一起，但它们本身又会排斥分离。如果原子核有太多中子，它们会衰变成质子；如果有太多质子，它们又会衰变成中子，这种动态平衡使得两种粒子在核中大致相同并且使得原子核较为稳定。

在原子核中保持的这种平衡形成一个稳定带，在其中不会存在从一个核素转化成另一个核素的可能性。图 3-2 表明，在所有可能的中子—质子组合中，稳定的组合相对较少。其余的都存在放射性，只要给予一定时间，它们将自发转变为一种稳定的组合。转换的过程如图 3-2 所示。

原子核稳定性的另一方面，就是如果原子核过大，其中就有太多的质子，这样电斥力将足够大到抛射质子与中子。^{209}Bi 在大多数中子—质子组合下都是稳定的，而所有大于 209 的原子核都是具有放射性的。首先，核素包裹(如包含两个质子与两个中子的氦元素)将会被抛射。对于还是很重的原子核，整个核将分崩离析，称为核裂变。

那些残留下来且不会变化的元素将最终形成行星与生命。它们组成了一个稳定带，组成的核素从 ^{1}H 到 ^{209}Bi。这个稳定带体现了最稳定的中子—质子比例，这个比例在低质子元素中是统一的，大核元素会拥有更多中子，铋元素的中子和质子比例将近 1.5:1。

在稳定带之外的元素都具有放射性，并且都将衰变回稳定带。拥有太多中子的核将会把中子衰变为质子，这叫 β 衰变。拥有太多质子的核将把质子转变为中子，这个过程叫电子捕获。原子核过大，会释放一个氢原子，被称为 α 粒子(由于它最早被发现)。注意前两种过程将不会改变原子核内的核粒子数，而 α 衰变将会使原子核内核粒子数减少至 4，即 2 个质子和 2 个中子(图 3-2)。

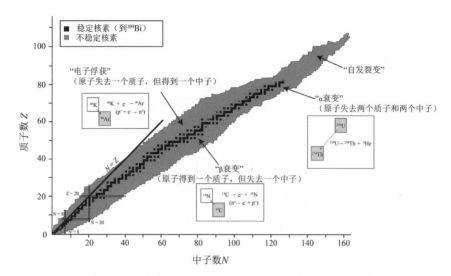

图 3-2 核素图表。稳定的核素(稳定带)用黑点表示，放射性核素用灰色表示，它们会通过几个半衰期向稳定带移动。重核素通过裂变衰变，将在这个过程碎裂成其他核素。大质量核素进行 α 衰变，释放两个质子和两个中子的氦原子。富中子同位素进行 β 衰变，将一个中子转换成质子，不改变核粒子总数。富质子核素通过电子俘获衰变，捕获一个电子将质子转换为中子。N=Z 直线说明了小质量核素的质子中子基本相同，大质量变得富集中子

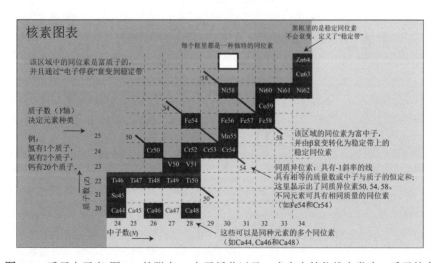

图 3-3 质子中子表(图 3-2 的附表)。电子俘获以及 β 衰变在等位线上发生。质子的个数决定了元素的特性，拥有偶数个数质子的元素通常比奇数个数的更稳定，通常只有一个同位素。请注意，只有极少数稳定的同位素是奇—奇组合的

所有稳定核素都能在地球、陨石或其他行星上发现，因此，所有元素都是以某种方式在恒星中心由氢、氦元素产生。正如我们所看到的，这种"从小到大"的生产过程在许多阶段中都能看到，生成一个碳原子只需要两步，而生成一个铁原子需要很多步，生成一个铋原子需要比铁更多步。这种生成方式就是轻元素会比重元素更富集的原因。

3.4 大爆炸产生的元素

让我们设想一下大爆炸的过程。在大爆炸的火球中，物质主要以中子的形式存在。当中子离开了紧密的约束，它们就经历自发的质子与电子的放射性衰变，且每 10.2 min 就有一半的中子衰变成质子(这个时间被定义为半衰期，比如 3 个半衰期后，有 1/8 的原始原子依然存在)。在稳定时期，许多中子结合质子形成 ^{2}H，一种氢的同位素(有 1 个质子和 1 个中子)叫作氘。其他碰撞可能会生成相对原子质量为 3 的原子或者氦原子(相对原子质量为 4)。在这时，有一种显著的核稳定性特征，即不存在稳定的质量为 5 或 8 的原子(图 3-4)。一个氦原子核与足量的质子或中子碰撞都不会发生反应，两个氦原子核碰撞同理。

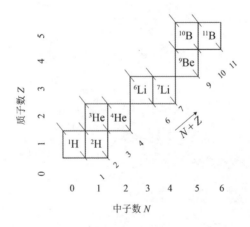

图 3-4　左下角的核素，拥有 1~11 个核粒子的核素。注意到没有质子数与中子数总和为 5 或 8 的核素。正是这个缺失让大爆炸的元素在生成的过程中大于氢的元素不容易生成

相反，只有少数的反应能跳过 5 而产生质量为 6、7、9 的原子。举例来说，^{4}He 原子内一个质子与一个中子可能碰撞形成一个 ^{6}Li 原子。由于这时元素周期表中元素很少并且在初期，这样的"三个球"碰撞发生的频率远低于"两个球"的碰撞。事实上，比 ^{4}He 更重的元素原子数是较少的。因此，在宇宙事件第一天的最后时刻，几乎所有事件都是氢、氦原子的生成，只有少数是元素周期表中氢、氦之后的三个元素(锂、铍、硼)的产生。新元素的不断合成要等到星系的形成以及星系中恒星的形成之后。

物理学家已对宇宙历史中早期发生的碰撞进行建模，发现每 10 个氢原子，就存在 1 个氦原子，与宇宙中新生恒星中氦含量基本相同，这也是第 2 章讨论的大爆炸假说的第三个证据。

3.5　恒星中的元素生成

恒星内部温度非常高，这与刹车时刹车片会发热是一样的道理。当一辆正在移动的车辆需要制动时，与其运动有关的能量将转换为其刹车片上的热量。在气体星云的碰撞过程中，引力势能同样转化为热能。产生的热量是如此巨大，且被气体氢氦缠绕的绝缘性是如此之好，这样原恒星内核就能积累足够热量从而点燃核反应。

恒星内部的原子核要产生反应就必须进行碰撞，即必须高速地飞行碰撞另一个原子核，这种高速是由于它们需要克服各个质子间强大的电斥力。这就好比将一个乒乓球扔到电风扇上，高速就可以阻止球被吹回到你的脸上。

原子温度越高，它们运动的速度就越快，因此，温度是分子运动强度的标尺。当你触碰一个热火炉时，手指皮肤上的分子运动得非常快，这样控制它们在一起的化学键就会断裂，我们把这种分子破坏叫作燃烧。对于两个质子碰撞所需的速度，温度需要达到约 6×10^7 ℃。经过复杂的一系列碰撞，4 个质子将会融合生成 1 个氦原子(且有 2 个电子)。氦原子包含 2 个原来的质子以及 2 个中子，这些中子是由质子与电子结合(对于恒星中的每个质子，都会有 1 个电子存在)而生成的。

爱因斯坦首先发现，对于核聚变的发生，一定同时存在能量的释放，而这种能量的释放总是伴随着质量的减少，减少的质量转化成了热量。的确，1 个氦原子的质量要比 4 个氢原子的质量要小一点(表 3-2)，而每当有原子在恒星中生成时，减小的质量就转化成了热量。正如核聚变能量的支持者所指出的那样，通过这种方式获得的热量是惊人的。事实上，这种热量巨大到一旦核反应被点燃，恒星的坍塌将被热量逃逸的巨大压力所阻止而保持其大小，并且在很长一段时间内不断地进行核反应。比如，我们的太阳已经点燃了 46 亿年，并且将在更长的时间内不会受到氢燃料短缺的影响。

表 3-2　质量对能量的转换

元素	元素质量(g/mole)	原子数	总质量 (g)	质量损失(g)	能量(J)
H	1.0080	4	4.032		
He	4.0026	1	4.002	0.029	2.6×10^{12}
Si	28.0860	2	56.172		
Fe	55.8450	1	55.845	0.330	2.97×10^{13}

大多数恒星都会由于氢的核聚变产生热量而导致发射光。因此，有人会认为恒星从宇宙历史的第一天起就担负起了这个任务，它们缓慢地将宇宙中剩余的氢原子转化为氦原子。

如果我们的太阳足够小，那样的话氢元素可以核聚变几十亿年。由于氦原子有 2 个质子，它们间的电子斥力是 2 个氢原子的 4 倍。在氢聚变的温度下，原子核的运动速度还不足以克服它们的电斥力。由于这个原因，氦原子的聚变将不会在小恒星中发生。在大恒星的中心，引力非常巨大，为了抵抗引力，氢转变成氦的过程相对较快。在所谓的红巨星中，氢的供应大概持续 100 万年。当红巨星内核的氢供应不足时，核反应火焰将熄灭，同时恒星也丧失了与它内部引力对抗的能力，从而立刻又一次开始崩塌。这种再次收缩释放的能量造成内核温度再次上升，压力也开始增加。更高的温度达到了氦聚变所需的温度，这时氦原子开始结合形成碳原子(3 个 ^{4}He 原子合并形成 1 个 ^{12}C 原子)。碳原子的质量比形成它的 3 个氦原子质量小，减少的质量也转变成了热量。重燃的核反应产生的热量有效阻止了恒星的坍塌，恒星的大小再次稳定下来。

对于大恒星，这种核燃料消耗、重新坍塌、核心温度上升、点燃新的不容易发生的核燃料的循环将重复多次(图 3-5)。一个碳原子核可以与一个氦原子核融合形成氧，或者两个碳可以形成镁原子核，或者更多。每一次结合伴随着一些质量损失，并产生热量。整个过程可以持续形成，只要聚变形成更重的原子核并且造成质量损失，且产生热量。额外的热量可以保证恒星不会坍塌并处于一个稳定的阶段,因为热量的扩张与引力的收缩是平衡的。

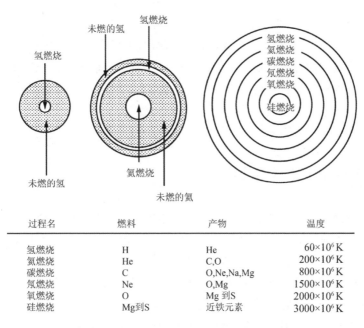

过程名	燃料	产物	温度
氢燃烧	H	He	60×10^6 K
氦燃烧	He	C,O	200×10^6 K
碳燃烧	C	O,Ne,Na,Mg	800×10^6 K
氖燃烧	Ne	O,Mg	1500×10^6 K
氧燃烧	O	Mg 到 S	2000×10^6 K
硅燃烧	Mg到S	近铁元素	3000×10^6 K

图 3-5 三种不同大小的恒星,其内部都存在着强烈的核反应。和太阳一样,左边恒星内部的核反应使得氢形成氦,核心被没有反应的核燃料包围着;中间的恒星在中心将氦核聚变形成碳和氧,这个核心被没有反应的氦包裹着,在这之外是氢聚变成氦的核反应,最外面是没有反应的氢;右边的恒星拥有许多反应层,最内部为 Si 聚变形成 ^{56}Fe。各个聚变反应所需要的温度如表所示

这个过程中能形成的最大质量的物质是相对核粒子为 56 的铁(^{56}Fe),在这之上形成新原子核将不会伴随质量的损失,而如需形成新核就必须外加热量。由于质量和能量的关系是 $E=MC^2$,比铁重的原子核质量只会略大于形成它们的元素原子核质量。这种反应与其说是热量来源,倒不如说是热量散失,因而无法阻止恒星的引力坍塌。因此,恒星的核熔炉只能生成从氦到铁之间的元素。值得注意的是,这部分元素包括碳、氮、氧、镁以及硅。

现在我们还遗留了两个问题。第一,有许多比 ^{56}Fe 更重的元素,它们是如何形成的?第二,如果在恒星内部生成的元素一直被困在里面,对行星形成没有多大用处,那在宇宙中一定存在着某些机能可以将元素迁移到

更广阔的空间。这不仅仅涉及行星的组成成分，而且涉及太阳本身的组成成分。形成太阳的物质包含了所有的元素，因为太阳辐射光谱表明所有元素在太阳中都存在，它并不是只由 H 与 He 构成。

在讨论这两个问题的答案之前，让我们简要讨论一下小恒星的命运，比如太阳。当太阳核心的氢元素消耗殆尽时(那将会在几十亿年之后发生)它将重新发生坍塌，但是太阳仅仅能够达到氢聚变所需的温度，在其核心氢元素也消耗完后，它将坍塌形成一个稠密的物体，并且逐渐降低温度直到它淡淡的光芒也消逝。这种恒星被称为白矮星。

3.6 通过中子俘获的元素合成

重元素生成和元素分布问题的解决得益于宇宙中存在大量的大质量恒星。这些大质量恒星达太阳质量的 10~25 倍，拥有强大的引力且需要很高的温度来阻止它们的衰竭。它们很快进入到多层结构(图 3-5)。一旦 Fe 在它们内核生成，就不会在聚变过程中产生热量供给，也就没有任何力量能阻止它们进一步衰竭。随后的衰竭是灾难性的，导致铁原子核十分紧凑，原子壳相互渗透。因压缩阻力产生的震荡波使得它的表面向外扩张，结果就像朝火焰上抛撒汽油一样，强烈的爆炸产生了，将恒星撕扯得四分五裂。大部分恒星内部的成分都被自由抛散，逃脱了恒星引力而抛射到星系的周边环境中(图 3-0)。天文学家称这种爆炸为 II 型超新星。另一种超新星(I型)会在白矮星和它的伴星附着时发生。当它的质量超过一个界限，^{12}C 和 ^{16}O 结合形成 ^{56}Fe，这会导致一场巨大的核爆炸。

在这场爆炸当中，核反应将会生成比铁更重的元素。为了理解这个反应过程，必须首先了解一种可以在"室温"下发生的核反应，即中子俘获。由于中子不带电，它不会被任何它所碰到的原子核排斥；无论中子运动速度有多慢，都可以自由进入任何原子核。中子在"室温"情况下与核素反应的能力是核能发电原理的核心。

在大质量恒星死亡后的爆炸中，一系列核反应将发生并且释放自由的中子。在爆炸恒星紧密堆积状态的内部，中子在碰到一个电荷自我发生衰变前会遭遇原子核，且大多是 Fe 原子核，铁原子核吸收这个中子后变得更重。在一次超新星爆炸时，这种中子撞击会像机关枪射出的子弹一样。铁原子核遭遇一个中子撞击后很快会遭到另一个中子的撞击，并变得越来越重,最终将无法吸收更多的中子。当其中一个吸收的中子发射一个电子使之发生 β 衰变后,这个短暂的增长暂时会被终止。每一个中子发生衰变后就会形成一个质子并且使原子序数增加 1,同时保持原子核中相同的核子数。铁原子在一个中子衰变后变成了钴原子(Co)。以此类推,就开始了重元素的生产链。钴原子核也可以一个个地吸收中子,直至饱和。然后,它发射一个电子,并且转变成镍原子(Ni)。这是铁到铀原子生成道路上的第一步。

这种过程将会不断重复,驱动力就是中子饱和线(图 3-6 和 3-7)。由于冲击过于频繁,放射在这个积聚过程中会畅通无阻。积累过程形成了铋,甚至形成了铀(U)和钍(Th),只有原子核过大时中子撞击发生裂变才会停止。裂变形成的小原子核在轰击中会被捕获,然后再一次进行中子饱和过程。这种快速到没有时间进行衰变的中子叠加过程叫作 r 过程(r 代表快速),这个过程在超新星爆炸中能创造重元素。由于这是一场超新星爆炸,

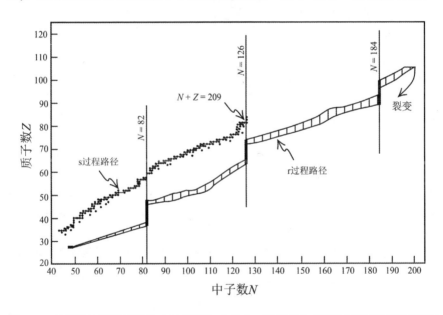

图 3-6 重于铁元素的元素的中子俘获生成方式。两种完全不同的过程共同组成了这个生成过程。(1) s 过程:在一种可控制的方式下进行。中子撞击慢速下进行,核素有足够的时间进行 β 衰变,生成路径将沿图 3-2 中的稳定带进行,因此,该过程将在最终稳定核素 209Bi 生成后结束。(2) r 过程:在超新星爆炸中发生。一个核素将在很短的时间内连续被中子撞击,没有时间进行衰变。相反地,衰变将在核素变得富中子并且无法再吸收中子时停止

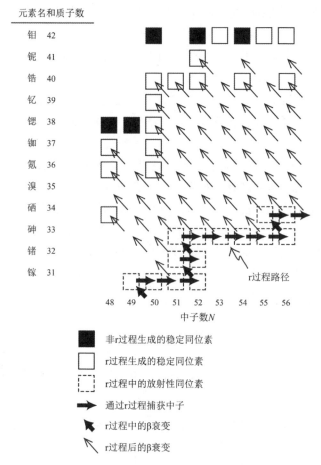

元素名和质子数

| 钼 42 |
| 铌 41 |
| 锆 40 |
| 钇 39 |
| 锶 38 |
| 铷 37 |
| 氪 36 |
| 溴 35 |
| 硒 34 |
| 砷 33 |
| 锗 32 |
| 镓 31 |

48　49　50　51　52　53　54　55　56

中子数N

r过程路径

■ 非r过程生成的稳定同位素

□ r过程生成的稳定同位素

┆ r过程中的放射性同位素

➡ 通过r过程捕获中子

↖ r过程中的β衰变

↖ r过程后的β衰变

图 3-7　r 过程的路径。快速的中子撞击使得核素中的中子数增加,直到无法再俘获更多的中子。之后核素进行 β 衰变而成为更重的元素。这个过程(中子俘获到饱和的过程在 β 衰变后继续进行)将不断重复,顺利生成重元素。r 过程在一场毁灭红巨星的超新星爆炸时发生,因而发生得非常突然。当中子流停止时,r 过程的高放射性同位素将释放 β 粒子,直到形成稳定态。值得注意的是,在等位线两侧都有稳定核素存在的情况下,只有具有更多中子的那个才是通过 r 过程生成的

这种轰击非常强烈,自由中子的运动很快会停止,因为没有更多的中子被原子核吸附。但是,这些新生成的原子核都含有大量中子,且离稳定带的边界还很远。这些含有大量中子的同位素会将其中子一个个地衰变成质子并释放电子,直至达到中子与质子的稳定比例(图 3-7)。

那些比铋元素更重的元素的原子核在发射电子的同时也发射 α 粒子

(氢原子)，并向铅元素(Pb)稳定同位素靠近。有些原子会很快完成这个过程，而有一些却会有很长的半衰期，这个衰变调整过程在今天仍然持续着。我们可以预见，这些剩余的长半衰期放射性同位素在行星内部过程中起到非常重要的作用，并可提供一个行星过程的时间标尺。

现在已经发现，超新星爆炸的 r 过程并不是唯一能够产生被原子核俘获的自由中子的过程。作为恒星大部分历史中的稳定核反应的一部分，它的副反应同样释放自由中子。这些中子同样能够使得轻元素转变成重元素，但这个过程要慢得多；在恒星演化过程中，中子将一个接一个地被俘获。由于中子俘获过程较慢，这个过程被称为 s 过程(s 表示慢)。在 r 过程中，中子撞击频率异常高，以致那些短半衰期的原子核没法在再次遭到轰击前进行衰变。相反地，与恒星内部稳定核反应相关的中子轰击则相对缓和一些。在两次轰击之间，将会有充足的时间使得最长放射性半衰期的放射性同位素进行衰变(图 3-8)。s 过程将会生成那些 r 过程无法生成的稳定的原子核。

s 过程与 r 过程使稳定带生成了许多复杂的元素。如图 3-2 与图 3-7 所示，在偶数等位线两侧都能生成两个稳定的新原子核(而奇数两侧只能生成一个)。在这两个过程当中，r 过程与大多数中子只产生两个元素(图 3-7)。有些同位素可能同时被 r 过程与 s 过程生成，那些都是富含中子的元素且与其他同位素分离的是通过 r 过程生成的；那些由稳定的核组成并且中子丰富，与其他同位素在等位线一侧的是只能通过 s 过程生成的。

对核素表仔细检查后可以发现，存在一些这两个过程都无法生成的元素。比如在图 3-8 中，拥有 28 个质子与 30 个中子的 ^{58}Ni，它无法从这两个过程的任何一条路径中生成。这个元素与两个过程路径中相邻元素相比，丰度要小得多，它可以通过 β 过程获得，这个过程是质子叠加过程或通过重元素的裂变获得。

总之，一个复杂过程的共同作用生成了所有的元素。主图表展示了所有的核素，并带有一个稳定带，这个带中原子核可以在不衰变的情况下存在。大爆炸生成了元素氢和氦，以及少量的锂、铍、硼。恒星内部的聚变生成了更多的氦以及从碳元素到铁元素之间的元素。恒星越大，它的寿命越短，并生成越重的元素，到铁为止。在恒星内部，s 过程可以生成更重的元素。对于大多数大质量恒星将会发生坍塌和爆炸，r 过程将生成铁到铀之间的所有元素，并且将元素分散到宇宙空间中，生成更小的下一代恒星以及围绕它们的行星。

元素名和质子数

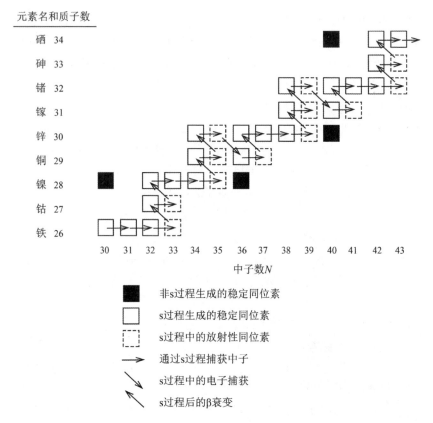

图 3-8   s 过程的细节。每次中子俘获产生一个不稳定的放射性同位素，衰变产生变化，要么把中子变成质子，要么把质子变成中子。并非所有在太阳系物质中发现的稳定同位素都能以这种方式产生。那些稳定同位素位于路径之下由 r 过程产生。路径之上的稳定同位素是由质子轰击产生的

3.7   支持恒星假说的证据

我们是否应该接受天体物理学家提出的假说，即逐步增强的核反应和灾难性爆炸，来解释比氢重的 90 种元素的合成？这种假设是否能被确凿的证据所支持，或者这只是一个关于宇宙的童话故事？显然，没有人曾将探测器送入一颗恒星的内部，所以对于这个假设并没有直接的证据，但存在 6 条间接的证据，并且都非常令人信服。证据 1，可以想到的能够保持恒星燃烧并保持高温的能量只能是核能量。大恒星内部的高温高压不仅足

以支持氢聚变，同时也足以支持氢以及更重的元素聚变。证据 2，大恒星的爆炸已被观测到(图 3-9)。证据 3 来自元素锝(Tc)，它在地球上并不存在，因为它没有稳定的同位素。从太阳光谱以及其他能够观测的恒星光谱中都没有发现锝的黑线，这是由于这些观测到的天体已足够古老，以至于存在的锝元素都已经衰变。但是，在超新星爆炸的光谱中，这种元素的黑线特征是存在的。锝元素存在两个半衰期适中的同位素，即 ^{97}Tc(2.6×10^{6} 年)和 ^{98}Tc(4.2×10^{6} 年)，它们将在生成后存在几百万年，然后在 4.5×10^{9} 年后彻底消失，早于我们的太阳系生成之前。与 AGB 恒星相关的天体中存在锝元素的黑线特征，这对元素在恒星内部生成的假说是个强有力的支持。

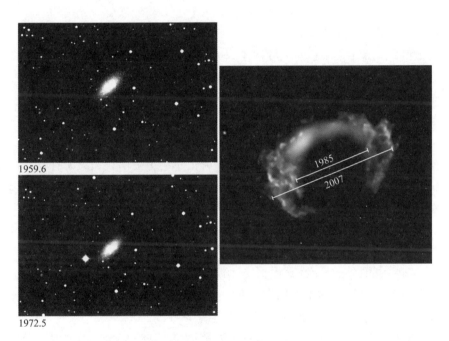

图 3-9 超新星爆炸证据。超新星爆炸前(左上)与爆炸后(左下)的照片。右图显示了超新星在 1985 年与 2007 年的照片合成(左图由黑尔天文台提供，右图由 NASA 提供)

证据 4 来自 ^{56}Co 辐射的伽马射线，这个元素通过超新星爆炸中 ^{56}Fe 的 r 过程生成。我们如此确认这种伽马射线点亮了超新星爆炸产生的星云，是由于星云光芒的暗淡过程所需时间完全符合具 78 天半衰期的 ^{56}Co 的生命周期。

证据 5 来自元素的相对丰度。利用粒子加速器实验，天体物理学家积累了大量关于原子核稳定性以及确认核粒子紧凑力的数据。通过细致的计算，可以确定元素及其同位素在大质量恒星中应有的比例。这些计算得出的结论与元素丰度曲线的特征非常相似。

最后，核物理学家能够通过粒子加速器实现许多恒星内部进行的核反应，当然这也可通过氢弹爆炸实现，证明了即使是很小规模的氢转变成氦的核反应情况下，都会产生巨大的影响。在恒星核合成过程中发生的具体反应也容易通过实验来证实。

上述所有的证据使得恒星内部的核合成成为公认的自然事实之一，在我们的理论表中可以得 10 分。

元素丰度曲线的特征对于未来宜居的行星来说也是非常重要的，这是因为行星过程必须以丰富的元素为基础。因此，我们需要对元素的丰度曲线做进一步详细研究。

在图 3-10 中，核素的丰度被绘制成核粒子数的函数。虽然元素丰度具有高度富集性和复杂性，但这里我们指出一些非常重要和容易掌握的细节，其中之一就是与铁有关的峰值(粒子数为 56，图 3-10)。如果核心为铁的恒星爆炸，显然，其宇宙周边环境中的物质铁(^{56}Fe)会比较丰富。由于 ^{56}Fe 是核聚变元素生产线的终端，它的丰度将会随着更多的恒星物质的产生而不断上升。有人会质问，为什么铁峰值不会更突出？如果所有物质在恒星内部过程后都转变为铁，那么如碳、氧、镁以及硅等元素将不会在超新星爆炸残留物中存在。当这种情况发生时，核心周围将不会被多层气体包围。事实上，当核心坍塌形成超新星时，外层依然处在更早期的聚变过程，并形成较轻的元素。

丰度图的另一个特征是质量度 10~40、能被 4 整除的核素具有峰值。这些核素都是稳定的 ^4He 原子聚变生成的，同样是核反应的主要产物，称作 α 粒子核素，因为它们是由多个氦原子形成的。

图 3-11 的上图显示了我们所描述的恒星核合成过程的有力证据。元素丰度曲线中有两个峰值，一个在质子数 55 时而另一个在质子数 80 时，这与随质子增加而平稳下降的曲线波动有关。同样地，在核内核素总数曲线中也存在这两个峰值(图 3-11 下图)，即 138 和 208，物理学家将这两个峰值与神奇的中子数 82 和 126 相联系。比如，同位素 ^{138}Ba(质子数 56，中子数 82)和同位素 ^{208}Pb(质子数 82，中子数 126)具有较高的丰度，表明原子核在含有 82 个或 126 个中子时都异常稳定，说明它们对中子俘获的倾向性很低。因此，在一个 s 过程中，核素在拥有中子数 82 或 126 时就不太可能再俘获中子，即合成链终止。由于这个原因，它们通常要比其临近

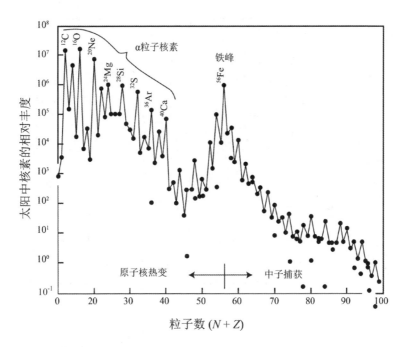

图 3-10 各个核素的相对丰度。质量度 10~100、被 4 整除(如 12、16、20、24、28、32、......)的核素的丰度比它们相邻的核素都要高,这与 α 粒子核素相关。粒子数 50~100、偶数质子的核素的丰度是它们相邻奇数质子核素的 3 倍。另外,不止一个点显示,拥有相同的质子和中子数总和的两种不同核素是存在的

元素的丰度大。在 r 过程中,拥有中子数 82 或 126 的放射性元素同样存在一个瓶颈,使得它们的丰度相对较高。由于 r 过程中的核素都远离稳定带,当激烈的中子爆炸结束,多余的中子将逐个通过 β 衰变转化为质子。比如核素 ^{124}Mo(质子数 42,中子数 82),当它衰变回稳定带时,8 个中子转换为质子形成核素 ^{124}Sn(质子数 50,中子数 74)。由于这个原因,r 过程的丰度峰值与 s 过程的丰度峰值不在同一位置,它向较低粒子数移动了 8~12 个质量单位。这两个峰值的存在有力证明了 r 过程和 s 过程在中子俘获过程中的存在。

最后,还有一个丰度曲线的特征。图 3-11 的元素丰度和核素丰度散点图都表现出明显的锯齿状。奇数序数元素以及奇数粒子核素数都要比其相邻元素的丰度小。这体现了核素结构更倾向于形成偶数,而同时拥有偶数质子和偶数中子核素的倾向性最大。除了 ^{2}H(质子数 1,中子数 1)、^{6}Li(质

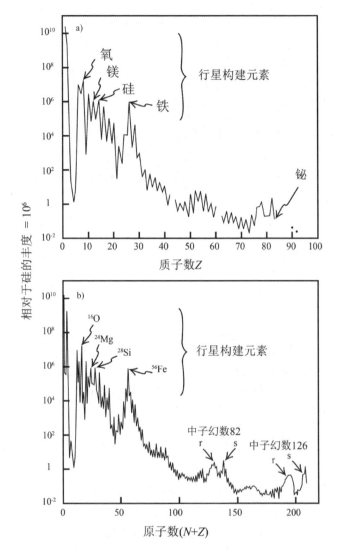

图 3-11 (a) 元素丰度。Li、Be 和 B 的低谷之所以存在，是因为这些元素在大爆炸期间少量产生，然后在恒星内部部分消耗掉。曲线为"锯齿"状是大自然偏爱偶数元素的结果。最高峰是 α 粒子核素，它将成为行星和生命的原材料。在高质量数下的轻微峰值反映了对 82 或 126 个中子核的偏好。(b) 元素等位线（一些等位线存在多种元素）的相对丰度。只有两个核数小于 208 的等位线(即质量 5 和质量 8 的等位线)在自然界中是不存在的。中子数的两个神奇数(82 和 126)也体现了两个峰值，这是 s 过程与 r 过程在元素生成中存在的证据

子数 3，中子数 3)、^{10}B(质子数 5，中子数 5)、^{14}N(质子数 7，中子数 7)，自然界中不存在同时具有奇数质子和奇数中子的稳定核素。其他奇数-奇数核素在恒星中形成之后就通过放射性衰变形成偶数－偶数核素(通过将一个中子转换成一个质子)。

3.8 小 结

在大爆炸形成氢、氦之后，恒星中核反应形成了其他元素，核稳定的特性对宇宙产生了广泛深远的影响。在大爆炸时期，质量为 5 和 8 的不稳定性阻碍了重元素的形成，也同时为大爆炸之后的恒星及恒星演化创造了条件。核聚变中的 α 粒子核素具有更好的稳定性，这导致了高丰度元素的形成，这些元素就成了行星的原生元素，也同时成了宇宙后期构成生命的元素。事实上，^{56}Fe(铁原子)是最稳定的，在超过这个值时核聚变将无法发生，这导致了大质量恒星的不稳定性，也同时导致了重元素的生成以及这些元素在各个星系中的分布。所有这些是宇宙运行及其最终具有宜居性的关键因素。恒星的大小与它在整个星系发展过程中所处的角色密切相关，大恒星具有强大的引力，从而引起强烈的核反应，非常明亮但寿命很短。这些恒星可生成所有元素，并且经历超新星爆炸将它们抛散出去。这些恒星生成行星和生命所需的元素，但由于它们的寿命短和致命爆炸，它们本身不会形成可居住的恒星系。小一些的恒星(如太阳)并没有很强的引力收缩，在较低的温度下，由氢聚变形成氦所带来的核能量使其呈稳态，并且拥有数十亿年的寿命。这将形成一个长久的恒星系，也赋予它的行星一个稳定的环境，足以进行复杂的行星演化。这两种类型的恒星都是作为一个可供生命居住的宇宙所必需的。

由于太阳包含了所有元素，所以它不可能是宇宙中首先形成的恒星之一，早期的恒星只含有大爆炸产生的氢和氦，因而太阳一定是一个"后辈"。在我们的星系中，太阳形成前有大量的红巨星形成并消逝，它们死亡时的爆炸为这个星系的元素总量提供了保证。银河系历史中的多个过程生成了现在富集的稳定元素，同样形成了地球上大量长半衰期的放射性同位素(图 3-12)。

从本章我们可以了解到，组成我们宇宙的所有星系中肯定都发生了重元素的形成，来自这些遥远区域的光谱显示了与太阳组成相同的元素存在的证据。同样，组成岩石质行星与生命所需的成分可以在宇宙的任何地区发现。因此，类地行星的生成不会因为缺少物质而受阻碍。

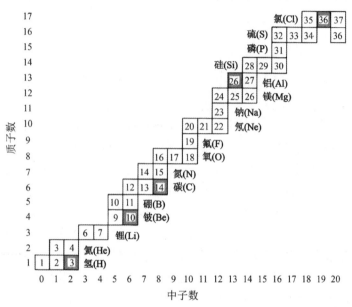

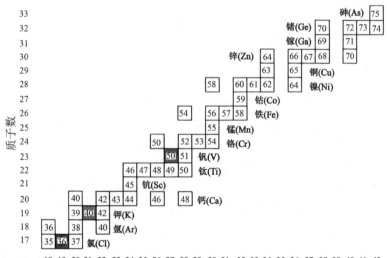

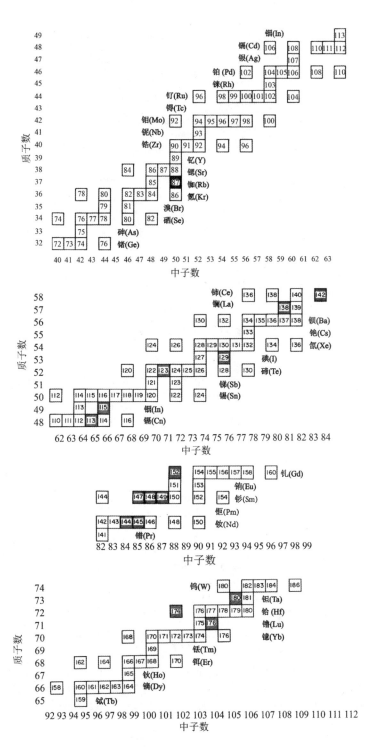

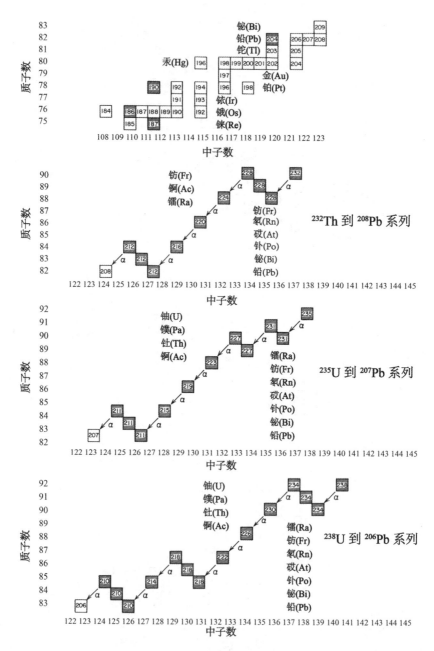

图 3-12　核素图。在这一系列图中显示的都是自然界中存在的核素。阴影的正方形代表放射性同位素。其中一些是恒星中长期存在的元素的残留物，很少量是由宇宙射线轰击大气层而产生的。图中显示了长寿命的钍和铀同位素的衰变链

补充阅读

Barnes CA, Clayton DD, Schramm DA. 1982. Essays in Nuclear Astrophysics. Cambridge: Cambridge University Press.

Clayton DD. 1983. Principles of Stellar Evolution and Nucleosynthesis. Chicago: University of Chicago Press.

Tayler RJ. 1972 The Origin of the Chemical Elements. London: Wykeham Publications, Ltd.

图 4-0 岩盐矿物的原子结构和物理形态。球中的透明框显示立方"晶胞",它是在图中看得见的矿物立方体形态。矿物的对称性反映了原子尺度上的结构。矿物是构成固体行星的物质

4

开始建造　有机和无机分子的形成

　　在恒星内部，所有重要的反应都涉及原子核本身，而一个原子转化为另一个原子则是日常活动。但在恒星之外，能量会以数量级下降，一套不同的法则也在起作用。原子成为物质的基本的、不可改变的组成部分。原子核中的质子数量控制着电荷平衡所需的电子数量，而这个电子云的长度是原子核的 10 万倍。原子间的相互作用包括电子云之间的相互作用。在星际空间，电子云相互作用的规律控制着分子的形成和行星的形成，并且控制着随后发生的所有过程。除了罕见的放射性核素保留其恒星起源时的性质，其余一切发生在地球上的变化都涉及电子云间的反应。对于恒星和原子化学来说，最基本的单位是原子核，它产生了一个单一质量的同位素，并构成元素周期表。对于行星来说，最根本之处在于电子云的结构，其基本的化学物质是元素而非同位素。周期表是围绕电子壳层结构组织的，由同一元素的所有同位素组合而成，简洁地表示了电子云的基本结构。电子云相互作用导致原子结合形成分子，几乎所有化学反应都涉及分子间的相互作用。

　　第一个分子构建模块是在星际空间的大量物质云中构建的，以形成被称为矿物质的无机分子，以及最简单的有机分子。矿物是组成固体星球的基本单元，而有机分子则是更大的气体星球和生命的基本单元。

4.1　引　言

　　我们在第 3 章讨论了恒星在上百万度温度下的活动。在这种温度下，带正电的原子核移动得很快，从而在核物理定律约束下进行碰撞和反应。

在这个恒星级别上，与我们人类经验相悖的事件变得正常。原子被创造或毁灭，没有分子存在，也没有像岩石或者矿物这样的物质，我们想象中的生活是不可能存在的。

在恒星领域之外，温度从数百万度下降到几千度。在这种温度下，带正电荷的原子核能量要小得多，并被带负电的电子壳层包围。恒星内部的核化学不再适用，我们进入了在地球上看到的"正常化学"领域。

行星化学的基本认识源自 18 至 19 世纪，那时的化学家研究物质并试图将材料分解成它们的基本组成部分。几个世纪以来，炼金术士妄图从铅和铜等比较常见的材料中提取出贵金属(金、银)，虽然失败了，但他们的尝试表明了其他可能，例如水和空气可被分离成质量和性质非常不同的成分。人们渐渐发现了一些基本的组成物质，它们具有特定的质量和化学性质，并且不能被分割成其他部分，我们称之为原子。原子特定的质量能够通过与氧气的比容来反映，例如通过铁和氢气与氧气的比容的对比来确定原子的质量。以这种方式，每一种物质的物理和化学性质就能唯一确定。那些不能被分解的物质被称为元素，是由称为原子的、独立且不可分割的粒子组成的。原子是物质的基本组成部分，既不能被创造，也不能被消灭，这成了新化学的指导原则。既然原子存在，那么它们一定是在某个地方被创造出来的，这一常识性的观点被归入哲学问题的范畴，超出了观察和科学规律的范畴。

一些新发现的元素具有类似的化学特性，并有可能基于它们的化学性质分为不同的组合团。例如，锂(Li)、钠(Na)和钾(K)可能与氟(F)、氯(Cl)和溴(Br)相结合生成类似的盐。具有相似化学亲和力的元素类也表现出规律性的质量增长。例如，对于三元一组的锂、钠和钾，钠(~23)的质量是Li(~7)和 K(~39)的权重平均值；同样，锶(Sr，质量 88)是钙(Ca，40)和钡(Ba，136)的平均。

1869 年，俄国化学家门捷列夫(1843—1907)提出元素可以组成一个有序的系统：元素具有的诸如结构以及同其他元素结合的方式等特性是周期变化的。他构建了一个表，现在称为元素周期表。在当时的表中，他将已经确定的 63 种元素按照质量递增的顺序排列在同一列中，并且每一行的质量都有规律地向右递增，同一列具有相同的亲和力。表的规律性被一些间隙打断，因此他预测会发现其他元素并填补这些间隙。在接下来的短时间内，许多这些空缺部分的元素被发现，为门捷列夫已经能够看到的规律性提供了令人信服的证据。元素周期表(图 4-1)优雅而简洁地描述了化学的最基本原理。来自其他恒星的光谱表明，宇宙中到处都存在着完全相同的元素，而地球上研究的元素反映了在广阔的宇宙时空中发生的相同的规律和过程。

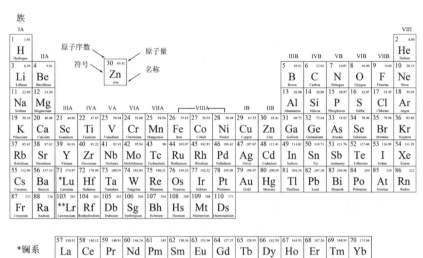

图 4-1　门捷列夫元素周期表的现代版。表中的每一行对应一个特定的电子层轨道，因此该表是一种原子的电子壳层结构的标志

　　原子最初的概念是，它们是不可分割的粒子，没有内部结构。这一想法在 19 世纪 90 年代由亨利·贝克勒尔(Henri Becquerel)、玛丽和皮埃尔·居里(Marie 和 Pierre Curie)发现放射性之后就放弃了，一些最重的原子正在发射能量，被称为"放射性原子"。因为这种能量携带电荷，因此可以将它聚集成束。欧内斯特·卢瑟福(Ernest Rutherford)想知道这种波束通过薄的金箔会发生什么。他发现大部分辐射直接通过金箔，而一些反弹回去。这种情况最简单的解释是，如果光束是正电荷的颗粒(称为 α 粒子)，当遇到别的带正电荷的粒子时会排斥它们。实验表明，原子不是不可分割的，而是具有可分辨的部分。由于几乎所有的 α 粒子都通过金箔，金箔中的正电荷区极为罕见。因此，我们发现原子基本上是空的，有一个非常小的带正电的原子核，周围包围着相等数目的带负电的电子。本质上，原子的整个体积是由周围的电子云决定的。原子核相对于电子云的大小约为1:100000。如果原子核占据了太阳和地球之间的距离，电子云会延伸到最近的恒星半人马座阿尔法星。如果将核比作公寓大楼，电子云的大小就相

当于整个地球。

20 世纪早期的研究揭示了更为复杂的现代原子概念，包括原子核的一个组成部分即中子的发现，以及具有逐渐增加电子 2、8、18、32、50 的"电子壳层"。每个外电子层都由多种轨道组成，形成了复杂的电子层结构，这需要花费一些时间来详细分析。

电子的数目与电子云的结构控制着原子间的所有相互作用。围绕中性原子的电子数量由核内的质子数量决定。因此，质子数决定元素的特性和化学行为。正如我们在第 3 章了解到的，一个给定元素的核内的质子数始终是相同的，中子的数量可以改变，从而产生不同的同位素。因为具有相同质子数的不同同位素的电子云是相同的，同位素在化学上几乎完全相同(我们将在后面的章节中见到，微小的质量差异导致同一元素的同位素具有非常微小的不同的化学性质，这是了解地球过程的一个非常有用的工具)。在周期表中，单个元素的所有同位素都被组合并取平均值，这是许多元素主要的原子量，尤其是具有偶数原子序数的原子量，不可能被精确到整数。

最新的元素周期表反映了各种元素的电子壳层结构的细节。横行反映围绕原子的电子层的数目。在第一行有 2 个元素，之后第一电子壳将被填充。第二行有 8 个元素，对应于 8 个电子所处第二外壳。第三壳层的最内轨道在加入 8 个电子后就被填满了。接下来的 2 个电子被加到第四壳层。然后，自 Sc 至 Zn，10 个电子被依次加入到第三壳层的另一轨道上。每个壳可以容纳更多的电子，因此，外壳相比于内核更加复杂。

周期表的竖列是围绕最外层电子的排布排列的，最外层电子是与其他元素发生反应的地方。第一列元素的最外层只有 1 个电子，第二列中的元素在最外层有 2 个电子。表中最大的部分展示了其中所述附加的电子被填充在所述内壳，而不是最外壳中的一个。最右边是稀有气体，其中的最外层被完全填充。因此，元素周期表不仅提供有用的数据，而且也是一种表征，即归纳了自然界中所有元素的知识。它在我们认识宇宙理论等级排名中占第 10 位。

4.2 分 子

当原子的电子最外层形成时，由于它们在能量上更稳定，因此原子共享、提供和接收电子并以某种方式合成，而这种方式在一定条件下增加了它们的稳定性。出于这个原因，除了惰性气体外，地球上大多数元素都满足各元素要有完整的电子壳层的要求。最外层只有一个电子的锂，与氟结合得很好，而后者最外层缺少一个电子，因为提供和接收电子导致一个双赢状态的出现，即原子实现更稳定的电子壳结构(图 4-2)。在水分子中两个氢原子各提供一个电子到氧原子中，给后者提供一个充填的壳。共价键之间的这种结合导致分子的形成，范围可以从非常简单的如 NaCl 和 H_2O 到可以包含数千个原子的巨大有机分子。

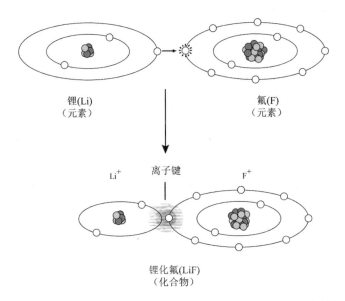

图 4-2 当一个原子的外壳上多余电子填补在另一个如氟化锂的原子壳的空隙时即形成离子键。白色的圆圈代表电子，暗灰色圆圈为中子，浅灰色圆圈为质子。核素被显著放大，从而清晰可见

　　唯一充满电子壳的原子是惰性气体，是位于周期表中最右侧的元素。它们电子壳的稳定性意味着它们没有与其他元素发生反应的倾向，因此惰性气体中每个原子的存在是完全绝缘的。氩(Ar)在空气中含量相当丰富，但不与任何物质发生反应。空气中的氧很容易识别，因为氧会与许多元素发生剧烈反应，正如我们在铁锈或木材燃烧时所看到的，或者我们的每次呼吸。所有惰性气体原子都缺乏反应性，这使得它们很难在一开始就被发现。缺乏反应性是一种隐形现象。

　　原子甚至宁可失去电荷平衡，以获得填充的壳层结构，从而形成离子。

钠容易失去一个电子，成为正离子，称为阳离子，带有一个正的化学键。氧容易接受两个电子，成为负离子，称为阴离子，具有两个负电荷。依此类推。带电荷的离子在化学反应中起着非常重要的作用。

我们知道有几十万种不同的分子，但可能存在的不同分子的数量本质上是无限的，新的分子还持续在实验室中被发现或创造。但是，最常见的分子是宇宙中最丰富的活性元素(即不是惰性气体)的相对简单的组合。这些元素(见第 3 章)是：(1)从大爆炸中来的原始元素氢；(2)所述的 α-粒子核素、碳、氧、镁、硅、硫和钙，但不是惰性气体；(3)核聚变最稳定的最终产品铁。氮也比较重要，特别是对活生物体。这些元素中，氢是最丰富的。除了氢，其余 6 大要素在宇宙中构成了超过 98%的活性物质。因此，涉及这些元素的分子将成为主导，并且我们最熟悉的在自然界存在的岩、水、空气和生命都主要由这些元素构成。

4.3 物 态

固体、液体和气体是我们最为熟悉的物质的三种状态，元素和分子能够在这三种状态间转换。在足够高的温度下，没有分子可以存在，但存在第四种状态的物质，即等离子体。等离子体可以被描述为离子化气体，其中的元素被剥离其电子，并且存在离子化核和负电子的混沌混合物。等离子体是物质在宇宙中最常见的状态，而我们观察到它可以通过极光、北极光、霓虹灯和火焰。

我们对物态的直觉来自于我们在地球表面的经验，那里的压力恒定且低，温度的变化导致了物质在固体—液体—气体之间转换。因此，当我们认为熔化或沸腾或建立等离子体时，我们本能地认为它反映了温度的升高。这种偏见来自于我们生活在一个压力非常稳定的环境。即使在压力变化非常小的时候，如我们在水中或在高山山顶的时候，都可能对我们的新陈代谢有非常大的影响。但相对于整个地球环境的压力变化，我们的体会是微不足道的。由于压力由上覆物质的重量控制，压力随深度迅速增加。想象一下，一两千米厚的岩石重量所产生的压力有多大。因此，行星的压力范围是巨大的，从地表基本为零压力到行星内部数百万个大气压(MPa)的压力。

图 4-3 可以说明这个事实，显示了水和二氧化碳两种常见物质的物态。

在 25°C 的温度下和 0.1 MPa 压力下，水当然是液体而 CO_2 是气体。在这种压力下，CO_2 从来都不是液体，它在非常寒冷的温度下是固体；随着温度上升，它由固体升华为气体。但在较高的压力下，液体 CO_2 是稳定的，就像许多灭火器中的情况一样，二氧化碳被高度压缩。从另一方面来说，水在一个大气压下从固体到液体到气体，但从图中可以看出，在压力非常低的情况下，也会看到升华；我们认为是固定值的水的熔点和沸点，也会随着压力的变化而显著变化。

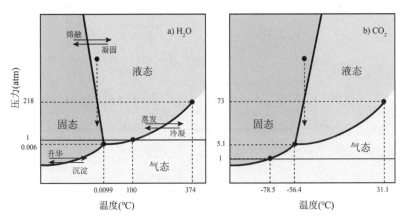

图 4-3　(a)水；(b)二氧化碳。两图分别表示影响物质状态的两个非常重要的因素：压力和温度。灰色的深浅不同表示固体、液体和气体的区域。在恒定的温度下，压力变化可以导致物态的变化；反之亦然。在非常低的压力下直接发生固体到气体的转换，即所谓升华。垂直虚线箭头说明在恒定温度下通过改变压力产生相位的变化

压力的潜在重要性还可以从图中看出，当压力(P)变化时，CO_2 和 H_2O 可以在恒定温度(T)下改变它们的状态。通过认识到熔化或沸腾需要原子逐渐脱离它们的邻近原子，可以定性地理解 T 和 P 的这些影响。在固态晶体中，元素彼此紧密结合，不易迁移。在液体状态下原子或分子的能量更大，并且更松散地结合，液体更容易变形。在气态下，原子或分子之间的连接更加脆弱，粒子运动更随机和无序，相互弹开。随着温度增加，分子的能量增加，最终变成气态。增加的压力趋于将分子紧密地结合在一起，以获得更有利的高密度状态。对于几乎所有的物质(水是例外)，固体比液体更致密，因而增加压力可使固体更稳定。因此，无论是降低压力还是升高温度，往往会对物质的状态造成同样的效果。

等离子体对温度和压力也很敏感，如图 4-4 所示。在压力极低的太空

中，低温等离子体是可能存在的，也是常见的。因此，对于所有元素，物质的四种状态随着压力和温度的变化可以相互转换。

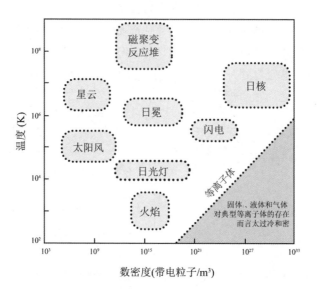

图 4-4　压力—温度场中物质的四种状态示意图。在非常低的压力(低密度)或高的温度下，物质的第四状态等离子体就变得很重要。虽然等离子体在地球上有点罕见，但在宇宙中，它们是物质的一种非常常见的状态。注意图中众多等离子体的对数的标度和极高的温度

4.3.1　挥发性

挥发性可以决定一个分子在某种温度和压力条件下是固体、液体还是气体。高挥发性元素有着非常低的熔点和沸点，例如所有的惰性气体和N_2，这些物质即使在非常低的温度下都呈气态。耐熔元素具有非常高的熔点和沸点。耐火材料如氧化铝(Al_2O_3)和氧化镁(MgO)用作高炉的壁，因为它们的熔融温度高于 2000℃或更高，即使金属铁等其他不那么耐火的材料熔化，它们仍然处于固态。耐火材料允许熔融铁在固体容器中存在。

挥发性在极端条件下在一个大的区间内波动，且能够在某种尺度下有序(表 4-1)。水比二氧化碳的挥发性小。油脂的挥发性比水小，因此液体油脂在比沸水更高的温度下也更稳定，这是煮土豆和炸薯条的区别。铁和铝有较低的挥发性，即使水沸腾和油脂融化，这两种金属也能以固体形式存在。

表 4-1 常见的分子在一个大气压下的物理常数(从最不稳定到最稳定排序)

化合物	固体熔融点(°C)	液体熔融点(°C)
CH_4	−182.47	−161.48
NH_3	−77.73	−33.33
CO_2	非液态	−78.46
Hg	−38.83	356.62
H_2O	0	100.00
Fe	1538.00	2861.00
SiO_2	1713.00	2950.00
Mg_2SiO_4	1897.00	——
Al_2O_3	2054.00	2977.00

4.3.2 密 度

分子的另一重要性质是它们的密度。不同元素的密度差别很大,因为单个原子的直径只相差 4 倍,而原子的质量则取决于原子核中的中子与质子的总数,从氢原子的 1 到铀的 238。可以推断,一个元素越重,它的密度就越大。例如,固态锂的密度为 0.5 g/cm^3,铁约为 6 g/cm^3,金为 12 g/cm^3,而铀为 18 g/cm^3。

相同的基本规律也适用于由元素组合而成的分子。水(H_2O),密度为 1.0 g/ml,由两个质量为 1 的氢和一个质量为 16 的氧所组成,因此在分子中核粒子为 18,或者平均每个原子中有 6 个核粒子。镁橄榄石(Mg_2SiO_4)的每个原子平均有 20 个核粒子和 2.8 g/ml 的密度。铁的每个原子有 56 个核微粒和 7.5 g/ml 的密度。每个原子的核粒子的数量与密度之间的比例略小于 1.0,因为较重原子的大小随着最外层壳的电子数的增加而略有增加。表 4-2 给出了其他例子。这一规律有利于确定遥远行星的化学特性,这样我们可以判断其密度,但目前还没有样本来衡量其化学成分。

4.4 分子的两大阵营:无机和有机

一般来说,分子由具有不同特点的两组组成,即有机和无机。有机分子中含有碳结合的氢,并经常含有氧、氮、磷和其他微量元素(少数例外,如有 C—N 键却无 C—H 键)。这些分子被称为有机分子,因为最初人们

表 4-2   一般陆地成分中每个分子的核粒子密度和数量

物质	分子式	每原子平均核粒子	密度(g/cm³)	密度/粒子
水	H_2O	6.0	1.0	0.167
石膏	$CaSO_4 \cdot 2H_2O$	14.3	2.32	0.161
方解石	$CaCO_3$	20.0	2.71	0.135
橄榄石	Mg_2SiO_4	20	3.27	0.165
磁铁矿	Fe_3O_4	33.1	5.17	0.156
铁	Fe	55.9	7.87	0.125
金	Au	197	19.3	0.087
铀	U	238	19.1	0.079

认为它们只能由生物体产生。它们都很容易挥发,甚至我们称为塑料的高温碳化合物在几百度的温度下也不稳定。大多数有机化学反应发生在温度接近室温的条件下。无机分子为那些不含碳的以及无 C—H 键(例如 CO_2、$CaCO_3$)的碳化合物。自然界中以固体形式存在的无机分子被称为矿物,几乎所有的固体无机物质(如岩石)的基本成分都是矿物。在我们考虑行星结构和它们的有机成分之前,掌握一些有机分子和矿物的结构和命名方法是有必要的。

4.4.1   矿物

矿物是被定义为自然形成的、具有有序原子结构的无机固体,具有明确的物理性质,可以用分子式表示其化学组成。比较有名的例子有石英(SiO_2)、黄铁矿(FeS_2)、磁铁矿(Fe_3O_4)、金刚石(C)和白云母($KAl_3Si_3O_{11}[OH]_2$)。这些矿物和所有其他矿物都可以由它们的化学式清楚地区分。每一种矿物都有独特的物理特性。例如,云母具有突出的解理,这使它极易沿着平行的平面破裂,而石英却没有解理。相反地,当一个石英晶体被分割开的时候,会出现所谓的贝壳状断口。所有矿物都有一个特定的硬度,即"柔软度"。钻石是最坚硬的矿物,它能划伤其他任何矿物。因此,它是理想的宝石,但也很容易刮花复印机的玻璃盖。石墨是另一种与钻石具有相同的化学式但具有不同原子结构的矿物,却是最软的材料之一,甚至可以被我们的手指甲划出痕迹。其他物理性质包括密度、颜色、光泽、条痕(一种矿物被硬物划痕后留下的颜色)以及该矿物是否具有磁性。每种矿物特定存在的一组属性往往使其无须进行化学分析即可鉴定其手标本是哪种矿物。

晶体的分子单元颗粒包含了宏观标本中所有明显的基本结构特性，这些特性使得晶体美观、对称。矿物使微观分子具有宏观形态的基本特性。从某种角度来说，晶体使看不见的东西变得可见。

矿物是怎么形成的？要形成稳定的几何结构，原子必须依据它们的大小和电荷去排列。带有很多电子的原子很大，而那些电子少的原子是非常小的。原子必须结合在一起，使它们的电子壳可以彼此相互作用并产生一个中性分子。由于这些原因，原子的大小和电子壳结构决定了不同矿物可能表现出的元素组合和几何形式。

由于电子可以被提供和获得，因此对于矿物而言，元素的离子半径控制它的大小并且决定原子如何结合在一起。离子半径的大小差异要大于中性电荷的原子，因为阳离子(带正电荷的离子)失去一个电子，其电子云被正电荷的原子核拉进来；阴离子(带负电荷的离子)获得电子，引起它们的电子云扩大。所以 Si^{4+} 的半径为 0.32，而氯离子为 1.72。这些特征意味着大多数矿物的体积是由阴离子占据的。图 4-5 是按照元素周期表排列的各种元素的离子大小。三种趋势显而易见。第一，在表右侧的阴离子很大；第二，具有相同的电荷(在周期表中的相同列)的离子随着原子序数增加而变大(因为它们的电子云变大)；第三，离子具有相同的电子层结构，也就是周期表中相同的行，越往右，正电荷量越大，尺寸越小。随着电荷的增加，在最外层会有相同数量的电子，但原子核内的质子数在增加。因此，带正电荷的原子核对电子云具有更多的牵引，使原子更小。出于同样的原因，随着单个氧化态原子的增加(即它们有更多的净正电荷)，原子变得越来越小。结果就是 K^+、Na^+、Ca^{2+} 离子比 Mg^{2+} 和 Fe^{2+} 大，而后者又比 Al^{3+} 和 Si^{4+} 的离子大。2-阴离子比 1-阴离子大，等等。

莱纳斯·鲍林(Linus Pauling)，诺贝尔化学奖得主，指出了一些氧化矿物结构方面的简单规律。鲍林的理论源自一个现今已被 X-射线成像证实的概念，即带负电荷的氧离子被排布在带正电荷的金属离子的外围，形成一个多面体。多面体中的氧原子数目控制金属阳离子所能占据的空间大小(图 4-6)。使用一些简单的三角函数，鲍林计算出一个(小)的 Si^{4+} 离子可以在一个四面体中分离 4 个氧离子，但不能在一个八面体中分离 6 个氧原子，因为内部空间太大了。Mg^{2+} 和 Fe^{2+} 的半径比 Si^{2+} 的大，并且适合于一个八面体内部。由于硅、镁、铁和氧是组成矿物的最丰富的元素，绝大多数矿物的三维排列都是由 O-构成四面体和八面体的多面体构架，而阳离子只占据其中间的空隙。

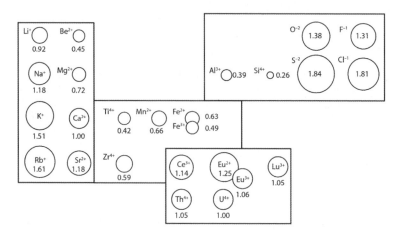

图 4-5 常见矿物中元素的大小示意图。注意：阴离子比较大。阳离子的大小随着电子层数的增大而增大，随着电荷量的增加而减小。圆圈中的数字代表离子半径(离子半径值引自 Shannon R.D，*Acta Cryst* A32 (1976): 751-67)

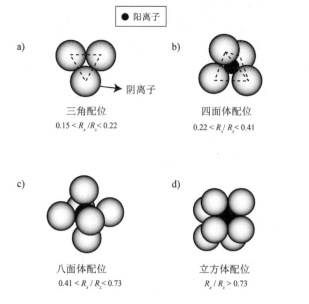

图 4-6 由大的阴离子(通常是氧离子)和由阳离子填补内部小空间组成的各种多面体。配位数越大，内部空间的尺寸越大，可容纳的阳离子也越大。R_x 和 R_z 分别指阳离子和阴离子的半径

除了大小和电荷的限制，为了有规律地生长，原子的特定排布必须是无限重复的。如果两个分子结合，形成了一个表面结构，且下一原子能够以完全相同的方式满足它们的电子外壳的要求，那么它就可以无限排布下去。如果原子结合的方式不能满足添加相同结构的分子，就不能发生有序生长。这方面的一个极端例子是惰性气体，它的每个单独的原子保持分开状态，因为不可能与其他原子结合。有序增长在能量上也比无序的分子集合更稳定，使得有序结构在发展中具有极大的优势。

无限重复性是对称规律的指导原则，所有的矿物都是对称的。对称性允许图案无限重复，例如，平铺地板或修筑城墙时，你可以买什么形状的砖，以确保砖间没有缝隙？例如，为什么没有五边形的砖，尽管五边形的形状很漂亮？这样的实际问题，以及对称模式的吸引力，使得人类数千年来对对称性的研究更感兴趣，如古埃及人对此理解较深，伊斯兰文化也广泛传播。阿尔罕布拉宫是西班牙南部格拉纳达的一座伊斯兰宫殿，建于13世纪，它的马赛克几乎包含了所有可能的对称性(图4-7)。

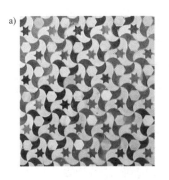
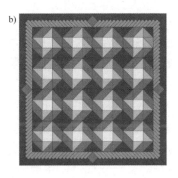

图 4-7 (a) 西班牙的阿尔罕布拉瓷砖的一个例子，说明无反射面或双重轴三重对称性；(b) 一个经典的绗缝图案展示四重对称

对称的显著特点是，在整个宇宙中，只有双重、三重、四重和六重的旋转对称性以及镜像对称性是可能的。平铺地板或修筑城墙的原则同样也适用于三维空间中的矿物。总的来说，仅有32组可能的对称性组合，而每种矿物都属于其中的一组。

常见的矿物是由那些含量最丰富的元素所形成的固体物质，这些通常是硅、铁、镁、钙和铝的氧化物。Si^{4+}阳离子需要共用4个电子，以满足电荷平衡。由于体积小，它必须被四面体配位。四个O-阴离子石(最大的常见元素)围绕着 Si^{4+}形成一个四面体的形状，每个硅与每个氧共用一个电子，使氧需要再多一个电子来填充其外层。这就为二氧化硅四面体的稳定构建创造了可能。这些四面体既可以彼此结合，也可以与另一个金属原子结合。二氧化硅四面体是大部分矿物的基本组成，它的中心作用相当于碳元素在有机化学中的作用。碳原子形成了几乎所有生命分子的主干。二氧化硅四面体形成了几乎所有岩石里分子的主干。这些原子中每个原子的四价配位，以及它们既可与自身又可与其他原子键结合形成结构单元的能力，是其可以形成三维结构对称性的原因。

二氧化硅四面体具有很多种组织形式，而这些形成了大量的硅酸盐矿物(图 4-8)。如果四面体之间没有 Si—O—Si 键，那么每个氧原子都与另一种金属键合。这是橄榄石组的结构。橄榄石是由镁橄榄石(Mg$_2$SiO$_4$)和铁橄榄石(Fe$_2$SiO$_4$)构成的混合物，它是地球地幔中最丰富的矿物。另一大类是由二氧化硅四面体单链为主干结构。每个四面体结合另外两个四面体。其他金属则形成链之间的连接纽带。单链硅酸盐称为辉石。大量不同的金属和矿物可适应这些复杂的结构，形成辉石类的一部分。当两条链连接在一起，就形成了闪石类。双链中心允许闪石包含较大的阳离子如 K，而 K 也因为它的体积太大而被所有辉石排除。

另一大类是二氧化硅的四面体形成连续二维层状。因为同一层内的二氧化硅四面体紧密贴合，但连接各个片层的键较弱，它们有特征鲜明的层状解理，我们很容易将它和层状硅酸盐(包括云母)联系起来。最后，四面体可以形成三维的架状结构，石英是最常见的例子，但地壳中含量最丰富的矿物即长石类矿物，也具有架状结构。

大部分硅酸盐矿物的一个重要方面是趋于形成固溶体。正如液体溶解物(如盐水或酒精饮料)混合在一起可以形成单一的物质，如果原子具有相似的大小和电荷的话，也可以有固溶体。伟大的地球化学家戈德希米德(Goldchmidt)指出，如果两个原子的电荷和半径都在各自的 15%以内，广义的溶解是可能的。例如，铁和镁都具有+2 价的电荷，它们的离子半径分别为 0.32 和 0.35，由于 Mg^{2+}和 Fe^{2+}的大小非常接近，并具有相同的电荷，它们在矿物中可以自由地相互置换。

随着大小差增大，置换变得越来越困难，因为该结构需要变形以适应更大原子，最终不能继续保持对称结构。例如，与含有大多金属钙（Ca）的辉石相比，只有镁和铁配合二氧化硅四面体链的辉石形成更对称的矿物。钙的原子量超出限制 50%，较大的原子量破坏了辉石的对称性。还有

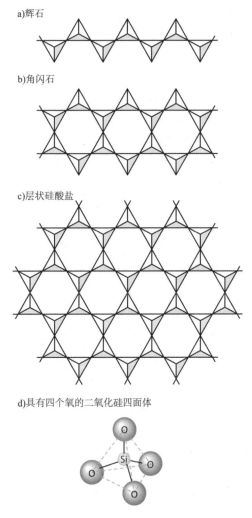

a)辉石

b)角闪石

c)层状硅酸盐

d)具有四个氧的二氧化硅四面体

图 4-8 二氧化硅四面体是最常见的岩石中矿物即硅酸盐的基础结构单元。四面体可以被分离，形成橄榄石类，或以单链(辉石)、双链(闪石)、层状(云母)，或三维结构(石英和长石)的形式结合

非硅酸盐矿物(尽管地球上不多)，包括硫化物(其中最常见的为黄铁矿 FeS_2，它是制造"愚人金"的原料)、氧化物(如磁铁矿，分子式为 Fe_3O_4)、卤化物(如盐 NaCl)和碳酸盐岩($CaCO_3$)，后者是石灰岩的主要成分。碳酸盐岩是连接地球上地质圈和生物圈之间的纽带。综上所述，重要的矿物是由元素的总丰度、电子层结合、元素的相对大小以及可以构建的对称性结

构所共同决定的。这些特点造就了硅酸盐矿物在创造地球的固体物质方面的绝对重要性。

4.4.2 有机分子

有机分子是那些碳原子和氢原子结合的化合物。有机分子也经常由一个碳作为主干结合其他元素，如氧、氮、磷等。它们最初被定义为完全由生命过程产生的分子。但19世纪早期的实验表明，有机分子可以通过普通的物理化学方法生成，这表明无机和有机之间的转化可以在无生命参与的条件下完成。此外，一些分子如甲烷(CH_4)在空间中由无机反应(如岩石、CO_2、水参与的反应)而大量形成。实验还显示了成千上万种在自然界中不存在的有机分子的存在。因此，"有机"现指广泛的含有碳和氢的分子，其中有许多构成生命体和由生命体创建，以及许多其他不通过生物过程创造的。这个定义涵盖了大部分的有机分子，并满足了我们的目的，但它并不完美，因为一些特定的碳化合物和生命过程有关，如尿素相关的某些碳化合物，具有 C—N 键，但没有 C—H 键。这就是说，有机分子是生命的组成部分，而无机分子一般都是岩石和矿物的组成部分，这种区别是非常重要和必要的。

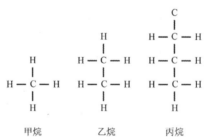

图 4-9 三个简单的碳氢化合物。甲烷也被称为天然气，是地球上含量最丰富的有机分子。所有的烃都可以通过燃烧生成水和二氧化碳，例如，$CH_4 + 2O_2 \rightarrow CO_2 + 2H_2O$

有机化学的一个重要方面是无机溶剂水。许多有机分子中含有水，并经历与水结合或释放相关的转换。大多数有机分子之间的反应发生在水环境中，因为细胞平均含水量约80%。因此，虽然水是无机分子，冰是矿物，但有机分子在很大程度上依赖于含水环境，至少在地球上是如此。即使在星际空间，液态水不存在的地方，冰仍可能起着重要的作用。另外，似乎很多有机分子在空间中的合成，都需要无机矿物质作为催化剂。因此，一般情况下，有机分子在很大程度上依赖于无机分子。甲烷(CH_4)是最简单的有机分子，也是宇宙中含量最丰富的化合物之一(图 4-9)。甲烷是碳氢化合物有机分子的最简单形式，由连接氢原子的碳链构成。存在着许多更复杂的碳氢化合物，例如石油和天然气在很大程度上是碳氢化合物的复杂组合。所有烃都可以在氧气中燃烧，如果燃烧充分，它们将会转换为无机分子 CO_2 和 H_2O。

在生物过程中起重要作用的复杂的有机分子一般可以分成四组，即碳水化合物、脂质、蛋白质和核酸。碳水化合物含有碳并含有同水中比例相同的氧和氢。常见的例子是葡萄糖、淀粉和纤维素。脂质比碳水化合物含氧量少得多，每克的能量也高得多。它们是非常有效的能量储存分子，包括动物的脂肪和植物的油脂。蛋白质是迄今为止最多样化的有机分子。它们是氨基酸的长链。氨基酸的一端是一个氮原子的胺基团与两个氢原子和一个碳原子相连，并在另一端结合酸(COOH)，连接到 R 基团。R 基团根据不同的氨基酸而不同。因此，数量庞大的氨基酸在理论上是可能的，并且可以在实验室合成。值得注意的是，其中只有 20 多种可用来构建陆地生物的蛋白质。正如 26 个字母可以组成大量的单词，24 种不同的氨基酸可以组成性质差异很大的蛋白质。在生物组织中已经发现存在至少 10 万种不同的蛋白质，但构成蛋白质的潜在数量比这个大得多。一些蛋白质分子是由氨基酸组成的庞大集合，例如，血红蛋白是由上万个氨基酸结构组成的，并且存在许多更大的蛋白质分子。核酸是自然形成的螺旋双长链。核酸的主链交替连接糖和磷酸盐分子基团。双链之间通过碱基对——腺嘌呤、鸟嘌呤、胞嘧啶以及胸腺嘧啶或尿嘧啶连接。碱基与糖和磷酸盐的组合被称为核苷酸。然后核苷酸组合成很长的核酸链。当然，这些链是信息的基本载体，它们构成了所有生命的基因，也是所有细胞复制的手段。地球上的有机分子通常与物质的液态相关联。即使是哺乳动物，它们的大部分组成结构也是液体，而我们人类无机部分的骨头可以提供一些刚性固体。因为液体介质的有机过程通常作为单个分子之间的相互作用而发生，上面所讨论的晶体和对称性的矿物的一般原则在有机领域很少被发现。

4.5 分子构建的环境

当宇宙大爆炸冷却下来之后，气态氢和氦是宇宙中仅有的大量元素。

因此，第一代恒星，无一例外地由这些元素组成，宇宙中没有固体颗粒或行星系统，也没有有机或无机分子。只有核合成与分裂后的超新星可创造行星和生命所必需的分子。这些元素在形成之后迅速包围电子层并结合成最简单的分子。氢作为最丰富的元素，是一个重要的组分，如甲烷。由于这些大质量恒星中含有丰富的氧气，足以生成所有重要金属的氧化物。剩下的氧结合氢形成水。因此，除了 H_2 和 CH_4 这两种外，最早和最丰富的分子就是氧化物，如 CO 和 H_2O，以及其他所有金属在核合成过程中生成的、与其丰度一致的氧化物。

然后，金属氧化物与 SiO_2 相结合生成微小的硅酸盐颗粒。星际云中存在的橄榄石等矿物颗粒，现在已经被地球轨道上的天文望远镜所证实。这些颗粒非常小，很难被称为尘埃，更像是硅酸盐雾。这些硅酸盐颗粒通常会被微小的冰覆盖，因为在星际空间非常寒冷的环境中，H_2O 将远远低于其熔点。在缺氧的情况下产生的还原种类的产物会在混合物中添加 CN、CH 和 HCN 等分子。在太空中的混合不一定会导致所有这些物种之间的化学平衡，因为温度只比绝对零度稍高，粒子密度也比地球实验室中产生的最极端的真空要低。因此，我们认为正常的化学反应在这里是罕见的。

星际环境有两个额外的因素，使得它与地球上的分子结构非常不同。除了在光谱的可见光部分之外，恒星还发出恒星风和紫外线辐射。恒星风是在 20 世纪下半叶太阳风的发现而为人所知的。帕克(Eugene Parker)在 1958 年的理论计算表明，炽热的日冕会发射高速粒子。该理论得到了航天器的证实，航天器以高速测量了来自太阳的高能粒子。这些粒子的平均组成与太阳的平均组成非常相似。随着更高能粒子被发现，显示出其他恒星也会释放出这样的粒子，从而产生普遍的宇宙辐射。其中一些辐射比太阳风的能量要高得多，它们来自能量更高的物体，如大的恒星和超新星。

我们日常生活中所涉及的原子并不是特别有能量的。例如，空气分子的能量较低，移动速度和子弹一样快，但仍然比一般的卫星慢一点。当这些分子碰撞，它们会相互反弹，并不影响碰撞分子的电子壳结构。宇宙射线的能量要大得多，其速度可达光速的 1/10。拥有足够高的能量，碰撞可以将分子分开，或者吸收电子和产生离子。因此，这些粒子对于化学物质的存在有着重要的影响。

恒星也发出紫外线辐射。我们在第 2 章中学习了黑体辐射，以及随着温度的升高，物体发射的辐射波长(能量越大)越来越短。因此，高温的大质量恒星会释放出更多的高能辐射。辐射总量也随着温度呈指数增长，这么多如太阳质量的恒星发出大量紫外线辐射,而这种辐射可以对化学物质产生重要作用,使它们被电离或分解。大质量的恒星,通过它们的风、紫外线辐射和超新星的最终爆炸,将能量注入星际介质中。

这些元素、高能粒子和紫外线辐射的来源在太空中并不是孤立的,因为大多数恒星都在大规模充当"恒星孵化器",在那里诞生成千上万的新恒星。其中一些大质量恒星发出的辐射如此激烈,以至于它们周围的空间都被照亮了。在这些环境中超新星很常见,喷涌形成的新元素将结合到小恒星和行星系统中去。在宇宙中,星际云(见图 5-0)是最大的工厂,不仅为创造新的元素也为分子的进化提供源源不断的物质。

在辐射最强烈的星云中不能形成复杂的分子,因为它们不断地在分裂。然而,当星云变得更密集时,更厚的灰尘为保护内部的粒子和气体抵挡了大部分辐射。在这样的环境中,给定星际空间足够长的时间,那复杂的反应可以发生并产生数百种不同的分子。这些反应的一个重要方面是:它们与地球上观测到的反应有很大的不同。例如,在地球上,几乎所有的有机反应都需要有水的存在,但在太空中,压力和温度是如此之低,水只以冰的形式存在。然而,人们所预期的缓慢化学反应速率被来自附近恒星的紫外线提供的能量所克服。在高真空环境中很少发生相互作用,但星际尘埃表面发生的反应可以克服这一缺点。当原子粘附在橄榄石晶体表面并通过扩散相互接触时,一些分子就形成了。另一些则需要粒子和辐射的结合。例如,当含有一氧化碳的冰在有氧原子存在的情况下被 UV 光照射,就会形成二氧化碳。

随着射电望远镜能探索以前被地球大气层遮蔽的太空,这些反应的最终结果直到最近几年才被观察到。这些研究已经发现了一百多种不同的分子,并且每年还在不断增长。这些分子不仅包括主要的硅酸盐,还包括许多有机分子,比如被认为是生成地球生命所必需的分子——水、甲醇、甲醛和氰氢酸。因此,星际云不仅是新恒星形成的孵化器,它们还制造了最终结合形成行星的分子原料。

通过研究彗星这种在外太阳星云的冰冷星子的残余体,我们可以推测目前在银河系星际云中观察到的过程也与太阳系的形成有关。在过去的10 年里,我们已经可以进行彗星成分的天体研究,在遥远的太空中发现的原行星盘中许多相同的分子也在彗星中被发现了。虽然这一快速发展的科学领域还没有得到充分发展,但很显然,在整个宇宙中,一颗宜居行星的起源所必需的所有分子都是丰富而广泛的。我们可以推断出太阳系的形成过程，也开始在银河系的其他地方观察到相似的过程(见图5-0)。

4.6　小　结

元素不仅不保持独立，反而在它们核形成的短时间内会组合到一起形成分子。它们结合的规律与其电子壳层的结构有关。大的阴离子形成矿物中无机分子的多面体格架，这些多面体的大小控制着阳离子在晶体内部的占位。矿物最重要的结构单元由两种 α-粒子核素即硅和氧组成，形成二氧化硅四面体。二氧化硅四面体可以通过各种方式结合在一起，产生数量惊人的硅酸盐矿物。我们所看到的这些矿物是行星的主要组成部分。有机分子是指碳与自身结合，与氢、氮和其他元素结合，形成基本的构建块，并最终形成原始生命。挥发性和密度的物理性质将使这些分子在宇宙的后续事件中如何分布方面起重要作用。挥发性化合物即使在低温下也能保持气体状态，并不像固体物质那样聚积。它们成为行星大气层的主要成分。硅酸盐等耐火材料即使在高温下也保持固态，并成为行星的固体物质。密度控制着行星内的各种各样分子。

巨大的星际云像个温室，通过核合成形成各种元素和早期分子及其相互反应；对于宜居行星表面的居民来说，它们是在一个我们不熟悉的环境中发生。超新星分配了新的元素，并通过星云产生形成分子结构的巨大的能量通量。更小的物质聚集在一起形成更小的恒星，如我们的太阳，这些恒星可以产生生命所必需的长寿命的行星系统。

图 5-0 猎户座星云的全景照片。这是美国宇航局哈勃太空望远镜拍摄的单张照片合成的最大照片之一，显示了恒星在幼年期里的诞生、元素和分子的组成。猎户座星云位于银河系内，距离位于猎户星座中央的地球 1500 光年远。所描绘天空的大小只是整个星云的一部分，但它仍然占满月区面积的 5%。这张合成图像显示的是一座恒星工厂，在过去的数百万年里，恒星是由星际气体云坍缩形成的。被称为猎户座四边形的四颗最炽热、质量最大的恒星位于图像的中心附近。此外，在星云形成的不同阶段，天文学家也观察到了另外 700 颗年轻恒星。这幅镶嵌画中还包含了 150 多个太阳系的雏形，为恒星和太阳系形成类似于我们的创生过程提供了支持。一些弯曲的特征是超音速冲击波在 15 万公里/小时的速度下产生的巨大气体射流。同一区域内不同质量的大量恒星表明，像我们的太阳这样的较小恒星可能是在剧烈的情况下形成的，在这种条件下，短寿命的恒星具有短而剧烈的寿命，它们将元素和放射性核素分布到星云中。高强度的辐射也有助于形成分子结构的环境，在这个星云环境中可以形成行星和生命所必需的有机和无机前体。参见图版 4(照片由 NASA 提供. Credit: NASA, C.R. O'Dell and S.K. Wong (Rice University)；GIF 和 JPEG 图像、标题和出版的文本参见 http://www.stsci.edu/pubinfo/PR/95/45.html)

5

大构想　来自太阳星子的行星和月球的形成

　　太阳系的形成是由一系列连续的事件引起的且起因于太阳星云中一种物质云的坍缩。星云中的大部分物质被吸引到中心形成太阳，使其成分非常接近原始云。它含有 99%的氢和氦，另外 1%是其他的 90 种元素。少部分物质形成了绕太阳的星云盘。这种物质的一小部分凝结为固体形式，然后聚集形成行星、卫星、小行星和彗星。剩余的气体可能被猛烈的太阳风吹散。早期太阳系的物质碎片偶尔会到达地球成为陨石。原始"球粒陨石"的组成，除了极易挥发的元素外，与太阳是非常相似的。其他"非球粒陨石"揭示了许多关于早期行星分异的内容。

　　一般而言，在太阳系中形成各种物质的复杂过程都被普遍理解了，但还有许多细节有待澄清，比如内、外行星不同的尺寸和密度。内行星的密度大于岩石，来自陨石的证据显示它们是由岩石外壳和金属内核组成的。外行星密度很低，由大量的气体与冰组成。内、外行星之间的差异很大程度上是由于具有不同挥发分的结果。在早期的太阳系中，随着太阳距离增加，温度会降低。在靠近太阳的地方挥发性分子是气体，难挥发性分子是固体。在云盘中，只有那些最难挥发的分子如 Fe、FeS、FeO、MgO、Al_2O_3 和 SiO_2 能聚集在一起形成星球。远离太阳，超越"雪线"，冰以及除了氢和氦的几乎所有元素都以固体形式存在，导致大行星的密度低。它们巨大的质量允许它们积累巨大的气态大气。由于挥发性的差异，彗星和外行星与内行星、小行星之间的化学组成非常不同。物质在较冷的地方聚集，挥发物在那儿更丰富，这很可能在地球历史早期就对地球产生了影响，它们带来的挥发性成分(和可能的有机分子)对生命起源是不可或缺的。

　　太阳系的形成是在星际云的气体和尘埃中发生的，它们被喻为"恒星的孵化器"(见前文)。这种星云在宇宙中很常见，我们可以观察到银河系其他区域形成的新的恒星系统。这也是许多其他恒星周围行星存在的证据。在我们星系中，这表明行星系统诞生是很正常和常见的事件。

5.1 引 言

人类一直在观察太阳和行星并且思考它们的存在意义数千年了。对于早期观测者们显而易见的是(至少在太空是这样)——太阳、月亮和行星都在天空中一块狭窄的名为黄道的条带中移动，同时这也是太阳赤道，在今天仍然很容易观察到。

太阳相对于恒星的位置也在有规律地变化，地球在冬季和夏季分别位于太阳的两侧，所以对于地球观测者来说，太阳出现在一年中有规律变化的不同恒星背景下。星空背景中有很多相互联系的星系团，它们被称作星座，人们通过认识星座使得古天文学兴起。行星在天空中以相同的线条滑过，同样伴随着星空背景的变化。它们的运行方向都是相同的，但是速率不同，这取决于它们绕太阳旋转时所处的特定位置。太阳与行星都是在同一平面内运行的，所以从一开始，人们直觉上就将太阳与行星联系在一起。行星绕太阳的旋转方向并不是随机的，它们在同一平面上以相同的方向运动，并且这个方向与太阳的自转方向相同。因此，"平面"的英语单词"plane"就演化出了行星的单词"planet"。

表 5-1 太阳系行星特征

行星	轨道半径(Au)	轨道周期(a)	轨道倾角(°)	轨道离心率	旋转周期(d)[*]
水星	0.39	0.24	7.00	0.206	58.64
金星	0.72	0.62	3.40	0.007	−243.02
地球	1.00	1.00	0.00	0.017	1.00
火星	1.52	1.88	1.90	0.093	1.03
谷神星	2.74	4.60	10.60	0.080	0.40
木星	5.20	11.86	1.30	0.048	0.41
土星	9.54	29.46	2.50	0.054	0.43
天王星	19.22	84.01	0.80	0.047	−0.72
海王星	30.06	164.80	1.80	0.009	0.67

[*]逆行旋转行星的负旋转周期，与其他行星相反。

太阳系内有其他引人注目的规律。天文学家使用第 2 章中讨论的测量方法已经能够确定每个行星到太阳的距离。考虑到在火星和木星之间的小行星带是一个被毁坏的行星，行星之间的间距显示明显的规律性——行星轨道的间距以 1.7 倍增加，这个发现被命名为波得定则图 5-1）。

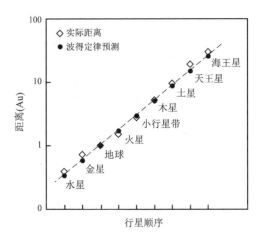

图 5-1   行星到太阳的距离的规律性示意图。从太阳向外移动，每颗行星距离太阳的距离大约是其最近邻居的 1.7 倍。这被称作波得定则

内行星和外行星之间有显著差异，即水星、金星、地球和火星都小，木星、土星、天王星和海王星巨大，因此行星可以分为规则的和有组织的两组(图 5-2)。

这种太阳系清晰的构架引发了 18 世纪康德(Kant)和拉普拉斯(Laplace)的星云假说。他们认为太阳系形成于一个单独的扁平旋转的星云；行星的自旋和黄道面的存在符合星云的原始平面和自旋。如果不是如此，那么行星轨道就会非常混乱，大小行星会随机分布，那么另一个模型是成立的，例如行星在别处形成，随后被捕获。Kant 和 Laplace 模型被激烈抨击了几个世纪，但其基本的认识在更详细的和定量的现代太阳系形成模型中保留了下来。

5.2 行星的重要统计学

对行星起源的理解必须取决于它们的物理化学特性。虽然我们有各种

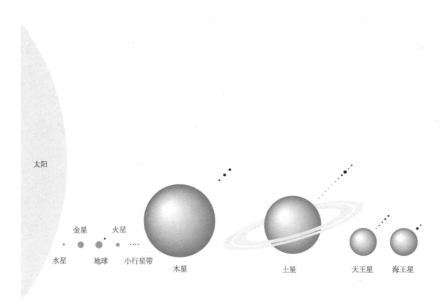

太阳

金星　　火星

水星　地球　小行星带　木星　　　　土星　　　　天王星　海王星

图 5-2　行星的相对大小。行星是按照它们与太阳的顺序排列的，星球尺寸是成比例的，但图中的距离与其实际位置不符

方式来确定地球的属性，但是我们只有月球与火星的样品，确定其他星球的特性很困难。然而，从围绕各种行星运行的卫星上进行的测量，可以与基本的天文观测结合起来，为我们提供大量的信息。

5.2.1　行星质量

一颗行星的质量可以由它对其卫星轨道、对其他行星以及对从地球发射的太空探测器施加的引力影响来确定。使用的方法主要是基于德国天文学家和数学家约翰内斯·开普勒(Johannes Kepler)于 17 世纪早期提出的定律。开普勒定律后来被牛顿重新解释，使用了重力常数 G。利用牛顿定律，行星与卫星间的距离(R)、速度(V)、质量(M_p)和万有引力常数间有着明确的关系。这个方程式为：

$$M_p = RV^2/G \tag{5-1}$$

从式(5-1)中可以看出，具轨道速度的等式右端是独立于轨道物体的质量的。所有物体在离行星相同距离的轨道上时，速度是相同的。这也是为什么宇航员不用害怕离开宇宙飞船。在 1811 年，G 值得到精确测定，从此月球的质量可以通过它的公转周期以及距行星中心的轨道距离来确定。

对于那些没有卫星(水星和金星)的行星，它们的质量只能通过一种更精细的方法来测定。每个行星的轨道由于受邻近行星的引力吸引而受到影响，通过详细观察相邻已知质量的行星引起的扰动，水星和金星的质量就可以确定了。

从表 5-2 可以看出，随着离太阳距离的增加，行星质量的变化较大。最接近太阳的水星是最小的，金星、地球和火星较大(但注意地球是火星的 10 倍大)，然后到巨行星木星和土星有一个巨大的飞跃。天王星和海王星虽然没有那么大的质量，但仍比 4 个内行星中的任意一个大得多。因此我们看到，行星形成的过程导致了物体大小的巨大差异。行星大小变化与其离太阳的距离无关。相反，内、外行星之间有清楚的划分，即内行星质量小于 $6×10^{27}$ g，外行星质量大于 $88×10^{27}$ g。

表 5-2 太阳系行星物理特征

行星	轨道半径 ($×10^3$ cm)	体积 ($×10^{26}$ cm^3)	质量 ($×10^{27}$ g)	密度 (g/cm^3)	折算的密度 (g/cm^3)	卫星	最丰富的大气中的气体
水星	2.44	0.61	0.33	5.43	5.40	—	最低的
金星	6.05	9.29	4.87	5.24	4.30		CO_2, N_2
地球	6.38	10.83	5.97	5.52	5.52	1	N_2, O_2
火星	3.38	1.63	0.64	3.93	3.70	2	CO_2, N_2
木星	71.49	14,313	1,898.6	1.34	< 1.3	63	H_2, He
土星	60.26	8,271	568.4	0.69	< 0.69	61	H_2, He
天王星	25.56	683	87	1.28	< 1.28	27	H_2, He
海王星	24.76	625	102.40	1.64	< 1.64	13	H2, He

*密度与一个大气压是一致的。我们只知道外层行星的最大密度。

5.2.2 行星密度

行星密度可通过用质量除以体积得到。从第 4 章得知，我们可以从物体的密度中得到很多关于组成元素的有用信息，原子序数大的元素比原子序数小的元素密度大得多。因此，密度能告诉我们一些关于行星组成成分的信息。

但是在此之前我们得知道，密度与压力是相关的。压力越大密度越大。物体在高压力下的密度需要详细的实验来确定，例如，铁在地球大气压下的密度是 7.5 g/cm^3，但是在地心处的密度为 9.8 g/cm^3。要想从行星密度来判断物质组成，我们需要知道在相同压力状态下的行星密度。选择是任意的，因此我们选择地球表面的大气压，也被称作未压缩密度。未压缩密度总是小于实际密度，因为挤压总是会使密度增加。这个关系适用于内行星，但并不适用于外行星，因为我们不知道冰在行星内部极高压力下的密度。我们知道的是未压缩密度要比实际密度小。

虽然未压缩的密度可以让我们估算出一个给定星球上原子所包含的平均核粒子数，但也可通过各种元素的组合来实现这一目标。要确定这些可能组合中的哪一种是正确的，我们必须使用其他信息。这类似于一个人要打开一份生日礼物。通过礼盒的重量能推测很多种可能性。如果很重的话，它可能是一本书或矿物标本；如果很轻，则可能是纸巾或一件毛衣。这包含着很多种可能性。

5.2.3　行星的组成

我们从恒星的核合成和星际云的成分等相关知识中能得到更多的关于行星组成成分的线索。从第 3 章中我们知道，一些元素，比如 H、He、阿尔法粒子核素(C、O、Ne、Mg、Si)和 Fe，是占据绝大部分的元素。从太阳的光谱中观察可以得知这些元素在太阳中也是充足的，同样也存在于太阳和行星形成的气体云和尘埃中。行星的候选分子主要由这些元素构成，星际云团中也一样富集了这些元素。分子可以分成三个不同的种类：冰、氧化物和金属，它们有完全不同的密度和挥发性。那这些行星是由什么组成的呢?为了满足外行星那小于 1.7 的未压缩密度，冰一定在组成中占据重要地位。修正密度大于氧原子的内行星一定是由氧与金属组成的。

通过检验表 5-3 中给出的物质熔点可知，组成外行星的分子显然具有很强的挥发性，为了聚集冰，温度必须一直很低。另一方面，内行星能在很高的温度下保持固态。这表明太阳系星云具有不同的温度分布。

靠近太阳的地方温度非常高，氧和金属是唯一可以组合在一起形成行星的固体材料。挥发性的化合物全都是气体，早期行星(行星小前体)并没有足够的重力留住它们。离太阳远的地方，温度要低得多。在那里，冰、硅酸盐和金属是固体，可以聚集在一起形成行星。冰的含量也要高得多，因为它们是由 C、H、O 构成的，这些大约是构成金属和氧化物的较重元素含量的 10 倍。然后，外行星获得了等量的氧化物和金属，以及大量额外的冰状挥发性化合物。巨大的质量也使它们能够保留在大气中。这些因素共同形成了它们巨大的体积和低密度。

表 5-3   组成行星固体物质可能的熔点与密度

	化合物	每原子核粒子数	密度(g/cm³)	熔融点(℃)
冰	CH_4	3.2	0.42	−182.5
	NH_3	4.2	0.70	−78.0
	H_2O	6.0	1.00	0
氧化物	SiO_2	20.0	2.70	1710.0
	Mg_2SiO_4	20.0	3.20	1200.0
金属	Fe	56.0	7.90	1540.0

这些基于挥发性差异的考虑解释了内行星和外行星之间的一些差异。行星由固体物质形成。太阳附近温度很高，只有最难熔的元素是固态的。太阳星云远离太阳，温度很低，大部分元素都是固态的。这有点像是一台机器，能够在不同的温度下清扫你所坐的房间里的所有固体物质。在温度为 1000 ℃ 的时候，所有的木材、纸张、塑料和生物都会燃烧并变成气体，唯一能被清扫的固体材料是岩石和金属，它们可以被收集成一小堆，具有很高的平均密度。在我们生活的正常温度下，这个清扫机不仅仅能收集岩石和金属，还能收集木材、塑料、纸张、老鼠、昆虫和人，让这个星球更大，密度更低。在较冷的温度下，空气中的水会冻结，冰会增多，使星球更大，密度更低。在更冷的温度下，二氧化碳、氧气和氮气会变成固体，使堆积物更大，密度更低。挥发性是不同元素能够聚集的重要因素。

5.3   来自陨石的证据

虽然挥发性差异解释了内行星和外行星之间的总差异，我们想要知道更多有关它们成分差异的信息。一种方法是看看我们自己的星球——岩石裸露的地球。测量我们找到的地球表面的岩石，密度为 2.7~3.0 g/cm³，远小于所有内行星的未压缩密度(例如，地球的未压缩密度是 4.2 g/cm³)。内行星的高密度意味着在行星内部一定有比岩石密度更大的物质。

更多关于行星内部的资料来自从空中坠落的陨石的构成。大多数陨石都是小行星撞击产生的碎片，因此，陨石可以包括地表面和内部的碎片。此外，有些罕见的陨石已经被证明是月亮表面撞击产生的大块岩石，和一两个被认为来自火星表面的由小行星带物体冲撞而带出的陨石。陨石提供了关于火星内部组成和外部成分的宝贵信息。我们收藏的陨石不只来自于炽热地冲进大气的陨石，也有许多是从南极冰盖中发现的。黑色的陨石残留在冰的表面，被冰冻了很长一段时间。在某些风化严重的地方，陨石就如同沙漠中被强风吹开了沙子而显露出的鹅卵石一样。过去 10 年里，几千块陨石已经被美国和日本的科学家在远征南极的过程中收集起来。

陨石的两个关键特性有助于推动我们对早期太阳系的理解。首先，陨石是最古老的已知物体，我们能够直接测量其年龄，我们认为它们的年龄与地球年龄一致；第二，大约 80%的陨石是没有聚集成星球的原始星云的碎片。它们揭示了原始行星的物质组成。

这一主张的证据不仅来自它们的年龄，还来自一种很有特色的纹理，这种纹理从未在地球的岩石上发现过。这种特别的纹理是毫米大小的圆球，被称为陨石球粒(图 5-3)。这种特征是陨石所独有的。

这些小东西引起了人们的重视，得出了普遍的结论：它们曾经是浓缩

图 5-3　陨石球粒。Tieschits H-3 球粒由美国自然历史博物馆 Martin Prinz 提供

在太空中的熔岩液滴。一些人认为这些液滴是原始星云冷却时形成的；有些人认为它们是星云尘埃的微小碎片被加热到熔点形成的。没有人认为它们是在行星内部形成的，因为它们形成的空间有非常低的压力。这些球粒陨石的年龄和地球、月亮相仿，并且和太阳的组成成分相同，合乎逻辑的结论是这些物质是太阳系形成早期留下来的。球粒陨石给我们提供了在太阳星云中形成行星时的资料。

这些球粒陨石曾经是液体，它们形成于 1100 ℃ 以上的高温，在那里岩石和金属都可以被融化。在大量的球粒陨石中，它们形成的温度也不相同。组成这些不同球粒陨石的挥发性元素的含量也不同。碳质球粒陨石因为其高含碳量成为特别重要的一类。在这些陨石中，陨石球粒只与在 100 ℃以下才稳定的矿物共存，所以它们同时含有在高温和低温环境中形成的物质，然后聚集在一起。

证明碳质球粒陨石原始属性的进一步证据来自于它们由非常类似于太阳的非挥发性元素组成。碳质球粒陨石的化学成分与太阳的成分对比如图 5-4 所示。这一数字只包括难挥发元素(即没有 H、He、惰性气体等)。这种一致性不仅符合对恒星光谱的分析，也提供了太阳系中难挥发性元素的样本。因此,这些岩石碎片可能携带了聚集成行星的物质的化学成分信息。

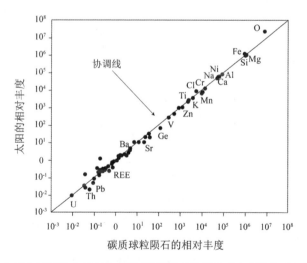

图5-4 太阳大气中低挥发分元素与碳质球粒陨石元素相对丰度比较(相对于硅的10^6原子)。对于这些元素，碳质球粒陨石提供了大量太阳系物质的化学无偏样品，除了H、C、N、O和惰性气体等挥发物 [数据引自 Anders and Grevesse, Geochim. et Cosmochim. Acta 53 (1989):197–214, and Anders and Ebihara, Geochim. et Cosmochim. Acta 46 (Nov. 1982):2363–80]

球粒陨石包含了关于内行星高密度起源的关键线索。对球粒的微观观察表明，它们由硅酸盐矿物橄榄石和辉石、硫化物以及铁金属组成。橄榄石和辉石中以氧化铁的形式含有铁，硫化物中含有铁和硫。因而很明显，在太阳星云中，铁可能存在三种不同的形式，即作为金属、氧化物(与硅和氧化镁结合形成硅酸盐矿物)和硫化物存在。金属铁的密度是 9，而硅酸盐的密度约为 3。不同比例的铁在不同状态下可能会引起较大的密度变化。

这些成分的特点是什么?最显著的特征是有 3 种元素占主导地位：硅、铁和镁。总结如表 5-4 所示，这些元素构成了普通球粒陨石中存在的91%物质。4 种元素铝、钙、镍、钠组成一个小组，是第二丰富的一组，其他6 种元素是更少的第三组。因为所有这些元素都要与氧气结合，所以氧也是最丰富的元素。这些元素构成了大部分的内行星。

表 5-4 球粒陨石中金属元素的丰度

元素	金属元素(%)	元素	金属元素(%)
镁(Mg)	32.0	钠(Na)	1.30
硅(Si)	33.0	铬(Cr)	0.40
铁(Fe)	26.0	钾(K)	0.25
铝(Al)	2.2	锰(Mn)	0.20
钙(Ca)	2.2	磷(P)	0.19
镍(Ni)	1.6	钛(Ti)	0.12

岩石和金属的重要性已被其他的研究(不包含球粒，称为无球粒陨石)所确定。这些陨石中，玄武岩的无球粒陨石明显经历了早期太阳系中行星的熔融作用。这些岩石类似于地球上的火山岩。另一类的无球粒陨石是铁陨石。当切割和抛光时，这些物体呈现出美丽的六角形图案，由铁镍合金的交替带组成(图 5-5)，与地球上发现或制造的任何物体都不同。冶金师认为这种条带的形成需要非常缓慢的冷却过程，但他们无法在实验室来还原这种过程。这种缓慢的冷却是在一个行星的内部深处所能预料到的，在那里一个金属核心被一层厚厚的绝缘岩石所包围。

玄武岩陨石和铁陨石如果结合在一起就类似于球粒陨石组成。事实上，如果我们用一块磁铁分离金属球粒陨石，将得到两种主要类别的陨石成分，即铁和硅酸盐。

收集到的这些观察结果表明，金属和硅酸盐无球粒陨石是通过球粒陨

图 5-5　铁陨石的抛光部分，显示铁镍合金的特征条带，叫魏德曼花纹铁陨石。这种模式仅见于陨石，是由古代星子核心的缓慢冷却造成的(照片来自哈佛大学自然历史博物馆)

石的熔化形成的。因为铁和硅酸盐熔体不能混合在一起(像油和水一样)，高密度的金属向下分离，更轻的硅酸盐浮在上面，创造出一个有金属内核和硅酸盐岩地幔的差异性的行星物体。这些物质分崩离析会导致非球粒陨石的产生。

　　硅酸盐和金属的实际比例取决于三种稳定形式中铁的比例：金属单质、氧化铁和硫化铁。每种形式中铁的含量取决于硅、镁、氧、硫的多少。氧首先与硅、镁结合。可用的硫相对较少，它结合铁，使铁硫化。如果有任何剩下的氧结合铁，便生成 FeO。铁的其余部分是金属态。在这种情况下，依靠部分铁吸附在硅或者其他金属上，导致了太阳系星球密度差异很小的情况。

　　有了这些线索我们可以解释内行星的相对密度。高密度的内行星有着硅酸盐岩表面，我们发现可能是重的金属元素深入了地球的内部，形成了一个行星的金属核心。水星是密度最高的内行星，会有最大的核心。火星的密度最小，核心也最小。这种情况揭示了一个重要的规律，即球粒陨石和非球粒陨石的组成以及它们如何与四颗内行星的组成相关。

5.4　太阳系的形成景象

　　这些不同的证据，加上对星际云中初生行星系统的日益详细的观测，以及由于计算机功率的增加而改进的建模,为太阳系的早期历史提供了一个整体的场景(图 5-6)。

当物质向原始星盘的中心收缩时,它变热是因为重力能转化为热能。这导致了温度的径向分布,未来恒星附近的物质比更远的物质更热。最近估计在早期太阳系中,地球所在位置的温度是 1000 K,木星和土星的位置温度是 200~300 K。在高温的地球环境下,挥发性物质都不是固体状态,尘埃由硅酸盐和金属组成。远离太阳的地方,温度足够低,易挥发元素会凝结成冰。二者被 "雪线"隔开,受太阳附近的温度分布所控制。

然后,圆盘内的固体颗粒开始粘在一起,形成小的固体物体(其中极少数被保存下来,在太阳系历史的晚些时候成为陨石和彗星)。在几千年的时间中,不规则固体物体变得更大,尺寸为 1~10 km。这些被称为星子的小聚集体,都围绕着太阳以相同的方向旋转,因此彼此轻轻碰撞,形成更大、更不规则的物体。那么,最大的将有足够的引力吸引较小的,进一步

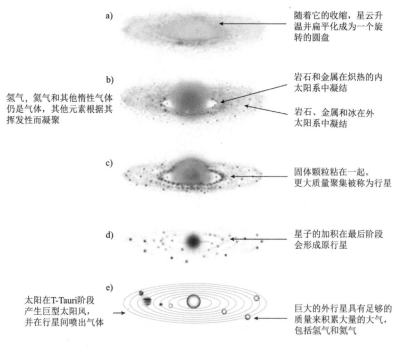

图 5-6 太阳系形成过程示意图,从最初的尘埃、气体星云到星云中的固体聚集,再到行星的形成和行星间多余气体的喷出(据 Lifengastronomy web (lifeng.lamost.org)修改)

的增长不再仅仅依赖于偶然的影响。形成的原始行星最终结合起来，成为行星。太阳系形成的最后阶段就是以原始行星间的巨大撞击为标志，我们将会在第 8 章看到这对地球产生的深远影响。

早期的太阳系外围有大量的固体物质，因为较低的温度下许多挥发性化合物成为固体。因此，太阳系外围的行星比现今的地球更大。这些行星有了足够大的引力场，能吸引并留住巨大的大气。但这意味着木星缺乏铁和硅酸盐吗?根本不。巨大的质量和引力实际上使木星积累了更多的硅酸盐和金属；估计木星的硅酸盐和金属质量是地球的 30 倍。这个巨大的星球也积累了大量的冰、氢和氦，这导致了其较低的密度和约为地球 300 倍的质量。其他外行星也发生了类似事件。

早期太阳系仍然是一个非常拥挤的空间，在内侧可能有几十个原始行星，太阳系的原始行星和彗星反映了太阳系外围被扰动的冰冷星子的轨道。星子小的撞击和原始行星大的撞击使最后幸存的星体越来越少。当然，与彗星和小行星的少数撞击会继续下去，至今仍在继续。

两个内行星最后的巨大撞击事件是有记录的。我们将会在第 8 章看到，一个火星大小的物体(约为地球质量的 1/10)与原始地球的撞击可能产生了月球。这样的撞击可以解释为什么月球没有地核，其成分看起来非常像地球的地幔，以及为什么月球如此大(相对于地球的大小来说)。水星似乎也反映了一次大撞击。如果地球的撞击只是一次擦碰，那么水星的撞击就是一次直接的碰撞，在前一个案例中可能形成月球，在后一个中很多硅酸盐地幔被撞进了太空，这解释了水星大核心和高密度的由来。

在太阳系早期场景中有一些未解之谜:

(1)太阳系最令人费解的一个性质是角动量分布。这就像一个滑冰运动员开始慢慢地旋转，然后四肢着地快速地旋转一样。在太阳星云向中心的坍塌本应通过旋转将星云的大部转移到中心，并使太阳旋转得非常快。远离中心的行星，在轨道上缓慢旋转。虽然太阳占据着太阳系超过 99.9%的质量，但它只有 2%的总角动量。为什么太阳旋转得这么慢?

(2)第二个明显无关的困惑是，能够形成行星的固体尘埃的数量只占气体质量的 0.2%~2.0%。氢和氦是迄今为止最丰富的元素，但不会是固体状态。行星之间的空间是空的，那太阳系中最丰富的元素到底到哪儿去了?

有人通过对早期恒星系统演化的观察提出了一个可能的理论。在一个小恒星最早的历史中，在聚变反应生成氦之前，来自恒星的狂风会推开周围的气体和颗粒。这种效果，称为 T 金牛，这是以当时发现的第一颗有这种现象的恒星命名的。就像滑冰运动员伸开了手臂停止旋转一样，这使得太阳物质向外运动，并减慢了太阳的自转。T 金牛在短时间内也会吹走剩下的气体和尘埃。太阳系将只剩下足够大的早期行星，绕着一个缓慢旋转的太阳。这种理论能够通过对猎户座星云等恒星的更详细分析得到进一步验证(见图 5-0)，在那里可以观察到太阳系形成的各个阶段。

我们把这部分称为"场景"，因为对行星系统形成的理解是复杂的并且发生在 45 亿年前。陨石的记录是不完整的，来自其他星球的样本数量很少，来自彗星的数据很少，这样一个复杂过程的建模需要大量的简化过程和假设。有关太阳系形成的新疑问来自于日益复杂的模型，这显示大量的原行星在太阳系行星的早期历史上没有形成固定和稳定的轨道,而且倾向于迁移或远离它们的恒星。特别是太阳系中的外行星被认为在太阳系早期向外迁移。在其他模型中，大行星可以向它们的恒星内部迁移，在一些早期的太阳系中造成巨大的引力破坏。令人振奋的是，现在有新的数据显示，从太空望远镜发现其他行星和行星系统正在形成。虽然第一个发现的行星都是像木星一样的巨大行星，最近的研究也发现了较小的行星(见 21章)。这些新发现第一次为我们提供了其他太阳系的例子，在这些例子中，太阳系的形成可以在星系其他部分的不同发展阶段被观察到,而不是仅仅依赖于从数十亿年前的事件来推断,新的限制将来自对其他太阳系的直接观测。模型和观测之间的相互影响将引起未来几年的巨大进步。

5.5　类地行星化学成分的解明

让我们现在去了解更多更详细的内行星组成成分和产生原因，从元素的原子序数表 5-5 的递增顺序列表，看看为什么内行星由相对较少的元素组成。

表上的第一个元素是氢。大多数氢以氢气的形式存在，而有些则以碳(CH_4、CHN)、氮(NH_3)或氧(H_2O)的形式存在。这些成分在地球和其他类地行星中都不是以固体出现，只有一小部分在太阳系形成以后通过撞击来到地球。因此，氢应该是稀缺的。

表 5-5   元素周期表中前 28 个元素在类地行星的形成过程中的相对丰度及其命运

元素数	元素名称	固体	气体	太阳中相对丰度[*]	命运[**]	陨石中相对丰度
1	氢		H_2	40,000,000,000	(1)	——
2	氦		He	3,000,000,000	(1)	微量
3	锂	Li_2O		60	(3)	50
4	铍	BeO		1	(3)	1
5	硼	B_2O_2		43	(2)	6
6	碳		CH_4	15,000,000	(1)	2,000
7	氮		NH_3	4,900,000	(1)	50,000
8	氧		H_2O [***]	18,000,000	(2)	3,700,000
9	氟		HF	2,800	(1)	700
10	氖		Ne	7,600,000	(1)	微量
11	钠	Na_2O		67,000	(2)	46,000
12	镁	MgO		1,200,000	(3)	940,000
13	铝	Al_2O_3		100,000	(3)	60,000
14	硅	SiO_2		1,000,000	(3)	1,000,000
15	磷	P_2O_5		15,000	(3)	13,000
16	硫	FeS	H_2S	580,000	(2)	110,000
17	氯		HCl	8,900	(1)	700
18	氩		Ar	150,000	(1)	微量
19	钾	K_2O		4,400	(2)	3,500
20	钙	CaO		73,000	(3)	49,000
21	钪	Sc_2O_3		41	(3)	30
22	钛	TiO_2		3,200	(3)	2,600
23	钒	VO_2		310	(3)	200
24	铬	CrO_2		15,000	(3)	13,000
25	锰	MnO		11,000	(3)	9,300
26	铁	FeO, FeS, Fe		1,000,000	(3)	690,000
27	钴	CoO		2,700	(3)	2,200
28	镍	NiO		58,000	(3)	49,000

补充：[*]相对于 1000000 个硅原子。[**] (1) 高挥发性，主要损失；(2) 中度挥发性，部分捕获；(3) 极低挥发性，主要捕获。[***]加金属氧化物

氢只能以气体的形式存在，而且它非常轻，即使在今天也能从地球大气层的顶部逃逸出来。我们今天发现的极少量氢主要来自铀和钍的放射性衰变。

接下来的三种元素锂、铍和硼是通过恒星的核合成并以非常小的丰度产生的。它们在宇宙中的总体丰度太小，不足以成为行星的主要成分。

在行星状星云中存在大量氢气的情况下，碳和氮可能是以 CH_4、NH_3 和 CO 气体的形式存在的，而这些气体并没有增生。

元素氧对各种金属的吸引力甚至比对氢的吸引力更大。星云中的氧原子数量是所有金属原子总和的 5 倍。大部分的氧同氢和碳结合，但剩下的氧气足够使大多数金属与氧结合生成氧化物。由于大多数金属与氧结合，氧大量存在并成为行星的主要成分。

在表 5-5 中，氧之后是氟和氖。氟是易挥发的物质，并且有很强的倾向以氢氟酸(HF)的形式与氢结合，氢氟酸是一种在太阳系内部条件下也易挥发的分子。氖是一种像氢一样的惰性气体，总是处于气态，因此不会增长。

因此，周期表中的前 10 种元素中，有 6 种形成气体且大多数都散失了；其他 3 种元素丰度太低，并不重要；只有氧气足够丰富，容易形成固态，成为类地行星的主要贡献者。

接下来的 5 种金属元素都愿意与氧结合形成化合物。其中 4 种(镁、铝、硅、磷) 是固态，而钠具适度挥发性因而并不丰富。硅和镁是 α 粒子核素，生成于恒星中，因此比钠、铝、磷更为丰富，SiO_2 和氧化镁是行星的主要组成。

紧接着是硫(S)，其情况类似于氧。它可以形成 H_2S 气体，也可以与铁结合形成固态 FeS。来自陨石的证据显示，很大比例的 S 会与铁结合。

列表中后 2 种元素氯和氩及接下来的 2 种元素作为气体基本上已经消失了。氯的形式是氯化氢，而氩气是惰性气体。随后的 2 种金属元素为钾和钙。钙的氧化物形式具有非常弱的挥发性。钾同钠有适度挥发性，因此很少能被有效地捕获(尽管钾丰度低，但在地球研究中起重要角色，因为它的同位素之一为具有放射性的 ^{40}K)。

所以我们看到，在元素周期表第二组的 10 种元素，其中 5 种元素(Mg、Al、Si、S、Ca) 很大程度上能被捕获，3 种元素被部分捕获，2 种丢失了。被捕获的 5 种元素中，Mg 和 Si 在太阳星云中比 Al、Ca 和 S 丰度高出 10~20 倍，因此是行星中的主要构成成分。

核合成产生元素的丰度曲线在钙与铁之间有一个大凹陷(图 3-10)。虽然此区间中的大多数元素都是与氧结合的低挥发性的金属，但没有一个有足够高的宇宙丰度。相比之下，作为与核反应密切相关的产物，富集的铁的丰度高于其相邻的元素,与镁和硅的宇宙丰度相似。它的 3 种化学存在形式都不是特别稳定。由于铁的宇宙丰度类似于镁和硅,它也是内行星的主要成分之一。

列表中铁以后的元素的丰度都随着质子数的增加迅速下降,只有镍因丰度高而变得重要。

因此,我们可以看到,整体化学元素的丰度受核物理控制,后者可确定元素的宇宙丰度,而无机化学确定了分子的组合和化合物的挥发性。类似地球的岩质行星主要由"四大"元素——氧、镁、硅、铁构成,由钙、铝、镍和硫组成的第二组占据了岩质行星中剩余大部分的组成比例。

表中余下的多数元素的相对丰度受挥发性影响很大。图 5-7 显示普通球粒陨石与在太阳星云中形成的碳质球粒陨石比较,后者保留更大比例的可挥发性物质。那些具有高度难熔物质(如 Mg、Ca、Al、Ti 等元素)在两种类型的球粒陨石中有非常相似的丰度。随着挥发性逐渐加大,这些元素在普通球粒陨石中被越来越多地消耗掉了。

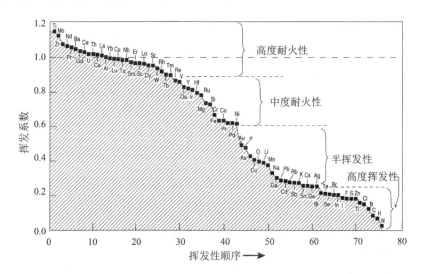

图 5-7 普通球粒陨石中挥发性元素的消耗。元素的挥发性越大,它在太阳系过程中消耗的就越多,这导致了普通球粒陨石的产生。类地行星经历了更严重的挥发性元素消耗(Allègre C.J 个人通信)

根据我们对内行星组成的了解,它们都有类似的相对比例的难熔元素,挥发性元素相对于碳质球粒陨石都已耗尽。但是,更进一步说,挥发物消耗的具体数量有很大的变化。用具有轻微挥发性的元素 K 和相对难熔性的元素 U 的比值来表示其变化参数。K 和 U 对此都非常有用，因为它们都经历了相同的地球化学过程，并且都有可以发射伽玛射线的长寿命的放射性同位素。这些强大的电磁辐射可以被抛向行星表面的仪器探测到。因此，降落在金星上的无人驾驶宇宙飞船能够发送回金星表面岩石的 K/U比，可以直接与球粒陨石、地球和月亮以及火星上陨石的 K/U 比作比较。这些比率见表 5-6 所示，从中能很明显地看出挥发的损耗程度是非常不一样的。

表 5-6 是按与太阳距离增加的方式排列。离太阳最远和最高比率的是碳质球粒陨石。普通球粒陨石的 K/U 比只有 10%的损耗。根据目前的数据，火星的数据稀少而金星的很不确定；三颗内行星在从火星到地球再到金星的过程中 K 逐渐耗尽。这一结果与靠近太阳的星云温度上升相一致。挥发份损耗解释了为什么地球的钠含量大约为 Ca 含量的 10%，尽管它们在表 5-3 所示球粒陨石中有相近的丰度。正如我们将在第 8 章中看到的那样，月球是一个非常不稳定的贫化体，这是一个与它的起源有关的重要事实。

表 5-6 太阳系物质中 K/U 比值

组分	K/U 比值
金星	7,000
地球	12,000
月球	2,500
火星	18,000
普通陨石	63,000
CI 碳陨石	70,000

内行星成分的最大不确定性与最易挥发元素的来源有关。在太阳星云中，惰性气体总是处于气态，虽然它们在地球上的数量很少，但却相当可观。此外，地球稀有气体同位素的比率显然与太阳风的不同，因此直接从星云捕获气体是不可能的。尽管二氧化碳在大气中的丰度很小，但地球上的总量（现在主要分布在碳酸盐岩中）同水的总量一样，都很可观，这在第 9 章中将详细讨论。地球上这些挥发物的存在，是后来生命发展的必要条件，因此是非常重要的因素。一种可能的理论是这些挥发性成分是由彗星撞击以及彗星尾尘带来的。这似乎是显而易见的，因为有计算表明在太阳系形成早期会有大量的彗星穿越地球轨道。

最近的彗星探测任务使我们能够了解彗星组成的更多细节，从而对这一想法进行了检验。一个重要的测量值是氢的两个稳定同位素的比值，^2H(氘)和 ^1H。$^2H/^1H$ 比被称为 D/H 比值。这些同位素之间的质量差异很大，在化学过程中可以分离出来，各种太阳系物质中的 D/H 比变化了几十个百分点甚至更多。如果彗星是地球上挥发物的来源，彗星应该和地球有相同的 D/H 比。但初步的测量表明，彗星与地球上的 D/H 比并不一致。早期的彗星是否可能来自太阳系中同位素比例合适的其他部分？2011 年的最新测量表明，至少有一颗彗星与地球有相同的 D/H 比。新的观测将增加人们对地球重要挥发物起源的了解。

还有一个难以解释的问题是元素的丰度，也就是在类地行星中镁、硅、铁等难熔元素的比例变化，以及为什么这些比例与在球粒陨石中观察到的有细微但显著的差别。其中一些变化现在被认为反映了大型原行星后期撞击的重要性。这可能解释了为什么水星中的铁含量异常之高，例如，假设原行星硅酸盐地幔的一部分消失在太空中，然而地球的硅镁比也不同于球粒陨石。由于这两种元素在低压下完全以硅酸盐存在，这不能用撞击来解释。一种被积极考虑的可能性是，在超高压的地球内部深处，硅能熔于铁核，但这个猜想尚未被证实。因此，虽然行星吸积的广泛观点已经被很好地理解，但还有很多有待发现。

5.6 小 结

太阳系是由一团坍缩的气体云形成的，形成的环境很可能与星际云非常相似。在星际云中，新形成的恒星和行星系统现在可以在银河系的其他地方被观测到。因此，太阳系的诞生似乎是一个常规的、合理的过程，而不是随机发生的。内行星和外行星之间的巨大差异可以从早期太阳系中存在的不同热环境来解释。星云靠近太阳的炽热地区会积聚金属和硅酸盐颗粒，而火星以外的寒冷地区会积聚氮、碳和氢的大冰块这些。灰尘迅速地积聚为星子，然后形成原行星。很可能是在太阳早期的 T 金牛阶段，被太阳风的飓风带走了剩余的气体，原行星和剩余的星子碰撞形成了今天所观测到的行星。内行星的整体组成成分可以从核合成、差异挥发性和越来越详细的定量模型这些知识来推断出。重大的谜题仍然存在，尤其在最具挥发性元素的丰度方面，因为它们对稳定的气候和生命的持续发展是必不可少的。

补充阅读

Hartmann WK. 2005. Moons and Planets, 5th ed. Pacific Grove, CA: Thomson Brooks/Cole.

McBridge N, Gilmour I. 2004. An Introduction to the Solar System. Cambridge: Cambridge University Press.

图 6-0 地质记录中褶皱和角度不整合需要经历较长的地质时间。较老的地层首先水平沉积，经历埋藏和褶皱，然后抬升和侵蚀形成一个地表，其上再沉积较年轻的地层。这样的证据被杰姆斯•赫顿(James Hutton)用来阐述他的"既没有开始的痕迹，也没有终止的征兆"，这张图显示葡萄牙西南海岸石炭系—三叠系之间的不整合(经 Filipe Rosas 许可再版)

6

时间表　放射性核素时间尺度的定量计算

　　理解任何过程都离不开时间的介入。由于人类的时间量程只能以世纪来计算，地球和宇宙的早期时间量程达到了数千年，对于人类的经历和想象来说，时间长得不可思议。甚至牛顿和笛卡尔这些现代物理学巨匠也认为地球大致形成于公元前 4000 年。然而，早期的地质学家在观察周围岩石中明显的证据时，对这些观点提出了质疑。他们指出，目前的一些地质过程可能会形成我们观察到的那些岩石和地貌，但这些过程发生得非常缓慢，可能要花费数十亿年的时间。19 世纪的物理学家通过计算地球当前的热流与如此长的时间尺度不一致来反驳这些说法。放射性的发现为地球内部提供了一个额外的热源，并通过精确测年的方法彻底改变了对地球历史的认识。放射性母同位素通过衰变成为稳定的子同位素，一半的母同位素衰变成子同位素所需的时间被称为半衰期。通过测量同位素比值可以在一定程度上计算时间长短。存在时间较长的放射性核素如 U、Th、K 和 Rb 可用于确定古老地质事件的年份，并揭示了陨石和地球作为一个整体形成于距今约 45.5 亿年前。现今一些放射性母同位素由宇宙射线形成于大气中。而用于测定近期事件年龄的同位素，最有名的就是 ^{14}C，其具有 5730 年的半衰期。

　　放射性同位素也可以通过其他方式来限制年龄：

　　(1)从理论上计算恒星中元素的产生速率，再加上测量铀和钍同位素的当前丰度，就可以计算恒星开始在银河系中分配元素的年龄。太阳系形成前大约 100 亿年的时间尺度与从大爆炸中推断的宇宙年龄一致。

　　(2) 已灭绝的放射性核素，即半衰期短、母同位素不复存在的核素，限制了太阳系早期历史上的事件。^{26}Al 是 Al 的一种放射性同位素，在超新星中产生，半衰期不到 100 万年，它所产生的子同位素 Mg 存在于现在的球粒陨石中。当陨石形成时，^{26}Al 在太阳星云中的出现表明在太阳系初始时超新星发生了爆炸。这些说明了在星际星云内的太阳系的形成，在那里许多恒星正在形成和爆炸。消亡的放射性核素在太阳系早期过程中是一个重要的热源，可能促进了行星的快速升温和分异。

放射性年代测定为理解地球作为宜居星球之一的演化提供了必要的时间尺度。它为我们提供地球以及生命的起源时间，还有生命进化和地球板块运动的速度，以及地球上智人的生存时间。本书后面的所有章节都将利用这个时间尺度，它是从对主要由爆炸恒星产生的微小原子核衰变产物的精密测量中推导出来的。

6.1　引　言

要想知道一个可居住星球演化过程中发生了什么，时间线是必不可少的。事件发生的准确时间，持续了多久，以及在不同地区发生事件的顺序如何，所有这些与揭示地球历史以及了解我们星球有关的问题都只能由时间来解答。

我们每个人都经历着时间的流逝，对于做一件事所需的时间及时间的长短有着自己的感觉。个人经验是主观的，比如对大多数人来说，当他们还是孩子的时候，时间的流逝似乎比成年人要慢，即使是成年人，剧烈的活动、丰富的印象或巨大的不适也会使短暂的时间从感观上变得更长。客观时间对我们来说是很明显的，由太阳、月亮、行星和恒星的运动来衡量。时间感、历史感、祖先感是我们人类与生俱来的。我们先祖的传说和关于时间起源的各种创造神话已经成为大多数文化的组成部分。

现代社会对数十亿年的时间拓展的认识依赖于放射性同位素的定量年代测定，放射性同位素直到 20 世纪下半叶才完全发展起来。直到 1956 年，我们才有了第一个准确的地球年龄表。虽然这个年龄已经得到了充分的证实，在我们的理论尺度上可以打 10 分，但在互联网上随便搜索一下“地球的年龄”，就会发现一些群体（尤其是在美国）正在进行广泛的宣传，以使其他人相信地质时间是有限的几千年。千年的时间尺度来自于对《圣经》“创世纪”章节的深入阅读。最准确的时间由詹姆斯·厄谢尔 (James Ussher)神父于 1640 年提出，世界开始于公元前 4004 年 10 月 23 号周一早上 9 点。大多数 17 世纪的科学家都相信这个理论。比如早期的一个伟大的物理学家、现代科学的奠基人之一笛卡尔就支持这个几千年的时间表，牛顿也支持这个观点。

　　之后地质学家也参与了进来，18 世纪时发现许多陆地上的岩石形成于水下。新的化石研究表明许多化石没有现存的实例。地质学家观察到现代岩石的形成过程类似于老地层中观察到的岩石的形成过程，这个过程很缓慢。沉积物由河水带来的侵蚀物缓慢沉积而来。巨厚的火山熔岩由数以千计的熔岩流组成，每一个都有和历史上已知熔岩流相似的外观。相对的时间是可以被确定的，因为位于地层底部的沉积岩是最古老的。水平岩层之下的褶皱岩石应该更老(图 6-0 和 6-1)。这些导致了杰姆斯·赫顿(James Hutton)在他 1788 年的经典著作中认为地质年代的广阔是"既没有开始的痕迹，也没有终止的征兆"。50 年后，查尔斯·莱尔(Charles Lyell)提出了均变论——今天观测到的过程，持续了很长时间，创造了地球上所有可见的地质现象。因为这些过程的速率可被测量，从而发现地球似乎有数十亿年的年龄。然而，事件的定年似乎是个不可能完成的任务。

图 6-1　地质记录中"角度不整合"的著名例子，来自美国西部大峡谷。年轻的含化石的水平地层覆盖在古老的不含化石的地层之上。参考图版 1(地质图由 University of Oregon 的 Marli Bryant Miller 提供)

　　作为对这个挑战的回应，物理学家接手了确认地球年龄的难题。通过对地球高层位热流的计算，他们认为时间量程最多只有数千万年。地质学家定性的估计与物理学家定量的计算如何能够达成一致呢？争议依旧存在着。

6.2 利用放射性衰变来测定时间

放射性的发现为地球提供了一个新的内部热源，固体岩石通过对流移动的概念为热向表面传导提供了一个机制。所有这些为物理学家试图解释高热流体提供了帮助，并证明19世纪地质学家的演绎推理是正确的。

放射性同位素依然存在于地球内部，只是由于在核聚变过程中产生的一些放射性同位素需要很长时间才能衰变。这些超新星的残余依然存在于地球中，作为地球的长效电池或内部热源，也为我们提供了地球的时间量程。由于这些同位素只有微量存在于岩石中，所以它们的重要性相当显著。

读取放射性同位素及其子代产物中所包含的时间记忆，需要很长一段时间的技术发展、推理和发现。虽然在20世纪初人们就知道铀衰变为铅，但在20年后才发现同位素，而且如果不知道元素是由各种同位素组成的，就不可能进行可靠的年代测定。准确测定同位素成分的设备直到第二次世界大战才有重大改进。1950年后，这些新的仪器开启了同位素地球化学的新纪元，放射性年代测定成为了迅速发展的产业。放射性元素及其子体记录了事件的发生时间，同位素地球化学的任务是读取这些记忆。

放射性定年是可能的，因为放射性元素的衰变具有规律性。任何原子都有一定的衰变可能性。原子有庞大的数量，这意味着固定比例的衰变发生在每个时间段里，原子以指数的方式衰变。这种行为被简单描述为放射性同位素的半衰期。半衰期是任意种类的母同位素的一半衰变成其子产物

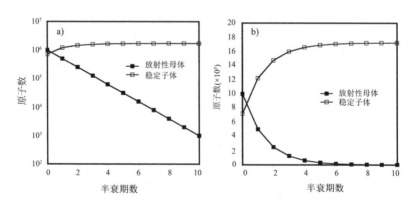

图 6-2 母体和子体同位素在放射性衰变过程中的变化。初始原子数的选择是任意的。(a) 指数式衰变的对数关系，99%的原子在10个半衰期后发生了衰变；(b) 原子数沿线性指标的变化

的时间。一个半衰期后，一半的原子衰变，两个半衰期后 3/4 的原子衰变(图 6-2)。这些在半对数图中进行了说明，该图中稳定的半衰期导致了放射性母同位素构成了一条直线(图 6-2a)。

专栏 *19 世纪关于地球年龄的争论*

古老地球的地质学证据遭遇到来自 19 世纪的物理学家的强烈反对，特别是开尔文(Kelvin)勋爵，那个时代最著名且最受尊重的英国科学家。物理学家建立了精确的方程用以模拟热流，并且开尔文能够对地球的冷却进行熟练和准确地计算。如果一个地球大小的物体处于人们可以想象的最高温度，完全融化，需要多长时间才能冷却到足以解释目前地球表面的热梯度？他的计算结果是 20~40 Ma。他为太阳做了另一个计算，得出的时间是 50 Ma，与他对地球的预估相当一致。基于严格的理论，来自地球热流的数据和定量计算结果得出的明确结论是，地质学家的"定性推断"完全是错误的。

即使面对物理学家严格的论证，地质学家也没有打退堂鼓，这导致了激烈而漫长的争论。两个发现反驳了开尔文的结论：放射性和核聚变的发现表明太阳和地球内部有另一种热源；高温下岩石可流动的发现使地表可以有更高的温度，这解释了地球相对高的热流。这些说明有一个年龄更老、更加稳定的热流，使地表岩石的温度保持长时间的稳定性。

如果你回到开尔文实验室并告诉他原子是易变的，铁可以变成金，太阳的热源是一些对他而言未知的和不可想象的东西，恒星创造了元素，他的反应会如何？这些结论基于当时的知识水平是不可能和非科学的。并不是开尔文做了错误的计算或结论，仅仅是一些其他的超出他知识的力量起到了作用，使得不可能成为可能。相似的故事也可能会发生在现在的伟大科学家身上。

开尔文和地质学家的争论确实起到了积极的效果，当计算被质疑和改进时，地质学家做了更多仔细的观察，并试图定量估计观察对象的年龄。这个争论也导致了对固体冷却的定量计算的极大提高，这在 19 世纪后期有重要的实际应用。最终，由于对流和放射性年代测定的定量认识导致了对地球寿命的一致认识，物理学家和地质学家逐渐达成了一致。

注意在图 6-2 中，经过 10 个半衰期后，母同位素只残余了 1/1000 的原子，而且很少有原子是通过进一步衰变产生的。这使放射性同位素的利用被限制在 10 个半衰期内。若我们想研究数十亿年的进程，比如地球的年龄，我们需要半衰期至少具有上亿年的同位素。大多数形成于恒星中的放射性同位素半衰期很短，很快就衰变为稳定同位素。幸运的是，也有一些长寿的放射性同位素如 ^{238}U、^{235}U、^{87}Rb、^{40}K 和 ^{147}Sm，这些同位素有较长的半衰期(表 6-1)。在分子的形成、行星的吸积以及后来的行星形成过程中，大量的母同位素始终存在。

表 6-1　陨石中发现的恒星起源的放射性核素

放射性核素	半衰期 $T_{1/2}$ (a)	稳定的子体
^{40}K	1.25×10^9	^{40}Ca 和 ^{40}Ar
^{87}Rb	48.8×10^9	^{87}Sr
^{138}La	1.04×10^{11}	^{138}Ce 和 ^{138}Ba
^{147}Sm	1.06×10^{11}	^{143}Nd
^{176}Lu	3.5×10^{10}	^{176}Hf
^{187}Re	4.6×10^{10}	^{187}Os
^{232}Th	1.401×10^{10}	^{208}Pb
^{235}U	0.7038×10^9	^{207}Pb
^{238}U	4.4683×10^9	^{206}Pb

　　寿命较长的放射性同位素对长的时间量程是有用的，但对短的时间量程没那么有用(几千年)，因为短时间内没有足够的衰变发生。对于短的时间量程，短半衰期的元素是必不可少的。同位素工具的选择在于半衰期和测试对象的匹配。对于短的时间量程而言我们似乎是不幸的，因为所有形成于星球内部的短半衰期的放射性同位素早已衰变消失了。幸运的是，宇宙辐射在地球大气层中产生了一些没有长半衰期的元素。这些放射性同位素被称为宇宙成因放射性核素，它们分布在我们周围，对于研究地球上相对年轻的事件很有帮助。

　　经过反思，同样明显的问题是，简单测量母体和子体的原子数量并不能提供年龄信息。比如，我们测量百万个母体同位素，若岩石开始就有百万个原子，难道就没有时间流逝？或者 10 个半衰期已经过去，难道我们从十亿个原子开始？如果我们测量子体的原子数，那么开始时有多少，多少是由于放射性衰变形成的？为了准确定年，我们需要知道两件事，即开始以及目前的原子数量。

　　最有名的宇宙放射性核素是 ^{14}C，半衰期为 5730 a，之后衰变为稳定同

位素 ^{14}N。现在宇宙射线产生的 ^{14}C 与有更多丰度的 ^{12}C 混合，由于具有相同的电子壳层结构而表现出相同的化学行为。只要植物和动物还活着并在新陈代谢碳，它们的组织就会按照它们在大气中所占的比例相结合；一旦动植物死亡，^{14}C 衰变为 ^{14}N，并以气体形式逃逸到大气中，$^{14}C/^{12}C$ 在死亡物质中的比值随着时间增加而不断降低。利用 ^{14}C 测年，我们需要估计很久前动植物死掉时 $^{14}C/^{12}C$ 的比值。因为 ^{14}C 不断在大气中产生，我们假设地球大气中观察到的比值保持稳定，这提供了一个通用的起始点。在这种情况下，样品中 $^{14}C/^{12}C$ 的比值与空气中的比值区分开，这样才可测试年龄(图 6-3)。^{14}C 定年是我们所拥有的最好的对有骨头或碳等有机物定年的工具。10 个半衰期的限制使得 ^{14}C 定年只能够用于年龄少于 6×10^4 a 的物质。

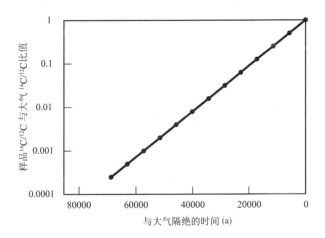

图 6-3 ^{14}C 测年方法说明。直线表明了现今样品中 $^{14}C/^{12}C$ 的比值，假设其形成时样品中 $^{14}C/^{12}C$ 比值与现在大气中的一致。在有机物停止生长或呼吸后，它不再吸收碳，若发生在很久以前，样品中具有很低的 $^{14}C/^{12}C$ 比值；若死亡发生在今天，样品中 $^{14}C/^{12}C$ 比值与现今大气中的一致。注意纵坐标轴的对数刻度

^{14}C 的宇宙生成速率是稳定的这个假设是否经得起考验？Edouard Bard 和他的同事通过测量另一个具有短半衰期且不具有任何不确定性的同位素系统来验证以上命题。对于最古老的样品而言，^{14}C 定年具有高达 10% 的变化。因此，现在对 ^{14}C 年龄和真实年龄进行了区分。但请注意这些差别很小，与宇宙成因核素的小变化是一致的。

除了 $^{14}C/^{12}C$ 外，对于几乎所有的同位素体系，并没有一个起始基准点，

而我们的优势在于去测量母体和子体同位素比值(由 ^{14}C 衰变产生的 ^{14}N 消散在空气中)。利用母体和子体同位素，同位素地球化学家发明了一个巧妙的技术用于确定准确的时间信息，即等时线方法。

6.2.1　等时线的放射性年代测定技术

　　我们仅测量母体和子体的数量就可以得到年龄么？遗憾的是，没那么简单。比如，母体/子体同位素系统：$^{87}Rb/^{87}Sr$。陆上岩石中 ^{87}Sr 原子数约比 ^{87}Rb 多 20 倍。所有的 ^{87}Sr 都是由 ^{87}Rb 放射性衰变成的吗？如果是真的，一个 ^{87}Rb 原子只能衰变成一个 ^{87}Sr 原子，95%初始的 ^{87}Rb 可能都衰变了。95%原子的衰变可能需要 4 个半衰期，而 ^{87}Rb 的半衰期是 490 亿年，整个过程需要 2000 亿年，这远比估计的宇宙年龄要老(第 2 章)。在 ^{87}Rb 衰变前一定有大量的 ^{87}Sr 存在，这个事实可以从任意恒星的核聚合中得到。为了准确定年，确定同位素在开始时的比值是很有必要的。

　　同位素地球化学家发展的巧妙方法可以用一个简单的数值例子来说明。考虑两个矿物，金云母和斜长石，它们开始都有 700 个原子的 ^{87}Sr 和有 1000 个原子的 Sr 的另一个同位素 ^{86}Sr(地球上 ^{86}Sr 并不是通过放射性衰变形成的)。在形成时，两个矿物的 $^{87}Sr/^{86}Sr$ 比值基本相同(如 0.700)。由于晶体结构的不同，金云母比斜长石可以拥有更多的 Rb。在这个例子中我们为金云母分配 1000 个原子的 ^{87}Rb，斜长石分配 100 个原子的 ^{87}Rb。在任意一个后续点，两个矿物中 ^{87}Rb 的固定比例均会发生衰变。当 5%的 ^{87}Rb 衰变时，比如金云母中 50 个 ^{87}Rb 原子衰变产生 50 个 ^{87}Sr 原子，而长石中只有 5 个原子的 ^{87}Sr 产生。此时矿物的测试将会显示金云母和斜长石中 $^{87}Sr/^{86}Sr$ 分别为 0.750 和 0.705。当 10%的 ^{87}Rb 发生衰变，金云母和斜长石的 $^{87}Sr/^{86}Sr$ 比值分别为 0.800 和 0.710。因此，两个矿物中 Sr 同位素的不同随时间而不断增加。我们可以通过反推两个矿物具有相同的 $^{87}Sr/^{86}Sr$ 比值时的时间来推断开始时的条件。这就是形成年龄，见表 6-2 和图 6-4 所示。

　　放射性衰变方程的数学表达如下：

$$N(t) = N_0 e^{-\lambda t} \tag{6-1}$$

其中，e 是常数 2.718，λ 是放射性元素的衰变常数，$N(t)$ 指任意时间 t 的

表 6-2   同一源区中三个矿物中 $^{87}Sr/^{86}Sr$ 的演化

矿物	形成时间	5%衰变	10%衰变
金云母			
^{87}Rb	1000	950	900
^{87}Sr	700	750	800
^{86}Sr	1000	1000	1000
$^{87}Sr/^{86}Sr$	0.7	0.75	0.8
$^{87}Rb/^{86}Sr$	1	0.95	0.9
长石			
^{87}Rb	100	95	90
^{87}Sr	700	705	710
^{86}Sr	1000	1000	1000
$^{87}Sr / ^{86}Sr$	0.7	0.705	0.71
$^{87}Rb/ ^{86}Sr$	0.1	0.095	0.09
辉石			
^{87}Rb	50	47.5	45
^{87}Sr	70	72.5	75
^{86}Sr	100	100	100
$^{87}Sr/^{86}Sr$	0.7	0.725	0.75
$^{87}Rb/^{86}Sr$	0.5	0.475	0.45

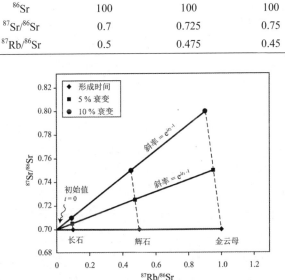

图 6-4   Rb-Sr 系统中同位素组分随时间变化的图解。形成时三个矿物具有相同的 $^{87}Sr/^{86}Sr$ 比值,但 ^{87}Rb 到 ^{86}Sr 有不同的变化。随时间流逝,^{87}Rb 衰变为 ^{87}Sr,使得 $^{87}Sr/^{86}Sr$ 比值增加。$^{87}Rb/^{86}Sr$ 比值越高,变化越大。任意时间三个矿物投在一条直线上时,该直线称为等时线,其截距是初始 $^{87}Sr/^{86}Sr$ 比值。随着 ^{87}Rb 衰变,直线的斜率逐渐增加,因而可由斜率确定时间,截距确定初始值。假设形成时没有 Rb 原子的矿物也具有相同的截距

原子数，N_0 是初始原子数。如果我们定义初始 ^{86}Sr 和 ^{87}Rb 的数量为 ^{87}Sr$_0$ 和 ^{87}Rb$_0$，现今的数量为 ^{87}Sr(t) 和 ^{87}Rb(t)，则增加的 ^{87}Sr 数量与 ^{87}Rb 衰变的数量相关：

$$^{87}\mathrm{Sr}(t)=^{87}\mathrm{Sr}_0+^{87}\mathrm{Rb}_0-^{87}\mathrm{Rb}(t) \tag{6-2}$$

从放射性衰变方程可知：

$$^{87}\mathrm{Rb}(t)=^{87}\mathrm{Rb}_0 e^{-\lambda t} \tag{6-3}$$

那么，
$$^{87}\mathrm{Rb}_0 = ^{87}\mathrm{Rb}(t) e^{\lambda t} \tag{6-4}$$

替换之后我们得到：

$$^{87}\mathrm{Sr}(t)=^{87}\mathrm{Sr}_0+^{87}\mathrm{Rb}(t)\left(e^{\lambda t}-1\right) \tag{6-5}$$

如果我们对所有项除以 ^{86}Sr：

$$\left.\begin{aligned}&^{87}\mathrm{Sr}/^{86}\mathrm{Sr}(t) = ^{87}\mathrm{Sr}/^{86}\mathrm{Sr} + ^{87}\mathrm{Rb}/^{86}\mathrm{Sr}(t)\left(e^{\lambda t}-1\right)\\&y=b+mx\end{aligned}\right\} \tag{6-6}$$

$y=b+mx$ 是个直线方程，其斜率由年龄和初始 ^{87}Sr/^{86}Sr 比值的斜率决定。这条直线被称为等时线，该线上的样品形成于同一时间。在每个矿物中，^{87}Sr/^{86}Sr(t) 和 ^{87}Rb/^{86}Sr(t) 在现今岩石中的比值可通过质谱测得，该比值确定了等时线图上的一个点。斜率和截距在本方程中是未知的。这意味着至少需要两个测量结果(两点定一线)，所以至少需要两个不同的矿物来确定等时线。图 6-4 说明了初始条件和等时线随时间的演化。

　　当然，这个方法也可能出错。比如一些 Rb 或 Sr 可能在最近的事件中增加或丢失。为查证年龄的准确性，尽量测量更多矿物用以确保它们共线并处于同一条等时线上。任何衰变系统的年龄都能够通过其他母体/子体系统得到验证。既然所有的元素行为都不一样，一些方法间的一致性可以使年龄有相当高的可信度。

　　年龄到底意味着什么？等时线技术确定了各种物质在均匀储层中形成的时间，没有随后的母体和子体同位素再均化、损失或增加。如果岩石含有的矿物发生重熔，那么所有的 Sr 原子将发生混合，同时 $^{87}Sr/^{86}Sr$ 的比值会再均一化，这个将作为新矿物结晶的初始值。由于这个原因，地球上经历持续再改造的岩石无法给出地球的等时线。形成于 100 百万年前的花岗岩给出的年龄为 100 Ma。为了确定太阳系开始和地球形成的年龄，我们需要一种形成于当时并一直被隔绝的物质。这种物质就是球粒陨石，它们避开了所有的星球演化过程，在空间上保持独立直到最近到达地球上。

6.2.2 球粒陨石和地球的年龄

由于球粒陨石和其他陨石在获取太阳系年龄中特有的重要性，它们是许多测年研究的对象。图 6-5 和 6-6 中总结了 19 个不同的陨石年龄。从图中可知，这些陨石的年龄与 45.6 亿年相一致。许多同位素体系也被用于陨石，归纳如表 6-3 所示。许多分开的陨石对于同一个衰变体系和所有独立的衰变体系具有一致性，使得球粒陨石形成的年龄得到了良好的制约。这个衰变体系具有一致性的证明来自较好混合的储库——太阳星云的所有球粒陨石形成于近乎相同的时间，并且坚定了我们对从这些物体中获得古老年龄的信心。

如果我们把地球看作是一个巨大的陨石，那么地球的平均组分也可以与陨石投在同一条线上。各种证据支持了这种观点。

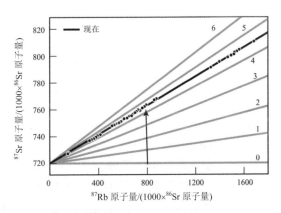

图 6-5 陨石矿物中 $^{87}Sr/^{87}Rb$ 随时间演化的情况由灰色线表示。太阳系形成时，所有矿物组分落在标有 0 的线上，其 $^{87}Rb/^{86}Sr$ 比值是变化的，接近 0.7。随时间变化，^{87}Sr 含量增加，^{87}Rb 含量降低。所有球粒陨石沿 45.6 亿年的等时线分布

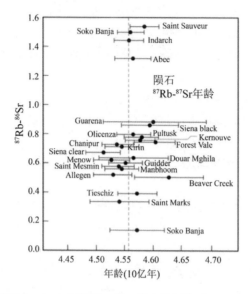

图 6-6 19 个不同陨石中 Rb-Sr 年龄图一览。所有结果位于 45.2 亿~46.3 亿年间。平均年龄是 45.6 亿年。由于每种测试方法的不确定性,三个结果跨越了这个平均值,但没有明显的不同

表 6-3 基于不同同位素体系的陨石年龄

同位素体系	年龄 (10 亿年)	不确定性
Rb-Sr	4.56	0.05
Sm-Nd	4.55	0.33
Pb-Pb	4.56	0.02
Lu-Hf	4.46	0.08
Th-Hf	4.54	0.04
U-Pb	4.54	0.04

证据来自于对应用 Pb 同位素时的明智认识。像图 6-5 的等时线图需要两种元素和同位素聚集的知识。对于 U-Pb 系统而言,有两条可能的等时线,一条是 $^{235}U/^{207}Pb$,另一条是 $^{238}U/^{206}Pb$。如果对这些等式用一个除以另外一个,那么 U 的富集被清除,图中的斜率变为 $^{206}Pb/^{204}Pb$ 对比 $^{207}Pb/^{204}Pb$ (^{204}Pb 是普通 Pb 同位素,等同于 Rb-Sr 体系中的 ^{86}Sr),这个斜率可用于确定年龄。拉玛·莫西(Rama Murthy)和克莱尔·帕特森(Claire Patterson)利用大量球粒陨石和地球上大洋沉积物确定了这些比值。大洋沉积物很理想是由于它们反映了地球上所有陆壳的良好混合的侵蚀物,同时

洋壳也贡献了一些 Pb，所以大洋沉积物较好地代表了地球的平均值。太阳系的初始值也可以从含有大量 Pb 而不含 U 的铁陨石中获得。他们发现地球沉积物投点基本落在陨石的等时线上，表明了它们具有共同的起源和相同的年龄(图 6-7)。地球是陨石中的一个大聚集体。

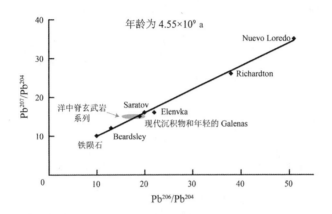

图 6-7 地球的沉积物与陨石的 Pb 同位素结果对比。图中每个名称都指一种不同的陨石。年轻的方铅矿是硫化铅矿物，来自于能为大陆地壳提供好的平均元素含量的流体。MORB 是洋中脊玄武岩，代表了上地幔的组分。实际上，所有沿着相同等时线的数据都表明地球和球粒陨石是从同一个源区同时形成的。

6.3 元素的年龄

陨石中放射性同位素相对丰度可以告诉我们一些关于宇宙中重元素是何时产生的信息。尽管这个论点有点复杂，推理阐述了一个重要的原则，这个原则对于我们后边关于地球进程的讨论很有用。

通常，当物质以恒速产生、以指数速率衰减时，它们可以达到一个稳定的状态值，这个值始终如一，甚至在系统是动态的情况下，物质和能量持续从系统中流过时也是如此。这样的特征在整个自然系统中十分普遍。

让我们用一个小小的例子来说明这样的过程是如何发生的。想象一下你收到了一张支票，每周净给你 100 美元，你决定严格遵守总是花费银行账户一半金额的原则。

第一周结束时，你花了 50 美元，新的 100 美元加入到你的账户，你拥有 150 美元。第二周你花了 75 美元，第三周你花了 87.5 美元，以此类推。

最终当你拥有 200 美元在你的银行账户时，你达到了稳定态。资金在你的银行账户中稳定流动，你有一生的工作和支出，一个人在周末检查收支平衡时会发现它保持着稳定的数量。在达到稳定态的途径中，既然你通过检查你银行账户的钱来进行工作，那么我们也可以知道该过程经历了多少周的时间(图 6-8)。

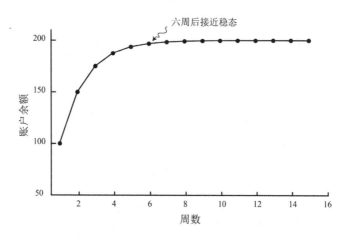

图 6-8　银行账户余额变化满足文中给出的规则。在六周或之后的周，账户达到平衡态。在那之前，可通过研究银行账户中的余额对自银行开户以来经过的时间量作出很好的估计

　　相同的原则也适用于放射性元素的丰度。它们以相同的速率产生于恒星内部，总数量的一半在固定时间段内发生衰变，即线性产生和指数衰减，最终在宇宙中达到稳定值。但其达到稳定态所需的时间取决于半衰期(在银行账户例子中，如果 1 周变成 10 年，将花费 60 年而不是 6 周达到平衡)。所以如果我们检查具有足够长半衰期的元素，其丰度远未达到平衡，我们就能够确定元素开始出现的时间。

　　但仍有一个争论。我们不知道放射性同位素实际产生的速率。我们可以根据不同同位素产生速率的比值去估算，因为比值可以通过核物理计算。之后我们可以获得同样的时间信息吗？

　　另一个例子可以解释这个更加复杂的情况。在巴黎卢浮宫有一个特别的展览，比如达芬奇的画作。每天有稳定数量的人到来，1/3 是艺术家，2/3 是游客。白天这个人流是稳定的。然后我们制订规则：在每个小时结束时，展厅中 1/4 的艺术家离开，1/2 的游客也离开。这个规则制订了一

个稳定的新人线性速率和两个不同的指数衰减速率,取决于参观者是游客(在博物馆中具有短的半衰期)还是艺术家(具有长的半衰期)。这为博物馆建立了一个达到稳定态的途径。图 6-9 显示了白天展厅中的人数变化。由于游客的半衰期较短,游客数量比艺术家数量更快地接近稳定状态,艺术家与游客的比率逐渐增加,但由于展览开放时间不够长,因此从未达到稳定状态值 1。如果你知道这些规则,在任意时间进入展厅,通过观测艺术家和游客的比例就可以准确分辨展览开始了多久。比如,若比值是 0.8,则展览开始了 4 h。

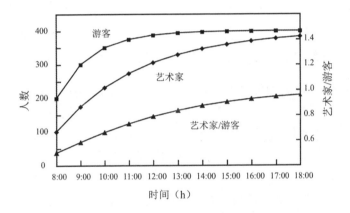

图 6-9 白天艺术家和游客的比例随时间如何变化(作为文中所给例子的证实)。上方两条曲线表示由于游客的半衰期短于艺术家,它们更快达到稳定态。最下方曲线表示由于从未达到稳定态,艺术家与游客的比例可以提供展览开放了多长时间

相似的情况发生在长半衰期的放射性同位素 ^{235}U、^{238}U 和 ^{232}Th。所有这些同位素通过超新星爆炸以稳定的速率不断产生,一旦形成,它们依据其半衰期而衰变。我们出现在现场并测试它们的比值。通过测试我们可以得知它们何时开始出现,元素何时开始产生。我们必须使用太阳系形成时的比值而不是现今的比值,因为地球自太阳系形成后便不再受超新星的影响。虽然星系中的元素合成仍在继续,但过去 45.5 亿年中产生的元素并没有任何机制可以被并入太阳或其行星。因此,太阳系一旦形成,元素便被从创造、发生在大星际云、银河系或其他地方的超新星和混合的伟大过程中孤立出来。因此,一旦太阳系形成,我们就与在银河系其他地方观测到的巨大星际云中发生的元素生成、超新星和混合过程分离开来。

我们利用上文中给出的放射性衰变方程式(6-1)计算太阳系开始时的

值。我们知道现今 U 和 Th 的值 $N(t)$，也知道太阳系的年龄 t，可以计算太阳系形成时的数量 N_0。表 6-4 中给出了早期太阳系中的同位素比值、产生速率、半衰期和稳定态比例，比例用 ^{232}Th 为 1.0 进行了标准化。很明显，早期太阳系中的比值位于恒星产生速率和稳态值之间。这些可用于估算元素开始产生的时间。

表 6-4　早期太阳系中 ^{235}U、^{238}U 和 ^{232}Th 的不同值

值	^{235}U	^{238}U	^{232}Th
每个同位素的半衰期	0.713	4.47	14
恒星中与 ^{232}Th 有关的产物	0.79	0.525	1.00
稳态比例	0.041	0.167	1.00
太阳系早期的比例	0.122	0.424	1.00

图 6-10 证明了同位素丰度在银河系演化过程中随着时间变化的过程(注意图 6-9 中艺术家和游客的相似性)。图 6-11 的实线显示了元素形成后比率随时间的变化，虚线显示了这些比率在太阳系形成时的值。曲线的相交处是时间在银河系和太阳系形成间的流逝。对于 ^{238}U/^{235}U 比率，交叉处为 120 亿年左右。对 ^{232}Th/^{235}U 比率，交叉处为 90 亿年左右。虽然这两个结果都有相当大的不确定性，但它们都表明，在太阳系形成之前大约 100 亿年，元素生产就已经开始了。由于太阳系的年龄是 45.5 亿年，这意味着自第一批重元素产生以来，太阳系的总年龄约为 135 亿~160 亿年。

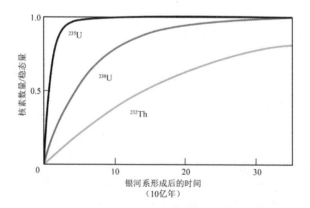

图 6-10　银河系中三个同位素数量的演化。假设超新星事件在银河系整个历史中有规律出现。当同位素衰变速率等于产生速率时达到稳态。注意形式上与图 6-9 的相似性

　　各种同位素数据给出了一个与第 2 章中用红移距离关系推断出的年代相吻合的整体年代表，如图 6-12 总结。宇宙开端于 137 亿年前，银河系形成于宇宙的第一个 10 亿年内。纵观银河系的整个历史，最大的恒星已稳定地合成并分配元素，这些元素在星际云内已混合在一起。银河系形成之后的 90 亿年，太阳系形成，并在 45.6 亿年前从恒星演变的过程中分离出来。放射性同位素并入行星中并持续衰变，给出了可以在实验室测定的值。

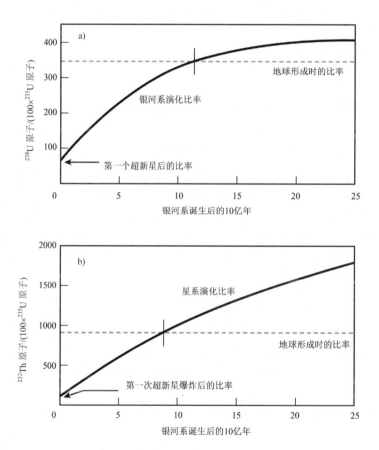

图 6-11　当重元素产物以稳定速率产生时 ^{238}U (a)和 ^{235}U (b)分别与 ^{323}Th 的演化。在银河系历史早期，地球的产生率等于星体的产生率。随时间变化，比值改变，有利于更长半衰期的同位素。虚线与实演化曲线的交点给出了银河系形成和太阳系形成之间经过的时间。银河系和太阳系形成间隔约 100 亿年

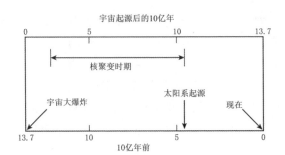

图 6-12   地球上同位素记录的宇宙事件年代统计。核聚合阶段指在太阳系中被发现比 H 和 He 重的元素产生的阶段。银河系作为一个整体，核聚合阶段持续到现在。太阳系中的物质是 45.6 亿年前从银河系中分离出来的

6.4   利用灭绝核素揭示古代短暂阶段过程的秘密

短半衰期的元素能够给出的时间间隔约为它们半衰期的 10 倍，这限制了它们在长久事件中的定年作用，但仍然可以获得重要的信息。关键是放射性母同位素被保存在了子体同位素比率中，甚至放射性母同位素已经衰变完，比如我们熟悉的 Rb-Sr 系统。假设等待了数千亿年，直到所有的 ^{87}Rb 衰变结束，如果随后它们没有被均一化，矿物中残余的 ^{87}Sr/^{86}Sr 比值仍有很大变化。^{87}Rb 将会消失，子同位素的变化将会保留，表明 ^{87}Rb 过去曾存在过。在等时线图中(图 6-4)，在很长一段时间后，等时线点将沿 Y 轴分布。Sr 同位素没有进一步的变化，因为所有的 ^{87}Rb 已经衰变结束。

大量的短半衰期放射性核素曾存在过。由于衰变迅速，它们会在短时间内产生大量的同位素变化。对记录长放射性母体存在的子体元素的研究揭示了早期太阳系以及与其所经历的过程有关的大量信息。

6.4.1 ^{26}Al 及太阳系附近的超新星

^{26}Al 是重要的灭绝核素之一，在某种程度上是因为 Al 是石陨石和类地行星的主要组成之一。与普通岩石中 Rb、Sm 或 U 的浓度仅为百万分之几或更少不同，Al 的浓度为 3%~20%，是许多最常见矿物的基本成分。如果 Al 存在的话，其中一小部分可能是 ^{26}Al。

^{26}Al 衰变为 ^{26}Mg 的半衰期为 0.73 Ma(图 6-13)。因此，对于发生在最

近 10 Ma 的事件而言，^{26}Al 是很敏感的指示器。在此之后只有它的子体 ^{26}Mg 的存在给出了其曾存在的证据。^{26}Al 由超新星爆炸中的 r 过程创造。^{26}Al 存在的证据表明超新星爆炸时间为 5~10 Ma，当时含有 ^{26}Al 的岩石得以形成，证据在于子体 Mg 的同位素变化。

格瑞·瓦瑟伯格(Gerry Wasserburg)及其加利福尼亚理工学院的同事于 1974 年测试了陨石形成的星云中 ^{26}Al 是否存在。如果 ^{26}Mg 同位素证实 ^{26}Al 曾存在过，那么关于早期太阳系的三件事就变得很清楚：

(1)太阳系形成之前在其附近发生了超新星事件；

(2)超新星事件后陨石迅速形成；

(3)灭绝核素在太阳系早期出现过，为早期行星体提供了大量热源。

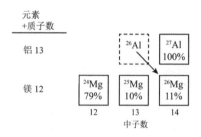

图 6-13 Al、Mg 同位素及它们现今在地球上的相对比例。Al 只有一个稳定同位素而 Mg 有三个。在太阳系早期历史中，第二个 Al 同位素曾存在过，即半衰期为 0.73 Ma 的放射性 ^{26}Al，但这个同位素早已衰变为 ^{26}Mg 而灭绝

临界物质是那些 Al 含量很高和 Mg 含量很低的物质。因为 ^{26}Al 在化学性质上等同于 ^{27}Al，^{26}Al 将会和稳定的 Al 一样被结合到铝的矿物中(^{26}Al 形成的铝箔和普通箔看起来一样但却是致命的)。Mg 的数量越低，与稳定 ^{24}Mg 相关的更多的 ^{26}Mg 将会被创造出来(图 6-14)。因此，就如同具有大变化的母/子体比值的等时线图拥有更好的定年结果一样，比值具有大范围变化的 Al/Mg 对于找到灭绝 Al 存在的证据将更加有利。具有最高 ^{26}Mg/^{24}Mg 的矿物(钙长石 $CaAl_2Si_2O_8$)在完全衰变后拥有最高的 ^{26}Mg/^{24}Mg，而低 Al/Mg 比值的矿物的 ^{26}Mg/^{24}Mg 比值也低。若这些矿物中没有区别，则它们形成时没有 ^{26}Al 存在。

^{26}Al 初始值被用于解释看起来过高的结果，而且对于这些结果的解释存在实质性争议。仪器技术的发展使得测量许多不同灭绝物种所产生的同位素比率成为可能，这些结果表明早期太阳系中超新星产物的重要性。实

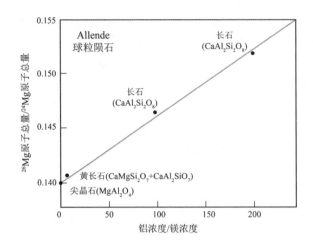

图 6-14 $^{26}Mg/^{24}Mg$ 比值的关系和球粒陨石矿物颗粒中 Al/Mg 的比值。Al 在长石颗粒中是主要组分，Mg 是少量组分，长石相对于低 Al/Mg 比值的矿物而言具有高的 $^{26}Mg/^{24}Mg$ 比值。地球平均 $^{26}Mg/^{24}Mg$ 是 0.1394。这个并不见外，Al/Mg 在地球的比值为 0.1(引自 Lee, Papanastassiou and Wasserburg, Geophys. Res. Lett. 3(1976): 109-12)

际上，最原始陨石中残留的微小颗粒中同位素的多样性表明，许多不同类型的恒星和恒星爆炸为太阳系星云提供了物质。所有这些证据佐证了太阳系是由星际尘埃和气体组成的巨大星云形成的假设，并且在星云中恒星的形成和元素的产生很常见。一个或多个超新星在太阳和其行星早期形成相关的时空临近区域产生。

6.5　小　结

放射性元素是存在于构成行星物质的分子中的时钟。当这些元素衰变时，它们的子同位素改变了相对同位素组成。这些同位素比值的测量使得大量对于地球过程的时间量程的研究变得可能。宇宙成因核素如 ^{14}C 可用于测定年轻有机物质的年龄。长放射性核素可作为用于对发生在太阳系早期和地球历史中的古老时间进行定年的工具。由于有一些独立的体系，陨石年龄的测量可以通过独立手段进行两次、三次查验。所有数据都与早期太阳系 45.6 亿年的年龄相吻合。地球与这些测量的一致性表明，组成地球的物质类型与现今依然影响地球表面的陨石中观察到的物质类型相同。

长衰变期的放射性核素也使得对一些稳态条件的基本原理和元素创造

的开始时间的探索成为可能。这个定时与通过第 2 章红移距离关系推测的时间相一致，也使得从大爆炸到元素在银河系形成到太阳系形成至今的地球年代史可以测量。短半衰期核素提供了另一个在早期太阳系时期揭示事件过程的工具。[26]Al 和其他灭绝核素表明了太阳系环境十分活跃，为来自附近的超新星和多样化的恒星的星云尘埃作了贡献。地球似乎形成于星球孵化器中，这与宇航员在银河系其他地方看到的一致，太阳系只是宇宙过程中的一个简单例子。已经灭绝的放射性核素证实了早期太阳系历史的很短时间尺度，从超新星爆炸到太阳、陨石和行星的形成只有几百万年的时间。短半衰期放射性核素如此密集的衰变提供了一个短期的有利热源，有助于早期行星的快速加热和分异。

补充阅读

Allègre C, Sutcliffe C. 2008. Isotope Geology. Cambridge: Cambridge University Press.

Faure G, Mensing T. 2005. Isotopes, Principles and Applications, 3rd ed. New York: John Wiley & Sons.

图 7-0 一张石铁陨石的照片。暗色区为橄榄石晶体，浅色区为金属(哈佛大学自然历史博物馆提供)

7

内部的修正　分离成地核、地幔、地壳、海洋和大气

　　自从星子形成了各行星以及月球之后，它们经历了非常重要的内部变化，并形成了早期的内部结构。行星分异的过程可以概括为星球的逐步分层、致密的物质下沉到内部和轻的物质上浮到表面。例如，地球分为铁金属地核、硅酸盐地幔和固体地壳(大陆和海洋)。地核分离是金属和硅酸盐液体不混溶的结果，金属密度更高，导致硅酸盐地幔下有一个金属地核。在地球内部极高的温度下，固体硅酸盐地幔借助对流将深处的地热物质传到地表。这种上升导致地幔在熔点较低的浅层融化而形成地壳。熔体比它周围的地幔要轻，从而作为岩浆上涌至地壳。地幔熔体组成了海洋地壳富含镁和铁的岩石(镁铁质岩石)。进一步的岩浆作用过程形成陆地富含长石和石英的岩石(长英质岩石)。海洋和大陆地壳都比其下的地幔轻，从而浮在地幔上。大陆地壳具有更低的密度和更大的厚度，因而比海洋地壳更厚。最外层的液态海洋和气态大气可能通过地幔的脱气作用形成，但也有可能是受到太空中强挥发性物质的持续涌入的影响。放射性核素提供的证据显示地核和大气的形成发生在地球历史最早的几十万年间。我们今天看到的地壳的形成时间要晚很多。海洋层由于不断地形成并遭受破坏，地质年龄很短(<160 Ma)。大陆层的保存时间更长，但只有微小的残存部分老于4000 Ma，这使得地球最初的历史除了来自陨石的重要线索外没有其他直接的记录。比4000 Ma更古老的无球粒陨石表明，不混溶、熔化、脱气产生不同密度和成分的地层的整个过程是一个常见的星体形成过程。

　　内部分层的净效应是根据元素的化学倾向性来分配的。亲铁元素最终处于地核，亲石元素最终位于地幔。小部分亲石元素聚集在岩浆(亲岩浆

元素)中，并在地表就位。亲岩浆元素包括易挥发的水、二氧化碳、氮气和磷、钠、钾和氯，构成了一个聚集在地表的组合，为稳定气候的建立和生命的起源和进化提供环境和物质。

7.1　引　言

太阳系行星的分离与形成受下列因素的影响：体积密度和许多相对丰度较少的挥发性元素以及四个形成类地行星主要元素的富集。现在的行星不是均质物质的混合体，它们有自己的结构，并且根据不同的组分划分为不同的层。这个能根据陨石很明显地区分开，并且给我们提供了在太阳系下行星内部分裂的母体圈的样品。这些陨石有些富含铁金属，有些是金属与岩石的混合体，其他的是火山岩，后者反映了行星内部的部分熔融。行星中金属与硅酸盐的熔融与分离过程在早期太阳系的演化历史中明显地出现过，因此它能很好地影响地球和月球。这些陨石为我们提供了地球内部形成演化史的线索。

因为地球没有被分成小碎块，所以我们没有直接到达它的内部，而最深钻井也只能到达 10 km 深，这与地球 6371 km 的半径相比微不足道。因此，虽然我们能直接测量并研究液态海洋与气态大气的组成，也有来自地壳中裸露表面的岩石，但只能依赖其他途径的证据来探究地球的内部结构及其总的成分。

7.2　地球结构

在第 5 章我们了解到，第一个证据来自对地球密度的估计。为了确定密度(质量/体积)，我们需要知道地球的体积和质量。体积容易测定，确定地球质量则需要应用牛顿定律。一个基于月球轨道的方法在第 5 章讨论过。另一种可能是来自表面的测量。若质量为 m，从近地表面落向地表的加速度为 g。则驱动这个加速度的引力可表示为：

$$F=mg \tag{7-1}$$

这个力也与牛顿第三定律有联系,它给出了两个物体之间的引力:

$$F = GmM_e / R^2 \tag{7-2}$$

R 表示地球的半径,M_e 表示地球的质量,G 表示万有引力常量。由于这两个引力相同,

$$M_e = gR^2 / G \tag{7-3}$$

R 和 g 很容易测量,但是 G 需要一个难度较大的、对两个已知质量物体之间万有引力的测量来确定。通过长期的实验,卡文迪许(Lord Cavendish)在 1798 年确定了 G 值。他同时计算了地球的密度为 5.45 g/cm^3,这与通过更准确的现代方法测算的 5.25 g/cm^3 非常接近。地表常见岩石的密度约为 2.7 g/cm^3(水的密度为 1.0 g/cm^3),因此,地球内部一定有密度很高的物质才能导致平均密度如此之高。这些高密度的内部物质是什么,它们又在哪里呢?

这个问题可以从地球的椭球"形状"来探讨。由于地球绕轴旋转,赤道以 1668 km/h 的速度高速旋转,而南北极是相对静止的。赤道高速运动造成的离心力导致赤道地区相对于两极膨胀,使得地球呈现椭球形状。赤道凸起的大小取决于地球质量的分布情况。如果质量集中在内部,凸起比较少。这可以通过想象(或实际尝试)在头上对一个重物转圈。如果在长绳一段的物体每秒转一圈,则手臂受到的拉力很大;如果物体在身体附近每秒转一圈,则受到拉力会小得多(物体速度也慢得多)。这个性质叫作惯性矩。地球的惯性矩比一个密度均匀的地球的惯性矩少 20%。如果地球质量均匀分布,那么地球赤道部分的凸起会更大。因此,高密度物质一定集中在地球中心。

平均密度和惯性矩可用于一起推断地球整体密度分布,结论是地球有一个密度约 11 g/cm^3 的地核,大约占地球半径的一半。在地球表面没有元素会有如此高的密度。在某种环境下密度为 5.6 g/cm^3 的铁似乎满足要求。地球是否可能有一个由纯金构成的核心?只要意识到在地球内部的高压下的固体是可压缩的,并且地球深处密度大于表面密度,正如我们在第 5 章描述到的外行星密度一样,这个难题就能解决。压力对密度的影响导致地球所有层的密度随深度而逐渐增加。

20 世纪早期的地震学研究对地球内部的结构有了一个更为清晰的认识。地震的冲击使地球像一个钟铃震动，并创造了巨大的能量波遍历并穿过了整个地球。我们发现这些电波可以通过非常精确的摆(现在称为地震仪)记录。它可以产生震动图以记录波的详细过程。

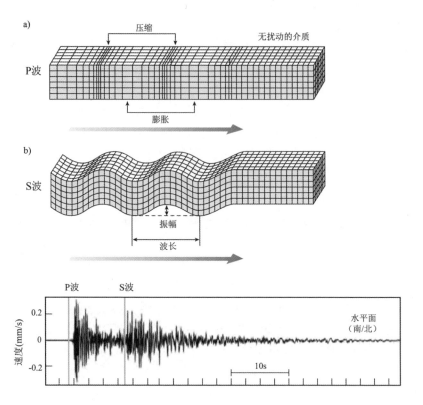

图 7-1 (a)压缩波与剪切波的区别，其中压缩波代表运动方向，剪切波代表垂直运动方向；(b)地震所产生的 P 波与 V 波的地震图，P 波速度更快，最先到达，横轴是时间(由 U.S. Geological Survey 提供)

围绕星体的不同地方，波到达的时刻揭示了星体内部波运动的速率。波速由介质的物理性质所决定的，包括密度。拥有地震波速资料后，我们可以探究地球的密度结构(图 7-2)。这个结构表明大区域下，密度是随着深度而逐渐增加的，但在有些地方发生极大的跨越，这表明化学组分发生了改变。最大的改变是 $6\sim10$ g/cm^3，这用来定义核幔边界。

随着人们逐渐了解复杂的波的模式，地震学家从地震波谱中划分出三种类型的波：沿着运动方向振动的压缩波、垂直运动方向振动的剪切波，以及沿着地球表面而不是内部横穿的表面波(图 7-1)。令人惊奇的是，剪切波突然半路消失，这个区域称为阴影区(图7-3)。

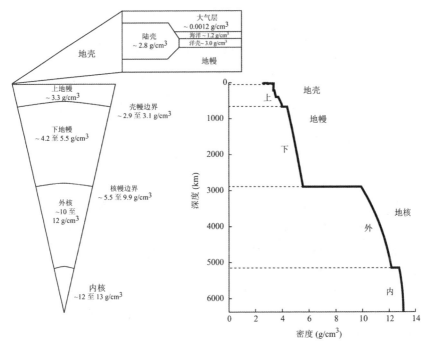

图 7-2 由地震波速推测的地球内部密度分布，每个大的结构层密度都会增加，这归因于化学成分的变化。上地幔中一些微小的变化是由于类似橄榄岩成分的矿物成分变化造成的

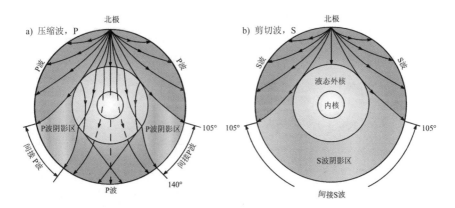

图 7-3 位于北极的地震纵穿地球的地震波路径。波的弯曲变化取决于所通过介质的密度，实线表示波的路径，没有直接的波到达的区域叫阴影区

　　阴影区可以从剪切波无法通过液体进行传播的角度来理解。纵波和横波都通过固体传播，但速度稍有不同。然而，在液体中剪切波会消失，因为流体不支持剪切波。你可以弯曲一根棍棒或金属棒，但不能弯曲液体，因为它不具备维持剪切的力量。鲸和海豚可以在很长的距离通过声波交流，这是压缩波，但它们巨大尾巴的来回运动会迅速消散。阴影区表明横波在地球内部的某部分消失，该部分一定是液体。阴影带非常系统的空间分布允许对内部液体层进行精确的绘图，即始于密度急剧变化的核幔边界(图 7-3)。

　　不同密度层的定义，结合该层是固体还是液体的信息，可以提供地球内部分层的基本描述。表层为地壳，其厚度在陆地约 35 km，在大洋盆地约 6 km。地壳的底部是根据地震速度的变化来定义的，也被称为莫霍间断面(Mohorovicic discontinuity，以下简称"莫霍")，在那里密度突然由 $2.7\sim3.3$ g/cm^3 剧增。地壳之下是固体地幔，一直延伸至 2900 km 深的地方，其中确定了古登堡间断面(Gutenberg discontinuity)为核幔边界面。再往地球内部是 2100 km 深的外部液态地核。液态核的底部由莱曼间断面(Lehman discontinuity)定义，然后密度再次突变到> 1000 km 固态地核。

　　下一步是确定这些层的化学组成。这需要在适当温度和压力下的密度和地震波速的知识(表 7-1)。长期的精细实验提供了很多矿物的密度和地震波速数据，可用于校准地震检测结果。地核由铁和镍以及一小部分较轻的元素(是什么元素仍有争议)组成，它们呈现比纯的铁镍略低的地震波速。地壳适合于直接探测，其组成对应于观察到的地震速度。大陆地壳密度约为 2.7 g/cm^3，主要由构成花岗岩的主要成分石英和长石组成，并含有少量铁镁矿物，如辉石和角闪石。海洋地壳没有石英，由约 50%的长石和更高比例的暗色矿物组成，其平均密度约 3.0 g/cm^3。

表 7-1　地壳与地幔中常见的岩石

岩石	位置	低压密度 (g/cm^3)	基本矿物	化学成分(%)				
				SiO$_2$	Al$_2$O$_3$	MgO	FeO	CaO
花岗岩/流纹岩	大陆	2.70	长石，石英	~70	~16	~1	~3	~6
闪长岩/安山岩	大陆/岛弧	2.85	长石，石英，辉石	~55	~18	~2	~5	~8
辉长岩/玄武岩	洋壳/溢流玄武岩	3.00	长石，辉石，橄榄石	~49	~15	~8	~10	~11
橄榄岩	地幔	3.30	橄榄石，辉石	~44	~4	~39	~8	~3

地球内地幔组分的确定被认为是最难的。由于地震数据不足以完全确定地幔组成，观测到的裸露在地表的罕见的地幔岩石为实验以及地球化学推理提供了必要的条件。由于地震资料不足以完全确定地幔成分，对地表出露的稀有地幔岩的观测、实验和地球化学推理则提供了必要的约束条件。现在上地幔的主要成分被很好地确定为橄榄岩，它由暗色矿物橄榄石和辉石组成，密度约 3.33 g/cm³。证据如下：

(1)对核聚变、陨石成分以及上面的密度约束的分析表明，地球主要由四种行星内部的构建核素——铁、镁、氧和硅组成。虽然许多铁在地核，但在地球的其余部分仍有大量的铁，因此地幔一定为氧化镁、二氧化硅和氧化铁的一些组合。为了与陨石中这些元素比率一致，低压下的地幔必然由橄榄石和辉石构成。

(2)沿断层带到地表的地幔岩石是橄榄岩，由约 55%的橄榄石、35%辉石以及 5%~10%的包含氧化钙和氧化铝的部分矿物构成。

(3)一些罕见的称为金伯利岩的岩石从地球内部带上来，并包含了在地壳下不同深度捕获的岩石碎片，有些碎片含有钻石(金伯利岩是所有天然钻石的来源)。因为钻石只能在远高于地壳压力的环境下生成，金伯利岩一定来自于地幔。从这些深处捕获的岩石碎片被称为超镁铁质岩，主要为橄榄岩。

(4)大洋脊中地壳很薄，火山岩一定由地幔部分熔融形成，这些岩石的成分应该是熔融的橄榄岩。

所有这些信息都指向橄榄岩为地幔的组成成分。橄榄石和辉石的实验表明，这些矿物随着深度的增加，在压力增大的情况下结构会发生改变，这便解释了为什么图 7-2 中上地幔的密度曲线有些突变。当转换成更致密的矿物结构时，地震速度就会上升。

对于地核，一个显而易见的问题是，它上面和下面怎么会有一层熔融金属（外核）被固体包围，产生一种内部液态金属海洋？在核幔边界，一种可能性是温度的显著增加。在 2900 km 深度环境的压力下，金属铁比硅酸镁在更低的温度下熔化，使得金属和硅酸盐在相同的温度下分别是液体和固体状态。外核为液体的首要原因是，相比下地幔岩，铁金属的熔融温度较低，但温度在核幔边界也有突变(图 7-4)。

更深部的内外核的固/液边界有另一种解释。岩石和金属的熔点大体上随压力而增加，因为熔化包括化学键的膨胀和破裂，而压力越高，则越难实现这个过程。地球内核的压力太高，以至于即使温度很高，仍呈现固态

(图 7-4)。内外核的液/固边界是由受压力影响的熔点所决定的。

多种证据以及辅助线索清晰地揭示了地球内部的结构(图 7-5)。所有的地球物理资料均支持这个观点，即在不能直接观察的情况下，这个结构也是很接近于实际的。它在我们的理论尺度上排第 9 位。当这个大的框架确定后，地球内部核幔的细节有待继续研究，比如它们确切的化学组成和矿物学特征。

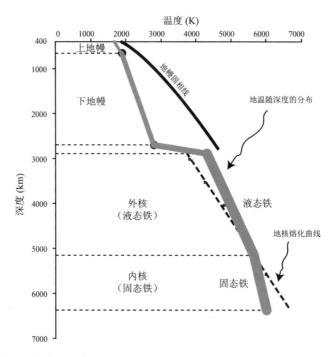

图 7-4　地球内部的温度剖面图。该图也说明了地球内部物质的状态，这些取决于岩石和金属物质的熔点以及它们随着压力的变化。即使内核的温度高于外核，但事实上内核为固体，而外核为液体，这是因为熔点随着压力的增大而减小。外核为液体，而其上的地幔为固体，这是因为地球深部压力大的地方铁的熔点低于硅酸盐的熔点，同时核幔边界存在一个温度变化较大的范围(引自 Lay et al. Nat. Geosci 1 (2008): 25–32; Madon, Mantle, in Encyclopedia of Earth System Science, vol. 3 (San Diego: Academic Press, 1992), 85–99; Alfé et al., Mineralogical Magazine 67 (2003): 113–123; Duffy, Philosophical Transactions of the Royal Society of London A 366 (2008): 4273–4293; and Fiquet et al., Science 329 (2010): 1516–1518)

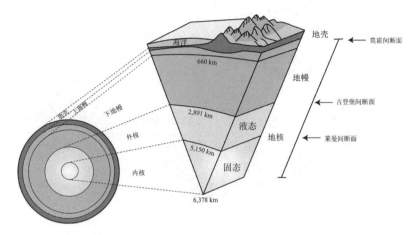

图 7-5 地球内部主要圈层及其随压力分布的示意图

7.3 地球内部圈层的化学组成

元素周期表中的主要元素不是均匀地分布到地球的各层结构(地核、地幔、地壳、大气和海洋)中的。为了弄清主要元素富集的位置，我们需要了解各物质属性和状态之间的关系。

7.3.1 元素的化学亲和性

可以将元素划分为四个主要的组成(图 7-6)。其中，亲气元素是那些不稳定的、在地球条件下趋向于形成气体和液体的元素，包括惰性气体(比如氦、氖、氩)、水、二氧化碳和氮气。这些元素密度很低，并且几乎全都存在于海洋和大气中。

亲石元素是那些更趋向于出现在硅酸盐岩石中的元素，包括硅、镁、氧、钙、铝、钛等。这些元素几乎全都存在于地幔和地壳中。

亲铁元素是那些更趋向于出现在金属态物质中的元素。它们全部是一些我们所熟悉的金属——镍、金、银、铜、铁、铂等。

亲铜元素更喜欢存在于硫化物和硫酸盐中，包括铅、铜、锌、钛和砷。亲铜元素和亲铁元素之间存在着大量相似的元素。铁是唯一一个存在于三个组别中的元素，它是金属还是硅酸盐取决于含氧量。它也形成了最常见的硫化物——黄铁矿，黄铁矿也称为"愚人金"。

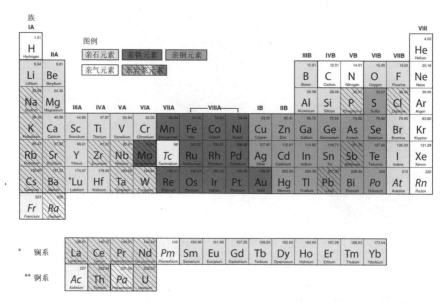

图 7-6 根据戈德施密特分类具有元素亲和性的元素周期表。根据优选寄主状态将元素分为亲石、亲铁、亲气和亲铜元素。斜线表示在固、液态下趋向于液态的亲岩浆元素，斜体代表短周期放射性核素的元素

此外，亲石元素还可以分支出形成硅酸盐液体的一族元素。因为熔化的岩石成为岩浆，这些元素也能成为岩浆元素。亲岩浆元素非常大，以至于它们不容易融入硅酸盐矿物，并且在岩石融化时强烈地聚集到液相，因为液体有更灵活的"位置"，能够容纳更大的元素。岩浆元素和分子趋向于聚集在地壳中，我们很快就会看到，地壳是由地球内部的熔融而形成的，它们中的大部分最终进入海洋或大气。岩浆元素一般是元素周期表底部的亲石元素，因为原子数高，趋向于形成大的原子半径(比如 Rb、Cs、Ba、Sr、La、Pb、Th 以及 U)和一些亲气元素以及分子如二氧化碳和水。一些亲铜和亲铁元素也属于岩浆元素(比如 W 和 Sb)。

这些亲和性也预测了地球上大部分元素的位置。比如，即使镍和钙、铁一样丰富，但实际上地球上的镍主要存在于地核中，因为它是亲铜元素。地幔中的金、银、钛和钨也会因地核的形成而耗尽，这使得这些原来就很稀有的元素变得更加珍贵。正如我们后面一章描述的那样，地核中存在大量的铱表明在 66 Ma 时可能有一颗富含铱元素的小行星撞击了地球。亲石元素大量存在于地幔中，除了那些岩浆元素(例如钾)，不稳定的元素大量存在于地壳、海洋和大气中。

这些考虑有助于我们估算地球的总成分和不同元素所在的位置(图7-7)，比如考虑铁的丰度。地核的质量为 1.87×10^{27} g，地幔的质量为 4.02×10^{27} g，而外地壳、海洋和大气的质量趋近于 0.029×10^{27} g。地壳中铁的含量可以直接测量，但是含量如此之少，对总量来说可以忽略不计。地幔中铁的质量大概占了 8%。地核的铁可以根据密度和地震波速来鉴别，大约占质量的 85%。根据这些不同结果可以估算行星中的铁含量：地核中铁质量 1.6×10^{27} g，地幔中铁质量 0.26×10^{27} g，地壳中铁质量 0.002×10^{27} g，因此，铁的总质量为 1.862×10^{27} g，地球总质量为 6.0×10^{27} g。

地球中铁含量占了 31.9%。其他元素的含量可以根据它们的地球化学行为，运用类似的方法估算出来(表 7-2)。

因此，我们现在可以重新考虑地球由陨石物质形成的假设。如果假设是对的，那我们希望可以直接测量硅酸盐地球(除了地核部分)具有拥有耐熔亲石元素的球粒比例以及亲铜和亲铁元素强烈亏损的球粒陨石配比，而后者可能聚集到地核中。总之，这与观察的结果相符合。然而精确的总硅酸盐地球成分估算都只是模型，建立在地球是球粒陨石质的假设上。在数据的不确定性范围之内，地球能从球粒陨石比例中轻微地分离出来。在高精度的仪器测定下，关于地球的确切成分还有很多需要了解。

惯性矩、地震学、地质观察、实验、地化和宇宙地球化学的结合提供了对地球圈层成分的本质认识。由于有从地震波速到亲石元素丰度的大量资料和观察，这个认识被普遍接受。基于大量辅助证据，包括直接测量和实验，地壳和上地幔的组成在我们确定的尺度上排在 8~9(最高级 10)的较少的误差界之内。我们也非常清楚下地幔是硅酸盐，而地核是铁镍金属，因为地震数据和整个地球特征限制了它们的成分。上地幔和地核的精确的成分有 7~8 级的可信度，这是因为没有直接的化学测量及高压实验条件进行约束。

7.4 地球圈层结构的起源

了解地球圈层的存在、物理特性和组成成分之后，现在面临的问题是这些圈层是怎么来的。正如在第 5 章中所了解到的那样，一些陨石可能是由小的行星体撞击碎裂而形成的残存物。这些不同的陨石揭示了除地球以外其他行星的组成，这区别于地球由分离的金属、硅酸盐和火山物质圈层

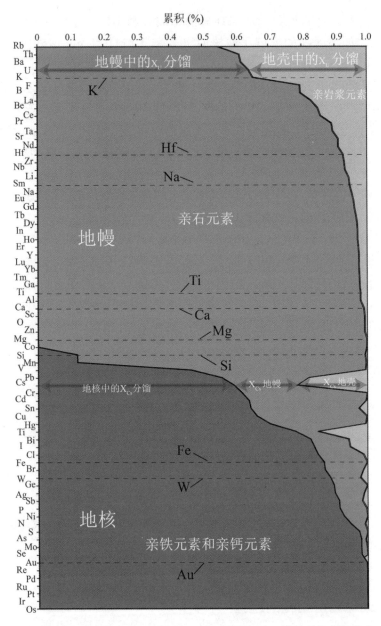

图7-7   地球圈层中元素的分布。纵轴是 63 个元素的列表，横轴是每层结构中元素的比例，在各层相对质量矫正到 1 的情况下：地球的质量 5.997，地壳的质量 0.0223，地幔的质量 4.043，地核的质量 1.932。亲铜元素和亲铁元素在地核中占有很大的比例，亲石元素存在于地球的硅酸盐层中，而亲岩浆元素存在于大陆壳中(数据来自 W. F. McDonough, Chemical Geology, 120 (1995): 223–253)

表 7-2 整个地球的成分

元素	占比	元素	占比	元素	占比
H	260	Zn	40	Pr	0.17
Li	1.1	Ga	3	Nd	0.84
Be	0.05	Ge	7	Sm	0.27
B	0.2	As	1.7	Eu	0.1
C	730	Se	2.7	Gd	0.37
N	25	Br	0.3	Tb	0.067
O (%)	29.7	Rb	0.4	Dy	0.46
F	10	Sr	13	Ho	0.1
Na (%)	0.18	Y	2.9	Er	0.3
Mg (%)	15.4	Zr	7.1	Tm	0.046
Al (%)	1.59	Nb	0.44	Yb	0.3
Si (%)	16.1	Mo	1.7	Lu	0.046
P	1210	Ru	1.3	Hf	0.19
S	6350	Rh	0.24	Ta	0.025
Cl	76	Pd	1	W	0.17
K	160	Ag	0.05	Re	0.075
Ca (%)	1.71	Cd	0.08	Os	0.9
Sc	10.9	In	0.007	Ir	0.9
Ti	810	Sn	0.25	Pt	1.9
V	105	Sb	0.05	Au	0.16
Cr	4700	Te	0.3	Hg	0.02
Mn	1700	I	0.05	Tl	0.012
Fe (%)	31.9	Cs	0.035	Pb	0.23
Co	880	Ba	4.5	Bi	0.01
Ni	18220	La	0.44	Th	0.055
Cu	60	Ce	1.13	U	0.015

*数据来自 W. F. McDonough, Chemical Geology 120 (1995): 223–253. 元素丰度单位除标注外皆为 ppm

结构组成的模型。同地球一样，金星和火星也有比硅酸盐外壳更大的平均密度，在其内部也有大量的金属，具有地壳形成的证据，包括火山作用和大气作用。所以，行星分离成核、幔、壳和富含不稳定元素，都表明这些结构的形成在宇宙中是一个普遍的现象。那么它是怎样发生的呢？

7.4.1　核幔的分离

一个关键的问题是行星形成的时候这些圈层是否也在形成，可能的过程是在金属核形成后再形成其他圈层，或者起初核幔是一体的，然后两者分离开。第一种模型称为多样堆积模型，因为随着时间的变化，刚开始形成地球的物质会发生很大的改变。金属物质首先形成一个核，然后硅酸盐物质被添加在核的顶部，最后气体和水形成地表的海洋和大气。第二种模型称为纯物质堆积模型，因为刚开始是纯物质堆积，后来堆积时发生分离，核凝聚到中心，不稳定的物质形成外部的海洋和大气。至于地壳，我们明白这个圈层的起源以及再循环，而第一个模型不能很好地解释它的存在。它可能揭示了一个潜在的模型来表示核、幔以及火山物质的起源。

行星是由太阳星云中的固体物质形成的，核的异质吸积需要一个早期太阳星云中所有固体都是金属以及所有硅酸盐保持在气体中的时期。这要求金属比亲石元素更难熔(很少的挥发分)，所以金属将会是第一个从星系气体中沉淀的物质，接着是较低温的硅、铝、钙、钛等。然而实验、理论计算以及对碳质球粒陨石的观察都表明，富含钙、铝的硅酸盐是最早固化的物质(表 7-3)。对铁陨石的测年也表明，被认为是太阳系小天体内核残余的铁陨石的形成时间要稍晚于球粒陨石中最老的物质。因此，宇宙中没有证据表明在缺乏硅酸盐的情况下金属会先堆积。行星体中的金属核一定是从吸积后的岩石中分离的金属。

表 7-3　冷凝序列

温度(K)	冷凝元素	冷凝形式
3695	W(钨)	氧化钨-WO_3；黑钨矿-$FeWO_3/MnWO_3$
1760~1500	Al、Ti、Ca	铝的氧化物：Al_2O_3，CaO，$MgAl_2O_4$
1400	Fe、Ni	镍铁颗粒
1300	Si	硅酸盐：橄榄石$(Mg, Fe)_2SiO_4$，长石$(Na, K)AlSi_3O_8$
450~300	C	碳质化合物和含水矿物
<300	冰	冰粒子：水，H_2O；氨气，NH_3；甲烷，CH_4；氩氖冰

另外，研究恒星形成的星际云的天文学家在恒星周围的云层中发现了金属和硅酸盐存在的证据。这个观察结果与太阳星系形成的证据是一致的。因此，在这种纯形式下，多样堆积模型不被看好。

既然多样吸积不适用于地核和地幔的形成理论，吸积之后地核、地幔

必定彼此分离,这在物理学上合理吗? 金属和硅酸盐的两个特征可以解释这种分离:

(1)相对于硅酸盐,金属的高密度意味着在重力作用下金属会沉到硅酸盐之下;

(2)金属和硅酸盐的不混溶促使密度分异。

不混溶是一个大家所熟知的概念,来自于"厨房科学"。水比酒精更致密,但是把水加入到酒精中并不会在杯子底部形成纯水层,就说明这两种溶液是混溶的,它们混合形成一种均一的物质。与之相反,油和醋是不能混溶的,当它们混在一起时,较小密度的油漂在顶部形成纯油层,较高密度的醋(其大部分是水)位于油层的下部。不混溶性及密度的差异致使有严格界限的分离层的形成。类似于油和醋,金属和硅酸盐是不混溶的,显著的密度差异和不混溶的共同作用使得金属必然不可逆地与硅酸盐分离并向下沉淀。

7.4.2 地核的形成时间

地核什么时候形成? 其形成又经历了多长时间? 一种可能是在吸积时与吸积一起发生的熔融和强烈的对流作用导致地核的形成。此外,地核的形成可能还在不断进行中,甚至每天都会有少量吸积发生。

在这个问题上,地球物理参数和地球化学都有所呈现。基于对地球内部热源的考虑,我们认为物质在形成时都要发生大量的熔融。早期地球的热源包括冲击释放、放射性核素衰变消失和来自长衰变周期的放射性核素所释放的热。此外,地核分离过程产生大量的热导致金属"掉"到地球中心去。与这些热源有关的计算结果显示,在地球历史上这一点产生如此多的热量更像是熔融了地球的大半部分。如果月球形成于像火星般大小的原行星的撞击过程(第8章讨论),那么单单撞击就可产生足够的热量熔化地球内部。

对月球岩石的研究中也有很好的证据表明月球在其早期就熔化了,这将在第8章谈到。由于热源和热沉降,如果月球熔化,地球也很可能熔化:月球比地球热源更少,更小的地心引力导致撞击产生的热更少,月球逐渐枯竭,因此主要的热源 ^{40}K 丰度较低。月球没有明显的核部,因此,内核形成产生的热量没有太多贡献。所以,熔化地球需要的热量比熔化月球需要的热量要多得多。

月球上的热量散失更迅速，因为它是个较小的物体。这个道理可以通过比较一杯热水和一杯咖啡的冷却时间的实验加以理解。保存在整个物体中的热量是通过表面积散失的，体积与表面积的比率越大，散热速度越快，故而小的物体比大的物体散热更快。相比地球，月球的热源更少，散热速度更快；如果月球都熔化了，那么地球也必定熔化。在地史起初的数千万年里，地球的部分熔融导致地核从地幔中有效分离。

来自地球化学钟即放射性同位素对地核分离时间的定量估测，关键是一种已灭绝的亲石放射性核素 ^{182}Hf(有着 900 万年的半衰期)，其衰变后生成一种亲铁的 ^{182}W。在地史最初的 1 亿年里，^{182}Hf 完全衰变成了 ^{182}W。如果地核形成在地球吸积以后的 1 亿多年里，所有的 ^{182}Hf 就已经衰减完毕，那么之后形成的地核的钨同位素将会与地幔以及整个地球相当。与此同时，同位素比率也会和其他未经历过金属–硅酸盐分离的太阳系物质(如球粒陨石)相同(见图 7-8)。另一方面，如果地核形成得非常快，在 ^{183}Hf 衰减完毕之前，绝大多数钨会分离并进入地核，而且当一些放射性 ^{182}Hf 仍然存在时，会有很高的 Hf/W 地幔残留值。当残余的 ^{182}Hf 衰减殆尽时，少量残存在地幔中的钨会以子同位素 ^{182}W 富集，那么我们可以测量的硅酸盐地球相对于未分化的物体，比如球粒陨石，会有过量的 ^{182}W。如果地球岩石与球粒陨石有相同的 W 同位素比值，则地核的形成发生在地球形成以后至少 100 Ma 时间里；如果 W 同位素比值不同，则地核的形成发生在更早的时间里，且地核形成的时间越早，W 同位素差别越明显。由于 Hf 和 W 都是稀有元素，对其实验在技术上相当困难，直到 2002 年，仍仅有为数不多的几个实验室获取了准确数据。异常的等级暗示地核的形成发生在地球开始的 30 Ma 时间内。W 同位素确切地显示出地核形成在地球吸积之后，此数据为均一吸积而非不均一吸积提供了更进一步的证据。

不同种类的证据表明了地球以均一吸积为主，随后，在地史初期几千万年内，通过不混溶和密度分离，地核在地幔中广泛熔化并迅速分离。

这种时间框架与来自陨石和同位素体系的证据十分吻合。这项研究显示，在较短的 5 Ma 时间里，因被破坏而形成无球粒陨石的较小行星物体破裂并形成金属内核层。对于如此快速的分异，一般认为半衰期为 0.7 Ma 的 ^{26}Al 是其热源，要使 ^{26}Al 完全衰变完至少需要 7.0 Ma。来自于火星的质量约为地球 1/8 的陨石给出火星核部形成的时间范围大约是 15.0 Ma，

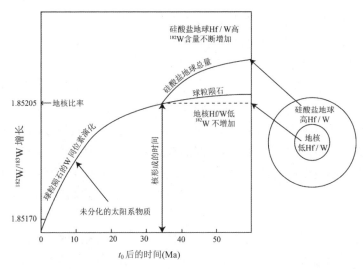

图 7-8 地核形成对 W 同位素演变的影响示意图。t_0 点是地球吸积的时间，如果地核在 t_0 点 1 亿年之后形成，所有放射性的 ^{182}Hf 会衰变成为 ^{182}W，而且地核、地幔以及含碳的球粒陨石将全部有同样的钨同位素比值。与球粒陨石相比，由于硅酸盐地球由不同的钨同位素组成，若有 ^{182}W 富集，地核必须在 Hf 同位素衰减完成之前形成[数据来自 Yin et al., Nature 418(2002): 949-952；Schoenberg et al., Geochim. Cosmochim. Acta 66(2002): 3151]

表明物体越小，其形成和分异越快，而大的物体如火星和地球则需要较长的时间。

从太阳系的年龄(45.65 亿年)来看，行星的形成和分化是在太阳系历史的前 1%的时间内，由撞击和已灭绝的放射性核素驱动的。就比例而言，这粗略地等同于大多数哺乳动物怀孕早期的身体结构。

7.4.3 地壳起源

地壳是固体地球在地震定义的莫霍面上的最上部。在地震性质和化学组成上，大洋地壳与大陆地壳又有明显差异，大洋地壳大部分由基性火成岩——玄武岩以及与其成分相当的深成岩——辉长岩组成，而大陆地壳在成分上近似花岗岩(表 7-1)，其最上层有沉积岩层。

用一般的术语，地壳的起源很容易理解，尽管仍然有很多细节问题有待阐述。形成地壳的主要过程是地球内部的部分熔融。上涌的岩浆，有的以火山喷发的形式上升到地表,有的则停留在地表下某处缓慢冷凝结晶形成深成岩体,如洋壳中的辉长岩和陆壳中的花岗岩。现今也可观察到这些地质过程,古老的岩石和正在形成的岩石具有大致相同的形成过程。

在地球表面附近的熔融和结晶过程受到实验研究和严格约束的建模的支配,此外,在过去的一个世纪里,地球化学家清楚地了解熔化的基本原理。人们直观地认为熔融作用特别简单。如果你给物质加热,当温度达到该物质的熔点时,它就会熔融,例如水的单一熔点为 0 ℃。导致岩石的熔融作用更加复杂的有两种因素:一种因素是熔点取决于所受的压力,另一种因素是像岩石这样复杂的混合物的熔融发生在一定温度范围内,而不是单一温度下。

与我们居住的恒压世界不同,由于巨量的岩石压在地球内部,所以地球要受内部巨大的压力变化影响。对于所有物质来说,其固体形式的体积要比流体形式少(所有岩石均有此特征),压力与温度对于岩石的熔融有对立的作用。压力的增加和温度的降低有助于增强固体的稳定性。即使地幔温度高于其表层岩石的熔点,但由于地球内部高压的存在,使得地幔仍保持为固体状态。

因为岩石是矿物的集合体,是多种相态的组合而不是像水或者冰这样的单一相,它们的熔融作用与纯化合物相比是不同的。例如,纯盐由固态转化为液态需要 350 ℃,冰需要的温度为 0 ℃,但是盐和冰的等量混合物熔融需要的温度为-20 ℃。我们经常利用这些物理性质。室温下少量的盐很容易溶解,而冬天即使温度低于结冰点,在道路上撒盐仍可以将冰转化为盐水。通过将一种物质添加到另一种更低熔点的物质当中去降低熔化温度被称为凝固点降低法则,它可以用相图加以表示。

详细的实验工作也已经显示,矿物混合物的熔融温度是一个区间,而不是单一温度点。这个温度区间内,熔融开始时被称为固相线,熔融结束时为液相线。固相线以下,矿物集合体呈固态。固相线和液相线之间,系统仅发生部分熔融。液相线之上则全部为液态。因为熔融在一个温度区间内发生,所以当部分熔融发生时,使得固液两态分离。我们现在对地壳的分层存在争议:发生部分熔融的成分和总成分不同。部分熔融产生的不同组分,外加液体相对于固体的浮力,使得熔融物质分离而形成壳层,虽然壳层的组成物质来源于地幔的熔融,但其和地幔却不相同。我们可以直观地观察到熔融混合物的性质并且可以定量地利用温度-成分图解,这种图解被称为相图。

专栏　岩石的熔融

关于熔融，我们的直觉是基于冰而言的，并常在单一的熔点 0 ℃开始熔融。然而当多种矿物存在时，熔融是在一定的温度范围内发生的。岩石由许多矿物组成，因此其具体熔融过程是相当复杂的，重要的规律可以通过两种矿物的混合实验得出。在第一个例子中，两种不同的矿物在固态时没有发生互溶。然而在液态时，所有分子混合在一起组成单一液相。在第二个例子中，分子混合形成溶液，所以仅有一种固体呈现，但是组成固体的分子的所占比例却各不相同。岩石由两种矿物组成，一种为单一成分，另一种形成固溶体。

• 透辉石—钙长石二元共熔相图中的平衡熔融

二元共熔相图可以看出 (图 7-9)，两种不同的固相不能形成固溶体，而液相其分子却可以充分混溶。横轴代表了混合物中每种矿物的比例。在横轴的一端标示出每种纯矿物熔融的单点温度。沿轴所有组分都是这两种矿物的混合物，混合物熔融温度沿纵轴标出，向上温度逐渐升高。

在固相线以下，所有的混合物为固态。在液相线以上，所有的混合物呈单一液态。两者之间的转换引起了我们的兴趣。为了说明这种转换关系，

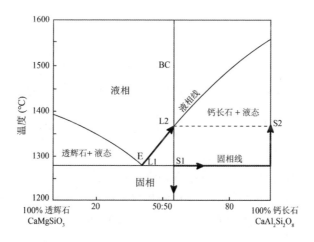

图 7-9　透辉石—钙长石相图说明两相的熔体液态时相混合，固态时保持分离。点 E 是最低的熔融温度，称为共结点。BC 代表一任意选择的全岩组分，压强为一个大气压

任选一种混合物(称为总成分)做熔融分析，在图上用竖线将其标出。在图7-9 上，竖线表示的总成分中有 52%为钙长石，48%为透辉石。我们可以任意选择其总成分。无论我们选择什么成分，当其完全为固态或者完全为液态时，它总有和开始时相同的组成比例。对于这类体系，所有的混合物都有最小的单一熔融温度，称为共熔，并用它来定义固相线。当加热所选择的总成分全为固态时，固态混合物在点 S1 处达到固相线，此时混合物开始熔融。液体 L1 首先出现在共熔点 E 处，因为它是混合物中所有矿物的最低熔融温度。由于这种液态相对于总成分含有更多的透辉石，所以固态组成上相对缺乏透辉石，导致它的组分沿着横轴远离 S1 直接到达钙长石的轴端，只要钙长石和透辉石共存，液体就会保持在 L1 处，并且温度恒定不变。当固体组成到达钙长石轴时，仅有的透辉石晶体也已熔融殆尽，那么体系就由 80%的 E 流体和 20%钙长石组成。剩下的钙长石随着温度的升高也全部熔融。钙长石的熔融导致其在流体中更加富集，并且沿着演化曲线从 L1 到达 L2。随着温度继续升高，固体组分(纯钙长石)含量增加，温度达到 S2 时，相应的流体组分也移动到 L2 处。此时钙长石晶体溶解。请记住，在体系为完全液态之前，流体组分始终和总成分不同。熔融作用发生在某一个温度区间，在其内发生的是部分熔融。

• 镁橄榄石—铁橄榄石固溶体相图

当溶液中液体和固体共存时，有单一的固相，但它的成分可变。地幔最常见的固溶体是橄榄石矿物，由纯的镁橄榄石和铁橄榄石混溶而成。图7-10 是橄榄石的相图，熔融过程中，固体组分沿着固相线，液体组分沿着液相线。共存的固体和液体温度相同。我们再次选择一个任意选取的全岩组分。BC 用带箭头的垂直线表示。温度在固相线之下时，仅固态的橄榄石存在。随着温度升高，全岩组分到达固相线时，在 S1 点首先出现组分为 L1 的液体。随着温度持续升高，固体物质沿着路径 S1-S2，液体物质沿着路径 L1-L2。当全岩组分全部融化，体系转为液态物质。随着进一步加热，液态物质超过液相线，到达液相区。从这个体系中可以看到，部分熔融可在一个大的温度区间发生，且在熔融的过程中，液相组分与固相组分不同。

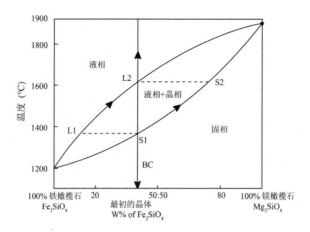

图 7-10 相图说明以橄榄石固溶体为例的固溶体原理。橄榄石是地幔最丰富的矿物。BC 代表一个任意选择的全岩组分，压强为一个大气压

上述的相图是在一个大气压下的实验数据获得的。我们需要认真考虑压强的影响，因为压强变化对于地球来说是重要的。高压导致密度大的固相物质比液相物质更稳定，因此需要更高的温度使其熔化。对于地球来说，压强每增加 100 MPa，熔融温度通常增加 5~10 ℃。地下深处 120 km 处，压力大约为 4000 MPa，岩石熔融温度比地表高 400 ℃ 左右。这个深度下固态的岩石完全可能在固相线之上。所以，如果地幔物质上升，由于熔融温度随着压力下降而下降，它会熔化，这个过程称为减压熔融。

在地球上，地幔物质的上升伴随着压力的释放。我们将会在第 11 章中讲到，地幔对流缓慢，在洋脊和洋岛下面，地幔物质从深部上升到地表。随着地幔物质上涌，它上面的岩石重量越来越轻，压力降低。最后，压力下降到足够使地幔物质穿过固相线，从而开始熔化。随着地幔物质上升，地幔物质在固相线之上越来越远，部分熔融的程度增加(图 7-11)。熔体产生的比例取决于穿越固相线时深度之上的地幔物质上升的程度。这种地幔熔融的解释与加热的应用和温度上升的熔融试验相矛盾，因为我们生活在一个恒定的压力环境中。相反，地幔熔化时会冷却。熔化是由压力降低而不是温度升高引起的。

现在我们开始谈化学成分不同的地壳层的分离。地幔中的部分熔体与地幔本身相比，其成分有所不同(表 7-4)。部分熔体有大约 50% 的二氧化硅和大约 15% 的氧化镁，而不像地幔橄榄石含 45% 的二氧化硅和 40% 的氧化镁。这些液态物质变成了玄武岩，密度比地幔小了约 10%，容易从熔

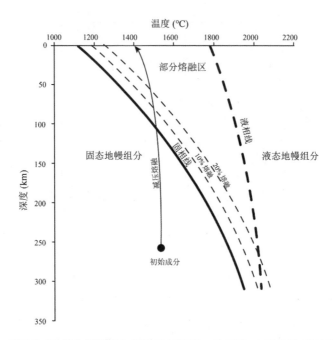

图 7-11   对降压下地球内部地幔如何熔融的解释。地幔岩石(橄榄岩)的熔融取决于温度和压力。熔融的起始处是固相线，其上的完全熔融的温度线叫作液相线，两者之间的为部分熔融区，如图中的熔融百分数曲线所示。穿过固相线后，熔融迹线在地幔上升过程中发生了改变，这是因为熔融消耗能量，降低了地幔上升的温度[固相线引自 Hirschmann, Geochem. Geophys. Geosyst., 2000, 1, paper no. 2000GC000070；液相线温度引自 Katz et al., Geochem. Geophys. Geosyst., 2003, 4(9)]

融区上升到地表。地幔部分熔融产生玄武岩是形成洋壳的机制，这部分内容将在第 12 章中作详细的介绍。

　　大陆地壳的形成遵循很多相同的原则，但是有多阶段的部分熔融。这种多阶段是很有必要的，因为花岗岩及 Si 和 K 含量高的岩石圈不能通过地幔熔融产生。相反，岩石圈代表连续熔融和岩浆冷凝的产物。地幔熔融时形成玄武岩。当玄武岩熔融时，就形成了花岗岩。花岗岩也是很多其他类似过程的最后一步。花岗岩熔融也形成花岗岩。当铁镁质下地壳熔融时，形成较低稠度的花岗质岩浆，并上升到上地壳。花岗岩或玄武岩被风化剥蚀形成沉积物，当这些沉积物被熔融后，也形成花岗岩。因此，花岗岩代表一系列不同的熔融和冷却事件引起的归宿。花岗岩的低密度确保它们留在地表，盖在地幔顶部，在洋壳水平线的上部。

表 7-4 地壳和地幔的构成

化学成分	陆壳*	原始地幔**	洋壳	化学成分	陆壳	原始地幔	洋壳
SiO_2 (wt%)	59.1	45	50.39	Nb	8.5	0.658	3.79
TiO_2	0.75	0.2	1.72	Cs	3	0.021	0.0141
Al_2O_3	15.8	4.45	14.93	Ba	390	6.6	14.78
FeO	6.6	8.05	10.2	La	18	0.648	4.36
MnO	0.1	0.14	0.18	Ce	42	1.675	13.4
MgO	4.4	37.8	7.34	Pr	5	0.254	—
CaO	6.4	3.55	11.29	Nd	20	1.25	12.28
Na_2O	3.2	0.36	2.86	Sm	3.9	0.406	4.1
K_2O	1.88	0.03	0.25	Eu	1.2	0.154	1.46
P_2O_5	0.2	0.02	0.35	Gd	3.6	0.544	5.67
Li (ppm)	11	1.6	—	Tb	0.56	0.099	0.99
Sc	22	16.2	41.37	Dy	3.5	0.674	6.56
V	151	82	—	Ho	0.76	0.149	1.42
Cr	119	2625	—	Er	2.2	0.438	4.02
Co	25	105	17.07	Yb	2	0.441	3.91
Ni	51	1960	149.5	Lu	0.33	0.0675	0.59
Cu	24	30	74.4	Hf	3.7	0.283	3.12
Zn	73	55	—	Ta	0.7	0.037	—
Rb	58	0.6	1.35	Pb	12.6	0.15	0.59
Sr	325	19.9	123.8	Th	5.6	0.0795	0.2
Y	20	4.3	40.3	U	1.42	0.0203	0.08
Zr	123	10.5	122.4				

*陆壳成分引自 Rudnick and Gao, Composition of the Continental Crust Treatise on Geochemistry, 2003, 3, 1-64；**原始地幔引自 Sun and McDonough, Chemical and isotope systematics of ocean basalts：implications for mantle composition and process. Geol. Soc. London Special Pas 42(1989): 313-345

　　既然大陆是多阶段熔融过程的归宿，陆壳很有效地富集了那些偏向液态而非固态存在的亲岩浆元素。微量元素如 Th、U、Ba、Rb、K 和 La 在陆壳中的含量占地球中含量的很大一部分。例如，富集在最外层的 Rb，其含量大约占地球总量的 70%，通过岩浆作用被有效地转移到地表中。

　　尽管一般的岩石圈形成的概念是合理可靠的，但是陆壳形成的具体物理过程以及何时发生还没被很好地理解。如果玄武岩浆上升到地表，然后熔融生成花岗岩，同时，如果花岗质部分熔融物和铁镁质的固体残余物都留在地壳中，地壳的总构成将不会改变，而是简单地被分成两层。下地壳铁镁质含量比上地壳高这种情况局部存在，但是作为地幔熔融物，整个地壳 SiO_2 含量太高，而 FeO 和 MgO 含量较低并作为地幔的熔体。此外，现今火山岩和深成岩被加到大陆中的物质与大陆平均成分不同，因它们太偏基性和没有适当比例的重要微量元素。我们在实验中确定的地幔熔融物主要是玄武岩，所观测到的被添加到大陆中的主要是玄武岩，那么，这种物质是如何转化形成我们赖以生存的大陆的花岗质岩体的呢？

有三种基本模型来阐述这个谜题。第一个建议是这个过程在地球的历史变迁中已经发生改变，远古时候地球的地幔温度更高，在深部的熔融再循环的玄武质岩浆上升到大陆，而残余物留在地幔中。第二种想法是大陆是由多阶段地质过程形成的，首先形成玄武岩层，然后是由熔融产生花岗岩"脱氢酸盐"的铁镁质残余物沉入地幔(图 7-12)。第三种有趣的可能性是风化作用，这是一个重要的过程，正如火山活动对陆壳组成的控制作用一样。现在我们知道玄武岩中铁镁质矿物的风化比花岗岩中长英质矿物的风化更容易。然而，风化作用可能是有选择性地移走更多的铁镁质元素并带到海洋中去，最后留下长英质陆壳。

然而所形成的花岗质大陆是地球的一个古老的特征。保存下来的最古老的大陆岩石在组成上跟现在的普通岩石很相似,暗示着大陆岩石圈的形成在地球的历史上是一个可重复的过程。实际上,最古老的岩石是花岗岩以及花岗岩的风化沉积物。两种岩石类型都不年轻,它们需要一个很长的历史。这告诉我们,地壳形成花岗岩的这个过程在地球历史最早期,甚至在有岩石记录之前,就已经很活跃了。

7.4.4 大气和海洋的起源

以上给出的固体地球的章节也跟地球的大气和海洋圈层有关系。重要的挥发物 H_2O 和 CO_2 能够聚集起来达到一个显著的数量，因为它们能够在组成岩石的矿物的固体状态中存在。甚至那些化学式中没有挥发性元素的矿物也含有少量的挥发物。其他矿物，比如角闪石或者云母，含有大量的水分。石灰岩($CaCO_3$)是目前地壳中最大的 CO_2 储存体。当这些矿物被加热或者熔融时会分解并释放气体，这些挥发分便上升到地表，产生碳、氢和氮这些生命必需的元素。脱气是形成大气很重要的一个过程。那么在地球的历史中，大气圈是什么时候形成的呢？

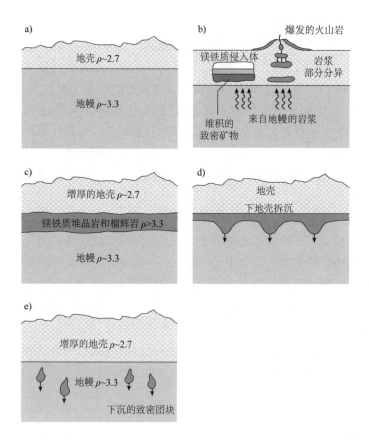

图 7-12 大陆滑脱层在大陆形成中的作用示意图。大陆的碰撞或弧岩浆作用使地壳增厚，可能导致在一定深度发生地壳熔化。花岗质熔体上升到地表，而高温的残留物密度高，下沉到地幔，留下高 SiO_2 含量的大陆壳。或者岩浆在地壳深部结晶形成致密的富含 Fe 和 Mg 的矿物，这些矿物积聚并滑脱(图中密度单位为 g/cm^3)

　　带着这个问题，我们再一次想到了放射性同位素，即利用另一种外来元素，氙(Xe)。惰性气体，如氙，在关于大气的讨论中有着很重要的地位，因为它们很难发生化学反应，并且总是保持气态。它们不与其他元素反应生成矿物，所以惰性气体含量在大气中有显著的比例。Xe 的一种同位素，^{129}Xe，是短寿命放射性同位素 ^{129}I 的生成物，有 1600 万年的半衰期。然而，Xe 是亲气元素，I 是亲石元素。正如 Hf 和 W 提供了地核和地幔分离的证据一样，I 和 Xe 提供了地幔和大气分离的证据。

　　1983 年，克劳德(Claude)及其合作者确定了洋脊中火山岩的 Xe 构成，表明相比大气，它们有过多的 ^{129}Xe。因为洋脊中的玄武岩源于地幔的部分熔融，所以可以推断上地幔也有 ^{129}Xe 异常。如果地幔和大气的分离已有一亿年或者更久，那么所有的 ^{129}I 可能已经衰减，整个地球储库都由同样的 Xe 同位素构成。另一方面，在地球历史中，如果大气很早就从地幔中分离出来，带走大量 Xe，那么剩下的 I 会持续产生 ^{129}Xe。因为地幔中没有留下多少 Xe，所有相对于其他 Xe 的同位素而言，^{129}Xe 将会过量。从 ^{129}I 的限制条件可以推测出大约 3 千万年的时间，这和从地核地幔分异的 Hf-W 推断出的时间尺度相似。这个证据给出了在地球早期的几千万年里，地核、地幔和大气这些主要圈层的形成过程。大气和海洋是同质吸积和地幔脱气的结果。

然而，对于大气，难度在于细节方面。其惰性气体的同位素比例不论从地球内部排气还是从气体的后期增加来说都不容易解释。对太阳系的形成模型来说，彗星的影响似乎不可避免，但是现代的彗星物质的同位素比值测量方法跟大气和海洋的不一样。太阳系历史中强烈的撞击(见第 8 章)和强力的太阳风可能会剥离原始大气层，因此在地球历史早期可能形成多重大气层。一段有不同挥发性物质的异质吸积的复杂历史似乎可以解释地球内部和外部的挥发物丰度。这些遗留的谜题使得我们在地球圈层形成方面对大气的理解最少。

7.5 小 结

一系列不同的过程使地球不断分异并按不同的密度形成圈层，其范围和组成都受到了很好的制约，随着地球内部深度的增加，难度和问题也在不断增加。最里面的圈层是轻质元素很少的致密的铁镍固体核，外核也是金属的。地幔密度更低，大部分由铁镁质硅酸盐固溶物组成。地幔的熔融导致脱气形成海洋和大气，而硅酸盐岩浆喷出形成地壳。更致密的玄武岩的洋壳也是地幔熔融的结果，并且其位置比花岗岩陆壳更深，这可能是一系列的熔融过程导致的。

Hf-W 和 I-Xe 系列的短寿命放射性同位素也揭示了地核和大气形成于地球历史的早期，当然，这些储库现在也是分离的。相比而言，地壳的形成和消亡是一个不断进行的过程。如今，我们可以观测到洋壳的形成过程，其形成是地幔熔融的直接结果，但是所有的洋壳都很年轻，不到 1.5 亿年。陆壳的年龄范围则很广。即使是最古老的大陆岩石也显示出有悠久历史的证据，最早的地壳分异事件还有待解明。陆壳形成的确切机制还需要积极考虑各种理论来解释。

　　形成地球圈层的各种过程也导致了元素的明显分离。亲铁元素大量存在于地核，大离子的亲岩元素富集于地幔和地壳。亲岩浆元素有效地集中于地壳，其中的特殊种类即挥发性亲岩浆元素已经脱气形成最小密度的圈层，即海洋和大气。内部的圈层形成了生命的框架，这必须依赖于富集在地表的分子。特别是生命分子中最重要的 CO_2、H_2O 和 N，它们通过行星的分异存在于地球表面，正如亲岩浆元素 K、Na、Cl 和 P 一样。在第 9 章，我们将知道 CO_2 和 H_2O 以及它们与地壳的相互作用在建立生命起源和进化所依赖的长期稳定的气候中所起到的重要作用。

补充阅读

Canup RM, Righter K. 2000. Origin of the Earth and Moon. Tucson: University of Arizona Press.

Hartmann WK. 2005. Moons and Planets, 5th ed. Pacific Grove, CA: Thomson Brooks/Cole.

McBride N, Gilmour I. 2004. An Introduction to the Solar System. Cambridge: Cambridge University Press.

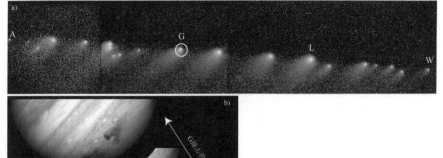

彗星Shoemaker-Levy 9 以及
木星G撞击的演变

图 8-0　(a)彗星 Shoemaker-levy 9 图像，由哈勃太空望远镜拍摄于 1994 年 3 月，在其与木星撞击的 4 个月前。最终由于和木星的撞击，彗星分解成"一串珍珠"；(b)WFPC-2 的拼图，显示了彗星与木星撞击位置的演变过程。在图片中，从右下方到左上方，可以看到在一次撞击中的变化，第二次撞击的撞痕出现在第三次的图片中(Credit：(a) Courtesy of NASA；credit：H.Weaver (JHU), T. Smith (STScI)；(b) R. Evans，J. Trauger，H. Hammel，and the HST Comet Science Team and NASA)

与邻居之间的争先　卫星、小行星和彗星及撞击

在太阳系中，我们并不孤单。自古以来，我们与恒星(最明显的是月球和行星) 显然有不同的邻居，它们有着明亮的存在和与众不同的轨道。偶尔也会有邻居顺便拜访并常驻，这可以在流星雨中看到，也可以在偶然发现进入地球表面的陨石或彗星中看到。特别是在太阳系的早期历史中，与邻居的相互作用对地球的形成起着重要的作用，随后的相互作用对生命的进化起到了重要的作用，甚至在今天也构成了可能造成环境灾难的威胁。从某一个角度来看，地球仅仅是由常驻的邻居组成的。如果可以选择一颗行星的颗粒作为原始地球，然后，它最终会通过撞击不断积累物质而成长为我们现在的行星，这个过程直到今天仍然在缓慢地延续。因此，从某种意义上来说，我们是自己以前的邻居。

早期地球的历史是和最近的邻居月球紧密联系在一起的。月球上的岩石大多可追溯到 30 亿~44 亿年前。月球上缺乏现代火山和产生风化作用的大气，任何构造运动都能使月球成为一种"行星化石"，这记录了太阳系早期，那一段地球上没有岩石的时期在我们附近发生的事件。在其他办法都不可行的情况下，月球上的岩石研究不仅告诉我们近邻的历史，也为获得地球早期历史提供了关键证据。现在似乎认为月球的起源是在太阳系起源约 5000 万年后，由一颗火星大小的行星的巨大撞击产生的。由于月球快速膨胀所产生的热量，它很可能经历了大规模的熔化，在内部形成了早期的"岩浆海洋"。漂浮的斜长石晶体形成了浅色月球高地的主要岩石类型。其他晶体的分离导致了月球内部的分层。熔融物质几亿年后产生月球海(月球、火星表面的阴暗部分)中更年轻的黑色熔岩平原。热因素表明，地球在其早期历史中也可能经历了大规模的熔融，形成了岩浆海。当时外层行星轨道的重组破坏了小行星带的稳定，地球和月球都遭遇了一个陨石

的"晚期的大撞击事件"，这一事件在约 38 亿年前的内太阳系中产生了众多撞击。也许正是因为这个原因，这个年龄与地球上现存最古老的岩石的年龄相当，只有在这个时间之后，生命才能在地球表面建立永久的立足点。

曾经是行星和卫星形成的主要过程的撞击还在地球历史中延续，对生命产生了显著的影响，包括恐龙 6500 万年前灭绝。彗星撞击木星(图 8-0)以及地球上尚存的年轻陨石坑都对地球历史产生了明显的影响。未来的撞击是不可避免的，无论是来自小行星带的近地天体，还是来自海王星外太阳系最外层柯伊伯带和奥尔特云的巨大彗星库的彗星。

8.1　引　言

哪怕是对我们周围世界的不经意间的思考，也可以看出行星的进化不会是孤单的。相反，它涉及大大小小的与邻居之间密切而多样的关系。与太阳相比，地球的大小可以忽略不计(图 8-1)；地球的轨道、能量和光都依赖于太阳，而且受其不断变化的磁场的影响。月球引发的潮汐影响着地球所有的海岸线和生态系统。木星的体积也很大，而来自外行星的引力影响足以影响地球的轨道，成为气候变化的主要原因，正如我们将会在第18 章见到的。外行星也影响所有穿越太阳系的物体的轨道，其中一些扰动轨道会以陨石和彗星的形式影响地球和其他行星。我们将在第 17 章中提到，在过去，大陨石撞击导致的生命大灭绝促进了生物进化；而在未来，小行星或彗星的撞击可能是人类文明将面临的最重大灾难。我们受到并依赖这些与邻居的互动。在能源、气候、生命和物质方面，我们与太阳系有着密切的关系，而地球的宜居性也受到了这些关系的强烈影响。

从对我们的太阳系邻居的研究表明，我们还有很多关于地球的历史和宜居性的研究需要进行。地球早期的历史不能直接研究，因为地球上最古老的岩石大约有 40 亿年的历史，而地球表面只有不到 1%的岩石年龄超过30 亿年。大多数岩石没有在地球表面形成，但当它们暴露在地表就会迅速被侵蚀和生物改造。地球表面只能告诉我们很少的有关太阳系早期的情况。从 45.5 亿年到 38 亿年的年龄差来看，它比整个化石记录中多细胞生物发展和进化的时间要长，这是地球形成时的原始层，并且板块构造可能已经开始，原始生命可能首次出现。我们怎样才能填补地球历史上的这一重要空白？对太阳系其他保存了那个时期信息的物体的研究，可以告诉我们很多关于我们这个宜居世界最早的历史。

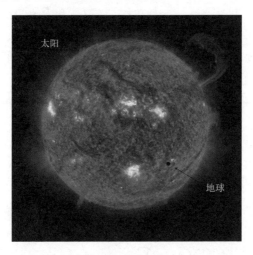

图 8-1　极紫外成像望远镜(EIT)观察到太阳的图像，呈现出太阳和地球的相对大小。太阳的体积可以容纳超过一百万个地球大小的物体。地球比许多黑子都要小。日珥是相对较冷和较高密度的电离气体，并从较热和较薄的日冕之中喷射出来。温度高达60000 ℃。图像中的每个特征都能追踪磁场结构。最热的地区几乎是白色的，而较暗的区域表示温度较低的地方(信息与图片由 NASA 提供)

8.2　物体在太阳系的多样性

除了太阳和八大行星，太阳系还包含了许多其他物体，其中最突出的是超过 150 个卫星环绕的行星。这份名单并没有到此结束。在火星轨道和木星轨道之间约有千亿颗小行星环绕太阳运行。虽然它们大多为直径 1 m 或更小，但大约有 2000 个的直径大于 10 km，其中最大的谷神星直径超过 1000 km。木星和土星的光环由无数的小天体组成。最后，大约有 1×10^{12} 颗彗星被认为运行在比海王星更远的轨道上。彗星被认为是 46 亿年前太阳系形成时的残余物。最近研究表明，彗星是由包裹在岩石周围的冰组成的。从这个意义上说，彗星之于大行星(木星、土星、天王星和海王星)就像小行星之于微型行星。著名的彗星"尾巴"是它们在高椭圆轨道中接近太阳时产生的水蒸气。

太阳的八大行星中有 6 个都有卫星。如图 8-2 所示，所有 4 个外行星都有卫星。随着我们对外太阳系的分辨率不断提高，可以看到越来越小的物体，卫星的数量可能会进一步增加。木星有 63 颗卫星，其中 4 颗是由伽利略发现的大卫星(木卫一、木卫二、木卫三和木卫四)，其中 2 颗(木卫三和木卫四)比水星还大。土星有 53 颗卫星，有 1 个比水星大。天王星有 27 颗，海王星有 13 颗。地球和火星是唯一有卫星的类地行星。我们的卫星大小与外行星的卫星相近。火星有 2 个非常小的卫星。

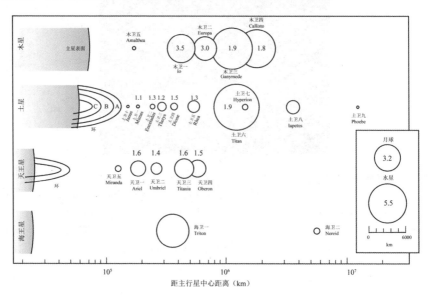

图 8-2   4 个外行星的卫星的尺寸。圆圈表示小卫星的相对大小，比例示于右下角框中。它们距主行星中心的距离在水平轴上表示。注意尺度是对数。有 2 个卫星出现重叠，因为它们的尺寸相对于距离刻度被大大放大了。可以看出，其中 3 个卫星比水星大，5 个比月球大。圆圈中的数字表示卫星的体积密度(g/cm³)。木卫一和木卫二具有接近于月球的密度；其他卫星的密度较低，一定含有大量的冰

从地球发射的用于探索太阳系的空间探测器拍下了火星、木星、土星、天王星和海王星的卫星，显示它们是非常多样化的固态物体。许多卫星以及火星和水星都布满了由陨石撞击而形成的陨石坑(图 8-3)。另一些则完全没有陨石坑，这表明火星表面正在发生活跃的变化。木卫一表面光滑，这是由于其高度活跃的火山活动(图 8-4a)。木卫二(图 8-4b)完全被移动和变形的冰覆盖。密度最大的卫星其密度类似于硅酸盐岩石，但外行星的大多数卫星的密度要低得多，这与外层行星形成的寒冷环境中相吻合。卫星研究是行星科学的一个新兴领域，特别是当我们试着去了解太阳系的特征

时，它拓展了我们对可能存在生命的环境领域的看法。例如，尽管木卫二的表面是冰，但它的密度揭示了其内部是岩石，并且有证据表明在其冰面下存在液态的海洋。人们自然想知道，液态水和岩石会不会导致那里的海洋深处出现生命。

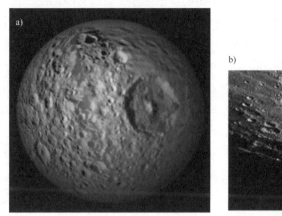

图 8-3　陨石坑具有太阳系中几乎所有天体的共同特点。这里有两个例子。(a) 土星的卫星土卫一表面的照片，其特点是图像右上角的一个直径 130 km 的巨大撞击坑，它的墙壁高约 5 km。土卫一另一侧的断裂构造已被发现，可能是由穿越卫星的撞击产生的冲击波造成的。(b)水星靠近其南极表面的一部分。其他冲击在本章的许多图中可见(图片由 NASA 提供)

图 8-4　木星的四个"伽利略"卫星，按比例显示。(a)木卫一表面的照片，木星的四颗伽利略卫星中最里面的那颗。它凹凸不平的表面是由于剧烈的火山活动，不断地修补表面，破坏了所有的陨石坑。(b)木卫二照片，另一个伽利略卫星的表面。大部分没有陨石坑，因为由冰覆盖的表面在运动且很年轻。(c，d)木卫三和木卫四的两个外卫星是由岩石和冰构成的(它们的密度见图 8-2，揭示部分陨石坑表面)。木卫二与木卫一的彩色图像可参见图版 5 和 6 (图片由 NASA 提供)

　　一些围绕外行星运行的卫星的特征表明，它们形成于母行星周围的微型太阳系，有规则的前进轨道，围绕行星旋转的方向与行星旋转的方向相同，并且围绕着行星的赤道彼此对齐。此外，木星的大卫星的密度会随着距离木星的距离而有规律地下降，这表明由于木行星的形成和亮度而导致的冷凝温度可能存在着梯度(图 8-2 和 8-4)。密度小于 3.0 g/cm^3 的卫星一定比类地行星含有更丰富的挥发性元素，并含有大量的冰。围绕木星、土星、天王星的微型太阳系有非常小的内部卫星和巨大的外部卫星，类似于围绕太阳的行星组织。

　　第二类卫星有更高的倾斜度(它们不围绕行星赤道旋转)，而且轨道通常是逆行的。这些卫星被认为是从太阳系的其他地区捕获的。火星的 2 个小卫星容易通过被邻近的小行星带捕获来解释，但小行星带并不是提供外行星众多卫星的候选；相反，它们被认为来自一个称为柯伊伯带的大区域以外的行星(图 8-5)。目前在海王星之外已经发现了数百个实物天体，而柯伊伯带被认为含有超过 70000 个大小超过 100 km 的天体。冥王星是这些天体中最大的天体之一，现在已知它有一个巨大的伴星，叫卡隆(Charon)。海王星的最大卫星，海卫一，有逆行运动且比冥王星大 18%。实际上冥王星的轨道与海王星的轨道相交。无论冥王星还是海卫一，现在都被认为是柯伊伯带星体的最大代表。这些因素(如它的大小和轨道的倾角)导致冥王星从真正的行星名单上被删除。

　　太阳系中最远的地方是奥尔特云(图 8-5)，那里有数十亿颗潜在的彗星，它们位于非常遥远的轨道上，距离最近的恒星很远。经过的恒星会扰乱奥尔特云天体的轨道，使它们以彗星的身份冲进太阳系内部，其中许多最终会被吸积到其中一颗行星上。来自卫星和太阳系外其他天体的一个引人注目的方面是它们的多样性。木卫一是太阳系中火山活动最活跃的卫星，液态硫的出现在其喷发过程中起着重要作用。被冰覆盖的木卫二是一颗卫星，它的内部岩石位于一个行星大小的海洋之下，海洋表面完全被冰覆盖。土星的土卫六表面活跃的气候是由甲烷驱动的，甲烷在当前的低温下是固态的，也可以形成河流和湖泊。银河系的其他地方一定存在着更多样的环境和条件，这扩展了我们对潜在行星环境和可能占据它们的各种生活方式的概念。

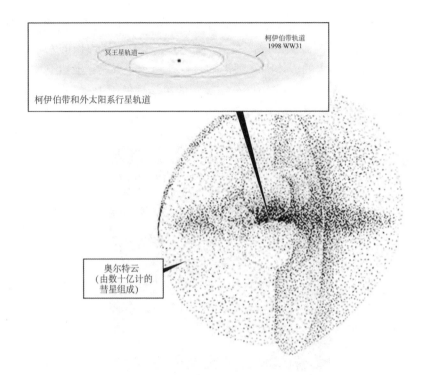

图 8-5 外太阳系两大特点的图解。柯伊伯带是一个超出海王星轨道的带。注意小盒子代表内太阳系。前者冥王星是最大的柯伊伯带天体。奥尔特云则大大超出了柯伊伯带，并且拥有数十亿个物体，其中一些彗星受到经过恒星的引力的扰动，以可见彗星的形式进入太阳系内部 (据 NASA；http://www.nasaimages.org/luna/servlet/detail/NVA_2~8~8~13317 ~113858:Hubble-Hunts-Down- Binary-Objects-at)

8.3 月球的起源

月球(图 8-6)是我们在探索宜居星球的起源时特别感兴趣的。它是我们最近的邻居，比金星或火星还要近一百倍，而且可能有很多关于邻近的太阳系事件的发现，这些事件在不断变化的地表上已经不复存在。

地–月系统揭示了许多奇特的特征。地球是唯一一颗拥有巨大卫星的内部行星。即使在以上讨论的太阳系卫星的大背景下，月球也是不寻常的，因为相对于其行星的大小，月球是最大的，并且与外行星周围的卫星不同，它的密度(3.1 g/cm³)比所在的行星更低。更令人费解的是月球的密度比任何一个内行星的密度都要低。回顾第 5 章中对密度的讨论，月球必须完全由岩石组成，没有任何大小的核。来自其他行星和陨石的证据表明，行星的分化通常与岩石和金属的分离有关，那么，在没有金属内核的太阳系内部，如何形成这么大的天体呢？圆形的月球轨道也不寻常。虽然卫星的轨道一般是椭圆形的，但它成为一个完美圆的可能性低于 1%。例如，木星的主要卫星的椭圆率为 4%~15%。

图 8-6   地球的卫星——月球的照片。深色的部分(称为月海)是月球表面被玄武岩淹没的区域，浅色部分(称为高地)代表原始斜长岩的地壳。成坑作用的强度差异表明月海比高地年轻(由 NASA 提供)

从月岩的年龄和化学成分来看，月球表现出其他一些很明显的令人困惑的特征。从月球岩石上获得的数据将月球的年龄限制在 44.3 亿~45.2 亿年，比第 4 章中讨论的球粒陨石年轻 4000 万年至 1 亿年。正如我们在第 5 章中了解到，太阳星云的模型表明，星子的主要吸积阶段将需要不到 2000 万年的时间，因此，月球的年龄成了一个谜。是什么导致了它后来的形成呢？

另一个让人不解的是，相对于球粒陨石，月球岩石中亲铁元素的浓度相对较低。在地球上我们用地核的形成来解释这种损耗。由于月球的低密度排除了有一个重要的核心的可能性，月球的亲铁元素如何减少？月球也非常缺乏挥发性元素，不仅明显缺乏水和大气气体，而且缺乏中等挥发分的元素如钾、钠和氯。对于地球来说，中等挥发物 K 和难熔性 U 的比率 K/U 为 12000，而对于月球，K/U 只有 2000。这种差别表明，形成月球的物质所受的温度比形成地球的物质要高得多。而与地球相比，月球上所有挥发性比钾更强的元素也被高度耗尽。

还有另一个支撑月球起源的证据来自对氧同位素的高精度测量。^{16}O、^{17}O 和 ^{18}O 三种氧的同位素的相对丰度测量显示了地球和不同类别的陨石之间的细微差异，而月球与地球是一样的，表明它们有一个共同的起源。

对月球起源的假设需要考虑到这些不同的假说。捕获假说认为，月球是在一个类似地球的轨道上被吸积来的，月球在这个轨道上被捕获，然后进入绕地球的轨道。这一假说并不能解释月球内核的缺少，而且从动力学上来说，捕捉像月球这样的大物体并使其最终进入圆形轨道也是非常困难的。

裂变假说认为，月球是在地球核形成后由地球裂变而成的。这个假说有吸引力，因为它能解释大多数月球之谜。尽管缺乏内核，但仍会有亲铁元素耗尽，因为地球的核心形成发生在裂变之前。月球的氧同位素和地球相同，因为它和地球曾结合在一起。如果裂变发生在高温下，可能存在挥发性元素丢失的机制。然而裂变假说有两个难点。首先是月球的年龄年轻。如果早期地球旋转的速度足够裂变，为什么它不会在地球形成和核心分离之后立即发生呢？更严重的问题是，裂变需要地球早期一天旋转两小时，导致一些地幔物质被喷射到轨道上，在那里它可以合并形成月球。这一假说需要一个特别的假设，即地球的自转速度要比太阳系其他任何地方观察到的要快得多。更重要的是，今天地球和月球的总角动量并不符合如此高的自旋速率，除非有大量的物质流失到太空。

巨型撞击假说认为，另一颗与火星大小相仿的行星与地球发生了轻微的撞击，将大量物质喷射到两颗行星周围的太空中，并冷凝形成了月球。一个巨大的冲击就可以解决大多数月球之谜。这可以解释为什么地球有一个大的卫星而其他内行星却没有。这也可以解释为什么月球的年龄小，因为它的形成要晚于行星的主要吸积。撞击发生在两个撞击体的核心形成之后。巨大撞击(图 8-7)的模型表明，金属核的高密度将导致两个核在地球中融合，导致地球周围形成一团炽热的硅酸盐碎片云，这些碎片会被亲铁元素耗尽。这些碎片在高温下凝结和堆积会导致月球的形成，亲铁元素和挥发性元素都将被耗尽。

对巨型撞击说的评判是因为它需要一个独特事件的发生。然而，在模拟行星吸积方面的进展表明，巨大的撞击很可能发生在太阳系早期，而且大多数行星可能最终是由相互撞击的大型行星吸积而成。大的冲击现在被用来解释为什么水星有一个超大的核——一个大的直接撞击可能导致大

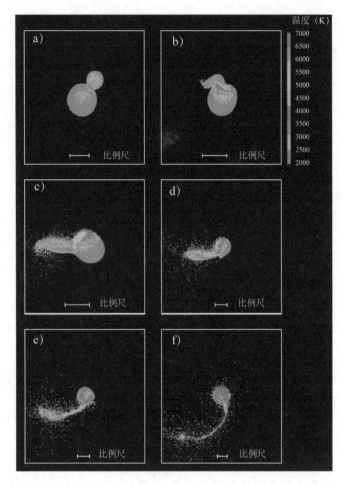

图 8-7 月球形成的巨型撞击假说的数值模型。这个模型中,原始地球被一个火星大小的物体(称为忒伊亚)以 4×10^4 km/h 的速度和 45°的角度撞击。撞击导致月亮的形成物质被喷射到地球轨道,产生热硅酸盐蒸气;当它冷却下来时,一个固体颗粒圆面就会产生,并通过这些颗粒的堆积形成月球。见图版 7(由 Southwest Research Institute 的 Robin M. Canup 提供)

部分的硅酸盐地幔的移除。最近的研究结果还表明,火星的两个半球之间的巨大差异可能源于一次巨大的撞击。一个巨大的撞击也被提出来解释金星的反向旋转和天王星与其他行星相比具有水平自转轴的事实。这些不同的证据,加上越来越详细的模型,提供了令人信服的巨大撞击的图像,使得大多数行星科学家目前都支持月球形成的巨大撞击假说,并且更广泛地认识到了巨大撞击对行星吸积和早期太阳系历史的重要性。

　　然而，这一假说并没有得到证实。巨大撞击假说的一个困难在于，模拟结果表明，月球形成的物质大部分来自于撞击物而不是地球本身。为了与氧同位素的证据相一致，撞击物必须有与地球同样的氧同位素特征，而且没有方法来验证是否存在。既然有可能是这样，或者未来的模型可能会找到从地球本身制造更多月球的方法，基于目前的数据，巨大撞击假说并不存在重大问题，而裂变和俘获假说确实存在这些问题。因此，巨大的冲击作用是目前的首选模型，但鉴于不确定性，它仅排在我们的理论模型的第 5 至 6 位。

　　巨大的冲击假设和裂变假设有许多共同的特点——两者都是由类似地球的物质形成的月球，都是在核心形成后，由早期地球周围炽热的碎片云形成的。随着我们对月球形成的认识不断发展，这些共同特征很可能会继续存在。

8.4　利用冲击作用测定行星表面

　　在标志着太阳系最初 1 亿年历史的巨大撞击之后，撞击并没有停止。当我们看向月球，即使肉眼都可以看见月球表面(图 8-6)镶嵌着各种大小的陨石坑，有的直径在 1000 km 以上，而由于刚性外地壳是火山口保存的先决条件，所有这些都必须发生在月球分化成层后。大规模的冲击一直在持续。

　　今天，人们普遍认为陨石坑是由来自太空的物体撞击而形成的。这并非一直流行的观点。其中一个令早期科学家难以信服的问题是大多数陨石坑是圆的。冲击作用可以从任何角度进入。如果我们在实验室进行简单的实验，比如发射弹丸，那么低角度的撞击会导致椭圆形陨石坑，而不是圆形的。此外，撞击物体往往很少有证据。它在哪里？而且周围经常有大量的硅酸盐熔体，这表明环形山是由火山作用形成的。

　　在了解陨石坑起源方面的突破是认识到撞击物体的速度为 17~70 km/s。以 70 km/s 的速度，流星可以在 2 min 内从旧金山飞到巴黎，或在 1.5 h 内从月球飞到地球，这速度比子弹快约 100 倍。能量随着速度的平方增长，因此具有超速度子弹的破坏性是以前的 10000 倍。在这样高的速度下，冲击的压力是如此之大，以至于从撞击点传播出强烈的冲击波。由撞击物体而不是物体本身引起的撞击会产生一个比冲击物的直径(图 8-8)

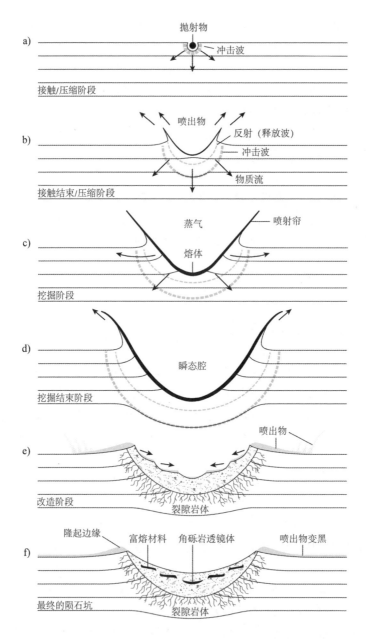

图8-8　陨石坑形成的图像。需要注意的是冲击作用的对象以17~70 km/s "极高速"运动。在这种高速下，撞击的压力是如此之大，以至于一个强烈的冲击波从撞击点传播开来。由冲击对象而不是对象本身造成的撞击产生了一个比撞击物直径大20倍的圆形陨石坑。冲击作用也会产生足够的热量来蒸发大部分陨石和熔融原岩，并产生地球表面从未见过的高压矿物(改自B.B. French(1998)，Traces of Catastrophe, Lunar and Planetary Institute Contribution No. 954，经许可)

大 20 倍的圆形坑。冲击作用产生的热量会使陨石大量蒸发和岩石的熔化，并产生地球表面从未发现过的高压矿物。高压石英(称为超石英)的存在，被认为是地球上许多非火山环形山冲击起源的确凿证据。也有令人信服的证据表明，太阳系其他地方相同的地貌特征是由撞击造成的。

地球大气层在冲击作用中起到重要的作用。大的流星体穿透大气层，形成真空，这样就可以将一些喷射物抛入太空。然而，较小的流星体在大气层中速度减慢。它们中的许多会在途中燃烧形成流星雨，其他的由于大气的摩擦急剧减速，产生的能量少得多，陨石碎片保存得更好。月球能够保持一个更完整的陨石坑记录，因为各种大小的流星都能够通过与大气的相互作用而不受影响地到达月球表面。

现代观测表明，冲击作用仍然是最重要的。在现今的地球上，流星雨很常见，它们反映了太阳系物质还在继续被卷入。由于人类已经居住在地球上，近期较大的冲击作用也同样明显，如在亚利桑那州的巴林杰陨石坑，直径为 50.0 m 的迪亚波罗峡谷陨石撞击亚利桑那州沙漠，在大约 5 万年前形成一个 1.2 km 宽的陨石坑(图 8-9)。20 世纪初，可能有一个彗星在西伯利亚通古斯卡上空的大气层中爆炸，导致了大面积的破坏。而在 1994 年，苏梅克-列维彗星曾与木星(图 8-0)发生过一次猛烈的撞击。2009 年，另一个直径约 1 km 的彗星撞击了木星。

图 8-9　巴林杰陨石坑的航空照片。陨石坑直径约 1.2 km，深 170 m。它是由迪亚波罗峡谷陨石产生的，这颗直径 50 m 的陨石在 5 万年前撞击了亚利桑那州的沙漠(美国地质调查局提供)

更大的陆地冲击作用是由一种称为玻陨石的不寻常形式的玻璃陨石所显示的(图 8-10)。根据它们的空气动力学形状和表面纹理，玻璃陨石被认为是由液体在地球大气层结晶而形成，然后通过烧蚀作用被改变。它们通过大气层回落到地球表面。现在科学家们相信这些物体是在撞击过程中形成的，撞击将地球表面的物质溅到大气层上。可在东南亚和澳大利亚的土壤、河床以及与陆地邻近的海洋沉积物中发现大量的玻陨石。这些玻陨石都有 70 万年的年龄，很可能是由一次较大的撞击形成的。在北美(年龄为 3 亿年)、中欧(年龄为 1.3 亿年)以及非洲象牙海岸(年龄为 110 万年)也发现了其他种类的玻陨石。

图 8-10　玻陨石的图片，黑色玻璃物体的形状和纹理见证了大气层中的高速飞行。它们是由陨石或彗星撞击在高空熔化并飞溅的物质形成的(哈佛自然史博物馆提供)

就欧洲的玻陨石而言，实际的陨石坑被认为位于德国。尽管在过去的 3000 万年里，由于侵蚀作用，它已经被部分抹去了，但沉积岩中因冲击作用变形的超石英的存在证明了它的起源。这些不同的证据表明，在历史上和最近的地质历史上，各种各样的物体的影响仍在继续。行星的吸积在不断地进行中。

由于撞击已经持续了数十亿年，地表陨石坑的大小揭示了地表的年龄信息。地球上很少有陨石坑，因为它的表面不断地受到侵蚀、造山运动和火山作用的改造。相比之下，最古老的行星表面被众多陨石坑填满，而新的陨石坑只会摧毁旧的陨石坑。这个简单的原理使我们能够估计卫星和行星表面的相对年龄。即使是饱和面,陨石坑的相对年龄大小也可以通过仔细观察它们的地质构造关系得出。一个陨石坑发生在一个现有盆地内,或者破坏一个先前存在的陨石坑边缘,那么它就是比较年轻的,因覆盖在较老陨石坑上的撞击产生的尘埃"射线"也给出了相对的年龄。在坑内少量冲击的陨石坑的年龄小于那些大量冲击的陨石坑(图 8-11)。通过对陨石坑撞击的年代测定,并将其与相对时间尺度结合,就可以构建陨石坑的历史。

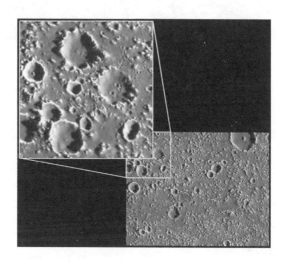

图 8-11　木星的卫星——木卫四的陨石坑的图像。对月球和行星表面相对年龄的估计可以通过成坑的程度来获得 (NASA 提供)

　　月球表面布满了大小不一的、从直径 1000 km 的大型陨石坑到撞击行星尘埃形成的微小陨石坑,不一而足(这些小陨石坑在月球上是可能存在的,因为月球上没有大气来减缓和燃烧来袭的行星碎片,而且由于没有风化作用,陨石坑有机会被保存下来),这表明月球表面非常古老。水星有一个像月球一样坑坑洼洼的表面,表明水星的年龄也是古老的。火星的两个半球有着截然不同陨石坑特征(图 8-12),南部高地上的大量陨石坑意味着这是一个古老的表面,而北半球平原上少得多的坑表明这是一个更年轻的表面,但陨石坑仍然比地球上的多得多。金星表面很少有陨石坑,这表明它的表面在历史上已经被重新磨平。因此,成坑作用的强度揭示了行星体的相关历史和活动。

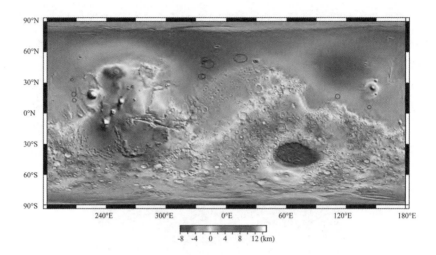

图8-12   火星全地形的地图。火星轨道器激光测高仪(MOLA)是火星全球探勘者号
(MGS)航天器上的一个仪器，由它获得了第一个全球分布的、高分辨率的火星地形测
量数据。地形模型能够定量描述塑造火星表面的全球范围内的尺度过程。正如图中显
示，火星的两个半球有着不同的陨石坑特征，其南部高地有大量的陨石坑，表明这是
一个古老的表面，而北半球平原要少得多，表明这是一个更年轻的表面。见图版2(引
自Smith et al., Science 284(May 28, 1999):1495–1503;http://photojournal.jpLNASA.
gov/jpeg/PIA02031.jpg)

8.5   月球内部修正

在月球形成后，它经历了内部的变化，导致了由密度差异控制的多样
层的形成，就像在地球上发生的一样。月球提供了唯一的直接证据，所以
我们必须比较两个行星天体的内部变化。事实证明，在月球和类地行星分
化的过程和最终结果上，它们有着重要的相似之处和对比度。

一个相似之处是月球似乎有一个金属核，但其核非常小。月球密度低
的推论得到了宇航员留在月球上的仪器的证实。这些仪器通过无线电传回
了月球地震产生的震动图记录。这些结果表明月球具有小核(约月球质量
的 2%)。它很可能像在地球上一样由不混熔性物质组成，但月球上的少量
金属只允许形成一个微小的核。

月球上没有气体或海洋，原因是月球的重力太小，以致气体分子可以
轻易地从月球表面逸出。在这里我们发现了可居住的先决条件之一。如果
行星太小，那它既不能保留大气层也不能保留海洋。

月球壳经历了一个复杂的过程，揭示了月球的演化过程。对月球表面的仔细研究表明，月球表面的冲击密度不是常数。我们可以看到月球的一侧被分成两个不同的地区，它们的年龄相差很大。白色区域的陨石坑部分比填满巨大陨石坑的平原部分有更多坑。这些表面的光滑导致早期观测者将它们命名为月海。月球的白色区域还具有较高的海拔，因此它们被称为月球高地(图 8-6)。月球的背面完全由高原地形组成。相对陨石坑年龄的推断得到了 20 世纪 60 年代"阿波罗登月计划"从高地带回的岩石的证实。对这些岩石的研究使我们能够更详细地评估月球地壳的两大主要地形是如何形成的，并对月球早期历史有一个非常详细的模型。

月球上岩石的年龄表明，黑暗的月海主要由 31 亿~39 亿年前形成的玄武岩组成(图 8-13)。源自浅色高原的岩石更古老，形成于 44 亿年前。在过去的 30 亿年中，月球上几乎没有发生过火山活动。自那时起，月球就成了一颗"死"星球。月球地幔中没有对流活动，其表面没有板块碰撞，也没有火山爆发。为什么存在这样大的差别呢？这再一次归因于月球的体

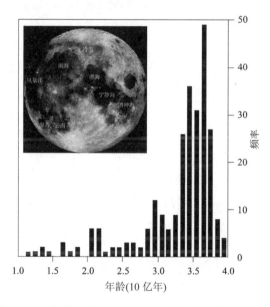

图 8-13 直方图显示不同年龄层的月海玄武岩(月球表面阴暗部分)的时间分布。月球地图被作为示例位置的参考。需要注意的是，月海玄武岩在月球形成约 10 亿年之后达到了活动高峰。最近对月球表面进行的高分辨率摄影显示，可能存在极少量的年轻岩浆流，根据其成坑密度甚至可以推断为仅有 13 亿年的历史(引自 Hiesinger et al., J. Geophys. Res. 105 (2000), no. E12: 29, 239-75, and 108 (2003): l-27)

积小。月球的小体积导致了较大的表面积/体积比，使热量可以散发出去。月球的低引力场意味着压力随着深度的增加而缓慢增加，这使得熔化延伸到很深的地方，并将热量提取到表面。由于它现在的内部状态是冷的和刚性的，巨大的对流单元便不再把热量从它的内部传递到地幔顶部。

月球上的月海由表面类似于地球玄武岩的岩石构成，而高地则是类似于地球花岗岩的岩石。高地斜长岩主要由斜长石矿物构成，斜长石也是地壳中最丰富的矿物。月球长石的钙含量更高，这是因为月球中更易挥发的钠元素耗尽了。经过更深入的观察，地壳和月球表面间的相似性被打破了。

正如我们在第 7 章中看到的，地球上大陆地壳是由多种矿物组成的花岗岩，这些矿物是在大量岩石（沉积岩、变质岩、玄武岩或已存在的花岗岩）中存在水的情况下的"最低温度熔体"。这些花岗质熔体结晶形成石英、二长石和其他矿物。地球上的花岗岩也将亲岩浆元素浓缩到比地幔高出百倍，但月球高地却不是这样。这些岩石主要由一种矿物组成，即富含钙的斜长石端元——钙长石组成，它们的镁元素浓度通常很低。从前面章节的二元相位图表分析表明，多矿物物质的熔体不会导致具有单矿物成分的液体。月球高地地壳不具有任何行星内部部分熔融的成分，并且与地球上大陆地壳形成的过程明显不同。

月海玄武岩的化学成分也显示出与陆地玄武岩不同的特殊成分。地球玄武岩中二氧化钛含量一般为 1~4 wt.%，而在月球玄武岩中，二氧化钛的含量在 10.0 wt.% 以上，而其他玄武岩中二氧化钛的含量在 0.5 wt.% 以下。显然，形成月球的高地和月海的过程与形成地球地壳的过程有很大不同。这些新数据挑战了地球科学家的创造力。火成岩的原理能不能用于了解月球表面不寻常成分的形成？

其他重要的补充线索来自月岩中微量元素的浓度，特别是稀土元素(REE)。稀土元素，也被称为镧系收缩系列，占据周期表的下部(见图 4-1)，并有一些非常有用的地球化学特征。因为它们都是通过在一个内电子壳而不是外电子壳上增加额外的电子而相互关联的，所以它们都有一个共同的外电子壳结构。这导致在火成岩形成过程中它们具有非常相似的地球化学行为。然而，随着原子核中质子数的增加，稀土元素的离子大小在 17 个元素系列中不断减少。由于矿物根据它们的电荷和大小区别元素，当只有大小变化时，稀土元素之间的化学差异往往是平缓而光滑的。这导致了"稀土模式"，即不同矿物的特性，并为研究什么样的矿物参与不同岩石的成因提供线索。

除了一种稀土元素外，所有的稀土元素都是+3 价。月球上具有不同化合价的元素是在镧系元素收缩系列中间的铕(Eu)。铕有两个不同的价态，+2 价和+3 价，这使得它的行为与其他稀土元素不同。这种行为上的差异在斜长岩中表现得特别明显，因为它的矿物分子式 $CaAl_2Si_2O_8$ 中钙的化合价为 2+，很容易被相似大小的 Eu^{2+} 替代，而其他稀土元素为+3 价，而且太大以至于不能替代矿物中的 Al^{3+}。正因如此，斜长石中铕含量比其他稀土元素要高，为铕创造了一个显著的正浓度异常的稀土元素图形。当岩石中的稀土元素图形出现铕异常时，表明斜长石在岩石的形成中发挥了重要作用。斜长石堆晶形成的岩石具有正的 Eu 异常，而那些斜长石分馏形成的岩石具有负的 Eu 异常。

月球高地岩石的稀土元素模式显示出正 Eu 异常(图 8-14)，这表明它们是由斜长石聚集形成的。这符合它们的单矿物特征——以某种方式使斜长石矿物优先堆积形成月球高地。而另一方面，月海玄武岩有强烈的负 Eu 异常(见图 8-14)。这句话值得强调，因为在这些岩石中没有斜长石，而实验表明，它们的化学成分在任何压力下都不会结晶为斜长石。如果斜长石不从岩石中消失，它们如何能有 Eu 异常？答案是，形成这些岩石的源区已经历了斜长石的分离。然后，源区斜长石耗尽，呈现负 Eu 异常。随后

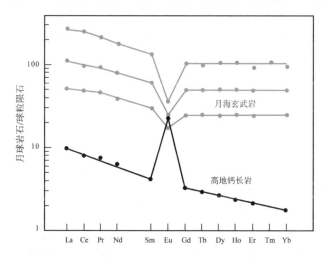

图 8-14　斜长岩高地和阿波罗 17 号提供的月海玄武岩的微量元素图形。需要注意月海玄武岩中的稀土图形具有较强的负 Eu 异常，因此熔融形成岩石的区域在之前已经经历了斜长石的分离；另一方面，月球高地斜长岩明显的正 Eu 异常表明它们由斜长石堆积形成(引自 P.H. Warren, The Moon, in Andrew M. Davis, ed., Meteorites, Comets, and Planets, vol.1 of Treatise on Geochemistry (Oxford: Elsevier Ltd., 2005))

的熔融将继续保持 Eu 异常，熔融中斜长石非常少，在冷却过程中它们不会结晶斜长石。

简而言之，月球的数据显示，30 km 厚的含有变质岩的古老高地地壳具有强烈的正 Eu 异常，表明斜长石堆晶。月海玄武岩在亿万年后出现，填充大的冲击盆地，尽管缺乏斜长石从岩石中分离的证据，但仍有负 Eu 异常。此外，月海玄武岩的组成也很广泛，包含从含量非常高到含量非常低的二氧化钛。

这些证据被一个模型创造性地解释了，即在月球早期历史上有一个巨大的岩浆海洋。巨大撞击后月球的吸积可能产生足够的热量，导致早期月球的大部分融化，形成岩浆海洋。首先结晶的矿物之一是斜长石。密度测量结果表明，斜长石固体比岩浆海洋的岩浆密度小，由于岩浆海洋的 FeO含量高(每个铁原子有 56 个质子)，组成斜长石的所有元素的原子序数都较低。在数百公里厚的岩浆海中结晶的斜长石将上升到地表，形成厚的变质岩地壳。斜长石晶体优先与岩浆海洋中的铕结合，导致稀土元素在月球地壳中 Eu 异常为正，斜长石所分离的岩浆海中 Eu 异常为负。所有后来结晶的矿物将继承早期斜长岩地壳分离产生的负 Eu 异常。镁铁质矿物如橄榄石和辉石会积聚在其他地层中。由于这些矿物含有少量的 TiO_2，会形成贫钛源区。在结晶序列的较晚阶段，密集的富钛矿物钛铁矿($FeTiO_3$)会结晶，形成富钛源区。因此岩浆海洋的凝固作用将导致一个从富钛到贫钛源区的谱图，所有的钛源区都有着负的铕异常。岩浆海洋凝固后，由放射性衰变或其他过程产生的热量最终加热了月球内部，使其上升并熔融，在月球历史上 10 亿年后产生月海玄武岩成分的谱图。在这些熔融事件之后，月球变得冰冷以至于不会再发生熔化。

这个简单的设想(图 8-15)解释了月球地壳的主要特征，以及月球岩石的成分和年龄。然而，这是基于月球上非常有限的采样获得的认识。

可供研究的月球岩石只有 390 kg 左右，并且它们来自月球表面的有限部分。整个月球的背面和月球两极根本没有采样。能够生成如此完整的月球地壳形成模型，是地球化学和月球科学家创造力的结晶，但我们也应该认识到，更完整的采样将不可避免地导致人们对这个假说进行重大修改。理论上月球岩浆海洋只有 4~5 级——当更多的月球岩石被发现时，将会有更令人兴奋的科学发现。

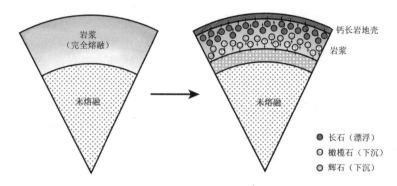

图 8-15 月球岩浆海假说插图。继巨大冲击作用后月球的冲积层可能产生足够的热量使大部分早期的月球熔化，超过岩浆海数百公里厚度的斜长石结晶将上升到表面，产生厚的斜长岩地壳。镁铁矿物如橄榄石、辉石以及富钛矿物钛铁矿会积聚在其他层

8.6 太阳系中撞击作用的历史

我们知道，撞击作用在整个太阳系历史中都在发生。我们能说出撞击率随时间是如何变化的吗？一个制约因素来自于现在地球上撞击作用的电流流量。每年约有 40000 t 物质从太空坠落到地球表面。这些物质大多数是灰尘，散落在世界各地，但在每年，大约每 10000 km² (约等同于一个大都市)就有一个重量超过 20 克的陨石。这些小碎片大多从未被发现或找到(图 8-16)。人类每年都会看到和收集一些新落下的较大陨石。由于陨石被风化作用迅速破坏，人类收集的所有陨石都是相对较新陨落的。

地球以目前的速度经历几十亿年后会形成现今地球的大小吗？不会。超过 45 亿年的电流吸积率将产生不到千万分之一的地球质量。在太阳系早期的历史中，撞击的规模肯定要大得多，也更频繁。对于撞击历史，一个自然的想法就是撞击作用应该呈平滑的指数衰减。每当一个行星或卫星经过它的轨道，它就会与一定比例的具有交叉轨道的物体相交，就像一个巨大的引力真空吸尘器，逐步清理太阳系中的碎片。例如，我们可以为穿越地球轨道的小行星构建一个"半衰期"，随着时间的推移，这将导致小行星数量的指数下降，以及相关的撞击作用，类似于放射性同位素在衰变过程中的下降(图 4-14)。目前的撞击速度是一个限制，并且我们可以利用月球上的成坑强度确定年长点和指定衰减率。然而这个简单的情景只是假说的一部分。

在阿波罗计划将月球样品取回后，关于成坑作用呈指数衰减的假设成为可能。早期对月球上撞击角砾岩年龄的研究(由撞击产生破碎的岩石)显示，撞击角砾岩的年龄集中在 39 亿~38 亿年。地球上发现的来自月球陨石的撞击熔化给出了相同的年龄范围。在这段时间内，可能形成了数十个直径大于 300 km 的撞击坑。为了解释这些观察结果，有人提出了一种终端灾难或晚期重型轰击(Late Heavy Bombardment，简称 LHB)假设，其中成坑强度在短时间内显著增加。

图 8-16　卡兰卡斯(Carancas)陨石坑照片(秘鲁，2007 年)。Carancas 陨石在该国一个相当偏远的地区撞出了一个宽约 14 m 的撞击坑，没有人员伤亡。如果这种微不足道的撞击发生在人口稠密地区则将会有数百名受害者。大多数这样的事件发生在人烟稀少的地区(如海洋，高纬度地区等)

LHB 假设一直存在争议，因为这样一种撞击机制是很难理解的。如果行星逐步清理它们的轨道，那么行星形成 7 亿年后什么将会是大流量撞击器的来源？这将需要一些改变地球或者月球轨道上物体数量的事件。如果太阳系很早就建立了轨道，那怎么会发生呢？随着太阳系早期历史的模型变得越来越复杂，一种机制出现了，因为这些模型表明行星在太阳系早期历史中改变了它们的轨道。随着轨道的改变，小行星带的不同部分可能变得不稳定，将物体送入太阳系内部。特别是，当木星和土星以 1 : 2 的共振速度绕太阳转时，外层行星的运动可以极大地扰乱小行星带。如果这种情况在约 3.9 Ga 发生，这将是一个地球—月球相交物体产生新的助熔的机制。最近对小行星带中小行星分布的研究为太阳系早期外行星迁徙提供了强有力的证据。也有证据表明，在同一时间，在罕见的火星陨石中发生了一次大的加热时间。来自月球、月球陨石、火星、小行星带以及太阳系模型证据汇聚在一起，使得 LHB 假设更容易被接受。

图 8-17 显示了太阳系历史中撞击作用可能出现的变化。爆炸强度整体呈指数级下降，被大约 38 亿年的大规模轰炸事件所打断，称为 LHB。这些结果显示了早期太阳系撞击的重要性，也将对早期行星表面的可居住性产生深远的影响。

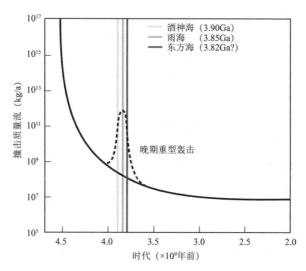

图 8-17　太阳系历史中撞击作用如何变化。成坑强度总体呈指数下降，被大约 38 亿年的大规模轰炸事件所打断，称为"晚期重型轰击"(LHB)。这些结果表明早期太阳系撞击作用的重要性，这将对早期行星表面的宜居性产生深远的影响(引自 Koeberl, Elements 2 (2006), 4: 211–16)

8.7 对于地球的启示

对月球的研究揭示了太阳系早期的许多重大事件，而不是单独从地球本身研究的证据中得来，而这些事件对地球早期的历史有着显著的影响。

如果 LHB 假设是正确的，那么在它最初形成后不久，地球就经历了巨大的灾难，行星大小的撞击导致物质的喷射和月球的形成。这种冲击的能量足以导致行星级的熔化，而这种熔化在凝固时将导致早期地壳的形成和地幔的可能分层。有些人认为地球太热了，以至于形成了硅酸盐和气态大气。根据大气条件的不同，岩浆海洋会迅速冷却，人们可以构建模型，使其分层。然而，目前几乎没有证据表明地幔是高度分层的，对流使地幔重新均匀化是可能的。那就是说，我们没有最下层地幔的直接样品。有些科学家认为一些地幔分层来源于岩浆海事件的残余。关于巨大冲击事件对于地球的影响的结论几乎完全依赖于模型，并且在没有已知边界条件的情况下，这种规模的模型不可避免地涉及假设和创造力。有效的计算可以用于支持巨大冲击事件对于地球早期历史和随后的进化所造成的后果的合理论点，但实际情况仍然有不确定性。

如果早期地球确实有岩浆海洋，为什么没有形成一个大的斜长岩地壳？如果月球岩浆海洋下能存在有 30 km 厚的斜长岩轻地壳，难道地球的岩浆海洋不能形成相似的数百公里厚的地壳？不，由于斜长岩的压力稳定性有限，地球不会形成显著的斜长岩地壳。所有的矿物都有一个有限的温度和压力范围，在限定值范围内，矿物是稳定的。地球和月球之间的关键区别是，由于月球的重力较低，月球上的压力随深度的变化要小得多。这就是为什么宇航员在月球表面着陆时会跳得又高又远。由于岩石在月球上的重量比地球上的要小得多，压力随深度增加而缓慢增加。钙长石具有约 1.2 GPa 的最大稳定压力 (图 8-18)。在 1200 km 深度的月球中心，压力只有 4.7 GPa，超过 300 km 深度的钙长石是稳定的。在这个区间，10%斜长石结晶会形成 30 km 的斜长岩壳。然而，地球每 3 km 的深度增加 0.1 GPa，因此钙长石只是在不超过 36 km 的深度才稳定。相等的斜长岩地壳只有几公里厚，这很容易被冲击及随后的岩浆作用所摧毁。地球上压力随深度的迅速增加也使形成陆相岩浆海洋变得更加困难，因为熔融温度也会迅速增加。

早期的地球也经历了广泛的冲击，这在月球上是有证据的。如果月球遭受终结性的大灾变，地球会由于更大的半径和更广泛的引力场受到更多的冲击。仅基于半径，地球受到的撞击至少是月球的 10 倍。加上地球的额外引力，可以使冲击数量远远大于这个数字。大卫·克林(David Kring) 和他的同事们估计，地球每千年就可能形成 20 km 的火山坑，每百万年就可能形成 1000 km 的盆地，这足以使地球表面的任何生命灭绝。当 LHB 在 38 亿年结束，地球上早于 38 亿年的岩石能幸存下来的已微乎其微。这可能是地球上 LHB 的自然结果。只有在那之后才有足够稳定的地表，使大陆碎块有一个生存的机会。因此，LHB 反映了太阳系历史上的一个重要时刻，在这之后，地表会变得更加稳定，地球上的岩石记录可以被保存下来，撞击造成的地球贫瘠的威胁有所缓解。这个整体框架为我们提供了一个地月系统早期历史的年表，而这是我们无法仅从地球获得的(表 8-1)。

　　不管月球是如何形成的，长期以来，科学家们一直推断，通过一个叫潮汐摩擦的过程，与地球自旋转的能量正逐步转移到月球上。

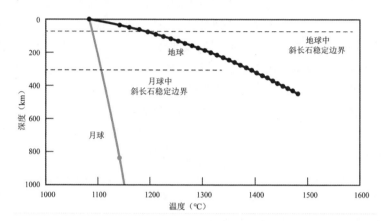

图 8-18 地球和月球中斜长石稳定深度—温度图。由于压力随深度增加而迅速增加，地球和月球的曲线是不同的。所有矿物的温度和压力都是有限的，在限值范围之内它们是稳定的。钙长石最多到 1.2 GPa 是稳定的。由于总质量低，月球有一个弱引力场使岩石重量比地球上的少。钙长石在不超过 300 km 的深度是稳定的。在这个区间 10% 斜长石结晶会导致 30 km 的斜长岩月壳。然而，地球在每 3 km 的深度处同比增长 0.1 GPa。在地球上，1.2 GPa 的钙长石稳定极限当量仅 36 km，这是斜长石结晶的最大深度。因此，在早期地球上不可能存在一个厚的斜长岩地壳堆积，需要更高的温度去熔化深部的地球。在同样的温度下，月球熔化，形成一个 600 km 的岩浆海洋，而地球只会熔化到约 60 km，与 3600 km 深的地球地幔相比显得微不足道。

表 8-1 冥古宙史：地球历史中第一个 10 亿年

距今以前年份 (Ma)	从零年开始的时间	事件
4,566	0.00	太阳系中第一个固体物质的凝结
4,565	1 m.y. [*]	星子的形成
4,560	34 m.y.	地核分离的完成
4,555	11 m.y.	星子的岩浆活动
4,500	66 m.y.	巨大冲击导致月球形成
4,450	116 m.y.	大气圈基本形成
4,404	162 m.y.	最古老的锆石形成
3,980	586 m.y.	最古老的岩石形成
3,800~3,900	766 m.y.	后期重大轰击期
3,500	1,066 m.y.	生命体的证据

[*] m.y.: 百万年

由于潮汐的摩擦力会减慢地球的自转速度，月球获得的额外能量加速了它围绕地球的运动，并将它提升到更遥远的轨道。多亏了阿波罗计划，这一推断从计算转向证明。给宇航员们的任务之一是放置反射镜，使得从地球上发射的激光束可以被反射回地球的精确点。通过精确测量激光脉冲在地月间往返的时间，就有可能测量从地球上的一个点到月球上一点的距离，精度约为 1 cm。几十年来，这些测量一直在定期地重复。它们证实月球正以每年 38 mm 的速度远离地球。

要证明地球自转的互补改变需要更长的时间尺度，只能通过地质记录才能证明。康奈尔大学的古生物学家约翰·威尔斯(John Wells)知道，现今珊瑚礁中的珊瑚是带状的。分带性最突出的表现是，每年珊瑚沉积的碳酸钙的孔隙度随季节变化。这些变化可以从医用 X 射线拍的珊瑚头切片中看到(图 8-19)。除了季节性的分带，威尔斯还看到了较弱的带状，他归因于每月的潮汐周期和昼夜周期。

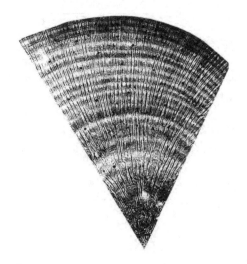

图 8-19　一个珊瑚切片的 X 射线照片，该年轮生长环清晰可见。暗条带代表在夏季生长。对埃尼威托克环礁(Eniwetok Atoll)珊瑚的研究证明，珊瑚头最突出的生长带是由它们沉积的碳酸钙的季节性变化引起的。1954 年在这个环礁上进行的早期氢弹试验产生了大量的局部放射性沉降物，因此，这个环礁的海域暂时受到了裂变碎片锶的高度污染。由于锶元素很容易替代珊瑚形成的 $CaCO_3$ 里的钙元素，1954 年的生长带用放射性锶标记。对每十年和更长时间进行分析，发现自 1954 年试验后每年都有一个生长带。因此，自 1954 年标记的锶增长带使年度增长带假说得到验证(由 Lamont-Doherty Earth Observatory 的 Richard Cember 提供)

如果月球以每年 4 cm 左右的速度远离地球，那么几十亿年前每年就有更多的天数和月份。威尔斯发现，在距今 3.6 亿年左右的珊瑚化石中，每年的层中约有 400 条日带。而地球随太阳公转的时间没有显著变化，这些结果表明过去的一天比现在的一天要短，即地球的自转速度更快。威尔斯发现的天数变化告诉我们，月球在 3.60 亿年前比现在离地球更近 1.2×10^4 km。如果珊瑚化石的记录是被准确解读的，那么在地球历史的后 7% 的时间里，月球的退缩速率为每年 4 cm，正如最近几十年一样。据估计，在 9 亿年之前，每天的长度约为 19 h。如果我们回溯到地球历史的早期阶段，一天可能只有 10 h 那么短，导致每年有更多的天数，月球会更靠近地球，月球公转速度也更快，导致一个月更短。这对早期地球表面状况的许多方面都有重要的影响。潮汐会更大，会有更动荡的海岸线和潮汐环境，月球在夜空中会比现在大 2 倍。

8.8 未来冲击

冲击在整个太阳系历史中非常重要，加上恐龙的大规模灭绝被认为是 6500 万年前陨石撞击的结果，这种认识自然导致了今天撞击的可能性和危险及其对地球和人类文明的后果的问题。

我们知道，20 世纪初期西伯利亚发生了一次大的撞击，释放出的能量相当于一个大原子弹。在今天，如果这种影响发生在人口稠密地区或海上，无论是直接发生在陆地上，还是造成巨大海啸，都可能造成极大的破坏和生命损失。

撞击需要穿越地球的轨道，而这种轨道可能来自太阳系的三个不同来源。第一类是轨道与地球相交的小行星，被称为近地天体(NEO)。一项系统的测绘计划已确定其中最大的有 1000 颗，看起来在近期它们都不太可能影响地球。请注意，许多轨道是混乱的，随着时间的推移，不确定性大大增加。

撞击的另外两个来源都来自太阳系外边远地区(图 8-5)。除了海王星的轨道位于柯伊伯带，围绕它的冥王星拥有目前最大的轨道。离太阳更远的是奥尔特云，大量太阳系碎片被射入高度椭圆形的轨道，绕太阳旋转的距离可达 1 光年，是地球到太阳距离的 5 万倍。奥尔特云是太阳系的最外层部分。由于距离太远，那里的物体的轨道可能会受邻近恒星或银河系本身的干扰。这些受扰动的轨道随后会冲进太阳系内部。例如，哈雷彗星的大部分生命都是在奥尔特云中度过的。舒梅克—列维(Shoemaker-Levy)彗星之前并不为人所知，但在 1994 年撞击了木星并造成了惊人的后果。2009 年 7 月，一名业余天文学家偶然观察到一颗未知彗星撞击木星。

尽管在太阳系的漫长历史中，跨越行星的轨道上的物质已经被大量地从太阳系中移除，但如此频繁的撞击仍在继续让人惊讶。出现这种情况是因为现今的撞击大多是由轨道最近的受到扰动的物质引起的。在柯伊伯带和奥尔特云中的数十亿个物体都在冷库中等候着这种扰动。彗星是来自这些区域的天体，它们的轨道最近受到扰动，使它们变焦进入太阳系内部。有些是通过撞击很快被捕获的，其他的则是从太阳系内部喷射出来的。还有一些如哈雷彗星定期造访，但每个轨道都会损失一点质量，所以它们的总寿命只有几百万年。这意味着现在的彗星不是早期轨道与地球相交的天体的残留物，它们只是近来扰动轨道的产物。既然在海王星轨道的那一侧有几十亿潜在的彗星，而且在外太阳系的轨道会周期性地发生扰动，因此，稳定的潜在撞击物的供应是有保证的。

有人可能会认为，在好莱坞大片中，我们只需发射一个带核弹头的火箭就能摧毁来袭的目标。我们的导弹从地球表面飞升到约 1000 km 的高空，一颗彗星以 50 km/s 速度在冲击之前 20 s 经过该点，彗星的速度比我们设计的任何导弹都要快。即使导弹在附近爆炸，撞击器也将碎裂为碎片，并在更大的范围内分散开来。尽管近地天体可以被图绘出，在撞击之前会有多年的预兆，但是大多数柯伊伯带和奥尔特云的物体不能被图绘出，而且几乎没有预兆。舒梅克—列维是在撞击木星前几个月被发现的。我们对彗星的撞击没有有效的防御措施，这些肯定会在地球历史的某个未来时刻发生。

8.9　小　结

并非所有来自早期太阳星云的物质都是由行星吸积而成的。一百多个卫星，几乎都是围绕着外行星运行，揭示了行星的生长和样式的多样性，也显示在太阳系历史上捕获的重要作用。即使在行星和星子形成的主要步骤发生之后，撞击仍然在太阳系早期历史上发挥着核心作用。地球的卫星是一个特殊的物体，也是太阳系内行星里唯一一个重要的行星，它的体积非常大，相对于它的母星密度也很低，缺少亲铁元素，缺一颗很重要的核。一场巨大的撞击可能是月球起源的原因，而这个事件可能在月球形成后的 50~100 Ma 的时间里使早期地球大部分融化。对月球的研究显示了早期行星分化的重要性和规模，很可能也影响了地球早期的历史，尽管关于陆地岩浆海洋的其他证据尚不清楚。并且撞击逐渐减少，直至外行星的迁移破坏了小行星带的稳定，并导致在 3.9~3.8 Ga 的"晚期重型轰炸"，这也是地球上最古老岩石的年龄。这表明从此时起，陆地环境变得更加稳定，地表环境可以永远建立一个稳定的气候，生命也可能蓬勃发展。

太阳系中仍然存在着大量的碎片，包括从小行星带的岩石物质到在太阳系外层柯伊伯带和奥尔特云中数十亿个在冷库中的物体。这些物体中的一部分会被外部行星和路过的恒星所产生的不可避免的引力扰动所影响。一些扰动轨道在太阳系内部交汇，最终被行星和卫星捕获，形成现代的撞击。来自太阳系的撞击对地球上生命的进化产生了重要的影响，时至今日，这一过程还在继续，有可能在未来某个未知的时间给人类文明带来灾难性的后果。

补充阅读

Canup RM, Righter K. 2000. Origin of the Earth and Moon. Tucson: University of Arizona Press.

Hartmann WK. 2005. Moons and Planets, 5th ed. Pacific Grove, CA: Thomson Brooks/Cole.

McBride N, Gilmour I. 2004. An Introduction to the Solar System. Cambridge: Cambridge University Press.

图 9-0 苏尔角海景照片。地球至少从 38 亿年前开始有一个持久的液态海洋(由 Ansel Adams 拍摄。由 Collection Center for Creative Photography, University of Arizona, ©The Ansel Adams Publishing Rights Trust 许可)

让地球变得更加舒适 流动的水、气温的有效控制和大气层的保护

太阳系的气温变化很大,从日冕的上千摄氏度到星际空间的绝对零度。月球气温的日变化幅度可达 300 ℃。尽管金星在大小、体积与组成成分上与地球差异甚少,但相比于地球金星地表温度要高 450 ℃,而火星地表要冷 80 ℃。这些环境都无法维持液态水的存在,而液态水对于生命的存在至关重要。相比而言,地球有着"不高不低"的气温。地球岩石记载,地球表面的任一时期都有液态水的存在,在这一时期,随着氢的进一步消耗,太阳亮度增加了 35%左右,那么这种平稳的气温是从什么时候开始的?它是怎样维持的?

地球气候的稳定度依赖于它的"挥发性",挥发物的平衡依赖于它的碰撞历史和成分构成、受碰撞和太阳风影响的挥发分向空间丢失的数量,以及行星内部与外部挥发性元素的循环。一旦地核在吸积后几千万年形成,地球就会产生一个磁场,使太阳风偏转,将其对大气的影响降到最低,防止挥发损失,并保护地表免受对生命有害的电离辐射。水在地球早期就已存在于 38 亿年前最老的岩石中,沉积物、枕状玄武岩、火山熔岩的形成都与水有关。来自 44 亿年前的细小的锆石晶体为更早的液态水的存在提供了证据。气候的稳定性是地球进化过程中的一个长期特性。

行星的表面温度取决于它的恒星的光度和它与恒星的距离。它也依赖于行星表面的反射率以及大气的温室效应,温室效应由 3 种以上原子构成的分子所产生,例如二氧化碳、水蒸气、甲烷。地球与金星证明了温室作用的重要性。大多数金星的碳元素以二氧化碳的形式存在于金星大气圈中,创造了一个强有力的"热毯";相比之下,地球的碳元素以碳酸盐岩

矿物以及有机物残留的形式储存在沉积物中。大气的反馈作用调节了温室气体以维持气候的长期稳定。最可能的反馈是构造恒温器将俯冲和火山喷发释放的二氧化碳与风化作用引起的变化联系在一起。高二氧化碳与高温增强了将钙离子释放到海洋中的风化作用,这导致了碳酸钙释放出二氧化碳造成的冷却作用。低二氧化碳浓度与低温会导致火山产生更多的二氧化碳,从而导致气候变暖。风化作用也受板块运动和造山运动影响。因此,地球的气候反映了太阳、板块构造、地表生化循环之间的相互作用,为维持液态水存在的稳定气候提供了条件。构造恒温器依赖于海洋与陆地共存,地表刚刚好有足够的水维持这种平衡。

这是一个巧合还是早期行星历史的反馈仍然是个未解之谜。

9.1　引　言

我们认为地球适宜生物居住的最重要的原因是稳定的气候使得水能够以液态的形式存在于地球表面。水是由什么调节的?地表的温度又是受什么影响的?为什么海洋与大陆能够共存?简而言之,是什么使得我们的星球适宜居住?

当然,要回答这些问题并不简单。在前几章中我们已经看到,我们星球的宜居性在一定程度上是由它的星云遗留物决定它的大小、运行轨道、旋转以及化学成分组成。它也部分取决于地球内部与地壳的演变。正如我们将在本章看到的,它也取决于挥发分在行星吸积后发生了什么,以及它们在行星过程中是如何循环的。

9.2　行星中保持挥发物的平衡

据我们所知,要使得复杂生命在行星上发展,必须有足够的液态水。水对于生命来说是至关重要的,水是物质交换和化学反应的重要媒介,这使得细胞代谢成为可能,活细胞中 70%的含量是水,人体的 60%成分是水(西瓜>90%的成分是水)。水在生命中的中心地位反映在我们所看到的与水供应有关的地区之间的明显差异上。雨量充沛的地方有茂密的森林,生存着各种各样的生物;少雨的地方是生命稀少的沙漠,而只有降雪的地方是被冰覆盖的不毛之地。这些对比是在一颗表面 70%被液态水覆盖的行星上发现的。

碳元素对于"宜居性"至关重要，它是有机物的重要组分之一，而有机物是生命的重要组成部分。我们在这一章将看到，以二氧化碳形式存在的碳元素对于气候的稳定性十分重要。它刚刚好的热量对于地表温度的调节十分重要。碳循环将有机分子、大气、海洋、地幔和石灰岩中的碳(碳酸钙)联系起来，形成一种平衡，既维持生命，也维持对生命至关重要的气候。对于一个可居住的星球来说，适量的水和二氧化碳都是至关重要的。

如果水与二氧化碳是足够的，星球必须捕捉足够多的挥发性物质，包含足够多的水以构成海洋，这对于行星的宜居性来说是必需的。硅酸盐地表作为整体含有少量的水与二氧化碳，大约有 0.07 wt.%水和 0.02 wt.%二氧化碳，这意味着地球物质池中每 300 万个分子中就含有 1 个水分子。星云中大多数碳以甲烷的形式存在。然而，地球却设法在每 3000 个碳原子中捕获一个。这些数量进一步显示地球相对于星云挥发物亏损了很多。一个奇怪的事实是水与二氧化碳的比值比球粒陨石(小于 1.5)高很多。一种解释是地球的挥发物质来源于彗星(水与二氧化碳的比值大约为 3.5)，或者碳元素可能是地核中最轻的元素之一。水与二氧化碳使得地球中大气与海洋先于岩石产生的原因更加扑朔迷离。

一般来说，地球上的少量挥发性物质导致了第二宜居性条件的产生——假定地球中挥发性物质平衡是适度的，挥发物必须集中在地表。这之所以发生在地球上，是因为在地球上挥发物收支维持低水平并不明显。相反，水与二氧化碳含量在大气、海洋、地壳中相当高，有 7.2 wt.%水和 1.5 wt.%二氧化碳，这些数字反映了地球上的水与二氧化碳的含量是行星系中水与二氧化碳总量的 100 倍，而这个水平的含量对于地球气候的稳定与海洋液态水的维持却是恰到好处的，刚好有利于生命的产生。铁质地核形成初期的温度一定很高，大量的熔化和活跃的气流将地幔中的岩石循环到地表，而水与二氧化碳以气态的形式输送到大气中；当铁进入地心时，水与二氧化碳却进入到地表。在外来星子的撞击过程中，挥发物脱气也是可能的，因而挥发物能够优先聚集在地表。

但是地表足够的挥发物并不是宜居性的全部条件。地表水必须以液态的形式存在才是至关重要的。我们能否弄清楚对于生命至关重要的液态水是何时产生的？这个问题对于生命的起源十分重要(将在第 13 章探讨)，因为它限制了导致生命过程进行运行的时间间隔。例如，如果生命和液态水同时出现，那么生命的起源在地质学上是瞬间的。如果从一开始就有水存在，生命可能有 10 亿年或更长的时间来发展。究竟是哪一种情形呢？

9.3　40 亿年前液态水存在的证据

一些最古老的岩石是沉积岩，大多数沉积物经历了风化、搬运和液态水沉积。最早化石的证据来自 35 亿年前的岩石。最老的沉积物来自格陵兰岛 38 亿年前的伊苏华铁矿。这些岩石包括硅质岩、碳酸盐岩与条带状铁矿层。这些岩石的形成需要液态水。同类的岩石出现在更年轻的岩石中，那时液态水已经存在。这些岩石表明液态水至少有 38 亿年的历史了。

我们能够通过一个令人惊讶的来源——锆石($ZrSiO_4$)的证据推测液态水的存在甚至可能更早。锆石是岩石中发现的最稳定的高温矿物之一，它在岩石中的含量(<0.02%)非常低，但是很常见。花岗岩与砂岩中有锆石。锆石非常稳定，极难蚀变和溶解。最高的化学保真度与化学抗力允许锆石在风化和沉积物搬运过程中得以保存；它们如此顽强以致经过多次熔化事件后仍然存在，形成环带状的矿物，这些矿物的每一环带都形成于不同时期(图 9-1)。

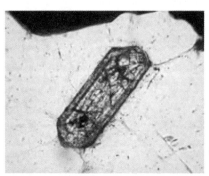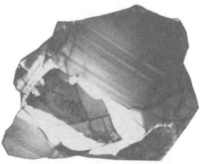

图 9-1　锆石的图像。左图：黑云母中单个锆石晶体，晶体约 100 μm 长。右图：在阴极发光下看到的锆石，反映了它的环带以及生长历史；用 U-Pb 体系，每个点可以给出精确的时间(见图 9-2)。这颗锆石有着复杂的历史，古老的核部已经熔蚀，被更加年轻的一代包裹着继续生长。其核部有 44 亿年的历史，是已经发现的最古老的陆源物质(图片由 John Valley 提供)

锆石还有另一个关键特征，即可以进行单矿物定年。锆石聚集母元素U，排除终极子元素 Pb，这些是放射性定年的完美初始条件。进一步地，^{238}U 和 ^{235}U 的衰变系数不同，然后分别衰变到 ^{206}Pb 与 ^{207}Pb，所以这两个年龄可以单独被确定。由于不同的衰变系数，大部分 ^{207}Pb 是最初形成的，而大部分 ^{206}Pb 是最近形成的。如果 Pb 损失发生在后来的地质过程中，所有 Pb 同位素将同比例地损失，年龄就不吻合了。当年龄吻合时，锆石的年龄是可信的，我们称之为谐和图(图 9-2)。锆石是过去到现在非常有效的信使，因为它们保存了当时形成的时间并能抵抗后来的化学演化过程。

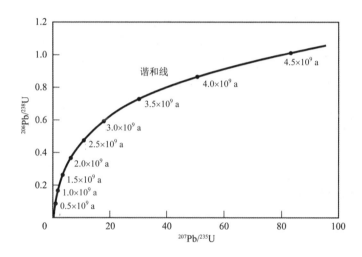

图 9-2 可以通过锆石年龄谐和曲线进行年代追踪。锆石没有初始 Pb，因而所有的 Pb 是由 U 的两个同位素放射性衰变所创造。由于 ^{235}U 的半衰期更短，古老的岩石相比于年轻的岩石含有更多的 ^{207}Pb。没有经历 Pb 丢失的样品会落在谐和线上，它们的年龄由两种独立的方法验证。铅损失导致数据在铅损失发生时直接向原点移动。这可以用来限制年龄，包括结晶年龄和铅丢失发生时的变质年龄

这些特征使得古老锆石成为自地球最早的历史以来未曾修正过的最古老的物质。最古老的锆石保存在太古代的沉积岩中，这些沉积岩与它们周边的火成岩一样古老，但是沉积岩特别是砂岩，保存了由上一次火成事件所创造的锆石，这些锆石在风化过程中在更年轻的沉积岩中得以保存。这种古老锆石最著名的产地是位于澳大利亚的一种无明显特征的沉积岩，被称为"杰克山区"。这一地层已经被详尽地研究过，锆石的谐和年龄在44 亿年左右，这比已知的最古老的岩石、40 亿年左右的 Acasta 片麻岩还

要古老很多。那么这些微小的矿物是如何告知我们远古时期水的存在呢？

钴石通过两种详尽的推理，为早期水的存在提供证据。水对于物质冰点的降低有着明显的影响，它允许地球上的物质在较低的温度下熔化。最低温度的硅酸盐熔体是花岗质岩浆，它由玄武岩、沉积物或其他花岗岩在含水时熔化而产生。高温岩浆在含水中结晶，也会朝着花岗质岩浆方向分化。花岗岩表明水的存在。钴石可以在无水镁铁质岩石中存在，但是比较稀少，而在含水的花岗岩中却是随处可见的。杰克山区中钴石的普遍存在表明花岗岩的形成需要水。然而这不是绝对的证据，因为一些钴石在高温无水的岩浆中也能存在。

进一步的证据来自对钴石中元素含量的示踪。钛是钴石中的一种微量元素，它有着与 Zr 一样的 4+的原子价态。布鲁斯·沃森(Bruce Watson)和马克·哈利逊(Mark Harrison)指出钴石中钛的含量对于温度非常敏感。杰克山区中钴石的钛含量表明它们形成于约 750℃的高温，这个温度与含水的花岗质岩浆有关，与无水的来自地幔的岩浆无关。这种钴石来自需要水的低温花岗。花岗岩是大陆特有的岩石类型，因此数据表明大陆也同时存在。

9.3.1 稳定同位素分馏

这里我们需要一个简短的插曲来介绍稳定同位素分馏的概念，这是钴石的最后证据。前几章中，我们已经讨论放射性衰减导致的同位素变化，氧原子不是同位素衰变产物，氧的所有同位素有着相同的电子壳层结构，那么氧的同位素是如何改变的？在低温下，同一种元素的同位素区别很小。氧的同位素变化如此之小以至于它们只有相对于海水标准的千分之一(或百万分之一)。同位素分馏的一种结果是落在陆地上的雨水同较重的 $^{18}O/^{16}O$ 的比值相对较大。为了使得这个数字相对直观，稳定的同位素变化通常用"千分之"来指示它们相对于众所周知的标准，重的核素做分子而轻的核素做分母。氧同位素的标准是平均海水。这个概念用 $\delta^{18}O$ 来表示，因此平均海水的 $\delta^{18}O=0$。"重"的氧具有较大的 $^{18}O/^{16}O$ 值，$\delta^{18}O$ 的值为正(也就是每 10 /1000 相当于较海水重 1%)。地幔中大约有 5/1000 的 $\delta^{18}O$，与地幔物质中氧的同位素测量结果一样(图 9-3a 和 9-3b)。

岩石受包含蒸发与降水在内的低温水循环(伴随液态海洋的风化过程)所影响而具有更重的氧，$\delta^{18}O$ 的值大于+5。这种相互作用包括原区域的沉积岩熔化形成岩石或者与地壳中的来自降水的活动流体反应。无论是哪一种情形，都表明低温水循环。水循环的证据可以通过检验存在水循环的岩石的数据看出。例如，一些火成岩从沉积岩中形成需要有水循环存在，这些可以从 $\delta^{18}O$ 介于 6~7 之间的变质沉积岩中看出(图 9-3)。那么杰克山区锆石是来自沉积岩还是地幔中的物质呢？杰克山区锆石氧同位素相对较重，与形成于当代的大陆锆石很像(图 9-3)。这些重的氧预示着活跃的低温水循环在含有杰克山区锆石的岩石形成过程中曾经存在过，否则氧的同位素不可能被分馏。

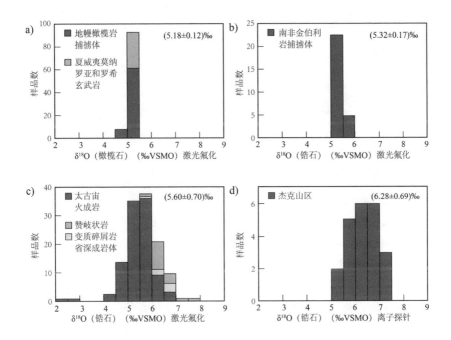

图 9-3 来自不同岩石的氧同位素数据与从杰克山区收集到的古代锆石中的数据对比。图(a)与(b)为地幔岩浆数据，与水循环无关，它们的值为 5.2~5.3。最下面的数组表明太古代火成岩的数据与地幔数据数值接近，但是沉积岩与水循环相互作用，数值有所增大，最高的数据是(d)组中的杰克山区锆石，表明受到过低温水循环的影响(修正自 J. Valley, Reviews in Minerology and Geochemistry. v. 53, no. 1,343-385)

锆石证据表明 44 亿年前就有水循环的存在。这是一份完美的地质勘探工作：在岩石中找到了最小最稀有的矿物颗粒，为水的存在提供了强有力的证据，为生命起源的合适条件提供了重要的证据。

9.4 地表挥发物的控制

对于地球历史上的宜居性，我们需要考虑地表水与碳元素的总量的长期调控，不是挥发物如何在地表储层循环几千年甚至更短的时间，而是上亿年地球外部与内部的挥发物是怎样循环的。

如果撞击导致进入的星子脱气，或者内核的形成导致地球内部向外排放气体，那么地球早期挥发物应该集中在地球表面，与上面提到的当时存在大量海洋的证据相一致。如果早期排气如此高效，那么地球最初在大气与海洋之间就维持了挥发物的平衡。持续的火山喷发会导致更多的挥发物被带到地球表面，导致大多数地球的挥发物的收支平衡是在大气和海洋中进行。奇怪的是，大量的水与二氧化碳保存在地球内部。火山至今仍然在喷发挥发物，这使得我们能够估计地幔中挥发物的浓度。相对于地壳，地幔中挥发物的浓度如此低，而地幔的体积如此之大，地球大约一半的水与二氧化碳存在于地球内部，另一部分像海洋体积那么大的挥发分被圈闭在固体地球中。进一步地，随着时间的推移，当前的火山喷发在 20 亿~30亿年内将产生一个海洋体积的水，然而就如同我们所见的，有证据表明海洋在 40 亿年前就存在了。那么海洋是否曾经大面积地增加过？

来自大陆地壳的岩石的研究可以用来表明海平面高度在地质历史时期是一个常数，表明海洋与地表的水的体积相对稳定。由于挥发物从地球内部被稳定地供给，地表水的体积如何能够维持在一个小范围内？去气是地球早期和持续的火山运动的必然结果，那么如此多的挥发物在地球内部如何能够保存？

这些问题需要考虑地表挥发物的平衡，不仅仅是排气，还需要考虑地球储存物与太空之间通量的动力过程，导致挥发物的增减。水与二氧化碳减少的情况将发生在地球储存物向太空排放或者水与二氧化碳在循环过程中返回地球内部。

9.4.1 大气向太空损耗

在地表的气态物质有机会逃逸到外太空中，最广为人知的就是热量逃逸(热量扩散)。正如外太空飞行器能以足够大的速度克服重力逃离地球一样，原子或者分子只要速度足够大一样可以逃逸到外太空。逃逸速度随着温度增高而增大，随着原子质量的减小而减小。对于地球而言，高层大气外区域气温大约为 1500 K，而在地表只有 300 K 左右，高层大气的高温大大增加了分子逃逸到外太空的可能性。

逃逸到外太空所需要的速度依赖于行星的重力场与分子自身的质量。木星的逃逸速度需要达到 60 km/s，地球的逃逸速度需要 11.2 km/s，月球的逃逸速度只需要 2.4 km/s。对于小行星，逃逸速度小得多，气体更容易逃逸。逃逸也取决于气体分子的质量。质量改变 2 倍可以导致逃逸可能性改变几个量级。地球与金星的质量足够大，可以阻止除了最轻气体外的所有气体的逃逸，但月球的引力不足以容纳最重的气体。因此，地球与金星有大气层，而月球没有。木星的逃逸速度很大，以至于它能留住最轻的气体，比如氢、氦。行星的大小与保留大气的能力对于行星的宜居性是至关重要的。

大气向外损失能量还有其他机制。太阳风粒子速度非常高，可以从外部大气层中剥离气体。冲击作用通过把分子加速至逃逸速度从而导致大气层的剥离。如果行星离恒星太近，高温可以产生不同的作用引发大气损耗。大气损耗过程的多样性以及它们在行星历史上的变化可能有助于解释太阳系中行星大气和组成的多样性。

然而，就我们当前的目的而言，我们需要估计地球上的水与二氧化碳可能流失到什么程度。通过来自氦的证据，我们可以估计出这些较重气体的损耗程度。这些方法涉及大气中氦原子总量与每年从地球内部泄漏到大气中的氦原子数的比较(图 9-4)。空气中的氦原子数量可以从大气的质量和大气中氦的含量计算得到。洋脊中的氦产量可以根据洋脊玄武岩、深海烟囱和海水中的氦浓度来测算(将在第 12 章中讨论)。因为氦由 ^{238}U、^{235}U 和 ^{232}Th 的放射性衰变产生，对陆地岩石中的氦浓度的估算，结合估测陆地上由放射性衰变引发的热流，可以估测每年有多少氦从陆地逃逸。每年增加到大气中原子的数量大约是现在大气中氦含量的百万分之一。这意味着氦原子从大气逃逸到太空之前，它们需要在大气中存在 100 万年左右。根据氦逃逸时间，可以用分子定律计算其他气体的逃逸时间。氖的摩尔质量是 20，N_2 的摩尔质量是 28，O_2 的摩尔质量是 32，CO_2 的摩尔质量是 44，它们的逃逸时间如此之长，以致对于地球历史来说，大气损耗可以忽略不计。

水分子的质量是 18，它接近氖，因此水分子不会逃离大气。氢原子是水分子的重要组成部分，它又是另外一回事；因为只有氦的一半左右的质量，氢原子的逃逸速度远小于一百万年。幸运的是，氢气在大气中的含量十分稀少(表 9-1)。

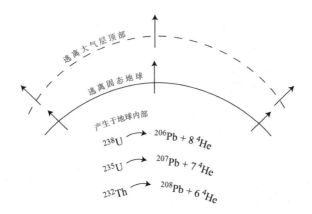

图 9-4　氦原子的地球历史。^{4}He 原子通过地幔与地壳中铀与钍的衰变产生。通过测量从地球逃逸的热量，我们可以估计地球上铀与钍的数量。因此我们知道 ^{4}He 是以怎样的速度增加的。在被困十亿年后，氦原子到达地面，在它从大气顶逃逸之前，将在地表存在一百万年左右的时间。所有在地球内部由放射性衰变产生的氦原子最终将逃逸到太空中

表 9-1　现今地球大气的组成*

气体名	气体分子式	体积百分比(5)
氮	N_2	78.08
氧	O_2	20.95
氩	Ar	0.93
二氧化碳	CO_2	0.034
氖	Ne	0.0018
氦	He	0.00052
氪	Kr	0.00011
氙	Xe	0.00009
氢	H_2	0.00005
甲烷**	CH_4	0.0002
一氧化二氮**	N_2O	0.00005

*除此之外，大气包含水蒸气(在大气中暖水汽含量可高达 2%；在对流层中，暖水汽含量低至百万分之几)。水也是温室气体。**温室气体

今天，任何由生活在土壤中的细菌生成的氢气分子在转化为水之前，只能在大气中存活几年。行星有另外一种消耗氢气和水的方法。在大气层的高处，来自太阳的紫外线将水分解为氢原子，这些氢原子轻易地就可以逃逸，最终留下氧原子与铁、硫或者碳结合。金星就是通过这种过程消耗

了大量的水。

这种过程没有减少地球中的水，是因为大气有一个"水盖"保存了地球大气低层的大多数水，阻止它们输送到高层逃逸到太空。就如同图 9-5 显示的那样，地球上的水大部分被保存在海洋、沉积物与冰川中，在任何时间，只有 1/100000 的水分子在大气中。低层大气称为对流层，就像我们经历过的一样，对流层中的温度随着高度上升而迅速降低(图 9-6)。温度随着高度下降的这种分布导致水蒸气转为降水，冰晶形成云与雪。美国的洛杉矶和法国尼斯温暖的艳阳高照的一天，而不远处几千米高山上可能正在下雪。即便是夏天，飞机飞到 10,000 m 高处气温也约为–60 ℃。对流层顶的气温如此之冷(–60 ℃)以至于没有水蒸气存在。只有极度干燥的空气从对流层以上的更高一层混合进入对流层，那个大气层被称为平流层。地球的这些属性使得氢逃逸窗口十分狭小。大约 40 亿年前，存在岩石的地方有证据表明液态水的存在，只有小部分氢气损耗。

当然，早期地球发生过什么我们并不知道。早期地球没有氧气，细菌可以将氢气转化为甲烷，而甲烷在今天大气中的含量非常低。或许早期的地球中甲烷的含量比较丰富，没有像水一样的冷槽，因此甲烷可以上升到高层大气然后被分解，而氢原子得以逃逸。巨大的撞击甚至会导致更重分

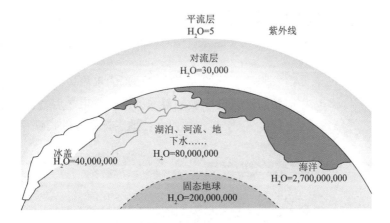

图 9-5 地球中大多数氢以水的形式存在，大约一半存在于海洋中。剩下的大多数水被限制在固体中，组成了地幔与地壳。地球中淡水(湖、河、地下水)只占总量的 3%，冰盖占总量的 1.5%，只有一小部分水以水蒸气的形式储存在大气中，完全被限制在大气低层，混合非常均匀(在气象上被称为对流层)。十亿分之二的水存在于平流层中，只有存在于平流层中的水才有机会被紫外线分解。虚线将地球内部与外部分开

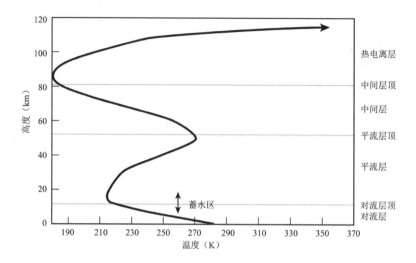

图9-6 贯穿地球大气的温度廓线。所有的天气现象发生在对流层中。对流层顶部的温度非常低，所有的水都以冰的形式沉淀下来，没有一种水迁移到高层大气中，在那里水可以被分解，从而使氢原子逃逸

子的大气损失，而在造月撞击之后的极高大气温度将对大气产生重大影响。还有其他的方法可以确定地球是否损失了氢原子吗？

这里，稳定的同位素变化再一次提供了重要的证据。氢有两种同位素，^1H 与 ^2H，它们存在两个摩尔质量的差别，这导致 ^1H 逃逸相对容易。但是地球中 ^1H 与 ^2H 的比值接近球粒陨石，意味着极少有氢的损失。地球能够保存它的水分。

因此，所有的证据都表明，地球的大气层在顶部的水流失方面是稳定的，当然是在 38 亿年前稳定的气候出现和最大的撞击结束之后。我们既要往前看，当然也要往后看，以便明白如何保持地表挥发分的长期稳定。

9.4.2 地表与地球内部挥发分的循环

由于挥发物损失到太空无法解释地表水的收支相对稳定，这个问题的答案一定在于挥发物从地表到地球内部的循环利用。挥发物从地表返回地球内部可以解释为什么今天地幔中存在大量的挥发物。

挥发物再循环的过程是地球构造板块的俯冲，这将在第 10 和 12 章详细讨论。新的海洋地壳形成于洋脊中，导致海水通过地壳裂缝进行大范围的循环。岩石与水之间的相互作用导致地幔形成新的矿物，这些矿物中包

含以固态的形式存在的水与二氧化碳(比如片状硅酸盐与碳酸钙)。

进一步的变化发生在扩张板块(spreading plate)将地壳从洋脊中移开,沉积物进入到海洋形成沉积层,包括由富含挥发性矿物组成的黏土与碳酸盐。当板块移动到俯冲带,富含挥发物的"挥发包"(volatile-rich package)俯冲到地幔中,挥发物返回到地球内部。通过这种机制,从地表到地球内部的火山流平衡了火山流到大气的通量。

由于目前还没有一个单独的钻孔可以穿透整个海洋地壳,而且只有几个孔可以穿透1000 m或者更深,因此很难对下沉通量作出精确的估计。考虑到海洋的广阔和洋壳环境的多样性,我们对于蚀变洋壳的构成了解甚少。目前有的数据表明洋壳包含足够多的水与二氧化碳,易于平衡火山释放的气体,并向内部提供足够多的二氧化碳与水,以解释存在于其中的大量物质。事实上,那么多的水流失到俯冲带,如果它维持在深层,那么随着时间的推移,海洋迟早会消失。

非常奇怪的是,在整个地球历史中,地球表面的水似乎总是维持在一个稳定的范围内。这意味着喷发出来的水与俯冲的水之间的平衡。这个谜题的一个可能的解释是大多数俯冲的水在俯冲带被有效地处理,并通过那里发生的火山喷发返回到地表。我们将在12章看到,俯冲板块的挥发性矿物被分解,在地球内部的高压与高温下释放挥发物。释放的挥发物会引发火山活动,将水转移到地表。有更多/更少的水俯冲,就会有更多/更少的气体溢出。只要在地球内或外的水的净通量足够小,地表水的总量就几乎没有变化。

对于二氧化碳的收支情况没有水的收支情况那样清楚。海平面的变化为水的收支情况提供了一些信息,但没有明确的地质构造指标表明地球历史上地表的二氧化碳含量。板块中沉积的碳酸盐矿物比含水的矿物更加稳定,碳酸盐岩中相当多的二氧化碳能够穿过俯冲带渗透到地幔中去。关于与排气和俯冲有关的二氧化碳的总收支还有许多知识需要了解。

9.5 地表温度

为了使地表的水基本处于液态,地球表面的温度必须保持在一个很窄的范围内。如果大量水储存在冰中,那么它对于生命的作用微乎其微。如果水全部以水蒸气的形式存在于大气中,那也没什么作用。如果温度从冰点到沸点定期地发生变化，生命也不可能存活。过去几十亿年地球表面的温度如何能够维持在一个较小的范围内，以保证水能够以液态的形式存在于地球上？

一个行星表面的温度不仅仅依赖于它吸收的太阳辐射，而且还来自于地表反射率以及大气中温室气体的含量。如果一个行星的表面性质与黑体相似，那么它的温度将完全由到达其地表的太阳辐射的含量决定。要成为一个合格的黑体，一个物体表面的反射率必须为零，即所有到达物体表面的辐射完全被吸收，以红外线的形式再辐射(图 9-7)。同时，大气中不存在可以吸收红外辐射的气体。如果地球表面是一个黑体，它的温度可能维持在平均 5 ℃(表 9-2)的水平吗？显然，地球表面不是黑体。

表 9-2 影响行星表面温度的因子

	大气质量 (kg/cm^2)	离太远距离 (×10^6 km)	接收太阳能 (×10^6 W/m^2)	黑体温度(℃)	反射的太阳光分馏	反射冷却(℃)	温室变暖	实际表面温度(℃)
水星	0	58	9126	175	0.068	−8	0	167
金星	115[*]	108	2614	55	0.90	−144	+553	464
现今地球	1.03[**]	150	1368	5	0.30	−25	+35	15
早期地球		150	958	−26	0.30 (?)	−21	62 (?)	15 (?)
火星	0.016[*]	228	589	−47	0.25	−16	+3	−60
月球	0	150	1368	5	0.11	−7	0	−160 ~ +130

[*]二氧化碳；[**]氮气+氧气

据我们所知，没有一个行星是完美的黑体。所有的行星都有反射率，这是一个反射到行星表面光线吸收率的物理量。反射率越高，被反射的光线越多，行星表面的温度越低。地球表面的反射率与水的数量和状态存在密切的关系，海水的反射率较低，冰与云的反射率较高。因为植物叶片吸收几乎所有到达植被表面的光线，所以森林的反射率很低。相比较而言，到达裸露土壤的光线大约有一半会被反射。植被的覆盖率取决于降水。实际上，云、冰盖与土壤反射绝大多数到达地球表面的辐射，反射率大约为0.3。30%到达地表的辐射都被反射回太空，对地球表面的增温作用很小。如果这是与黑体的唯一偏差，地球表面的平均温度将低至−20 ℃，所有的水将以固态的形式存在。高反射率将使得行星表面的温度降低。

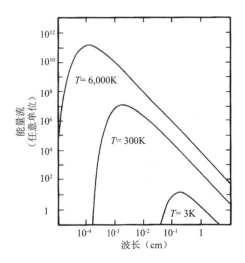

图 9-7 发射自三种不同温度的黑体的光线：黑体表面温度越高，它释放的能量越多(表面温度为 6000 K 黑体将比 300 K 的黑体多释放大约 1 万倍的能量，比 3 K 的黑体多释放 1 亿倍的能量)。对于表面温度为 6000 K 的恒星，代表其能量发射峰值的波长位于可见光范围，表面温度为 300 K 的行星位于红外范围，背景辉光温度为 3 K 的宇宙位于微波范围。地球大气对于太阳的短波辐射是透明的，但是大气会吸收部分由地表反射的辐射

在行星大气中，抵消反射率并且加热地球的因子是由特殊气体产生的温室效应。所有三个甚至更多原子构成的分子都是温室气体。这些分子通过分子键的振动吸收红外辐射(图 9-8)。太阳辐射波长比较短，不能被温室气体吸收，这使得太阳辐射能够穿透大气到达地表。当光线被温室气体吸收，对应行星温度大约是 300 ℃的光线的波长大部分是红外波段的。这些波长被温室气体有效地吸收。地球中重要的温室气体包括水蒸气、二氧化碳、甲烷、一氧化二氮以及臭氧。从地表发射的辐射被这些温室气体所阻挡，它们相当于地毯，为行星起到保暖作用。对于地球，温室气体保暖作用补偿了太阳光通过反射的损失。地球表面的平均气温比它是黑体的情况下高 10 ℃(表 12-2)。

为了评价另外一个行星的表面温度，我们需要知道它吸收了多少太阳光，它表面的发射率以及包含在行星大气中的可吸收红外辐射的气体的含量。它吸收的太阳辐射是它与太阳距离的一个函数。反射率可以在太空中测量。温室效应可以由行星大气的组成成分得知或者估算。表 9-2 显示了太阳辐射、行星表面反射率与温室效应的组合如何形成一个行星的表面温

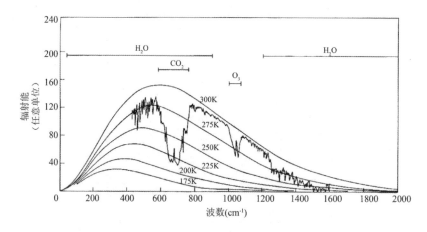

图 9-8 向外发射的地球光线的吸收。锯齿状的曲线表明在关岛离开大气顶的地球光线的谱实际分布情况。作为对比，光滑的曲线是黑体曲线，代表在没有温室气体的影响下的谱分布。这些曲线是随着温度变化的，关岛的合适温度低于 300 K。扭曲与明显的下沉是水，二氧化碳与臭氧吸收辐射后的结果。在区域 400~600 cm^{-1} 可以看到，水产生了宽广的衰减，由二氧化碳产生的衰减更加显著。波数是辐射频率的度量

度。在地球上，行星的宜居性明显受到温室效应的强烈影响，温室效应大到足以抵消辐射冷却作用。

表 9-2 表明太阳辐射对于行星表面黑体温度起着十分重要的作用，它是行星温度依赖的基线(baseline)。随着时间的变化，太阳辐射能量是一个常数吗?虽然我们还没有对来自太阳辐射能量的长期变化进行直接测量，但来自银河系中其他恒星在不同阶段的证据表明了恒星的能量是如何随着时间而变化的。随着时间的推移，和太阳类似的恒星的能量支出增加，星体内部的氢能转化为氦，进而温度升高，用来平衡重力的收缩力。天文学家估计今天太阳产生的热量较冥古宇多 39%。用这个亮度，我们可以计算地球早期的地表温度，如表 9-2 和图 9-9 所示。

计算早期地球表面的黑体温度与当前太阳 61% 的辐射导致基线（黑体）的温度只有−26 ℃。如果地球的反射率与现在一样，没有温室效应的地球表面温度将只有−47 ℃，与今天火星的温度相类似。如果地球上有一个和今天类似的温室，那么地球的表面温度仍然低于 0 ℃。这与地球历史上存在大量液态水的证据相冲突。这种冲突，可以参考"暗淡太阳悖论"，可以通过减小反射率，使得反射率接近水星或者月球，或者提高温室效应。提高温室效应可以增暖 55℃。这种增暖需要温室气体的浓度提高，包括

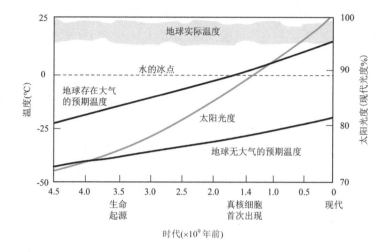

图 9-9　太阳的亮度随地球演化历史的变化情况及最终结果。今天太阳释放的能量较冥古宇多 39%。如果没有温室气体的作用，在地球历史上，地球表面的温度将低于冰点。如果大气层如同今天的一样，那么在 20 亿年前地球表面温度就早已低于冰点。事实上，地球上岩石表面的液态水早在 40 亿年前就已经存在，这需要早期地球增强的温室效应与低反射率共同作用(图修正自 Kasting et al., Sci. Amer. 256: 90-97)

更高的二氧化碳含量或者含有大量甲烷的大气，这将意味着地球没有氧气存在。过去几十亿年太阳亮度发生较明显的变化，但是地球表面的温度却维持在一个相对稳定的范围内(图 9-9)。太阳的亮度随着时间推移而变亮，地球的大气层精确地调节了地表温度使它维持在一个比较稳定的范围内。这个事实说明了一种敏感的反馈机制，这种反馈机制允许地球在面对外界变化时其地表温度仍然维持在一个相对稳定的水平。这种反馈机制具体是怎样维持地表温度的稳定的？为什么其他星球上没有这种反馈机制？

9.6　地球长期的恒温器

尽管太阳亮度变化、大陆漂移、冰川覆盖全球大部分地区的冰河时期、爬行动物在两极繁衍的温暖时期、大量生命的演变以及大气中的氧气含量发生了变化，地球在大多数地质时期似乎都保持着 0~100 ℃ 的舒适温度。我们现在需要研究地球在面对环境巨大变化时还能够维持相对稳定温度的机制。

　　二氧化碳在保持行星表面温度方面扮演了重要的角色。在地球大气中，二氧化碳是仅次于水的重要温室气体，尽管大气中二氧化碳的含量相对于地表大量的碳微不足道。大多数碳储存在沉积岩中，部分储存在碳酸钙中(被地质学家称为石灰岩)。部分是有机物残余(被地质学家认为是干酪根)，只有一小部分(大约每 100 万中的 60 个原子)以二氧化碳的形式存在于大气中。如果所有碳都以二氧化碳的形式存在于大气中，则大气中 CO_2 的含量将比氮气与氧气的含量高 100 倍左右。这种二氧化碳大气所产生的压力将是现在的 100 个大气压(大约是核潜艇潜入到水下 1 km 所承受的气压)。由于 CO_2 在温室效应中起着如此重要的作用，CO_2 从 $CaCO_3$ 中分离必将在维持气候稳定方面起着至关重要的作用。

　　可以用一个非常有趣的争论来证明地球气候维持稳定与液态水通过大气中的二氧化碳与碳酸钙循环得以维持稳定有关。气候的恒温器与固态地球上地球化学循环、风化作用、大气成分的构成、海水的构成有关。气候控制的不仅仅是天气。

　　随着雨水落到岩石与土壤中，化学反应将导致风化作用与化学气体的释放。河水把这些元素带入到海洋中，Fe 会被沉淀，Mg 和部分 Na 会被洋壳吸收，Al 被保存在黏土矿物中且相对来说是惰性的。这样，只剩下 Ca 和 Si 这些重要的元素了。并不惊讶的是，这些元素都参与到现代生物地球化学的循环中，构成了海洋中形成的各种有机体的壳，而且它们的沉淀形成了硅质岩和碳酸盐岩。大多数 Ca 和 Si 来自于大陆地壳常见的长石、辉石和其他镁铁矿物的分解。因为在气候方面主要起作用的是 Ca 和 Si，我们可以把讨论简述为利用硅灰石与硅酸钙进行分解。这种矿物与溶解在泥土中的二氧化碳和水相互作用而分解，形成了可溶的钙、碳酸氢根、中性的硅酸盐离子：

$$3H_2O + 2CO_2 + CaSiO_3 \rightarrow Ca^{2+} + 2HCO_3^- + H_4SiO_4^0$$

　　这些离子从泥土渗透到附近的河流，并最终进入大海。在现在的海洋中，有机生物利用这些成分制造了它们的外壳。先于有壳生物的进化，碳酸钙直接从海水中沉淀。在这两种情况下，化学反应式可以写成：

$$Ca^{2+} + 2HCO_3^- \rightarrow CaSiO_3 + H_2O + CO_2$$

硅也能通过下面的化学反应以蛋白石的形式沉淀：

$$H_4SiO_4^0 \rightarrow SiO_2 + 2H_2O$$

方解石与蛋白石坚硬的部分会掉入到海底构成大洋板块的沉淀物，并在下沉时，它们会移动到会聚型板块边缘。正如我们将在第 12 章中描述的，内部的高温和高压会使得矿物在一种称为变质的过程中分解。就反应中的 Ca 和 Si 而言，方解石与蛋白石反应会得到硅酸钙和二氧化碳：

$$SiO_2 + CaCO_3 \rightarrow CaSiO_3 + CO_2$$

硅酸钙会返回到地幔中，补偿了由于地幔熔化而造成的钙与硅的损失(地幔熔化后会有岩浆上升到地表，这些岩浆中包含 Ca 和 Si)。二氧化碳在地幔中分解然后释放到地表。二氧化碳在地表的溶解度很低，以至于它从汇聚的板块边缘释放到大气中(图 9-10)。

背景介绍到此为止。这个循环的有趣之处在于它是如何与大气中的二氧化碳相互作用的。该循环的基本驱动机制是把沉淀物从地球表面带入到

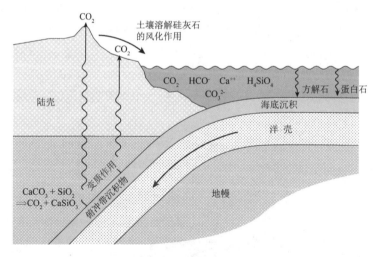

图 9-10 位于大陆下面的洋壳携带部分沉淀物到地幔中，它们在这里被加热变质。在这个过程中，包含在沉淀物中的部分碳酸盐矿物会被分解，释放出二氧化碳，这些二氧化碳会重新回到地球表面，并且加入到海洋——大气储存器中。最终，它会与方解石中的钙重新组合。方解石被埋在海底，会向俯冲带开启一段新的旅程

地球内部的板块运动中，释放二氧化碳气体。俯冲板块上的碳酸盐沉积物的数量调控了返回大气—海洋的二氧化碳的含量。如果在任意给定的时间，二氧化碳不能如期加入到大气—海洋储存器并快速地通过与沉淀物中的钙反应而沉淀，那么大气中二氧化碳的含量会稳定地增加。另一方面，如果有机生物可以快速地把海洋中的钙去除，那么大气—海洋中的二氧化碳的含量会稳定地减少。在把二氧化碳补给到海洋—大气储存器以及二氧化碳的移除这两者之间，应该维持某种平衡。这个平衡的关键在于对形成钙的要求，有机生物体既需要钙，也需要二氧化碳，从地球内部释放的二氧化碳必须与溶解于地壳的 CaO 结合形成碳酸钙。因此，钙会在地幔沉淀物中累积，但速度不会快于其参与发生在陆地泥土中的化学反应。这些化学反应的速度依赖于泥土中的温度(当反应物受热的时候，所有的化学反应速度会加快)、水的酸性(水的酸性会使得矿物的分解加快)、降水(更多降水冲刷泥土，带走更多的矿物)。

现在，我们来谈谈该循环中的反馈(图 9-11)。正如上面所述，如果二氧化碳增加到大气中的速度快于其被钙沉淀到海洋的速度，那么大气中的二氧化碳含量会增加，这会使得地球更热(由于温室效应)且更加湿润(大气越热，水蒸气越多，降水越多)。更高的二氧化碳含量也会使得水的酸性更强。因此，大气中二氧化碳含量的增加会加快钙从陆地溶解的速度，使得海洋沉积物中方解石聚集得更快。最后，方解石的产量会变得足够大，以至于二氧化碳从大气—海洋系统中去除的速度与其增加的一样快。

反馈也在另外一个方向起作用。若因某种原因，大气的温度变得特别低，风化腐蚀就会减缓，并且减少钙的补给和碳酸盐的沉淀，导致二氧化

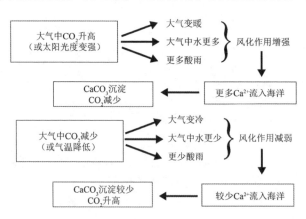

图 9-11 控制气体二氧化碳与地表温度的反馈机制图解

碳增多。或者，如果大气中 CO_2 含量过低，而温度、降水量和酸性都会下降，并会通过切断钙的补给来限制 CO_2 从系统中去除。这个过程需要很长的时间才能发生，因为风化侵蚀、沉淀物下降、俯冲都是缓慢的过程。这需要 $10^5 \sim 10^7$ 年的时间才能作用在地球的构造温控器上。

构造温控器的假说很有吸引力，因为在地球的几十亿年的历史中，来自太阳的辐射在逐渐改变，诸如火山喷发、陨石冲击或者"雪球地球"运动(将会在下面章节讨论)的时间可能会带来灾难性的长期影响。某种强的反馈机制对于维持气候的稳定是很有必要的。然而这个假说缺少直接的验证。在二氧化碳风化剥蚀过程中，这些变化的量很难估计。在俯冲过程中，碳酸盐的沉淀是讨论的一个主题。大气与海洋的化学合成以不易确定的形式影响了地球的历史，并且地球内部温度的变化会影响俯冲板块的变质反应。如果没有其他可行的假设，这个假说就会被广泛接受，但它只有六成可信度。

9.6.1 来自金星的启示

我们有一个戏剧性的提醒，关于 CO_2 的情形很可能是不同的。提醒我们的是金星，它有一个几乎完全由 CO_2 构成的大气层，其表面压力是地球表面的 90 多倍。CO_2 的温室效应使得金星表面的温度高达 464 ℃。由于金星和地球有着几乎一样的体积和密度，所以它们一开始也有相似的挥发物似乎也是合理的。事实上，金星大气中 CO_2 中的碳含量和地球表面的石灰石和干酪根中碳的含量大致相同，这个事实证明了这一点 [1]。因此，如果藏在石灰石和干酪根中的碳以 CO_2 的形式释放到大气中，则地球会拥有与金星类似的大气状况。

然而，对金星和地球进行比较，一个与水有关的问题产生了，如果金星起初有类似地球一样的挥发性成分，则它应该拥有相当大的海洋(或者说，如果温度很高的话，大气会被水蒸气占据) [2]。金星的大气不仅不会由水蒸气所占领，而且还很难检测到水蒸气。

大部分科学家认为，最初存在于金星上的氢是水逃逸到太空时形成的。

---

[1] 金星是如此的热，它肯定没有生命，因此也没有干酪根。此外，碳酸钙在这些条件下会分解，释放出二氧化碳气体中的碳。因此，金星表面几乎所有的碳都以二氧化碳的形式存在于大气中。

[2] 如果地球被加热到其海洋完全转化为水蒸气的程度,这种水蒸气将产生大约是目前地球大气 270 倍的压力。

在非常热的金星大气中，水蒸气会很快地转移到大气顶部。在这里水会被紫外线分离，形成氢原子然后逃逸。剩下的氧原子则会移回到行星表面，这里它们会在金星地壳的热度下逐渐把 FeO 转化为 Fe_2O_3。当一个美国无人空间探测器投放到金星大气中，得到了支撑该假设的证据。在该探测器受高温影响无法运作之前，它测量了金星大气层中微量水的同位素组成并通过无线电传回地球。令人震惊的是，我们发现，在金星的大气中 $^2H/^1H$ 的比值比地球中的高 100 多倍。相对于 ^1H，^2H 的质量高一倍，^2H 逃逸的可能性更加低。因此，从金星逃逸的氢会使得剩余的 ^2H 增多。^2H 的上百倍数量并不能证明金星曾经有过与地球一样的水含量，而只能说明金星曾经有过高出现在 1000 多倍的水含量。

因此，金星和地球起初几乎有一样的挥发性成分完全是有可能的。由于某种原因，地球保持着这样一种演化路径(evolved along a path)，即把它的碳完全储存在沉积物中，因此就避免了因温室效应的失控而导致的灾难性后果。另外一方面，金星在某个节点改变了演化路径，在大气中积累二氧化碳，其导致的高温阻止了生命的存在。很难想象，这么热的一个行星曾经冷却过。

我们对于金星的历史认识还很少。很难想象宇航员会像他们在月球上一样在金星表面漫游。俄罗斯人和美国人成功地将几个无人探测器着陆在灼热的金星表面，这些工具在不利的条件下存活，然后把金星大气的温度、压强和成分以及它们着陆的岩石表面的钾与铀的比率(见第 4 章)通过无线电返回到地球。金星返回的雷达光束告诉我们金星表面有很多地貌特征，并且年轻的表面缺乏大的撞击坑。仅仅从这个年轻的金星表面看，我们不知道金星是否有比地球更早的历史，但可以确定的是，在太阳亮度比现在少 30%的早期太阳系中，对于生命来说，金星似乎可能存在比较适宜的生存环境。无论如何，当温室气体失控后，允许生命发展的条件再也没有恢复。因此我们可以推断出：由于金星比地球更加接近太阳，如果它不能控制太阳亮度的增加，就会发生失控的气候。这是因为金星比地球的自转速度慢很多？还是因为金星上从来没有生命存在过？还是因为金星表面最初水的成分比地球少很多？无论是哪一种情况，金星的存在提醒我们，气候的稳定并没有得到保证，行星表面的气候可以发生灾难性的变化。

9.6.2 雪球地球

我们脑海中有这样一个概念：我们努力设想如果海洋表面全是冰，结果会怎样。那样的话，将没有海洋有机物可以组成方解石，也没有水可以使方解石无机地沉淀，也不会有化学侵蚀。在这些情况下，从地球炽热的内部释放的二氧化碳会在大气中不断积累，直到温度上升到足以融化冰为止。这个逃生门的秘密在于，二氧化碳的释放是由地球的内热驱动的，对地表的温度不敏感。地球历史上曾经发生过这种情况，是这对构造恒温器的一个有用测试。

直到近来人们才相信地球从未完全被冰覆盖。但是哈佛大学两位地质学家保罗·霍夫曼(Paul Hoffman)与丹·施拉格(Dan Schrag)采纳了加州理工学院约瑟夫·柯什维克(Joseph Kirschvink)于1992年提出的一个观点，认为冰川期发生在过去5.8亿~7.5亿年前的新元古代，那时地球完全被冰冻。柯什维克将这一时期命名为雪球灾难。

重要的证据如下。当时冰川形成的沉积物与海洋沉积物混合在一起，也就是说，冰川一定已经到达了海平面。此外，古地磁检测表明这些沉积物在大范围的纬度范围内存在。更为重要的是，部分冰川位于海平面的赤道附近，为整个地球被冰川覆盖提供了可能。如果海洋覆盖着两极，这种情况下严寒更加容易出现，因为海洋冰盖比大陆冰川更加容易生长。如果两极冰川开始生长，它会增加地表反射率，导致更多辐射被反射回到太空，如果冰川面积超过了临界表面积，那么反照率将降低大气的温度，正反馈将导致更多的海冰一直延伸到赤道纬度。

对于霍夫曼和施拉格的观点，重要的一点是这些沉积岩被厚厚的碳酸钙岩系所覆盖(图9-12)。碳酸盐岩通常沉积在温暖的海洋中，所以解释它们为什么会发生在冰积土的上方是相当费力的。这些碳酸盐岩帽的纹理与地质时期的石灰石相当不同。不仅仅纹理不同，它们的碳同位素构成也很不相同。它的构成与常规的石灰石相去甚远，反而非常接近地球的平均碳含量。

霍夫曼和施拉格基于构造恒温器创造了一个场景,这个假设解释了上述观察到的现象。海洋冻结以后，大陆冰川下降到海岸时，化学侵蚀也停止了，Ca也不会通过河流流入海洋中(还有一些被水热风化所传送)，碳酸钙与有机物残留的沉积会大大地减缓。板块构造持续运作，通过火山喷发,二氧化碳从地球内部通过冰层持续喷发到地表。由于没有消除二氧化碳的机制，海洋和大气中二氧化碳的含量持续上升。在此过程中，尽管 100% 的冰层覆盖率很高，地球还是逐渐变暖。经过上千万年以后，二氧化碳的温室效应大到会导致冰川的融化，造成更严重的变暖，高反射率的冰雪将被低反射率的海洋与陆地所代替，反射的太阳光也将更少，冰雪融化更多，从而形成正反馈。侵蚀将不断地重新开始，为富含二氧化碳的海洋提供钙。这当然会导致大量碳酸钙的沉积。随着二氧化碳被消耗殆尽，我们行星的表面趋向于周围变冷的状态。

图 9-12   位于金士顿山顶叫作杂岩的冰积土(用 SM 标志)之上的碳酸盐岩帽(用 CD 标志)。露头位于加利福尼亚死亡谷地区的 Panamint 山脉。悬崖高 300 m。注意预示冰期的厚冰层沉积物之间的突变以及预示温暖状况的碳酸盐序列(Courtesy of Paul Hoffman; www.snowballearth.org)

9.7   太阳保护

最后一个影响因素是需要使行星表面有利于生命的产生与长期进化。太阳释放紫外线和太阳风，太阳风中带电粒子的速度非常快。特别是早期的地球，太阳风可能导致早期大气的剥离，可能造成对于生命和气候稳定至关重要的挥发物的损失。与此同时，来自远处星球的银河宇宙射线可能释放对生命有害的辐射剂量。一旦生命开始，这种射线可能产生高剂量的放射性，就如同我们所知的，它对于生命来说是有害的。虽然太阳是宜居性的源头，但对宇宙射线采取一些保护是必需的。

地球的太阳保护是它本身存在的大气层与电磁场。在现代大气中，臭氧层吸收了太阳的大部分紫外线辐射，保护陆地上的生物免受它的伤害。生命的进化或许并不是偶然的，只有在大气含有足够多的氧从而造成有效的臭氧保护的情况下才会有生命产生的可能。

对于宇宙射线与太阳风，主要的保护是地球的电磁场。基于罗盘对航海的重要性，我们对地球电磁场已经非常熟悉。磁场也会作用于充电粒子，比如那些宇宙射线中的带电粒子。地球的电磁场会导致那些从太阳来的粒子辐射转移到地球周围(图 9-13)。

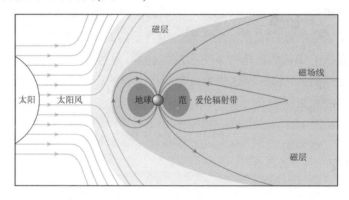

图 9-13 地球电磁场对太阳风的阻挡作用。太阳风偏移地球，为大气与地球表面提供了保护

相对其他类地行星，地球有着最大的磁场。磁场由液态外地核的对流产生。因为地球在早期吸积作用后一直在降温，所以早期的地球上也可能存在着一个液态的地核，磁场提供的太阳保护可能有助于地球早期的宜居性和生命起源的可能性。

9.8 小 结

在过去几十亿年中，地球的宜居性强烈地依赖于有着足够的挥发物、海洋、大陆和液态水以及温度维持在一个合适的范围内的地表环境。因为地球有少量的挥发物，早期挥发物在地表的聚集对于提供大气与海洋至关重要。足够大的行星质量可以防止大气损耗，存在于大气低层的水使得地球能够保留除氢以外的所有挥发物。行星的地表温度依赖于它所接受的太阳辐射、它的反射率和温室效应。来自古老锆石的证据表明，地表有活跃的水循环，包括早在 40 亿年前就已经存在的液态水，沉积岩的记录表明那以后就一直有液态水的存在。地球在过去几十亿年维持了一个相对稳定的环境，尽管太阳亮度改变了 39%。这个事实表明稳定的反馈机制允许早期地球存在更强的温室效应。一个包含碳循环的构造恒温器是调控气候最重要的机制。有着更高含量二氧化碳的、更温暖的大气会导致更强的风化作用，使得更多的二氧化碳被封存在碳酸盐岩石中。与金星相比，这种机制的效果是显而易见的。金星的二氧化碳没有被封存在碳酸盐岩中，导致了大规模的温室效应与行星水资源的损失，使得金星不适宜居住。一个适宜生命居住的行星表面将由于地磁场的存在而更加适宜居住。地球的液态外核提供了比其他类地行星更强的地磁场。这种地磁场有利于阻止早期地球的大气损耗，保护地球免受致命的宇宙射线，为地球提供几十亿年来的自生性的太阳保护。

补充阅读

Callan J, Walker G. 1977. Evolution of the Atmosphere. New York: Macmillan.

Kasting JF, Catling D. 2003. Evolution of a habitable planet. Annu. Rev. Astron. Astrophys. 41: 429–63.

Zahnle KJ, Catling DC. 2009. Our planet's leaky atmosphere. Scientific American, May 11: 29.

图 10-0 海底的两种呈现形式图。上图：由 Bruce Heezen 和 Marie Tharp 作的洋脊系统图。虽然看起来很精细，其实是大致的描绘。他们只有少数地方的数据，通过插值和推测画出了连续的图形(底图经 Bruce Heezen 和 Marie Tharp 的 *World Ocean Floor* 的许可，版权 1997)。下图：现代更精确的海底地形图，基于水深数据和全球卫星重力数据。见图版 8(地图由 Institution of Ocaeanography 的 David Sandwell 提供)

循环系统的建立　板块构造

　　行星的分异让类地星球在数十亿年前形成大范围的圈层，这些层至今仍然存在。地核、地幔、地壳和丰富易变的外圈层是地球、金星、火星的普遍的组成。这些圈层是固定的、静态的，这种观念在我们的日常生活中根深蒂固。岩石是固体，当它们破裂时是不能流动的。密苏里州离海非常远，而爱尔兰岛是一个岛屿，这些事实既是准确的观测，也是常识。因此，当魏格纳在 20 世纪初提出非洲和南美洲在地球表面移动，且这些大陆曾经连接在一起时，这个想法遭到了怀疑、严厉的批评，甚至是许多地质学家的嘲笑。二战后，新一代的地质学家开始探索海洋，逐渐获得的数据表现出大西洋具有明显的对称性。沿着大西洋中部的山脊向下延伸，海洋的深度和沉积物厚度从海岭向两侧陆地逐渐增加。这种对称性拓展到与在陆地上发现的地球磁场周期性逆转有关的磁异常模式。所有这些数据都可以用海底扩张来解释，当一个新的洋壳在洋中脊形成时，其会随着向两侧而逐渐老化。取样证实了这一观点，在洋脊轴部发现了年轻的火山岩，最老的沉积物在远离洋脊靠近大陆边缘附近发现。随后，全球地震学研究表明，洋中脊的海底构造与之对应，海洋地壳在海沟处循环进入地幔，而在日本等地，这被称为贝尼奥夫带的地震倾斜面，人们可以精确地绘制出它返回地幔的轨迹。板块构造的新理论解释了这些观测结果，提出地球表面是由固定的板块组成，这些板块不断地在运动，即在洋脊处生成，在俯冲带消亡。板块由脆性的岩石圈组成，漂浮在流动的软流圈上部。大陆漂移，并不是像魏格纳提出的那样翻越大洋，而是如轻的木筏一样围绕着海洋生成和消亡的板块顶部漂浮着。相比于持续循环的海洋来说，大陆太轻以至于不能被再循环，因此大陆保存了相当长的地球历史的记录。板块碰撞会产生造山带。地震和火山活动发生在板块边缘，如裂解、汇聚和运动的地方。

在 20 世纪 60 年代中期的几年时间里，我们对地球认知发生了变化，从一个只有固定分离的大陆和表面静止不动的海洋，变为持续运动的海洋表面，其板块移动速率最快为 20 cm/a。长期存在的地质问题如海洋、地震、火山和造山带的起源，变成了板块运动的结果。最近用 GPS 测量的板块运动与磁异常条带推断的速率相吻合，直接证明了板块构造理论，让它从一个理论变成一个实际的观测结果。

10.1   引 言

在地球历史的早期，地球逐渐分化成朝向地核密度越来越大的层圈，这个过程可能是类地行星的普遍现象(见第 7 章)。这个最初的分异发生在 40 多亿年前，可以给人一种静态星球的印象，即几乎没有移动和层间的有效隔离，这就是月球的情况。在地球上，海洋和大气明显在剧烈地变化。正如我们将在下面两章看到的那样，地球表面和内部也在不断地运动。的确，这些运动允许不同圈层间的循环、再循环和交换，似乎是可居住的临界要求。地球表面运动的证据是什么？运动的特点、速度和动力是什么？运动对地球周期的运行及其历史的解释有何重要意义？

10.2   地球静态的观点

地球的所有部分是持续运动的，这对人类来说不是能简单获取的概念，地球科学家也是过去几十年才开始认识到这点的。当我们可以看到地震或火山爆发对当地造成的毁灭性影响时，仍然觉得地球是静止的。旧金山是一个港口，几百年前是海滨，现在仍然是海滨。南极洲在南极被冰所覆盖。这些都是经过反复验证的具体观察结果。因此，把这些概括当作既定的真理是不会错的。难怪人们对地球是一个不断变化的动态环境的理解一直在缓慢发展，而且仍在发展。

在第 4 章我们看到了人类在完全理解与地球相关的时间尺度时的困难。事实证明，理解一个运动的地球更加困难。即使在 19 世纪，人们对地球地质时间尺度的理解不断加深，仍然认为地球的固体层是相对静止不变的。地质学家在 20 世纪认识到地球有数十亿年的历史。火山喷发通常形成巨大的物体。剥蚀能削减高山和改造海岸线以及过去冰川时期的气候。随着时间的推移，可观测的过程将创造地球的所有物理特征。由于没有观测到大陆移动，大陆和海洋被视为是静止的。然而，对于任何人都会问的关于地球的一些最明显的问题，地质学家们都无法给出很好的答案：

(1)为什么有造山带？为什么它们分布在地球大陆的某些边缘而不是其他地方？为何大部分而非所有山脉都位于大陆边缘？另一方面，阿尔卑斯山和喜马拉雅山高且陡峭，但它们都位于各自大陆的内部。阿巴拉契亚山脉地势较低且起伏不平，位于北美的东部边界；南美的东海岸却没有山脉，而西海岸有安第斯山脉。

(2)为什么地球表面分成具有特定海拔高度的大陆和海洋？海洋很深，平均深度在海平面之下 5000 m，它们由玄武岩组成，并被沉积物覆盖。大陆一般高于海平面，平均海拔低于 1000 m。地球表面很少有处于中等高度的(图 10-1)。

(3)为什么会发生地震和火山喷发，又是在哪里发生？加利福尼亚和阿拉斯加经常发生大地震，但纽约和佛罗里达几乎没有。西欧几乎没有地震，然而日本每几十年就要遭受一次大地震。

(4)为什么非洲和南美大陆可以像巨大拼图一样拼合在一起，而北美和南美却不行？

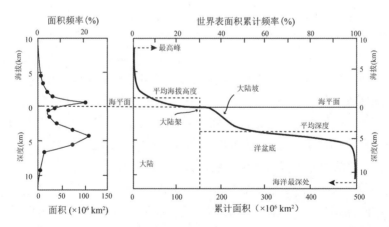

图 10-1 地球上深度的双峰分布。有两个极值，一个在海平面以上，与大陆相对应；另一个在海平面以下 4000 m，与海洋相对应(引自 Wylie, 1972, The Dynamic Earth, John Wiley & Son)

(5)如果海洋和大陆是固定的，为何海洋沉积物那么薄？经过大陆数十亿年的剥蚀的积累速率应该让其沉积变得更加巨厚。

(6)为什么像大西洋这样的海洋中心最浅，而向两侧陆缘逐渐变深？

(7)为什么一些大陆的动物与另一个大陆的那么相似，而另外一些大陆，如澳大利亚则有完全不同的物种？

这些重要的疑问，可以通过对地球的认识来解答，但在 20 世纪前半叶并没有明确的答案。在板块构造之前，地球静止的观点使这些问题无法得到恰当和全面的考虑。

10.3 大陆漂移理论

早在 1620 年，弗兰西斯·培根(Francis Bacon)就注意到大西洋两边的大陆可以很好地契合在一起。在 20 世纪早期，气象学家阿尔弗雷德·魏格纳(Alfred Wegener)通过对大陆边缘的拼合而不仅仅是根据海岸线，发现这两侧大陆契合得更好。魏格纳注意到南非一些独特的岩层与巴西的岩石非常相似，而且热带化石类型能在离热带很远的北方——斯匹次卑尔根岛发现，如蕨类植被。南美洲和非洲的冰川沉积是另一种证据。如果大陆可以拼合在一起的话，一个大陆冰川就能解释这种现象。他开始认识到大陆移动过，并在 1912 年整理出大量的证据支持他的大陆漂移理论(图 10-2)。

由一个不是地质学界的外行提出的这些想法受到了严厉的抵制和尖锐的嘲讽，尤其是来自北美的地质学家。1928 年的一次会议最终出版为一本书，总结了当时的辩论情况。批评家强调了魏格纳理论的一个根本缺陷，即大陆地壳怎样穿过洋壳而移动的机理。由于这种运动，海底本应发生强烈的变形，但与大陆相邻的海底却十分光滑。另外，没有什么已知的力可以导致巨大质量的大陆在地球表面移动，而且魏格纳所提出的力并不充分。既然地球内部被视为固体岩石，那么从物理学角度大陆要穿过它是不可能的(图 10-2d)。虽然漂流大陆可以解决地质学上的一个重大问题——一个大陆撞击另一个大陆形成阿尔卑斯山和喜马拉雅山，但这种解释却产生了一个更大的问题——什么能使大陆移动？1930 年，年仅 50 岁的魏格纳在格陵兰岛进行科学探险的时候英年早逝，使这一理论失去了一位坚定的拥护者。大陆漂移被北美大多数地质学家认为是一种异想天开的想法，在许多地质学书籍中只值得作一个脚注。即使在 20 世纪 60 年代出版的入门书籍也只是简单地讨论了其可能性：许多的篇幅被用来描写反对大陆漂移假说的争论。这些英语国家的大多数地质学家这么做的原因有两个：一是两侧大陆边界相似的观点可以不用大陆曾经连在一起就能解释清楚；二是坚硬的大陆板块在玄武岩洋壳上的漂移在物理上是不可能的 [1]。

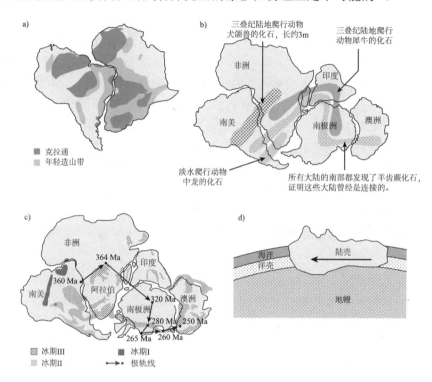

图 10-2 (a)导致魏格纳提出大陆漂移理论的大陆的契合度和岩层的对应关系；(b)如今分离的大陆间化石的一致性(credit: Image from U.S. Geological Survey's *This Dynamic Earth*, http: //pubs.usgs.gov/gip/dyanmic/dynamic.html)；(c)古冰川沉积物与南极以前位置的对应关系。现在赤道附近的冰川沉积物最初形成于南部高纬度地区(Late Paleozoic Glacial Events and Postglacial Transgressions in Gondwana: Geological Society of America, 2010)；(d)对魏格纳理论的主要批评——厚的陆壳是怎样对洋壳和地幔进行犁式运动的？

然而，在 20 世纪 50 年代，由于来自对海底探索活动的新的观测结果，这个理论又重新被提出。到 20 世纪 60 年代末，几乎所有地质学家都接受了板块构造理论。

[1]Strahler AN. 1963. The Earth Scienccs. In: Croneis C (ed.), Harper's Geoscience Series, New York: Harper & Row, pp. 420–21 (QE 26 S87).

10.4　来自海底的新数据

关于海底的知识很难获得，是因为它底部岩石被几公里深的海水所隐藏，而海洋最深处的压力可达几百个大气压。我们不能通过海水看到海底，并且肉身只能潜水到 60 m 左右，即使是军事潜艇也只能达到几百米深。因此，从技术上来说，探索海底比外太空更具挑战性。虽然一个小卫星可以绕火星一周，并传回火星整个表面的高分辨率地图，但海水作为一个屏障很大程度上阻止了人类对海洋的观察。在早期海底探索中，获得数据的唯一的方法就是靠船在海上航行时进行测量作业。由于没有计算机来自动处理或存储数据，所以在图纸上打印记录的方式便成了常用手法。在机构之间共享这些信息是困难的，在一个地方收集和整理大量数据变得至关重要。哥伦比亚大学拉蒙–多尔蒂(Lamont-Doherty)地质观测站的科学家在第二次世界大战后的几年里，开始了对几乎全世界海洋的随机探索。拉蒙的船维马号(Vema)以 10 节的速度航行，每几秒就会向下发射声波，并测量来回所用的时间以确定每点的深度(图 10-3)。船同时拖着一个磁力仪来测量磁场的变化，扔炸药来观察地震波的反射，每 18 h 就会停下来向底部放电缆采集样品。在海上航行一个月可能会形成一条数千公里长的轨道，同时收集这个轨迹上的上述数据。你甚至可以想象一下当地的池塘或河流，我们对其底部了解不多，需要多少工作来确定底下是什么。对于地球表面 2/3 被海洋覆盖的地区来说，这个问题的规模是如此之大，以至于现今的每次科学航行仍然是一次探索之旅，在那里首次发现新的特征。

图 10-3　维马号调查船所收集的一幅深度剖面。以 10 节的速度收集这样数千公里的剖面可揭示海底的地形(Research Vessel Vema Expedition, Lamout-Doherty Earth Observatory)

拉蒙的两位科学家，玛丽·萨普(Marie Tharp)和布鲁斯·希岑(Bruce Heezen)收集多年来的数据，将所有记录海洋深度的数据整理到一起。他们证实了 19 世纪英国皇家海军"挑战者号"探索队的初步假设，在大西洋中心有巨大的洋脊，并沿着整条山脊向下延伸。在洋脊的正中部有一个裂口，即大西洋中脊裂谷。山脊的延伸虽然没那么明显，但可以在全球范围内延伸，穿越每个洋盆。这个全球洋脊系统的发现，是建立在数百名研究人员在海上无休止的工作——每天 24 h、每周 7 天的基础上，这一发现至今仍是最令人震惊的地理成就之一。在人类历史上，又有多少次全球范围的新地理学特征被发现呢？

这个洋脊的发现揭示了整个海底地形系统的对称性。远离洋脊，海洋的深度逐渐增加。在距离洋脊最近处的深度增加得最快，离开洋脊渐渐变深，直到海沟处，在海沟中，深度骤降到海底最深点并通常挨着大陆。深度的变化不是海底唯一的系统特征。裂谷中心采到的几乎是新的火山岩。离开洋脊，只能看到海底的沉积物。地震记录表明，随着离洋脊距离的增加，沉积物逐渐增厚，其下覆的岩石也更坚硬。这样有系统变化的特征迫切需要解释。

10.5　来自古地磁的证据

在海底获得的新数据有个令人疑惑的地方，即磁场强度的变化相对于洋中脊也是对称的。如果船沿着洋中脊垂直移动，两侧磁场强度的起伏变化图形几乎呈镜像对称。这高低对称的磁场强度条带在全世界的洋脊中是普遍存在的。

在陆地上工作的其他科学家一直在研究地球磁场随时间的变化，就像在大陆岩石上记录的那样。几乎所有的岩石都含有磁性矿物，特别是磁铁矿，这些矿物就像小罗盘一样记录着当时地磁场的方向。对已知年龄的沉积层序和火山岩的年龄测定表明，来自年轻岩石的矿物指向北方，而年龄大于 75 万年的则指向南方。随后研究发现这个方向差不多每 100 万年就会发生倒转。这些磁场的倒转只有地球地磁南北极发生了变化才能解释。这种倒转可以通过地球外核液体流动的定量模型来解释，磁场就是这样产生的。磁场变化并不完全有规律，一些间隔长达 200 万年，有的则少于 10 万年。以纵轴为磁场，横轴为时间作图，白黑颜色代表正反磁极，磁场倒转的模式可以作为一种"条带代码",由磁场正常磁化或反向磁化时的不同时间间隔来定义。

在20世纪60年代发表的一系列论文中,海底数据和地磁倒转联系起来成为海底扩张新理论的确切证据,海底扩张同样也能导致大陆漂移。当海底高低不同的磁场强度模式投在地磁倒转的条带码图上时,可以很好地匹配(图10-4)。对于海洋调查船最初无目的性所记录的这种神秘的地磁摆动,最自然的解释是由地球磁场的倒转造成的。

野外地磁强度的变化也类似。在裂谷中心最年轻的岩石,它们所有的磁性矿物都指向北方。磁化后的岩石会增加电流磁场的强度,因为它们也指向电流方向,所以总磁场强度会变大。稍微老的岩石在形成时磁场方向是南方,与现今方向相反,叠加后会消减而获得较低的磁场强度。明确的证据来自海底洋中脊附近,高低磁场强弱时期的相对宽度与陆上岩石所确定的磁场的倒转时期有很好的匹配。这种规律可以进一步扩大追溯时间的方式,即每一个新地点和时间的延伸都证实了这个观点。新的洋壳在现今大西洋中央裂谷处的裂隙中形成。北美东西海岸的洋壳在140百万年前的古洋脊中形成。大西洋的海底地壳有规律的年龄顺序从洋中脊到两侧陆缘逐渐变大。这些数据可以用海底扩张的新模型解释,即洋盆由巨大的裂谷带因洋脊对称的扩张而形成。洋脊是扩张的中心,新的洋壳是由地球内部的火山作用形成的。磁异常条带的矫正回推的时间使得所有在海底收集的磁数据获得解释,同时作出海底年龄的地图,该地图的对称性沿着所有洋脊分布(图10-5)。

不久,大洋钻探计划的出现进一步验证了这些想法。通过海洋钻探计划,一艘特殊设计的钻探船能钻透沉积层,一直到达沉积物下方的玄武岩基底。沉积物的年代可以通过其中的化石确定。沿洋中脊不同距离的钻探表明,越远离洋中脊,就有越老的沉积物覆盖在玄武岩基底上(图10-6)。在洋脊轴那里没有沉积物。靠近轴部的沉积物通常很薄,即使最老的沉积物也很年轻。随着离轴距离增大,沉积物厚度和最老年龄都慢慢增大,一直持续到大陆边缘,在那里最老的沉积物被重新覆盖。以传统地质技术获得的观测证实了古地磁的深奥推理,揭示了洋脊活动的位置就是新洋壳生成的地方。

全球不同洋脊的扩张速率可通过磁异常条带所确定的年龄及其离洋脊的距离推算获得。扩张速率变化区间为每年1~20 cm。虽然我们肉眼不能观测到这么慢的速率,但并不代表它不重要。这同我们头发和指甲生长的速率相似，虽然不能注意到它们某时刻的生长，但经过一定时间间隔，可见它们发生过运动。

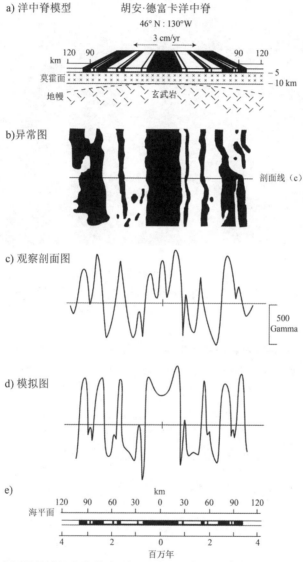

图 10-4 海底测量的磁场变化模式(磁异常条带)中得到的海底扩张证据。黑白交替的条带为高低磁场强度的剖面。黑色代表高强度，在图 c(称为法线)的水平线之上即今天磁北极在北半球。白色代表低强度(称为反向)，当强度低于图 c，磁极在南半球。底部的图 e 由陆地上的古地磁研究获得，在陆地上可以很好地校准反转时间尺度。图 d 的剖面为地磁场倒转强度。高低磁场强度条带的相对宽度与在陆上磁场倒转间隔一致(修改自 Vine, Science 154 (1966), no. 3755: 1405–15)

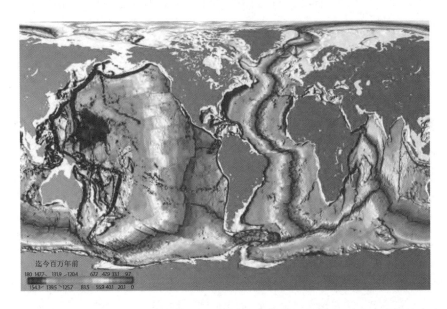

图 10-5　洋壳岩石圈的年龄。注意到太平洋带宽度比大西洋带要宽，因为其扩张速率更快。见图版 9(Müller et al., Geophys. Res. 102(1997), no. 82: 3211-14)

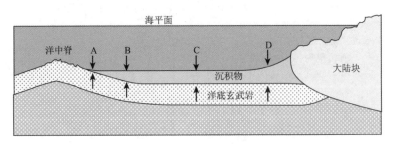

位置	厚度	沉积年龄	
		表面	底面
A	1~5 m	最近	1×10^6 年
B	10~100 m	最近	10×10^6 年
C	500 m~1 km	最近	75×10^6 年
D	1~3 km	最近	130×10^6 年

图 10-6　沉积物验证海底扩张假说示意图。洋脊附近(A 位置)沉积物很薄，上覆的火成岩洋壳的沉积物最老年龄仅有 1 Ma。离洋脊越来越远的打穿沉积物的钻孔反映了更厚的沉积岩柱和底部更老的沉积物

10.6 全球的地震活动分布

进一步的证据来自全球地震活动的分布。地震并不是在地球表面随机发生的，而是局限于非常明确的地震带(图 10-7)。成千上万的小型浅源地震沿一条线的接缝处发生并与全球洋脊系统一致。这些地震由活跃的火山活动以及与扩张有关的构造活动引起(图 10-8a)。第二个主要的地震带形成了一个斜面，延伸至地幔数百公里，从发生在洋盆边缘的非常深的海沟开始。这些地震活动的斜面叫作和达–贝尼奥夫带，通常称为贝尼奥夫带，以最初发现它们的两个地震学家命名(图 10-8)。

沿着洋脊发生的小而浅的地震活动与那些抵消了洋脊系统的断层以及在新的测深图上看到的与活火山活动或裂谷形成有关的小断层是一致的。贝尼奥夫带则是另一种不同的解释，最简洁的就是将其与海底扩张的发现联系在一起。由于地球整个表面的面积是守恒的，洋中脊地壳的扩张和生成必定会和某处消亡相等的面积平衡。地壳的再循环发生在汇聚的大陆边缘，也叫俯冲带，即地壳下沉回到地幔中，导致新的海沟弯曲入地幔下方。贝尼奥夫带所标志的断层在倾斜弯曲的洋壳和下伏地幔之间。洋壳涉及一个大循环，即在洋中脊地幔物质持续上涌形成洋壳，在海底移动，最后再返回到俯冲带的地幔时再循环。

并不是所有的地震都发生在洋脊和俯冲带，地震也发生在横切洋盆的大断层处。这些被称为转换断层的在大断裂带中很明显，这些大断裂带在大西洋上可以从欧洲或非洲一直延伸到美洲 (图 10-0)。断裂带的地震活动部分比沿着扩展轴发生的地震大得多，地震只发生在断裂带的有限部分，而不是整个长度(图 10-8a)。

海底扩张的观点为这第三类地震提供了一个简单的解释。在《A New Class of Fault and Their Significance》一文，J. Tuzo Wilson 展示了如何将这些长线型断层解释为洋脊段之间的连接部分。海底扩张预测了断层的运动。如果发生了海底扩张，那么地壳应该只沿着这些断层的有限部分向反方向运动。这些破裂带将会是转换断层的残留，在这些地方没有现今的活动。简单的预测是地震只发生在破裂带的转换断层处。在破裂带和扩张脊的连接带之外，相邻的洋壳沿同一方向运动，因此不会发生地震。对断裂带地震位置的精确测定表明确实如此(图 10-8a)，断裂带上的运动与海底扩张的预测运动相吻合(图 10-9)。一些转换断层甚至穿过大陆，并形成高地震活动带，如加利福尼亚的圣安地列斯断层即连接加利福尼亚湾和俄勒冈海岸的扩张中心。

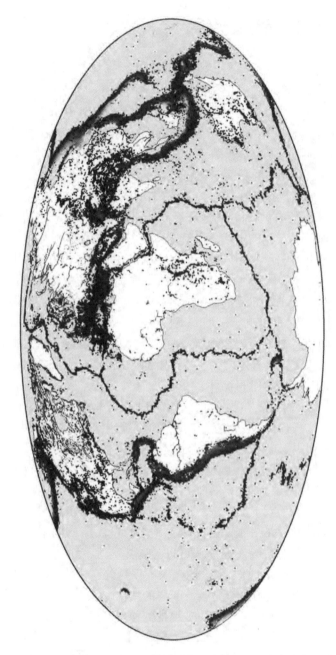

图 10-7 全球地震活动分布。黑色圈为浅源地震，灰色圈为中部地震，浅灰色圈为深部地震。注意到浅源地震带可以代表洋脊系统。在汇聚边缘的地震从海沟的浅部随着离海沟的距离逐渐变深，代表板块俯冲到地幔中贝尼奥夫带的轨迹 (图 10-9)。几乎所有的地震都局限在板块边缘。见图版 10(引自 Miaki Ishii, Harvard University)

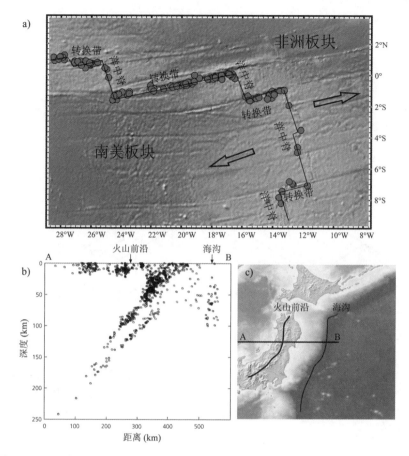

图 10-8 (a)大西洋中脊的一部分，在此扩展的非洲板块和南美板块分开。扩张中心由火山脊段组成，在那里板块直接分开，由两个板块相互滑动的转换断层抵消。圆圈是地震发生的地点，表明构造活动只发生在活动板块边缘，特别是在转换断层上(Image from GeoMapApp (www.geomapapp.org)); (b) 日本地震深度分布剖面图(Hasegawa et al., Tectonophysics 47 (1978):43–58)。地震带顶部显示了板块顶部俯冲到地幔中。A-B表示图(c)中的剖面

10.7 板块构造理论

所有这些观点和观测结果放到一起就是板块构造理论。理论假设地球表面由一些可以在地幔滑动的板块组成。板块被认为是地球板块的刚性块体部分，即岩石圈。岩石圈可以破裂，易受地震影响。地球内部可流动的

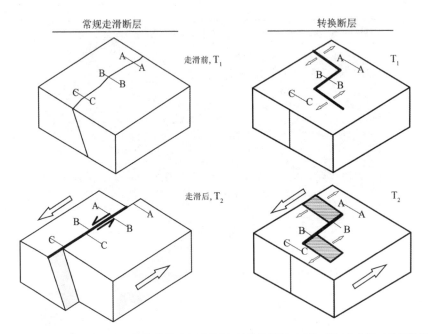

图 10-9   板块构造之前想象的传统走滑断层和转换断层之间的对比示意图。顶部的图表显示了初始时间点的位置，下图为另一时间点的位置。左侧图是传统的走滑断层，在整个长度上发生位移。右侧图是转换断层的运动。洋脊沿着断层保持恒定的错断，即仅在两洋脊段之间是被断层错断的。可以看到如 A-A 点是没有被转换断层错断的。阴影区域为在上下两个图时间间隔内新生成的洋壳

为非刚性的软流圈。在地球高温高压的内部，固态的地幔可以像有黏性的液体一样流动。板块在洋中脊处形成和裂解，在俯冲带处聚合和破坏，在转换断层处相互滑动。既然板块由其物理性质决定，它跟任何一个洋壳或陆壳都不一样。板块包含地壳和上地幔的冷的刚性部分，其底部是一个过渡带，在这个过渡带中从脆性变为韧性流变(图 10-10)。这两种状态的温度边界在 1300 ℃ 左右，在板块下方可以用一条等温线来代表岩石圈和软流圈的边界。事实上，这个边界是物理属性逐渐变化的边界。岩石圈板块能在其上部滑动或随着它一起移动。这些板块是一块巨大的球形拼图，完全覆盖在整个地球上，在它们形成和裂解的过程中，不断地在地表移动。

由于板块是惰性的刚性块体，所有重要的活动均发生在板块边界。在不同的边界，地幔上涌形成洋脊，火山和地震活动伴随发生。在汇聚边界，俯冲通常导致在贝尼奥夫带上方 110 km 处发生大地震和火山活动。板块构造最重要的特点是这两种类型的边界也是大洋极端的地形。除了后面第

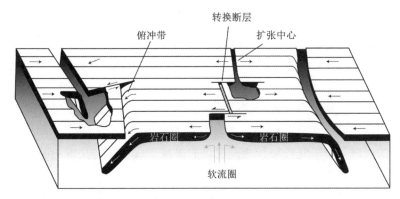

图10-10　最基本的板块构造概念由Isacks、Oliver和Sykes提出。地球表面由坚硬的板块组成，即岩石圈，岩石圈的脆性足以使其破裂并引发地震。下覆的软流圈可流动却不会破裂。板块在扩张中心生成，并在海沟处消亡。板块之间也可以通过转换断层相互滑动(修改自Isacks, Oliver, and Sykes, J. Geophys. Res. 73 (1968), no. 18: 5855-900)

11 章讨论的洋岛和海底高原，洋脊是洋盆浅部中最大的特征，而俯冲带是海沟处确定的最深区域。第三种类型板块边界是转换断层，没有火山活动，但板块之间巨大的运动会发生大地震。地球表面可以分成不同的板块(图 10-11)，所有板块在整个表面的运动是相对守恒的。简单又有代表性的模型是通过海底磁异常条带所决定的板块速率和方向，将它们放到一起计算，地球的表面积确实是守恒的。

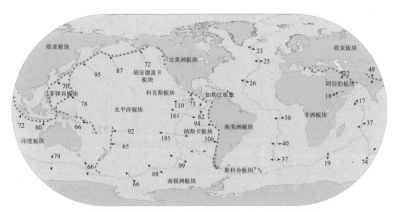

图 10-11　主要的板块。板块离散和汇聚速度(单位：mm/a)。东太平洋隆起的快速扩张的洋脊，其速率高达 185 mm/a，而非洲南部的西南印度洋脊其扩张速率仅有 19 mm/a(引自 U.S. Geological Survey)

板块构造区别于大陆漂移的一个主要方面在于大陆不是板块。由于密度低，大陆漂浮在地幔岩石圈的顶部，并作为坐在板块顶部的乘客携带。一些板块如太平洋板块，完全是由洋壳组成的。许多其他板块如北美板块，同时包含海洋和大陆。因为大陆密度低，它不能向下俯冲，而是停留在地球表面，就像软木塞一样，随着板块在围绕它们的洋盆中产生和消亡。当板块运动将两个大陆结合在一起时，大陆发生了巨大的碰撞，从而形成了巨大的山脉。如印度板块和亚洲板块的碰撞形成了喜马拉雅山脉，亚欧构造板块和非洲构造板块碰撞形成了阿尔卑斯山脉，而美国东海岸的阿巴拉契亚山脉则是在大西洋扩张之前北美板块与欧洲板块碰撞的结果。

将这些概念结合起来，在魏格纳提出的大陆漂移理念基础上形成一个革命性的理论范围。他关于大陆在地球表面漂移、拼合在一起又分开的所有结论基本上正确，但他的物理概念是完全错误的。他认为大陆穿过地球表面移动，大洋只是正好在它们移动的路线上。根据他的理论，大陆通过洋壳的移动就像冰山在厚海冰上移动一样。这个概念在物理上是不可能的，这个缺点让他的理论遭到了排斥。新的观点认为大陆是漂浮在板块顶部的被动乘客。洋盆是可以观察到物理过程的地方，是板块产生和破坏的地方。海洋不是对大陆运动的被动抵抗，而是来自地球内部力量的动态表达。

对板块构造的进一步验证来自海洋深处。板块在扩张洋脊中心生成，并随着与洋脊的距离增大逐渐变老。板块由接近 1200 ℃ 的岩浆冷却形成；一旦凝固，这些板块会形成跟洋壳一样的厚度，约为 6~10 km。岩石圈很薄。分割岩石圈和软流圈的 1300 ℃ 等温线接近海底表面，跟海洋的极冷水只相隔 10 km。这个温度边界层很陡。当板块离开洋脊时，冷却的海水覆盖层随着年龄的增长逐渐从板块上冷却下来，1300 ℃ 的等温线退到地幔深处，导致板块增厚。由于板块通过冷却增厚，它的密度增加，并逐渐下沉到流动的软流圈中。那它是怎样随着年龄的增大而下沉的？

边界层的热梯度变化是物理学中的经典问题，它已经有直接的数学解法。事实上，开尔文使用这些方程来讨论地球的冷却。数学计算结果有个非常粗略的特点——冷层(如岩石圈)的厚度随着年龄平方根增加而增加。由于冷的致密层增厚，它将会慢慢沉到地幔中。对板块模型的检验是，记录为海洋深度的下沉量应随年龄的平方根线性变化，下沉速率随距离的变化应随扩散速率的变化而变化。这种有规律的行为可被全球范围海洋内观测到(图 10-12)，是对板块构造理论的有力支持。

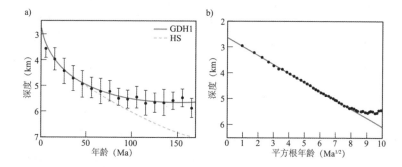

图 10-12 (a) 海底深度散点图与洋壳年龄对比。年轻洋壳的沉积速度比年龄老的更快。(b) 同样数据散点图与时间平方根对比(如 64 Ma 为 8，100 Ma 为 10。与年龄平方根的线性关系同板块构造是一致的，板块随着扩张离开洋脊逐渐地冷却。随着板块变厚，散失相同热量所需要的时间也更长。随着冷却，密度增加，引起板块下沉到地幔中。一个有趣但尚未被完全解释的地方是在数据达到 100 Ma 时这种线性关系会出现偏离(修改自 Stein and Stein, Nature 359 (1992):123)

10.8 板块构造的革命

在非常短的时间里，板块构造彻底改变了我们对地球表面的认识，并将所有地球科学领域的数据整合到一个简单的框架内。地震、火山、海底磁场的变化、海底地形、不同大陆化石的分布、古冰川沉积的分布和造山带的年龄，这些在以前看来彼此都是独立的，现在看来是一个过程中的不同分支。在非洲工作的地质学家也可能与南美有联系。科学家在北欧对冰川时代的研究可以参考在赤道附近观察到的以前几期冰河时代所形成的岩石。古生物学家需要了解构造地质，陆地地质学家要了解在海洋里发生了什么。地球是一个相互联系的整体，以前被不同数据类别所分的各个领域已经不能再被孤立地研究和理解了。新理论的力量可以从以下事实中看出，短短几年的时间里，主要问题和长期存在的难题变成了板块构造的简单结果。

• 造山带是在汇聚边界作用的过程中形成的。大陆内部的山脉如阿尔卑斯山和喜马拉雅山是大陆碰撞的结果。火山山脉如安第斯山和卡斯卡底山脉是由俯冲带引起的。非板块边界的大陆边缘根本没有年轻的山脉。

• 海洋之所以年轻，是因为它们在扩张中心不断地受到地壳形成的挤压，并在俯冲带再循环。大陆是古老的，因为它的低密度阻止它们向下俯冲。

- 地震与火山活动是板块运动和地幔对流的结果。
- 大西洋两侧的大陆可以完美的契合是因为它们曾是一个整体，后来被海底扩张沿着洋中脊破裂而分离开来。
- 深海的沉积物很薄，是由于大洋板块的年龄有限。它们不断地循环回到地幔中。
- 离开扩张中心，海水变深是因为板块随变冷逐渐变厚。
- 一个大陆与另一个大陆之间动物的不同差异与两个大陆什么时候被分开有关。在较长时间内的逐渐演化导致的差异要比一个短时间内的更明显。大陆间的生物差异取决于它们在大陆漂移过程中的历史。

从海底进行的新观测表明海底扩张和板块构造的机制是明显存在的，使得大量的测量结果变得简单且容易理解，在 20 世纪 60 年代中期让板块构造理论在 5 年的时间内得到了一致的认可。和所有的新观点一样，少数科学家，其中一些还非常杰出，抵制板块构造理论，因为它使他们已知的固定观点受到挑战。

那么板块构造仅仅是一个理论还是一个事实？最明显的验证是实时测量板块的速度，看看它们是否在移动。这在 20 世纪 60 年代是非常困难的，因为在几厘米的范围内精确测量大陆的运动是一项不小的任务。GPS 的出现让这种测量变得可能。在大陆上设立一些非常精确的基准点，通过几年时间的测量，即可画出大陆的相对运动。这种测量方式，让以前明显的问题通过直接测量解决。板块会运动吗？它们的运动是稳定持续的还是一阵一阵的？板块之间是怎么相对运动的？测量的板块速率与古地磁推算的速率完全一致。板块是持续运动的，这种运动在断层上的压力最终导致走滑并引发地震。某种程度上令人惊奇且出色的结果是，成百上千年来由海底地磁所获得的平均扩张速率，在排除不同方法的测量误差后，与 GPS 所测量的瞬时速度完全一致。因此，板块的运动是稳定地、持续地在地球表面漂移。直接测量板块运动让板块构造不再是一个理论，而是对地球如何运转的一种既定的观测结果。在我们标准的理论中，它是完美的 10 分。

10.9　随时间而运动

虽然我们不能直接觉察到板块运动，但它实际上是非常快的。地球历史年龄的 1%就是 4000 万年，在这个时间内太平洋可以移动 4000 km。海底的年龄在它俯冲前从不会超过 1.5 亿年，所有洋壳仅能记录地球历史年龄的最后 4%。由此得出的结论是，洋盆的打开和闭合时间大致相同，地球历史上必然发生过几代洋盆的形成演化和消亡，但已经被永远埋藏起来，以致现今无法研究。大陆岩石可以记录更长的时间，可超过 30 亿年。然而，由于大部分活动发生在海洋中，大陆记录更难解释。毕竟，经过几十年的海底勘探，板块构造变得很清晰，但在对大陆进行了 150 年的现代地质研究之后，板块构造还不清楚。细致绘制大陆图，结合古地磁研究，揭示岩石形成时的纬度，可以提供地球历史上大陆运动的信息。通过大陆重建表明，大陆碰撞使得所有大陆组合在一起形成了一个超级大陆，并维持了一段时间。裂谷事件引起大陆裂解成小块而在地球表面移动，直到它们再次汇聚到一起形成超级大陆。最近的超级大陆是泛大陆(Pangea)，在 225 Ma 前裂解。

图 10-13 显示了泛大陆裂解后大陆的运动情况。大陆确实发生了裂解和聚合，从一个极移动到另一极。这些运动为解释所有的地质历史提供了一个全新的背景，板块构造理论已经彻底改变了传统的地质科学。

我们能预测板块未来的位置吗？可以看到大陆持续聚合的证据在印度与亚洲的碰撞、非洲与欧洲的碰撞。随着地中海的关闭，最终俯冲带会在大西洋出现，导致大西洋盆的关闭，北美和南美将与非洲和欧亚聚合成为下一个超级大陆。同时，我们还看到了红海和东非裂谷的早期裂谷作用，这是一个新洋盆形成的初始阶段(图 10-14)。

10.10 小 结

地球表面是持续运动的。这个运动可以通过覆盖在地球表面的板块之间的相对运动来描述。板块是坚硬且可以破裂的，这个刚性层为岩石圈。在板块之下是移动的软流圈，它通过地幔对流逐步稳定运动(下一章会详细讨论)。岩石圈是地球表面较冷温度与地球内部高达 1300 ℃ 温度之间的热边界层。因为外部地壳是脆性的，它与内部的相互作用只沿着板块的边缘进行。这些板块是由大洋扩张中心的火山作用形成的。此处板块约厚 10 km。随着板块的老化和远离扩张中心轴，它们通过与地球表面的相互作用而冷却。冷却使密度增大，并使板块的厚度与时间平方根呈线性关系。

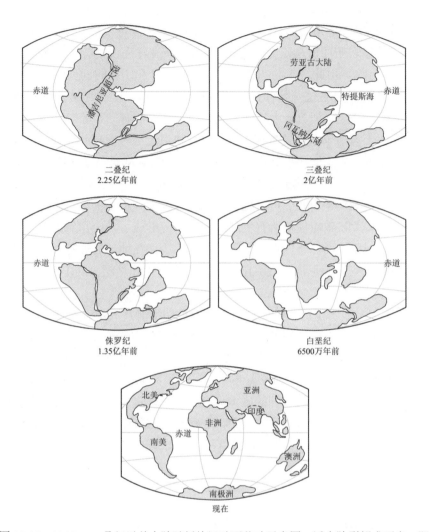

图 10-13 225 Ma 二叠纪以前大陆随板块运动而移动示意图。泛大陆裂解成两半，即劳亚大陆和冈瓦纳大陆。由于大西洋的打开，印度和澳大利亚北向运动，它们就会分离成更小的大陆。非洲、印度、澳大利亚和欧亚现在聚合到一起为一个超级大陆，一旦大西洋开始俯冲聚合就有可能进一步变大(C. R. Scotese, Atlas of Eearth History, vol. 1, Paleogeography (Arlington, Tex: PALEOMAP Project, 2001, 52 pp)

冷的致密物质厚度的增加导致大洋板块下沉，使大洋远离洋中脊。海沟标志着俯冲带的位置，板块在这里进入地幔再循环，两个板块开始聚合。火山活动发生在上覆板块，产生线性的火山链，也代表着板块汇聚的位置。在一些地方，板块相互滑动，即为转换断层，如加利福尼亚的圣安地列斯

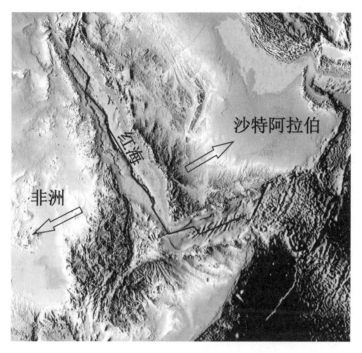

图 10-14 通往印度洋的红海和亚丁湾的卫星图像。红海是最近打开的裂谷，逐渐地分离沙特阿拉伯和非洲。要是扩张继续，一个新的大洋会在这里形成，并和印度洋相连。见图版 11(背景测深学来自 GeoMapApp；www.geomapapp.org)

断层。大陆是轻而有浮力的，能像木筏一样浮在板块顶部。它们不会俯冲，在板块运动碰撞时会形成巨大的山脉，如阿尔卑斯山和喜马拉雅山。板块移动得很快，以至于所有的洋盆非常年轻，最老的洋壳岩石仅记录最后百分之几的地球历史时间。快速的运动意味着大陆在地球表面不断漂移、碰撞、裂解并改变位置。因为大陆保持在地球表面，是岩石圈永久的部分，大陆所含的岩石要比大洋老得多。侵蚀作用和造山作用在不断地对大陆岩石再作用，因此使较老的岩石越来越稀少。洋盆代表着现今和最近时期的地球内部动力学过程，而大陆则含有更复杂的古老岩石记录。

补充阅读

Frankel H. 1987. The Continental Drift Debate. In: Engelhardt HT Jr., Caplan AL (eds.), Scientific Controversies: Case Solutions in the Resolution and Closure of Disputes in Science and Technology. Cambridge: Cambridge University Press.

Kearey P, Klepeis KA, Vine FJ. 2009. Global Tectonics. New York: John Wiley & Sons.

Oreskes N. 2003. Plate Tectonics: An Insider's History of the Modern Theory of the Earth. Boulder, CO: Westview Press.

Wegener A. 1966. The Origin of Continents and Oceans. Biram John, trans. New York: Dover Publications.

图11-0 地球上最大的火山莫纳罗亚火山的图像。它高出海平面6.27 km，底座直径超过150 km。这座火山的大部分体积低于海平面。该火山的总体积约为70000 km³，是大多数汇聚板块边缘火山的100多倍，更像是深对流地幔柱在地表的表现。见图版13(据 University of Hawaii School of Ocean and Earth Science and Technology and U.S. Geological Survey；http://oregonstate.edu/ dept/ncs/photos/mauna.jpg)

内部循环 地幔对流及其与地表的联系

　　板块构造学描述的是板块在地表的运动，但是它没有阐明板块的这种运动是如何与更深部的圈层联系的。俯冲板块在下沉时必须使地幔位移，而熔融需要固态地幔上升才能减压和熔化，这两种现象都要求地幔以固态运动。根据阿基米德原理，即所谓的均衡调整，大陆随着质量的增加和移除而上下移动。只有当地幔流动时，才可能发生均衡调整。

　　地幔是以怎样的方式流动的？它与地表观测到的现象之间又有怎样的联系？由密度差异引起的流动叫对流。对流是否发生取决于密度差的大小、物质的黏度等参数，这些参数综合起来会影响瑞利数(Rayleigh number)，它是一种对流指数。当瑞利数大的时候才发生对流。地幔的瑞利数如此之高，使得地幔对流不可避免。最初的一些概念涉及对流上升处和俯冲带向下俯冲的扩散中心以及地幔内一些简单的、大规模的对流单元体，但是这种简单的观点与地球表面的观测结果相冲突。洋脊在地表扩张的速度很快，有的洋壳在俯冲带向下俯冲，这些都是与深部对流无关的一些表象。向下俯冲的流体可以追溯至更深的地方。这些关于地幔对流的现象都是被动的，都是由板块本身驱动的。

　　瑞利数高到一定值时，对流单元体就开始崩溃，会有许多热岩浆上涌喷流。岩浆从地幔中上涌的地幔柱形成了许多海洋中的岛链，如太平洋板块中心的夏威夷岛链。地幔柱可能是从核幔边界处向上形成的。

　　不同形式的对流导致上地幔温度差异显著。洋脊在地表自由地移动可以给我们提供地幔温度变化的瞬时样本。在地幔温度较高的地方，洋脊下熔融的就更多，根据均衡调整理论，会形成更厚的洋壳，并且洋脊的位置也会向上漂浮形成浅海底，比如冰岛。在远离热点或洋脊与前俯冲带交叉的地方温度会比较低。狭窄的热上升流会形成岛链和高原、与俯冲带相关的下降流带，以及和板块运动与地幔流动有着多种关系的洋脊。这些活动会在地表和地球内部之间产生许多对行星宜居非常重要的化学流体。

11.1 引 言

板块构造彻底改变了我们对所有地质活动的理解，并为地球科学提供了一个统一的框架。板块构造的局限在于，它主要是个描述的概念，阐述了地表运动这样一个事实，即所谓的板块运动学，但是它没有给出板块运动的根本原因。为什么板块会运动呢？为什么地球有板块运动，而金星、火星则没有？为什么在扩张中心和汇聚板块边缘有火山？地球内部是怎样运动的，以及它们与外部的板块运动有什么关系？我们认为地球是一个大系统，板块构造的演化只是一个框架。我们这章要讲的就是地球多样的圈层之间的联系，尤其是板块的运动如何与地幔的循环相联系。

乍一看，这个问题似乎与行星的宜居性相去甚远。然而，我们将在后面的章节中看到，固体地球内部物质的进出和流动对于气候的稳定、海洋和大气的存在以及化学成分、生命的起源和演化都是极其重要的。

11.2 地球内部的运动

简单的考虑板块构造学，就可以得出这样的结论：地球表面板块的运动必然伴随着其下地幔的运动。在扩张中心和俯冲带，都需要地幔流动。在俯冲带进入地幔的物质必须置换下面的地幔。在洋脊处，地幔熔融需要固体地幔向上流动才能发生(见第 7 章)。

岩石的流动对我们而言是不直观的。在地表附近的岩石圈内，岩石是不流动的，它们沿着断层发生断裂和位移。断层的活动导致了我们所熟悉的地震。然而，地震只发生在地球最外层的部分，即扩张中心上方的 10~15 km 和俯冲带几百公里以内的范围。除了地震区，地幔流动也必须发生，以补偿扩张和俯冲。沿着断层的脆性运动和没有断层的韧性流动之间的边界将地幔划分为脆性岩石圈和韧性软流圈区。地震波告诉我们地幔是固态的，所以软流圈中的流动必定是固体流动。

虽然固体的流动不是我们所熟知的，但是固体的变形却是我们所熟知的。例如，当我们弯曲一个回形针、加热铁或铜铸造一个新的物体，那么固体就发生了变形。冰川上固态冰的流动在人类的时间尺度上是可以观察到的，抬升至地表的岩石中观察到的褶皱也能明显地显示出变形和流动(图 11-1a)。当温度接近固体的熔融温度时，固体是可以流动的，所以冰可以在地表上流动，但是岩石却不可以。在地幔深处或者陆地地壳的深处，温度足够高使得固体发生流动是可能的。固体在接近熔化温度时会流动。因此冰可以在地表流动，但岩石不流动。在地幔深处以及大陆地壳深处的某些地方，足够高的温度使得固态流动是可能的。

图11-1 固态流动示意图。(a) 巴纳德冰川的航拍图片显示冰川流动(引自Robert Sharp, California Institute of Technology and the University of Oregon Press, Eugene, Oregon)；(b) 位于Cabonga水库的褶皱岩石(片麻岩)图片(引自苏黎世联邦理工学院的J. P. Burg)

固体地幔流动的证据也来自对地球上地貌起源的研究：为什么山比较高？为什么海洋比较深？为什么现在加拿大北部和斯堪的纳维亚半岛的陆地在抬升？

11.2.1 地球外观和地幔流动

我们对于地表的概念就是，它简单反映了某一位置物质增加或被移除的厚度。如果在地面上挖个洞，那么洞底部的海拔就比较低，挖出来土堆积的地方海拔就比较高。然而，这样的结论只有在下伏的物质是刚性的且不随质量的改变而改变的时候才成立。如果下伏物质是流动的，它会根据其上覆的物体的质量而发生变形。

例如，我们不能在液体上挖个洞，因为液体会根据力的变化而流动。木头放在水中会下沉到一定的水位，将水挤到一边去。木头下沉遵循这样的一个原则——水从高压流向低压，直到压力在同一深度的所有地方都相等。因此，木头底部的压力必须与其旁边水柱同一深度的水压相等。如果不相等，水将会流动直到压力相等为止。这个压力相等的深度被称作补偿深度。当物体漂浮的时候，在同一深度的压力都是一样的，这样我们就说物体被补偿了。这个原理最早是由阿基米德发现的，他发现漂浮的物体必须要替换掉相同质量的液体。对于地球而言，这个概念就是地壳均衡。均衡调整就是地球表面随着载荷的变化而发生相应的抬升或沉降。

为了直观地了解这种变化在实践中是如何工作的，我们必须考虑两个例子，一个是质量得到补偿，而另一个是质量未得到补偿。我们将同样密度的一片 1 cm 厚的胶合板和一个 20 cm 厚的桁条放入一盆水中会发生什么？桁条会比胶合板沉得更深些，且比胶合板露出水面高几厘米，但厚度并没有完全不同。在水下，我们可以看到桁条也要比胶合板深入水下更深的位置。在两木块下的补偿深度处，压力处处相等，且质量均得到补偿。如果我们把桁条和胶合板放在一张坚硬的桌子上，桁条要比胶合板高出19 cm，而它们的底部在同一水平面上，且它们下面没有一个点的压力是相等的。桁条下面的压力要比胶合板的高出很多。这是因为水是流动的，而桌子是不流动的。

哪种情况能够反映地球的运行呢？如果地球内部为刚性的，那么一座2 km 高的山就会显现出 2 km 厚的岩石(图 11-2a)。如果山下面的物质在长时期内是可以流动的，那么山下面就应该有个山根作为高地的补偿(图11-2b)。

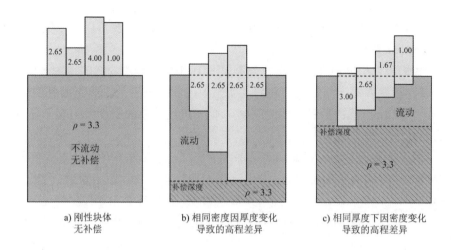

图 11-2 三种随高程变化而不同的模型。(a) 缺少补偿的物质的积累引起高程的变化，从而导致底部压力的差异。下伏物质是不能流动的。(b) 由于下伏物质是可以流动的，轻质物质厚度的差异导致高程的变化。(c) 密度的变化导致高程的变化。模型(b)适用于陆地；模型(c)适用于随着年龄而不断加深的海洋环境，在第 9 章已经讨论过了。不管在海底的哪个年代，模型(b)都可以应用在洋壳厚度不同的任何一个地方。模型(a)在地球上不是大规模存在的

  如果能够测量山脉深处和平坦区域下面的压力，我们就可以直接将这两种模型区分开来，但是去测量地球内部即地表下 100 多千米的深度是不可能的。地球物理学家利用地球重力场的微小变化找到一个聪明的方式去回答这个问题。重力场反映了一个从地球表面到地心的柱子的总质量。如果山脉是堆积在地壳顶部的额外质量，那么它们额外的质量应该会导致引力场更大。如果地貌得到补偿，那么所有柱子的质量都一样，因而那些高山地区和低海拔平原的重力场应该是相似的。在 19 世纪第一次简单测量显示高山并没有实质性地增加其重力场，所以穿过地球的垂直柱子有着相同的质量。结论就是地幔的流动一定与地壳的重量有关(图 11-2)。

  另一个复杂性来自于密度的差异。在第 4 章中，我们知道不同的物质有不同的密度，不同的密度可以导致地貌的差异。想象一下一块泡沫聚苯乙烯和一块厚度相同的致密的硬木漂在一盆水中。厚度和密度都是造成地形差异的原因(图 11-2b 和 11-2c)。因此，另一种可能的补偿模型就是，山之所以高，是因为它们由轻质岩石组成。但真是这样吗？对大陆岩石的研究表明，陆地上的岩石一般是花岗岩和变沉积岩，在所有陆地区域二者密度都相近，表明高山地区是厚壳的而不是轻质的。地震结果证实了这些来

自重力场的推断,高山地区有一个很深的山根,陆地地貌可以大致反映地壳的厚度(图 11-2b)。

我们可以借助地壳均衡模型去考虑图 10-1 中看到的双峰的地貌。为什么海洋很深?海洋与陆地的差异其实与厚度和密度有关。洋壳很薄(约 6 km 对 35 km,注:后者为地壳厚度),但密度比陆地的密度大 10%,导致它存在于低得多的海拔。

地壳均衡模型还可以解释海盆深度的变化。第 10 章中所讨论的海底的深度随着时间的增加而加深、发生沉降,因为地壳和地幔的密度随着板块年龄的增加和冷却而增加。随着年龄的增长,深度还会常年发生变化。位于大西洋洋中脊的冰岛的海拔在相同时间高于海平面。在相同时间深度的变化取决于洋壳的厚度,它受到熔融过程中地幔温度的影响。图 11-2b 适用于任一年代海底深度的变化,而深度随着年龄变化的过程如 11-2c 所示。

海洋和陆地都反映出均衡调整需要地幔像水一样流动,但速度要比水慢得多。如果地球内部是刚性的,均衡补偿就不会发生。

地幔流动的速率有多大?为了给我们提供这个问题的答案,地球提供了一个自然实验,允许我们观察作用中的均衡补偿。在上一个冰期,几千米厚的冰覆盖着加拿大和斯堪的纳维亚。冰的质量不断增加导致陆地开始沉降,下面的地幔发生流动。当覆盖的冰融化了,陆地开始抬升(图 11-3)。因为均衡调整需要数千年的时间,该陆地至今仍以可测量的速率抬升(图 11-3b),这种现象称为冰后回弹。冰后回弹所记录下来的地幔刚度给我们提供了估计另一个大尺度地幔流动形式——地幔对流的重要信息。

11.3　地幔对流

所有的流动都是对力的响应。我们知道均衡调整之所以发生是因为地表负载的改变。在地幔中当轻质物体在重质物体之下时也会发生力的作用。例如,外核和深部地幔之间如果有一个热边界层,就会导致地幔从下面被加热。数千公里以上的地幔顶部的冷边界层导致地幔从地表被冷却。加热导致物体膨胀、密度变低,冷却导致物体收缩、密度变大,所以这些边界层在密度更大的物质下面产生轻质物体。如果地幔不是太硬,那么它便会产生热对流。

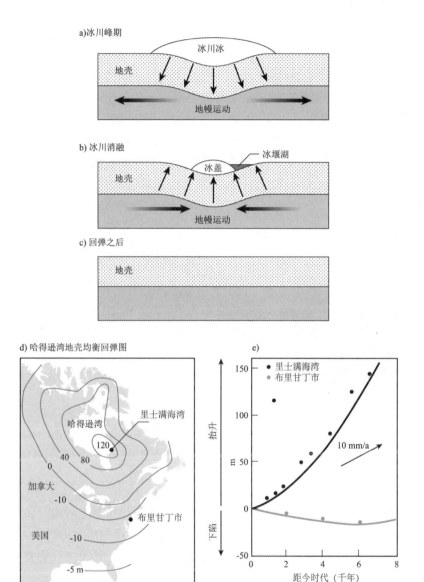

图 11-3 (a)—(c)由冰川的负载和卸载引起的均衡调整的示意图。地表冰川质量增加导致陆地沉降、地幔流动。当冰川融化时,发生冰后回弹;(d)Hudson 海湾地区和北美部分地区的冰后回弹,并一直延续至今。等高线上的数字是抬升或沉降的高度,单位是 m;(e)图为(d)中两座城市随着时间变化不断抬升(图引自 R. Walcott (1973), Ann. Rev. Earth and Plan. Sci., 15)

最简单的对流产生对流体，热的物质在一个地方上升，然后水平流动，冷却，再下降。上升和下降形成的区域叫作对流体，如图 11-4(a)所示。当液体在炉子上加热时，当热空气上升到加热器上方时，或当冷空气从冷饮或冰盘上向下流动时，我们看到对流在起作用。固体和液体一样也能发生对流。对流体的概念和板块概念有点类似——板块在洋脊处地幔上升的位置形成，在远离洋脊的地方冷却，在俯冲带向下俯冲。许多板块的图片(图 11-4b)都表现出地幔流动与板块运动的这种关系。如果这些都是真实的，那么就可以告诉我们地幔内部的流动、地壳与板块的生成和消失以及板块沿着地表的水平运动之间存在着直接而简单的联系。这些板块将受到地幔对流的驱动。

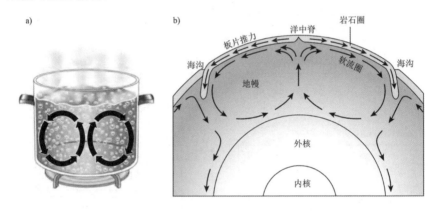

图 11-4　(a)一个简易的锅炉中水被加热而在水内部发生对流的示意图；(b) 板块之间关系的假说示意图（部分错误），表示洋脊处岩浆上升和俯冲带往下流动(这种简单的结构一般不适用于地球板块)

这个现象要求地幔对流的发生。并不是所有的物质都能对流。我们所熟知的大部分地表上的固体物质是不对流的，包括那些组成山的大岩块。均衡需要流动，但不一定是对流——它完全取决于力。因此，我们有两个基本的问题：

(1)在地球内部，地幔在适当条件下有发生对流的特性吗？

(2)如果有，对流的方式与地表板块边界的分布一致吗？

11.3.1　地幔必须对流吗？

虽然对流是对物体密度变化的响应，但即使面对密度变化，对流也并不总是发生。它取决于密度异常的大小、物质的黏度和距离的等级。密度异常大、黏度低和距离远都大大提高对流发生的可能性。

密度差异往往是由温度的变化引起的。驱动对流的关键因素是对流会通过传导散热更迅速地导致温差耗散。地幔的温差非常大，但是地幔的岩石非常坚硬，进而阻止对流。因此，驱动对流的力和阻止对流的力二者在较劲。我们怎么知道哪一种力赢了呢？通过理论和实验对对流的仔细研究，可以提出一个参数来表明是否发生了对流。这个参数就是瑞利数，是1915 年由罗德·瑞利提出的。瑞利数的组成是我们所熟知的一些其他参数如距离(h)、温度(T)、黏度(η)，还有两个我们可能不是太熟悉的参数的函数。其中一个是热膨胀系数(α)，测量当温度升高时物体膨胀多少的系数；另一个是热传导系数(κ)，测量物体热扩散速度的系数。例如，金属的热传导系数比较高，这也就是为什么锅用金属制作的原因，因为金属传导热的速率非常快。岩石的热导率很低，所以它被用来制作鼓风炉的外壁——可以达到隔热的效果。非常热的岩石常被用来制作在桌面上使用的厨具，因为这些岩石可以长时间保持它们的热量。

一些引起密度差异存在或持续的因素会增强对流的强度。温差和热膨胀系数决定密度差，且它们引起的力的变化也随着重力场的变化而加强(如月球上相同质量的岩石比在地球上的重量小)。距离(h)越远使得热量差异更难消散，所以驱动对流的密度差仍然存在，并进一步促进对流。热导率(κ)的增大使得温差快速减少，高黏度(η)使得地幔流动变慢，进而抑制对流。

增大瑞利数分子项(温差、热膨胀系数、距离和重力加速度)、减小分母项(热扩散系数和黏度)可以提高对流。瑞利数的公式：

$$R_A = \frac{\alpha g \Delta T h^3}{\eta \kappa} \tag{11-1}$$

其中，g 是重力加速，T 是上、下的温度差。当瑞利数大于 2000，对流就可以形成。瑞利数增加时，对流活动变得活跃，最终形成湍流和紊流(图11-5)。

地幔的瑞利数是可以计算的。距离是已知的，地幔橄榄岩的热膨胀系数和热导率在实验室中已测量出来。温度受到火成岩成分(这章后面会提到)和从地球岩石中流出的热量的限制。最难去限制的参数是黏度。最好

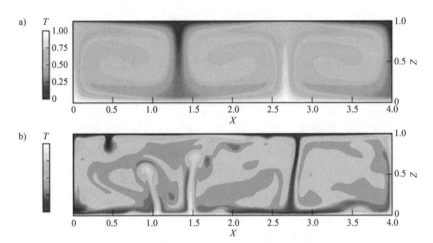

图 11-5 瑞利数增大时的对流数值模型图：(a)中等瑞利数 10^5 形成的是一个简单的对流体模型；(b)当瑞利数增加到 10^7 时，对流就变得不规则、更加混乱，出现活跃的向上和向下的柱子。从图中可以看到从底部往上表面延伸的柱子，有一些正在向上运动。见图版 12(图片由 Thorsten Becker 提供)

的估计黏度的方法是陆地对冰川负载和卸载均衡的响应，如图 11-3。抬升的速度和地幔的黏度有关。在一个浴缸里，当软木上的重物被移开时，由于水的低黏度软木将上浮。如果软木陷在花生酱里，由于花生酱的黏度高，软木上浮的速度会慢得多。通过研究北美和斯堪的纳维亚抬升的速率，地幔黏度为 10^{21} Pa·s，比水的黏度大 10^{24} 倍(从这个角度来看，花生酱的黏度比水的大 20000 倍)。

地幔的黏度大，距离和温度差也大，而温差的消除则比较慢。将所有的数代入瑞利数方程，尽管黏度很大，但是瑞利数可高达上百万，甚至更多。这个数远远超过对流的阈值 2000 时，地幔对流则不可避免。面对如此大的地幔瑞利数，在 20 世纪 50 年代，英国地质学家阿瑟·霍尔姆斯(Arthur Holmes)是第一个提出地幔对流和大陆漂移之间可能存在联系的人。

然而，这么高的瑞利数形成的对流不再是简单形式的对称的对流体(图 11-5a)，应该有多个上升的热射流和一个不规则的形式(图 11-5b)。地幔瑞利数的不确定性太大，所以我们很难知道地幔对流具体将是个什么形式。当然，地幔对流并不是像许多对流实验那样是一个简单的盒子。这些简易的对流体相对应的是板块的边界么？或者对流的方式更像是上升的地幔柱这种复杂的形式么？地球内部的对流要告诉我们什么？为了回答这些问题，我们需要去寻找证据。

11.4　板块的几何形态与地幔对流对应吗？

更仔细地考虑板块边界的细节就会发现，板块边缘和对流体之间不会是一种简单的关系。板块运动的动画通常显示出简单常见的对流体，但地球实际的地形地貌是非常复杂的。例如，在图 10-11 中，东太平洋中隆起到西太平洋俯冲带的距离大概 10000 km，然而美国西北海域的胡安德夫卡脊距离卡兹卡俯冲带只有几百千米。对流体为什么有这样的大小区别？更令人疑惑的是，非洲板块和南极洲板块大部分都被洋脊环绕着，却没有相关俯冲带的存在，如图 11-6 所示。显而易见，地幔不是由一般大小的对流体组成的。

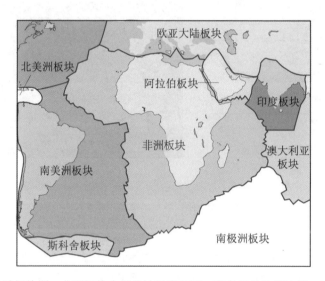

图11-6　地球板块图。非洲板块大部分被洋脊包围，没有相关的俯冲带，且一直在向南、东和西增长，洋脊在远离非洲大陆。和板块边缘相关的对流体可能不是一般的形式。相反，随着太平洋海盆的缩小，大西洋的增长被太平洋的超级俯冲所补偿(图片来自 U.S. Geological Survey's *This Dynamic Earth*; http://pubs.usgs.gov/gip/dynamic/dynamic.html)

简单对流体概念的最后一个关键是洋脊可以俯冲。东太平洋隆起过去是一直延伸到华盛顿州的，在加利福尼亚海岸俯冲生成 Sierran 火山，现在这些火山已经被侵蚀成了花岗岩山根。由于大西洋海盆的扩张，太平洋正在收缩，导致北美俯冲带吞没了洋脊。当洋脊向下俯冲，加利福尼亚就被圣安德烈斯断层切断(图 11-7a)。现今洋脊俯冲在许多地方都有发生，包括智利南部地表下面智利隆起的俯冲(图 11-7b)。对流的上升分支和下降分支不可能在同一位置,所以扩张中心不可能主要对应于对流体的上升分支。

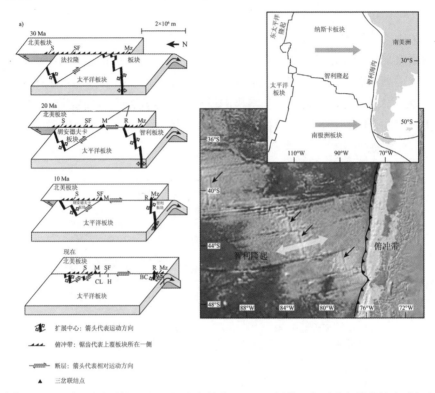

图 11-7 (a)曾经在加利福尼亚西部存在的前 Farallon 板块。太平洋海盆的缩小引起太平洋中的一些洋脊沿俯冲带方向俯冲。再过一段时间胡安德夫卡板块也会俯冲消失(引自 U.S. Geological Survey);(b)智利隆起的扩张中心正在向智利南部俯冲(底图来自 GeoMapApp;http://www.geomapapp.org)。也见图版 14

那么洋脊是什么,它们与地幔流动有什么关联?这个问题也可以从观测中得到证据。因为非洲的东部、西部和南部海域都存在洋脊,所以非洲大陆几乎是静止的。当海底发生扩张,洋脊逐渐远离陆地产生越来越多的洋壳,非洲板块也因此越来越大。例如,大西洋中脊在南美板块与非洲板块刚裂离的时候与非洲大陆是挨着的,之后随着南大西洋逐渐张开而渐渐往西迁移。它西迁的速率是南美板块与非洲板块裂离速率的一半。与此同时,位于大陆东侧的中印度洋脊向东迁移。这两个洋脊跨过下面的地幔运动,并逐渐分开。地幔中对流体的分支在相当长一段时间内是非常稳定的,如果洋脊位于上升分支的上方，它们将保持不变。然而，洋脊在地幔之上以近似于扩张的速率滑动。在全球范围内仔细观察发现，实际上所有的洋脊都在地表上迁移。

所有观察到的现象表明，大部分的扩张中心(我们将在稍后看到例外情况)在扩张过程中会产生自己的地幔流，而不是反映与深部地幔上涌相关的作用力。与大规模地幔对流相关的动力驱动的主动上涌相对应，这个指的就是被动上涌。图 11-8 显示了这是如何运作的。由于板块在洋脊处裂离，随着时间推移而变厚，每一次扩张都在下面的地幔中打开一个垂直的裂缝，而地幔必须上升来填补这个裂缝。当洋脊扩张，浅地幔在其下面升起。上涌是由扩张本身引起的，扩张的动力带动局部地幔流动，而不是由瑞利数驱动引起的地幔流动。这种流动局限于地幔的最上部，并不能够反映深部地幔的对流。这种情况下，洋脊扩张的物质可以在海底表面滑动，当洋脊物质移到俯冲带时，它们就会被俯冲带入地幔中进行下一个循环。当板块在新的位置出现裂缝并开始扩张时，扩张会导致板块下方的地幔物质局部上涌。扩张中心引起局部地幔上涌通常和深部地幔的对流无关。

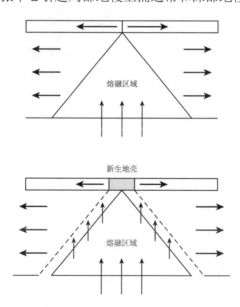

图 11-8 板块运动驱动的地幔上涌。该图显示了一系列的扩张。最上图显示了洋脊下的熔融区域，下图显示洋脊的进一步扩张。当板块水平运动时，这种运动产生断裂，地幔物质就会顺着断裂上涌，导致地幔压力减小促进地幔熔融。熔融的岩浆上涌生成新的洋壳。当然，这个过程是连续的。板块的连续扩张引起洋脊之下局部的地幔上涌。由于板块只能向下延伸至 100 km，所以最上部的地幔是最先上涌的

俤冲带则是另一种情况，因为向下俯冲的板块又厚又冷，我们从贝尼奥夫带知道，这些板块延伸到地幔 700 km 深处。它们不仅仅只与浅部的地质活动相关。向下运动的板块还引起了相邻的地幔向相同的方向运动，引起一个区域的向下运动(图 11-9)。近年来成熟的地震成像技术显示，古老俤冲板块可以延伸到比地震带更深的地方。

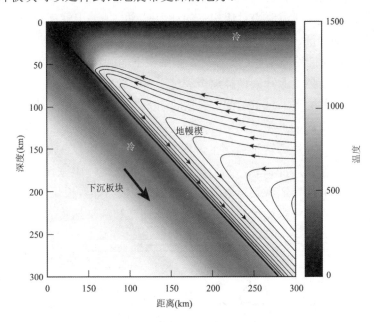

图 11-9 俤冲带地幔流动和热结构的计算。这些冷的板块向下俯冲至地幔，导致地幔楔上温度降低，从左往右运动的地幔促使地幔楔被向下俤冲的板块拽入更深的地幔中去。这就导致了与俤冲带相关的广泛的地幔向下对流(图来自 Richard Katz)

局部地区可以向下延伸至 1500 km，甚至更深的地幔(图 11-10)。尽管流动不会是垂直的，俤冲带与深部向下的地幔对流有关。俤冲带是地幔对流的冷的向下流动的部分。哈佛大学的布拉德·黑格(Brad Hager)和里克·奥康奈尔(Rick O'Connell)将这现象描述为"板块运动驱动的地幔对流"。板块运动引起洋脊处局部地幔上涌和俤冲带上地幔的向下运动。上地幔的流动部分是对上覆的板块运动的响应，而不是被地幔对流所驱动，这说明板块本身就是重要的驱动者。

如果板块不是沿着地幔对流区域的顶部运动的，那为什么板块还会运动呢？在俤冲带上，一个矿物学上的变化将产生一个驱动力。正如我们在第 4 章中了解到的，矿物的稳定性取决于温度和压力，矿物在高压情况下

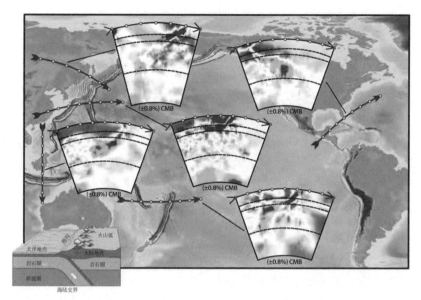

图 11-10 地震层析成像的地幔图表明板块俯冲的多样性。粗箭头表示交叉区域。插图显示的是地球垂直剖面，表明地震速度变化。在纵深处可以看到较深的颜色。插图中最上面的两条虚线表示上地幔的转换相，第三条虚线位于 1600 km 深的位置。位于最右边的中美洲和最左边苏丹的板块(深色)延伸得最深。在其他交叉区域，板块似乎被滞留在上地幔的最底部。见图版 16

变得致密。这样的一个转化就发生在俯冲洋壳的玄武岩里。玄武岩在地表的密度大约为 3.0 g/cm³，但是在 50 km 深的地方，它就变成了含石榴子石的榴辉岩，其密度为 3.35 g/cm³。这种高密度的物质在俯冲板块的深部有很大的质量，将板块拽入深处(图 11-11)。在板块的另一端，也就是扩张中心处，因比周围的海底高出许多，较高的海底将把大洋板块推离洋脊。可以说这是重力引起的滑动，从脊顶向较低的两侧滑动，且被俯冲带底部的高密度物质拽离洋脊至俯冲带。这种"脊推"和"板拉"作用使得板块在海底滑动。

　　那么，我们在本章前面谈到的地幔的瑞利数高会驱动活跃的地幔对流，包括活跃的上升流吗？如果洋脊是浅的而且是被动的，地幔对流主动上涌的物质又在哪里呢？如果俯冲带进入下地幔，那下地幔的物质如何带上来作为补偿呢？由于地幔的瑞利数高，地幔必须有其本身随温度变化和复杂运动的对流方式。这个地幔对流的更深层次的问题可以由海盆中的火山岛链来解答。

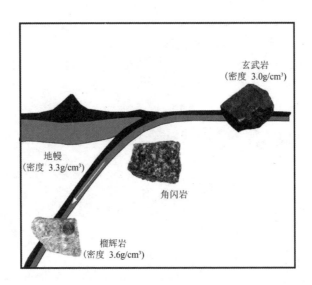

图 11-11　板块俯冲引起的矿物学变化的示意图。在高压环境下，玄武岩变成榴辉岩。榴辉岩的密度比周围地幔的密度高，使得板块的密度变大，这是导致板块运动的一个重要的驱动力——"板拉"作用

11.5　主动的地幔上涌：地幔柱的头和尾

目前地球上约 90%的火山活动都与板块边界有关，但是大量火山活动发生在板块内部，这种现象称为板块内火山或热点火山。在过去，大量的火山喷发使得陆地的玄武岩和海洋高地泛滥成灾。这些也发生于陆地或者大洋板块的中央。世界上著名的火山有夏威夷火山岛(图 11-12a)、黄石国家公园等。这些都是板块内火山，还有一些离板块边界上千公里的火山。这些火山反映了主动的地幔上涌，因为它们穿过老的、厚的板块和轻的陆壳。这就是我们要找的地幔主动上涌的证据，并且在这里可以解决流动是不同的热上升喷流还是稳定的上升流分支的问题。

许多板块内的海洋火山都与岛链有关，岛链是海底的一个明显特征(图 11-12a)。这些岛链反映与上升流有关的一条长裂缝，或者它们可能是在一个固定位置的点源产生的，因为板块在其上迁移。究竟是哪个呢？

这个问题的答案可以从地球化学和地球物理两方面获得。夏威夷岛链起始于东部的夏威夷活火山，向西延伸至越来越低的岛屿，然后是大量的海底火山，称为皇帝海山链(Emperor Seamounts)。活火山位于最年轻的火

山岛链上。其他岛屿和海底山脉上的火山都是死火山。对这些年轻的和古老的火山岩石进行详细的年代测定表明，这些岩石的年龄沿着岛链呈简单的递增关系(图 11-12b)，且岩石的年龄与太平洋板块扩张的速率相关。

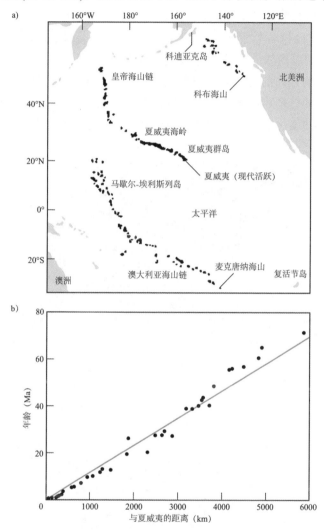

图11-12　(a)太平洋和夏威夷相关的岛链与海山的线性链示意图。夏威夷岛上的活火山形成了目前活跃的火山链的末端，也就是今天岛屿仍在生长的地方。更古老的火山岛是过去在同一地方形成的，但随着太平洋板块的运动如今已经迁移到了其他位置。随着时间的推移，这些火山岛被侵蚀且不断沉降，最终形成完全沉没于海面下的皇帝海山链；(b)夏威夷群岛和海山的年龄随着时间的变化而变化。斜率表示太平洋板块扩张的速率(修改自Condie KC. 2001. Mantle Plumes and Their Record in the Earth History. Cambridge: Cambridge University Press)

这些火山岛链最初是个谜，直到板块构造的发现才有了答案。板块构造创始人之一杰森·摩根(Jason Morgan)发现火山岛链与板块运动的方向一致，这就可以用地幔下固定的热点来解释。这个概念在图11-13中得到了解释。板块在地幔之上运动且穿过固定的热点，位于热点之上的板块上就形成活火山。和这个活火山挨着的下一个火山就是最近还处于热点的一个火山，但随着板块的运动而远离。随着时间的推移，岛链向着年龄越来越老的火山的方向前进；只有在热点之上的最年轻的火山岛才是活火山。夏威夷岛链的转弯可能表明在43 Ma前板块的运动方向发生了变化，当时俯冲带结构的变化导致板块运动方向的变化。年轻的火山岛露出海面是因

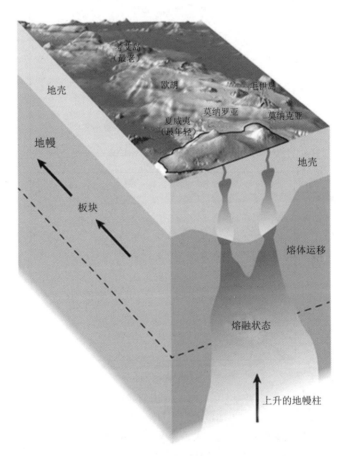

图 11-13 夏威夷岛链和海山年龄变化的模型，在那里上地幔有个固定的热点，很可能是由一个稳定的地幔柱在作用。随着太平洋板块在热点上运动，火山岛在热点上方形成，并且随着板块的运动而运动。见图版 17

为活跃的火山活动造成了地壳增厚。随着板块年龄的增加，这些火山活动也随之减弱。这些热点是在板块下面一个单点处形成的地幔柱，其地幔的上涌模式如图 11-5b 所示，而非图 11-5a。活跃的地幔对流是向上喷射的热物质流组成，这些热物质流的发生与扩张中心的位置无关，通常是远离与俯冲带相关的冷物质的下涌分支。

地幔柱假说还得到了补充的证据，即来自高温的地幔岩浆，而且利用地幔柱的头和尾的关系可以将地幔柱的动力学研究与地表的证据联系在一起。我们现在要更详细地探讨这个问题。

我们知道熔融需要热点处压力的释放，这就要求固体地幔的上涌。地幔柱的上涌不是板块运动产生的。板块就像一个冷的盖子抑制了岩浆的熔融。在板块中间产生地幔柱火山活动的唯一方式就是主动的地幔上涌，也就是轻的物质形成的地幔柱穿过地幔向上涌。由于地幔的物理性质变化不大，浮力的主要驱动力是高温，所以这些火山岛就被认为是由地幔中固定的热的地幔柱喷涌形成的。

如果这是真的，那么地幔柱的温度一定比它们周围的温度要高。在这种情况下，热点岩浆的压力和温度应该大于周围的地幔，如正常的洋脊所反映的那样。这两种预测都与在热点火山中观察到的详细成分一致，也解释了经常发生在地幔柱到达地表处的过量地壳厚度。

固定的热点位置也表明它们来自深的热边界层。上地幔受板块运动的影响而移动，是水平运动的重要组成部分。如果地幔柱是由这个对流产生的，它们应该也会随着对流而运动。然而，地幔柱是在一个固定的位置，这就暗示着地幔柱来自更深的、独立于上地幔对流的地方。如果地幔柱是从图 11-5b 所示的边界处上来的话，就有可能发生这种情况。就像在熔岩柱中，物质从下面被加热，其物质逐渐变轻，像一个柱子一样上升。地幔在深处被加热，然后会产生一个柱子快速上升至地表。固定的地幔柱的存在表明地球内部一定深度处存在着一个热边界层。

关于这个热边界层是存在于地幔的中间位置还是核幔边界处引发了热烈的讨论。最近高分辨率的地震成像显示，至少有一些地幔柱源于地幔最深的部分，因此可能是由于核幔边界的加热而形成的。对地核温度的热模拟表明，地核的温度比下地幔的温度要高得多。外核由于其低黏度使得内部对流相当活跃，可以消除任何核幔边界处的低温物质并且维持一个非常薄的、热的边界层。这样的一个热边界层就使得地幔柱的上涌是自然的且不可避免的。

边界层产生的地幔柱模型表明，它们开始于一个地幔柱的头，一个大质量的上涌的热球状物质下面牵着一个狭长的地幔柱的尾巴(图 11-14)。地幔柱的头将会在地幔柱的初始位置引起大量的岩浆事件，之后会在这个位置产生大量的小岩浆活动。从深层边界层的热地幔柱假设中预测的这些特征与地幔柱轨迹相一致，地幔柱轨迹始于一次大规模的火山喷发，之后小规模的热物质活动将持续成百上千万年。对许多热点火山活动的年龄递增链的研究表明，它们如果在陆地上形成，最初的时候将是溢流玄武岩；如果在海洋中，那么将是一个海底高原。这些都是短时间内的大量熔岩的爆发，在南大西洋和印度洋(图 11-15)中有些区域特别明显。例如，印度的德干溢流玄武岩的大火成岩省是一个大规模的地幔柱头并且与向南的逐渐年轻的玄武岩脊相邻(图 11-15)。在北美，哥伦比亚流域的玄武岩似乎是早期的溢流玄武岩似乎与目前黄石公园地下的热点有关。这些溢流玄武岩的年龄与热点位置移动的时间相对应。许多热点轨迹表明它们似乎

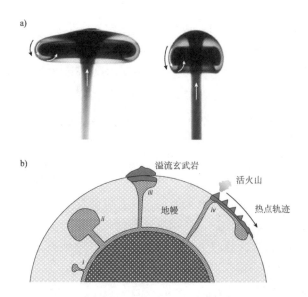

图11-14　(a)地幔柱"头和尾"的模型。最初到达地表的地幔柱是它的头部，可以引发大规模的火山喷发；随后的岩浆活动来自地幔柱的尾巴，产生持续的火山活动，但规模较小(据Griffiths and Campbell, Earth Planet. Sci. Lett. 99 (1990):79－93; http://www.mantleplumes.org/WebDocuments/Campbell_Elements.pdf)；(b)地球内部地幔柱的头和尾的动画示意图：(i)地幔柱形成于核幔边界；(ii)通道中快速的岩浆上涌使得地幔柱头部增大；(iii)溢流玄武岩形成之后，地幔柱尾巴在地表产生一个小火山组成的热点路径(据Humphreys and Schmandt, Physics Today 64(2001), no. 8: 34修改)

最初都是由溢流玄武岩浆活动引发的,随后沿着明确的空间轨迹发生了数千万年的板内火山作用(夏威夷是个例外,那里没有溢流玄武岩,可能是因为它的末端正在俯冲)。地表的地形似乎像一个躺在地球表面的地幔柱的"头和尾"(图 11-15)。

地球上有很多热点。那些和板块内火山活动相关的热点主要聚集在两大区域。一个是太平洋中部,那里有许多海岛,如大溪地、萨摩亚、毛里求斯和夏威夷;另一个在非洲附近。太平洋被俯冲带包围,而非洲板块被洋脊包围,如图 11-6 所示。这两大热点聚集区域的特征是:它们远离板块边界,发生在板块内部;它们与该地区地幔柱驱动的地幔上涌有关。

这些结果表明,在如地球这样的真实行星上,地幔对流远比水池内试验和计算来得复杂和有趣。上地幔的流动是由地表的冷边界层(板块)的运动所驱动的。活跃的热上升流的成分表现为从热边界层深处上升的地幔柱。当然,这两方面的对流相互作用,形成了我们才刚刚开始认识的地幔的复杂的流动场和温度场。

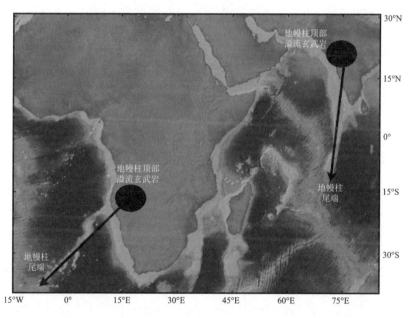

图 11-15 地幔柱的头和尾在地表的表现。地幔柱的头部引起大量火山活动产生溢流玄武岩。由于地幔柱的位置固定,板块在地表的运动会导致随时间变化的火山活动形成山脊。见图版 18

洋脊给我们提供了一个认识地幔横向温度变化的窗口。由于洋脊穿过地表,它提供了地幔的样本。地幔的温度控制了深部的变化和洋壳的厚度,在海底形成了与地幔条件有关的可观测特征。洋脊为给我们了解地幔的温度结构提供了一个潜在的窗口,它应该与地幔的对流结构相对应。为了理解地幔是如何运作的,我们需要更细致地研究发生在扩张中心形成洋壳的熔融过程。

11.6   扩张中心洋壳的形成

我们在第 7 章中知道地幔的部分熔融是源于压力释放(而非温度增加),这是洋脊处熔融的基本机制。从图 11-8 中可见,板块的扩张导致地幔上涌。这种上涌可能与压力释放有关。图 11-16 显示地幔流在洋脊下产生三角形熔融区域的路径。岩浆熔融的量从三角形底部的 0%增加到最大程度的熔化,三角形的中心柱上升到海洋地壳的正下方。如果熔融随着深度的减小而线性增加,那么熔融的平均程度只有最大值的一半。

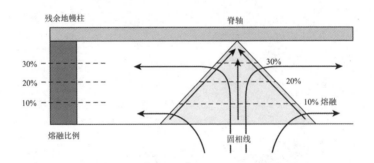

图 11-16   洋脊熔融区的示意图表明残余地幔圆柱是由每次扩张的增加而形成的。洋壳厚度去除了残余地幔圆柱的熔融体积。地壳厚度为从柱中除去残余地幔圆柱,即熔融的平均百分数。大部分洋壳是由 60 km 长的残余地幔圆柱的 10%形成的,所以才有了 6 km 厚的洋壳

由于洋壳是由地幔物质熔融后形成的,我们可以将洋壳厚度和熔融区的体积联系起来。这用垂直的柱子联通地幔和地壳来考虑就变得显而易见。残余地幔柱的每一层都来自熔融状态下不同的最终深度。试验数据表明地幔每上涌 3 km 就熔融 1%,所以地幔上升 60 km 就到它的熔融最大

限度值 20%。熔融的平均程度是 10%，60 km 的 10%就是 6 km，这也就
是现今洋壳的平均厚度。

现在让我们想一下如果地幔温度变化会发生什么，当洋脊穿过上地幔
对流系统时必然会发生变化(图 11-17)。高温时，地幔固相线将会穿过洋
脊下更深的位置，熔融区的大小和残余地幔柱的长度也会增加。如果在
90 km 处开始熔融，那么熔融的最大程度是 30%，熔融平均程度将会是
15%，洋壳厚度将会是 13.5 km。如果是在 30 km 处开始熔融，那么熔融
的最大程度将会是 10%，熔融平均程度为 5%，那么洋壳只有 3 km。洋壳
厚度的这种变化对洋脊的深度会有直接的影响。洋壳相对地幔是轻的，它
要遵守均衡补偿。厚洋壳的脊要比薄洋壳的脊高，所以浅的洋脊的洋壳就
更厚，底下的地幔温度就更高。

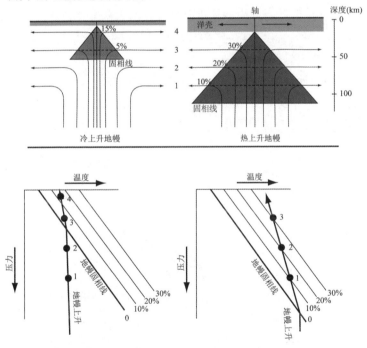

图 11-17 地幔温度的变化如何影响熔融的深度、熔融区的大小、熔融平均程度和洋
壳厚度的示意图。热地幔熔融得越多，洋壳厚度越大，根据均衡补偿原理洋脊就越浅。

结论是，熔融开始的深度变化(这是对地幔温度的直接反应)控制着洋
壳的厚度和洋脊的深度。热的地幔融化得更多，产生更厚的洋壳和更浅的
洋脊。

知道了熔融开始的温度就可以定量计算温差,深度每加深 1 km 温度增加 4 ℃。熔融的初始深度从 100 km 改变到 60 km,温差就会达到 100 ℃。

还有地幔的熔融程度会影响化学物质的变化。从我们调查的简单的相图表中可知,液体成分随着熔融程度的变化而变化。因此,我们认为由较大程度的熔融所生成的洋壳与低程度熔融生成的洋壳的成分是不同的。其中一个最简单的化学物质系列是与不相容元素有关的——这些元素无论在液体中占多大比例,都会富集在这些液体组分中。

这些元素的富集程度与液体的比例成反比。如果所有的钠的溶液体积缩小到原溶液的 1%,那么钠的浓度将是原来溶液中的 100 倍;如果液体体积增加到 2%,那么钠的浓度将是原来的 50 倍;如果 10%熔融,钠的浓度只会是原来的 10 倍。当熔融的体积增加时,相同的钠原子数将被稀释。实际上,并不是所有的钠都进入液体,但大部分都进入了。因此,相同的地幔成分更大程度的熔融主要取决于更高的地幔温度,钠含量越低,洋壳越厚,洋脊深度越浅。

这个理由表明,洋脊深度、洋壳厚度和洋壳的化学成分三者是相互关联的。这个关系可以见图 11-18,洋壳中的钠浓度仅仅与洋脊的深度有关,这是地幔温度变化的自然后果。

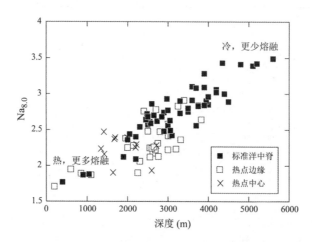

图 11-18 洋壳成分随洋脊深度的变化而变化。每个点代表约 100 km 距离范围内的洋壳的平均成分。低钠浓度和浅洋脊深度都是热地幔高程度的熔融引发的一系列变化的结果

将洋脊深度和地幔温度联系在一起需要很长的论证过程，但是它的推断比较直接——洋脊的深度反映了地幔的温度结构。全球的洋脊系统可以给我们一个地幔温度结构的快照。洋脊浅的位置与发生在近洋脊的热点有关，可以佐证热点确实很热。最明显的例子是冰岛，那里的温度很高，地壳比正常的海洋地壳厚 5 倍，导致沿着扩张的山脊形成一个岛屿。

从洋脊深度推断的温度变化为我们提供了关于地幔对流方式的额外信息。和热点有关的浅洋脊如冰岛，与在地幔深处热边界层产生的地幔柱生成的热点是一致的(图 11-19b)。最深的洋脊通常出现在最深的洋盆边缘，例如印度洋与太平洋、澳大利亚南部和中纬度的大西洋。澳大利亚—南极洲不连续(Australian-Antarctic Discordance)(图 11-19a)是印度洋和太平洋地幔之间的边界，与该地区较冷的地幔温度一致。一般来说，山脊在 5000~10000 km 距离范围内呈现出高低波动，这反映出整个地幔对流环流，其中上升流带与热点有关，回流带与远离热点的洋盆边缘有关。洋脊深度的巨大变化证实了洋脊沿着地表移动，并对地幔温度变化作出反应。

11.7 小 结

板块运动和海洋地貌与地球内部的活动有着密切的联系。地壳均衡和板块运动表明地幔必须是流动的。地幔的高瑞利数表明地幔的主动对流是不可避免的。地幔对流与地球内部热能和行星地表运动之间有重要的关联。外表的板块运动引起地幔的循环，并且影响它的流动。以地幔柱为代表的其他形式的地幔对流同样也将地核和地幔的物质和能量往地表运输，并且影响着洋脊的深度和板块边界的具体位置。远离俯冲带的地幔柱最为丰富，这表明地幔不同对流模式之间的反馈。地幔对流将核幔边界的热边界层和地幔与地表之间的较冷的热边界联系在一起。在地球早期历史中，由于内部结构差异而产生的核幔和地幔—板块之间的联系，包括相互交换和转移能量，使地球保持运动和稳定状态。我们将在后面的章节中了解到，固体地球是如何连续循环的和地核为什么是地球宜居的一个重要因素。

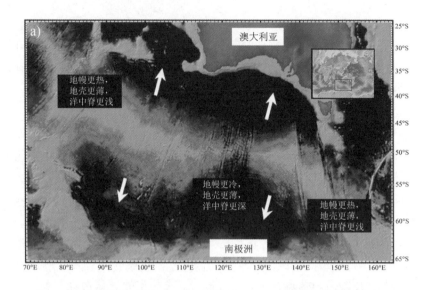

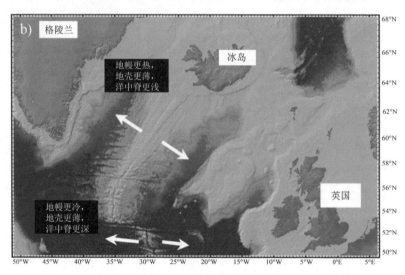

图 11-19   (a) 位于澳大利亚和南极洲的东南印度洋脊图，这个地区叫作澳大利亚-南极洲不连续(AAD)。沿着位于澳大利亚和南极洲之间的洋脊中间的浅颜色代表浅的洋脊，表示由热的地幔生成的洋脊；深色代表深的洋脊，其洋壳薄，由低温的地幔生成。AAD 是一个寒冷的区域，将印度洋盆地和太平洋盆地之下地幔引起的化学成分不同的区域分开；(b)冰岛的地图。冰岛下面是一个地幔柱，其地幔的温度是整个洋中脊系统中温度最高的，导致浅的洋脊深度和厚的洋壳。冰岛南部和北部的温度都明显下降，导致其洋脊深度变深，洋壳厚度变薄(见图版 20)

补充阅读

Davies GF. 2001. Mantle Convection for Geologists. New York: Cambridge University Press.

Schubert G, Turcotte DL, Olson P. 2001. Mantle Convection in the Earth and Planets, 2 vols. Cambridge: Cambridge University Press.

图 12-0 东太平洋上隆的黑烟囱图片。富含矿物质的流体在地壳深处清晰可见，在遇到海水时沉积硫化物和氧化物，形成"烟囱"，但不含碳。出口流体温度高达 400 °C，见图版 23(照片由 K. H. Rubin 提供)

层圈的连接 固体地球、液体海洋和气体大气

板块构造的物理描述仅仅是理解其对地球重要性的开始。在这一过程中发生的循环，即板块构造的地球化学循环，对地球的宜居性有着重要意义。它对海水的稳态成分的重要控制，可以产生海洋和大陆地壳，将生命所必需的元素转移到地表，并降低地幔的黏度来维持对流的活跃度。

这个循环始于洋脊，在那里岩浆从地幔上涌到洋壳。在 1200 ℃ 的扩张中心，岩浆与海洋的距离很近，在地壳裂缝中循环的海水变热，产生黑烟囱，强烈的高温热液活动可达到 400 ℃，喷射出的流体可以达到 10 层楼的高度。这反映这些流体改变了洋壳的火成岩，产生了含有 H_2O 和 CO_2 作为固体成分的新矿物。这些矿物会随着板块年龄的增加而持续存在。固体地壳的成分，从基本不含 H_2O 开始，到含有约 2%的 H_2O 和出现大量的 CO_2 结束。随着海水改变岩石中的成分，海洋的成分也因与岩石的交换发生改变。由热液喷口喷出的流体，与海水本身的成分有很大的不同，它们以保持海洋成分稳定的方式平衡了河水的输入。

当板块在海底移动时，各种各样的沉积物堆积起来，形成了富含水和其他元素的多种沉积夹层，而这些物质最初并不存在于洋脊中。随着板块俯冲，这些物质在俯冲带经历了称为变质作用的矿物化学变化过程，在升温过程中从矿物中释放出 H_2O 和 CO_2。释放出来的水降低了板块和其上覆的地幔楔的熔融温度，形成湿岩浆，成为含水的隐爆火山岩浆，从而导致在汇聚边界火山喷发。会聚边界的含水岩浆在冷却后形成富含二氧化硅和低镁、铁的成分，从而形成了一种低密度的物质添加到大陆，使大陆地壳能够漂浮在海平面上。板块中剩余的物质被再循环回地幔中，它有助于形成由异质的挥发分和微量元素组成的地幔。CO_2 在会聚边界的再循环导

致了地球上气候的长期稳定。再循环的 H_2O 可保持海洋稳态的体积，降低了地幔的黏度，并增强了对流。向地表的进一步转移来自地幔柱的火山作用，地幔柱可能起源于地核/地幔边界。固体地球化学循环涉及洋脊、地幔、海洋、聚合边缘的火山活动、大陆地壳的形成、地幔对流和长期气候稳定。固体地球的循环及其与地表储层的相互作用对地球的长期可居性至关重要。

12.1 引 言

板块构造的基本结构是洋脊通过地幔熔融形成板块，板块在地表移动，然后在俯冲带再返回地幔。在这个过程中，板块运动将物质从地球内部循环到地表，然后再循环回来，形成一个巨大的固体物质大循环。然而，这个过程只是地幔、地壳、海洋、大气、生物圈，甚至地核在内的地球内外各层之间交换、循环和反馈的综合系统的物理框架。这整个过程中，我们将其称为板块构造地球化学圈(图 12-1)，而不仅仅是岩石通过板块的物理再循环。它是行星宜居性的一个重要方面，是地球历史过程中保持气候稳定的重要因素，可以保持海水体积和组成接近稳定，并允许大陆地壳的形成和持续性，在那里陆上的生命才有机会繁衍发展。这个循环也为没有阳光的深海生态系统的存在提供了可能性，这可能对早期生命的起源和维持是重要的。本章的目的是为了了解板块构造所涉及的总化学交换，以及形成地球储层远离平衡的稳态特征的过程。这一目标需要对这个过程的一些细节方面的探索，即板块在扩张中心的产生和在汇聚边界的消亡。在本章中，我们探索这个循环，即从洋脊板块的形成和随之而来的与海洋的相互作用、板块在海底的运移，以及板块在会聚边缘返回地幔时发生的复杂过程；在会聚边缘，弧形火山作用形成大陆并向大气释放挥发物。这些过程将地幔对流和板块构造与海洋和大气联系起来。

12.2 全球的洋中脊系统

在板块构造的早期演示中，洋中脊在地图上被绘制成一条变换偏移的线。对该脊的研究表明，它是一个由地幔向微生物延伸的动态系统，连接

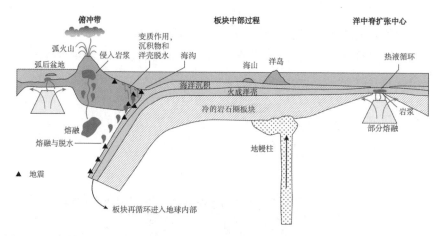

图 12-1 板块构造地球化学旋回图。地幔上升在洋脊处形成地壳并驱动热液循环。水热活动改变海水化学,并在地壳中产生含水矿物。沉积物随着地壳年龄的增长而积累。地壳也可能受到热点的影响。复杂的物质包下沉。地壳的变质作用释放出水,导致岛弧的熔化和形成,最终形成陆壳。板块回到地幔深处,造成地幔非均质性,后来通过火山作用取样。见图版 19

着地幔、地壳、海洋和生命。与洋中脊相关的化学通量为生命创造了新的生活环境。地壳再循环使远离汇聚边界数千公里外的火山作用发生,有助于形成稳定的海水化学成分。所有这些都对全球宜居性有着重要的意义。地球是否适合大陆上的高级生命,取决于洋脊系统的默默运行。几十年前,洋脊系统还不为人所知,甚至连专家也不知道。

简单的体积计算表明,地球上的火山活动大多发生在大洋中脊。通过洋壳厚度(6 km)、平均扩张速率(5 cm/a)和洋脊长度(70000 km)三者的乘积,可以估算出地幔输送到洋脊的新岩浆量约为 21 km³/a,而估算汇聚边界火山的产量约为 2~3 km³/a,仅为其 1/10。板块内火山活动的量估计与汇聚边界的类似。因此,洋中脊火山占地球火山输出的 80%。

对 20 世纪最后几十年的海底进行详细绘图显示,洋中脊火山并不是对称的火山锥,但具长的线性特征,在那里岩浆上升并填补板块分离所产生的裂隙。洋中脊也被转换断层分割,这些断层抵消了火山裂缝,因此洋脊火山不能称为火山,而采用碎块(segments)这个词,这通常与它们的边界转换断层有关。

洋中脊火山地貌取决于其扩散速度。东太平洋海隆的扩张速率大于 10 cm/a,火山长而窄,不会在海底上升得很高 (图 12-2)。虽然像富士山这样的火山可能是一个直径约 20 km、高出周围 3000 m 的环形地貌，但东太平洋的上升火山可以长 100 km，宽 2~3 km，起伏只有几百米。它们的形状可以这样解释：在快速的扩张速度下，地幔热岩浆上涌至近地表，岩浆沿着扩张中心的裂隙涌出，从而形成长的线性特征——杰夫·福克斯(Jeff Fox)称之为"永不愈合的创伤"。在 10 cm/a 的扩张速率下，地壳像一台地质赛车一样移动(100 km/Ma)。由于这些火山只有几公里宽，古老的熔岩正迅速扩散，所以没有机会形成高的海底锥。

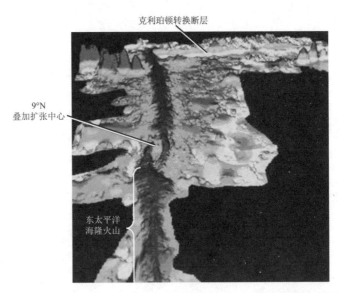

图 12-2　东太平洋隆起从 Siqueiros 转换断层以南到 Clipperton 转换断层以北沿南美洲海岸上升的水深图。注意，在 9°N 附近还有一个重叠的扩展中心，这是一个山脊偏移量小于两个洋脊火山超覆和重叠的转换断层。为了使地形形象化，海底的测深图(测深是海底地形的一种说法)通常用不同的灰度表示不同的海底深度。当然，这些灰度并不是真实海底的颜色，而只是一种观察形状的视觉辅助工具。偏移之间的长线性特征是洋脊火山快速传播速率(> 8 cm/a)的特征形态。图的垂直尺度大约是 200 km。横轴的总深度变化小于几百米。见图版 21(图片由 University of Rhode Island 的 Stacey Tighe 提供)

在缓慢扩张的脊(<4 cm/a)处，扩张中心仍然是一条长长的裂隙，但是地幔热岩浆上升的速度足够慢，可以阻止高温岩浆的快速上升。岩石圈在扩张轴线附近迅速增厚，并向山脊和古老岩石圈毗连的转换断层方向迅速增厚。浅层岩浆房要么短暂要么不存在。岩石圈形成一种冷覆盖，导

致更深的断层作用，也导致地幔岩浆沿脊轴聚集(图12-3)。深大断裂形成显著的裂谷，一定规模的岩浆作用导致沿洋脊的深度的大变化——向着碎块区的中心变浅和向转换断层处变深。

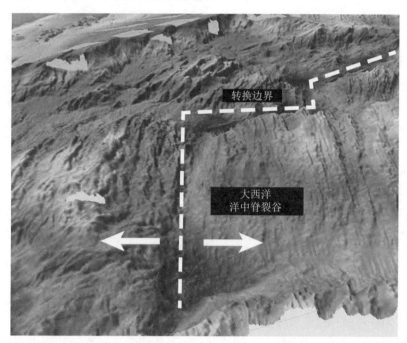

图 12-3 北大西洋中脊北延部分的水深图。该地区靠近36°N 附近，被称FAMOUS(法国—美国海底研究)区域。该段长度约为55 km，以南北转换偏移量为界。注意扩张轴位于裂谷中，裂谷壁陡峭。水深变化的幅度比快速扩张的山脊要大得多，裂谷比脊壁深1000 m。灰阶与图12-2非常不同，因为隆升量是其5倍。见图版22(图来自于Javier Escartin, Institut de Physique du Globe, Paris，数据来自于 Cannat et al., Earth Planet. Sci. Lett. 173 (2001): 257-69 和 Escartin et al., J. Geophys. Res. 106 (2001): 21, 719-35)

12.3 扩张中心的热液循环

洋脊火山与陆地火山的不同之处在于，它们都被2~3 km 厚的海洋覆盖。这使得洋脊成为接近0 ℃的寒冷海水与1200 ℃的地幔岩浆之间的界面。火山爆发和断层的扩张创造了流体穿过地壳的通道，并与熔融岩浆和极热的岩石有着非常密切的联系。这些相互作用导致了活跃的热液体系，其中的化学交换改变了海水成分和洋壳的组成成分。

洋脊热液系统的活跃使大多数海洋地质学家感到惊讶。在使用潜水器探测东太平洋隆起的北部地区时，人们发现尖顶上冒出滚滚黑"烟"(图12-0)。机械手到达"烟囱"时，将一个温度传感器插入流体中，传感器发生了故障。返回地面时，发现温度传感器已经熔化。当最终能够测量黑烟通风口的温度时，发现温度高达 400 ℃，远高于地表沸水的 100 ℃。

如此高的温度可能吗？关键是压力对沸点的影响。如果我们在高海拔地区露营，压力较低，因此，水会在更低的温度下沸腾并且需要较长的煮水时间。相反的情况发生在压力较高时沸点升高。这在图 4-3 中的压力—温度相图显而易见。水的重量使压力随深度的增加而大大增加，因此水在沸腾之前可以加热到更高的温度。从地幔上升起的熔融岩浆的温度为1200 ℃，并将海水加热到沸点。因此，海洋的高压并不是抑制热液活动的冷毯，而是允许比陆地更高的温度和更剧烈的活动的必要条件。

热盐水的化学活性很强。来自地幔的岩浆几乎不含水，且岩石和热海水之间存在不平衡。随后的化学反应导致岩石和水的成分发生改变。岩石原先由辉石、斜长石和橄榄石组成，它们会发生反应，形成含水矿物如绿泥石、角闪石和绿帘石，这将在下面进一步讨论。水同时也改变了它的组成，几乎失去了所有的镁、一些钠，并溶解了铁、锰、铜、锌、铅和其他金属，因为它的氧化硫酸盐转化为还原性硫化物。在高温下，这种含矿物溶液的密度降低，浮力变大，并且迅速地上升到地表。当它上升时，硫化物矿物沿着地壳中的岩脉沉积，然后以高速从地表喷口流出。在这里，它与温度只有几摄氏度的深层海水相接触，低温和酸性热液的迅速冷却会导致溶解在流体中的金属沉淀，产生巨大的"黑烟囱"，并导致从海底上升的烟囱的建造。

虽然对洋脊热液系统的研究还处于起步阶段，但对它们的类型以及分布已经有了一定的归纳。洋脊热液系统涉及岩浆活动和断裂。在地表以下2~3 km 的浅岩浆房以快速的扩张速度在洋壳中存在。岩浆房以上是作为流体通道的浅部断层。海水穿透裂隙，被底层的岩浆热所加热，浮力使其强力上升到地表。水热系统是一种由浅层驱动的活动的对流系统，其底部的热力差异非常大。对流是以水流的方式通过裂隙和多孔岩石流动，而不是岩石本身的对流。流体的瑞利数很高，是因为水的黏度低，且温度反差大。由于传播速度快，岩浆供应量较大且频繁爆发，使得热液系统重置。热液活动表现为沿洋脊碎块区广泛分布的小群"黑烟囱"的迅速变化的聚集。

　　在低速扩张脊，岩浆供应量更少，岩石圈更厚，断层更深(见图12-4，左图)。当浅层岩浆房存在时，它们是间歇性的。断层的位置和它们所提供的热源的接入是对热液系统位置的重要控制。这些构造影响了热液系统，并导致各种热液环境的变化。在那里，水沿断层更深处渗透，热从大量的热岩中提取出来，而非从岩浆房中的边界层萃取。这导致大型系统可能与活火山活动分离，并持续相对较长时间。在岩浆接近地表形成浅层岩

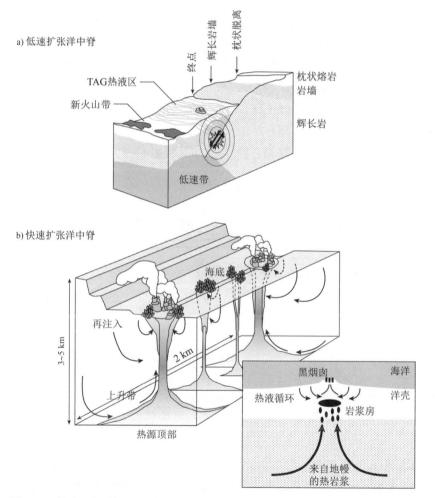

图 12-4　快速和低速扩张的脊的热液流动。在中等和快速扩张的脊(a)，浅岩浆房是常见的，而热液环流则在岩浆房上方靠近洋脊的中心附近，受浅层断层的支撑(图由 D. Kelly and J. Delaney 提供)。在低速扩张的脊(b)，例如在大洋中脊附近 20°N 的 TAG 区域，岩浆库经常缺乏，热液循环通常与轻微偏离轴线的深断裂有关

浆系统(通常在山脊段的中心)的时期,形成的系统更类似于快速扩张的山脊。低速扩张脊也可以在较低温度下形成一种不同的热液系统,这种热液系统是由于断层抬升地幔橄榄岩使其靠近地表,并由于其与海水的相互作用而发生改变形成的。这种类型的系统可以释放还原的气体如 CH_4 和 H_2,这可能对于生命起源来说是重要的。

热液系统的影响并不仅限于海底。从热液喷口喷出的上升地幔柱含有反应粒子,这些粒子会上升,直到它们在水柱达到中性浮力的水平,类似烟囱喷出的行为。这些地幔柱在深海扩张得又远又广。这从同位素 ^3He 的分布研究中可以明显看出。^3He 存在于洋脊玄武岩释放的气体中,因为它扩散到大气并最终进入太空,可进入热液地幔柱但容易在海水中丢失。因为 ^3He 仅在核合成时形成而不是由放射性衰变产生的,而且所有的旧氦都从大气顶部溢出,海洋中没有自然存在的 ^3He。这使得 ^3He 成为海洋热液流体的数量和程度的可靠示踪剂。通过观察溶解在水中的 ^3He 的分布,可以绘制出这些地幔柱的踪迹。图 12-5 显示,地幔柱从东太平洋隆起处可延伸到太平洋的另一端。

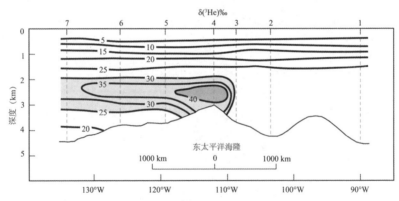

图12-5 ^3He在太平洋水域的分布图。^3He的浓度显示了来自横跨太平洋盆地的东太平洋隆起的水热流体分布的范围(图修改自J. Lupton and H. Craig, Science, 1981, v. 214, no. 4516, 13–18)

深海喷口系统最令人惊讶的方面是在热液喷口周围发现了繁茂多样的动物生态系统。大量的生命被认为需要阳光,而大多数深海的生物在生产力方面非常有限,依赖于附着在表面的有机物质的净化。一些早期的照片显示,在水下 2 km 处出现了看起来像蛤和贻贝的东西。蛤和贻贝通常是在潮汐环境中发现的。尽管许多动物表面上与我们熟悉的动物相似,但大多数都是独特的新物种。有些动物与陆地上发现的任何物种都不相似。其中色彩最丰富的是高大的白色管虫，它们的顶部是鲜红色的，能够迅速地从白色的茎部伸展和收缩(图12-6)。喷口附近的生命密度惊人。生活在一个被认为是地球上最贫瘠的环境中，远离给人以生命的太阳，深海喷口群落的生物密度在当地同热带雨林一样丰富，当然范围要小得多。

图 12-6　在东太平洋海隆同一地区的热液喷口周围的喷口群落的照片(如图 12-2)。有些动物表面上看起来与潮汐带的动物相似。其他的如细长的"管虫"有独特的外观。它们的新陈代谢都与地表生物非常不同，这取决于它们与喷口流体支持的硫氧化细菌之间的共生关系。见图版 24(照片由 Cindy Lee Van Dover 提供)

　　这些群体食物链的基础是硫氧化细菌。在热液流体中的硫化物与氧化的海水不平衡，再加上高温，为硫氧化细菌的蓬勃发展提供了条件。这些细菌形成了喷口生态系统食物网的基础，它们与许多频繁靠近喷口海底的动物建立了共生关系。一些细菌在超过 100 ℃ 的温度下会大量繁殖，这在以前被认为是不可能的。生态系统功能强大且很好地适应了一种环境，而这种环境在陆地上是有毒和不适宜居住的。陆地上的有机体把太阳作为自己营养和健康的最终来源。如果喷口的智慧生命进化了，太阳将是一个轻微而遥远的推理，培育和破坏它们的神将是活跃的火山活动，控制着它们生命周期的方方面面。板块扩张的简单事实创造了一个从地幔到微生物的链接系统，在那里生命是由能量和质量从地幔到地表的垂直运动维持的。

　　在热液喷口发现生命的革命性之处在于，食物链的基础是由行星内部的火山能量支撑的，而不是来自太阳的能量。这可能大大地扩展了对其他星球上潜在的生命栖息地的看法。即使离一个恒星很远，或者完全没有星光，生命也有可能存在。

12.4　洋中脊和宜居性

　　很明显洋中脊是板块构造的中心，支持着它们自己独特的生物圈，但它们也是宜居地的中心吗？是的，在洋壳形成、运移和再循环的化学过程是宜居性地球不可或缺的因素。它们形成和再循环的四个方面特别重要，单从板块运动的构造方面来看，没有一个是显而易见的：

　　(1)洋脊上的地球化学过程维持着海洋的化学成分；

　　(2)洋脊将水和其他元素储存并输送到俯冲带，从而使火山活动和大陆生长得以发生；

　　(3)洋脊在水和碳循环中起到重要作用，为地球提供了长期的气候稳定(见第 9 章)；

　　(4)洋脊可能在地球生命的起源中起着重要作用，对银河系其他地方生命的生存能力也有影响(在第 13 章中讨论)。

12.5　海水成分之谜

　　在板块构造观点以前，海洋的质量平衡似乎相当简单：海洋接收河水和风驱动的灰尘的输入，并通过孤立海洋中盐的蒸发和沉积物沉积到海底而产生输出。从雨水中蒸发出来的水非常纯净。它首先通过与大气中的气体和粉尘反应来聚集一些元素。下雨时，雨水经过大陆上的岩石，风化岩石并溶解了岩石的一些矿物质成分。因此，当雨水回到海洋时，岩石的矿物含量就高得多。表 12-1 比较了海水、雨水、河水和热流体的成分。虽然河水的矿物质含量远低于海水，但它所含的各种元素却远高于纯雨水。海水中含有高浓度的多种元素，但远低于如大盐湖这样的饱和溶液。

表 12-1 地球的水成分(百万分之几的浓度)

元素	雨水	河水*	海水	热液流体**	热液/河水	热液通量/河水通量
Ca	0.65	13.3	41.2	1200	90	0.0675
Mg	0.14	3.1	1290	0	0	0
Na	0.56	5.3	10770			
K	0.11	1.5	380	975	650	0.4875
硫酸盐	2.2	8.9	2688	28	3.15	0
Cl	0.57	6	19000			
Si	0.3	4.5	2	504	112	0.08
Fe	0	0.03	0.002	168	5600	4.20
Mn	0	0.007	0.002	41	5857	4.39
Li	0	0.002	0.18	5	2500	1.88
H_2S	0	0	0	255	无限	无限
Mg/Na	0.25	0.58	0.12	0.00		
Ca/K	5.91	8.87	1.08	1.23		
Si/K	2.73	3.00	0.01	0.52		
海洋通量		4×10^{16} kg/a		3×10^{13} kg/a		

*R. Chester, Marine Geochemistry (Oxford: Blackwell Science, 2000); and H. Elderfield and A. Schultz, Annu Rev. Earth Planet Sci. 24 (1996):191-224.

**Elderfield, Schultz (1996); hydrothermal fluids have a considerable range in composition. Na and Cl in the hydrothermal fluid are similar to seawater.

在事件的这个简化版本中，纯净的水通过蒸发从海洋中分离出来，更多富含矿物质的河流水以相同的数量加入到海洋中。因此，水循环导致越来越多的化学物质被加入到海洋中,海水的矿物质含量应该随着时间的推移而稳步增加。元素在河水和海水中的比例是相同的。这有点像你在装满蒸馏水的浴缸里洗澡。你洗澡的蒸馏水总是干干净净的。起初，浴缸的水是干净的，但当你多次洗澡后，污垢和肥皂会不断堆积，最终浴缸的水会有很多的肥皂和盐，从而趋于饱和。

然而，海洋水不富含矿物质，也没有饱和的盐和其他矿物质。比如在犹他州的大盐湖，其元素浓度远远高于海水。事实上，海水中的钠含量是如此之少，以至于仅在 4700 万年的时间里，河流补充增加了全部的 Na

含量(这实际上是一些地质学家早期用来计算地球年龄的方法之一)。海水以某种方式保持在远低于饱和的稳定状态。此外，海水中许多元素的比例与供应海洋的河水有很大的不同(见表 12-1)。这就要求元素的移走与补充一样快，建立一种动力平衡，或称稳态不平衡，这种平衡在地球历史上的有限范围内一直保持着。低于饱和的海水的稳态成分需保持源区和沉淀之间的平衡。

水循环也没有分馏放射性同位素比值。如果海洋的所有输入都来自于大陆，那么海水中的放射性元素应该具有与河流风化的大陆壳相同的放射性同位素比值。海水中含量最丰富的这些元素是 $^{87}Sr/^{86}Sr$ 值。大陆壳平均的 $^{87}Sr/^{86}Sr$ 比值大于 0.712，而海水比值要低得多，接近 0.709。锶同位素证据表明，大陆不可能是加入到海洋中的唯一物质来源。海水需要一些其他的过程来贡献源区和沉积。

一个沉积来源是在海洋中存在的生命。含硅质壳的生物体移走 Si 以及那些碳酸壳外壳的生物移走 Ca，导致剩余的水中具有较低的 Si/K 和 Ca/K。但是为什么后来海水的 Mg/K 也很低，而生命既不能分馏放射性同位素比值，也不能解释锶同位素数据呢？

平衡海水成分的神秘过程是洋脊热液循环。海水在经过热岩时所遇到的不平衡，使一些新的矿物形成，一些元素从海水中去除，另一些元素加入进来。调整后的溶液即热液喷口流体，然后与海洋相遇。一些元素加入到海洋中，一些立即在烟囱中沉淀，有些则会产生活性颗粒，这些颗粒会从水柱中清除其他元素，并将它们移到沉积物中。水循环通过地壳去除河流输入的相当大比例的钠，还定量地从该循环(请注意 Mg 在热液流体中的浓度为零)的海水中去除镁，导致与河水相比，海水的镁/钠比值较低(河水约为 0.6，海水约为 0.1)。洋壳和喷口流体的 $^{87}Sr/^{86}Sr$ 比值大约为 0.703。流体中的 Sr 与大陆衍生的锶(0.712)混合导致海水中的锶同位素组成介于中间值(0.709)。

虽然每个单独的热液喷口都很小，但沿着洋脊包括成千上万通风口的总热液系统是很大的。高温流在数万年内完全改变了海洋的体积。远离洋脊轴的较低温度流要广泛得多，在几十万年的时间里就能处理海洋的体积。然而，与每 3~4 万年供给一个海洋容量的河水相比，这两个流量都很小。既然河流的体积要大得多，热液流量怎么能这么重要呢？答案在于高温流体喷口中某些元素的浓度非常高，如表 12-1 所示。有些元素的浓度比河水高 1000 倍以上，对许多元素来说，热液流通量与地球上河流通量一样大，甚至更大。

有两种元素在喷口流体中非常集中，就是铁和锰，但它们在海水中的浓度基本上为零。这怎么可能呢？我们将在第 17 章详细讨论，当铁和锰有一个 2+化合价时，它们很容易溶于水，并且很容易溶解在热、酸、还原性的热流体中。当这些元素遇到碱性和氧化的海水，就被氧化成 3+形态，并立即在通气口烟囱上方的热液柱中沉淀。这些沉淀颗粒具有非常活泼的表面，在以沉积物的形式下降到海底之前，可以从水中清除许多其他金属。热液流是一个产生大沉积的大源区。该沉积包含海洋中的其他金属，因为这些烟囱柱分布在广阔的海洋中，颗粒会遇到大量的海水。这些烟囱柱有 4,000~8,000 年的海洋处理时间，是热液系统和更大海洋相互作用的重要手段。

这是板块构造的一个显著方面，其火山作用引起的地球化学结果包括维持海水成分方面的关键合作伙伴关系，这也是地球宜居性的一个重要方面。

12.6 俯冲带元素的运移

上升到洋脊下熔融的地幔的含水量非常低，构成大洋中脊地壳的熔岩（洋中脊玄武岩，简称 MORB）由斜长石、橄榄石和辉石等矿物组成，这些矿物根本不含水。地幔中的其他挥发性物质在熔化过程中也被去除，而在岩浆凝固过程中则通过脱气来去除。新板块形成时基本上是无水和挥发分的。

热液与海水的相互作用改变了板块的组成。热液在高温和低温下与海水的相互作用"改变"了岩石，将原来的干矿物转变为含水矿物，如角闪石和层状硅酸盐。这些矿物，类似于云母，摸起来并不潮湿，但含有水作为其矿物结构的重要组成部分。例如，在矿物角闪石分子式 $Ca_2(Mg,Fe)_5Si_8O_{22}(OH)_2$ 和绿泥石分子式 $(Mg,Al,Fe)_{12}(Si,Al)_8O_{20}(OH)_{16}$ 中，OH 基反映的是固体矿物中结构水的一部分。这些矿物的形成使岩石从闪亮的黑色玄武岩变为变质岩，称为绿片岩或角闪岩，这取决于矿物学，其矿物中含有百分之几的水(见表 12-2)。随着地壳年龄的增长，尽管温度较低，但与水的相互作用仍在继续，地壳下的地幔含有一些水，在那里橄榄石和斜方辉石将被转变为蛇纹石 $Mg_3(Si_2O_5)(OH)_4$。

当地壳穿越洋盆进入俯冲带时，大量的沉积物逐渐积累，形成了典型的 500~1000 m 的沉积物，这些沉积物构成了俯冲板块的一部分。沉积物的来源多种多样，也有来自风的风化作用，还有来自通过水柱沉降下来的热液喷口所积聚的颗粒，以及来自死亡生物的积累。这些沉积物中的大多数矿物所含的水甚至比改变的洋壳所含的水还要多。CO_2 通过碳酸盐沉积物的沉积以及碳酸盐在洋壳和地幔中的沉淀，以固体形式锁进碳酸盐岩矿物中而加入到板块里。俯冲沉积物的平均组成、光泽(全球俯冲沉积物)见表 12-2。

表 12-2　地幔、蚀变的地幔、洋壳、蚀变的洋壳和地球的俯冲沉积岩的成分表

wt.%	原始地幔 [a]	*蚀变蛇纹岩 [b]	洋壳 [c]	**蚀变洋壳 (Side 801) [d]	光泽 [e]
SiO_2	45.00	40.14	49.71	49.23	58.57
TiO_2	0.20	0.01	2.02	1.7	0.62
Al_2O_3	4.45	0.79	13.43	12.05	11.91
FeO	8.05	7.46	12.92	12.33	5.21
MnO	0.14	0.12	0.19	0.23	0.32
MgO	37.80	40.83	6.83	6.22	2.48
CaO	3.55	0.97	11.41	13.03	5.95
Na_2O	0.36	0.09	2.56	2.3	2.43
K_2O	0.03	0.00	0.14	0.62	2.04
P_2O_5	0.02	0.01	0.17	0.168	0.19
CO_2	<0.10	{8.61	~0.02	{6.31	3.01
H_2O	<0.01		0.20		7.29
ppm	—	—	—	—	—
Rb	0.60	14.56	1.46	13.7	57.2
U	21.8	1.51	0.02	0.39	1.68

[a]Chemical compositions of average primitive mantle (W. McDonough and S. Sun (Chemical Geology 120 (1995) 223-253); [b]Average altered serpentinite (harzburgite aver. (OM94) K. Hanghoj et al., J. Petrol. 51 (2010), 201-227); [c]Average ocean crust (Gale, Langmuir, and Dalton, in press); [d]Altered ocean crust (SUPER, K. Kelley and T. Plank, Geochem. Geophys. Geosys. 4(6) (2003) 8910); [e]GLOSS (Global Subducting Sediment composition (T. Plank and C. Langmuir, Chemical Geology 145 (1998) 325–394) (注意，蚀变物质和沉积物的挥发性含量非常高)

挥发物不是通过蚀变和沉积作用加入到板块中的唯一物质。许多元素，如 U、Rb、Ba、K 和 B，都被含水矿物吸收(见表 12-2)。Pb、Cu、Zn 等元素在热液流沉积形成的硫化物中聚集。与海水氧化的反应也改变了地壳

的氧化状态，使大部分的 Fe^{2+} 转化成 Fe^{3+}。

这所有的物质改变了地幔，改变了玄武岩和沉积物，然后移动到俯冲带向下被带到地幔中去(图 12-7)。由于与地表储库的相互作用，俯冲的板块与数千万年前从扩张中心来的贫水和 CO_2 的岩浆是非常不同的。与海水的相互作用改变了地壳的成分，并增加了挥发物和其他元素。大陆侵蚀、生物积累和热液喷口颗粒的沉积形成了地壳上丰富多样的沉积。板块的运动将这些不同的组合带到俯冲带，产生了从地表到地幔的流动。正如我们将在下一节中看到，正是这种流动使得火山活动位于汇聚边界，产生一个异质地幔，并导致了大陆地壳的形成。

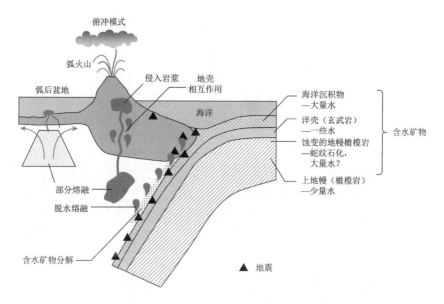

图 12-7 富挥发分的物质进入俯冲带后板块成分变化示意图

12.7 汇聚边界的地球化学过程

板块构造的运动学描述将相关的下插板块与地震定义的贝尼奥夫带联系起来。在贝尼奥夫带上方有着惊人的规律性的是锥形火山的线性链，如太平洋"火环"。当它们建在海底时，其高度几乎不超过海平面。当火山建立在墨西哥中部或安第斯山脉高原上，厚壳形成了 2000~3000 m 的基准面，这些火山会上升至 5500 m 以上，形成世界上一些最高的山峰。这些火山的存在早在板块构造出现之前的几百年就已为人所知。板块构造展示了与俯冲带密切的关系。人们更仔细检查地震的具体位置发现了一个关于下插板块的显著的规律性——当火山的位置与其下的地震比较时，大部分发生在贝尼奥夫带之上约 110 km 处。俯冲作用和火山活动具系统相关性 (图 12-8)。

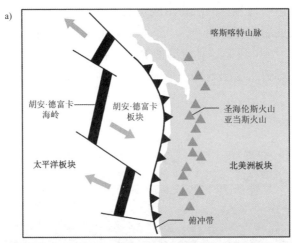

图12-8　(a) Juan de Fuca板块和Cascades火山的地图，展示了它们的线性排列以及与俯冲板块的关系；(b) Aleutian火山前缘的航空照片。前景是Kanaga山(Mt. Kanaga)，Moffett山在中间，而Great Sitkin山在更远的地方(图片来自Chris Nye, Alaska Division of Geological and Geophysical Surveys and Alaska Volcano Observatory)

12.7.1 汇聚边界的熔融以及火山活动成因

在试图理解俯冲为什么会导致火山作用时，存在一个困境。在洋脊处，热物质的减压会导致熔化。相反，在俯冲区域，如图 11-9 所示，冷板下降并且在地幔楔中产生一个主要向下流动的地幔流。冷物质的下涌与洋脊的热上涌相反，使地幔越来越难以熔化。在俯冲带，为什么熔化不被抑制？

熔化边缘的关键在于水。几条证据表明，与洋脊上的岩浆不同，聚合边缘岩浆富含水分：

•对保留初始挥发物含量的晶体中捕获的岩浆的小包裹体分析表明，这些晶体中含有 5%以上的水(以及高 CO_2)。

•火山通常是爆炸性的，溶解在天然气中的溶解水是爆炸性喷发的主要原因。

•在含水条件下的分化会导致较高的硅质岩浆(安山岩、流纹岩、花岗岩)，这可能揭示了这种岩浆在会聚边缘火山上的优势。

高含水量是在聚合边缘熔化的关键(图 12-9)。地幔橄榄岩的熔化实验表明，水是一种极其有效的凝固点抑制剂(见第 7 章)。凝固点下降的程度与可溶解在液态岩浆中的水的量成比例。如果添加了太多的水，它只会产生流体或气体，而不会进一步降低熔点。因为水蒸气是可压缩的，最大含

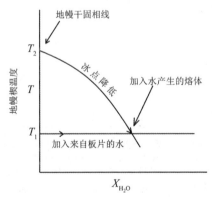

图 12-9 温度与水浓度关系图，说明了水如何影响地幔橄榄岩、俯冲玄武岩和沉积物的熔融温度。T_2 是干橄榄岩的熔点。冰点降低的影响取决于在岩浆中能溶解多少量，而岩浆对压力很敏感。低压岩浆不能含有大量水，因此水对熔融没有影响。在较高的压力下，岩浆能溶解 20%或更多水，导致了熔融温度明显降低，如 T_1 所示，即湿熔融温度

水量(水在岩浆中的"溶解度")随着压力的增加而大大增加。在一个大气压中,几乎没有水可以溶解在岩浆中,但在地幔楔(地表以下 30~90 km) 在1000~3000 MPa 的压力下,多达 20%的水可以进入岩浆,将熔融温度降低数百度。由于含水量的巨大差异,熔体会以不同机制在离散和聚合的边缘处熔化。脊上的熔化是由热地幔的减压作用引起的,在会聚边缘处则是由熔剂熔化引起的,加水使得熔点下降,进而降低熔融温度。

　　为了使熔剂熔化,水必须以某种方式运送到聚合板块边缘下方的地幔。明显的成因是俯冲板块的挥发性地壳。地表附近形成的富含水的矿物在高压和高温下不稳定。它们经历矿物转化,从而形成新的结构和较低含水量的矿物,而将多余的水作为液体释放出来。这整个过程称为变质作用。变质作用是岩石随温度和压力的变化而发生的固态转化。随着压力和温度的升高,变质反应通常涉及岩石的逐步脱水和脱碳,以及向周围环境释放H_2O 和 CO_2。俯冲过程中,洋脊处形成的角闪石和绿泥石等含水相,在辉石和石榴石的无水组合作用下发生了一系列反应而发生转化,形成致密的岩石榴辉岩,有助于将板块拖入地幔中(见图 11-11)。碳酸盐矿物质也会变得不稳定,高压和高温会导致碳酸盐和硅酸盐作为气体反应并释放CO_2。例如,

$$CaCO_3 + MgSiO_3 + SiO_2 = CaMgSi_2O_6 + CO_2$$

　　正如我们在第 9 章中了解到的,这种脱碳反应是在长时间尺度上保持地球气候平衡的重要途径之一。

　　在存在水的情况下,玄武岩和海洋沉积物的熔融温度远低于地幔橄榄岩的熔融温度(约 800 ℃,而不是无水地幔橄榄岩在 100 km 深处约 1500 ℃固相线)。因为水的存在使熔点降低,板块的某些部分也可能在俯冲过程中熔化。板块温度在与地幔楔接触的地方变得最热。由于沉积物是最上层的板块层,沉积物最有可能熔化。地球化学证据表明,这种熔化通常发生在沉积物中。根据俯冲的热环境,洋壳也可能发生熔化。例如,非常缓慢的俯冲速率使板块在下降时有更多的时间加热,使得板块更有可能熔化。在古老的地球,当地幔楔温度相当高时,板块熔化是不可避免的。板块的熔体中 H_2O 和 CO_2 的浓度较高,是挥发分运输的另一种机制。

　　在板块顶部的较低温度下形成的流体和熔体的密度比地幔小得多,并将上升到地幔楔。在这个深度的地幔楔有一个倒置的温度梯度——楔的核

心温度比它们在较老的板块中高得多(图 11-9)。虽然紧邻板块的地幔温度太低而不能熔化，一旦水上升到合适之处，进入更热地幔的地方，加水会使熔融温度充分降低，从而引起地幔熔化(图 12-9)。而人类通常将熔化与升高的温度联系起来，洋脊下的地幔熔化是由于压力的降低，汇聚边界的熔融由第三种机制形成——助熔剂熔化，其中助熔化通过添加另一种化学成分来降低熔点。我们利用同样的原则，使道路在冬季也能安全行驶。添加盐到路上也会降低冰的融化温度，即使温度低于纯水的冰点。在聚合板块边缘的板块迁移，二氧化碳和水降低了地幔的熔化温度，从而产生挥发分丰富的岩浆，这些岩浆上升到地表，形成爆炸性的弧火山。

高浓度的水也解释了离散和汇聚边界爆发行为之间的一些主要差异。大洋玄武岩不会爆发性地喷发，而且大多数的流动都很小，缓慢地穿过海底。相比之下，大陆火山因其爆炸行为而闻名。这些火山的顶部有许多巨大的火山口，这是火山顶部爆发后的残余物。圣赫伦斯山在 1980 年 5 月喷发时(图 12-10)，这种喷发就广为人知了。水在岩浆中的溶解度在很大程度上解释了这种行为上的差异。只要压力高，汇聚边界岩浆的高含水量

图 12-10　1980 年 5 月，圣海伦火山在爆发之前(a)与爆发之后(b) (图片来自美国地质调查局)

都可以溶解在岩浆中，但随着压力下降，溶解度降低，一些水以水蒸气的形式逸出。这种水蒸气在岩浆中产生气泡，可能导致压力的极大积累，并且充满岩浆的火山有点像一个失控的压力锅或一个过量的香槟瓶。如果地震在火山表面发生裂缝，或者压力积累到足以使火山表面附近的岩石无法再承受压力，那么火山就会灾难性地爆发。由于高含水量（最终来源于俯冲板块），聚合边缘的火山是喷发性的，而洋脊火山不是。挥发物的这种不同的溶解度也导致了来自会聚边缘火山的气体通量，这对于大气的组成和气候稳定至关重要。

12.7.2 元素运送到大陆壳

水并不是唯一从下沉板块转移过来的元素。许多元素在沉积物和相对于地幔有关的蚀变的洋壳中富集。一些元素可以在高压下溶于热的富含水的溶液中，这些元素会有效地从板块中被提取。其他元素由板块熔融携带并有效转移。沉积物中许多元素的富集程度是地幔的 100 倍或更多，所以任何沉积物的贡献都会导致某些元素的高丰度。

是否有可能证明朝海沟俯冲的元素是通过地幔循环而来，然后在汇聚边界的火山中喷发出来的？幸运的是，可能有一种地球化学工厂的灵丹妙药提供了这样的证据。宇宙射线与地球大气层的相互作用产生了许多放射性同位素，其中最常见的是 ^{14}C。另外一种有 160 万年的长半衰期的宇宙放射性核素是 ^{10}Be。在大气中形成的 ^{10}Be 沉降到地表，导致沉积物中少量可测量的 ^{10}Be 沉降到海底，形成海底地壳的沉积层。海洋表层沉积物中 ^{10}Be 最多，而随着 ^{10}Be 的衰变，浓度随深度逐渐减小。在沉积物中老于 10~15 Ma 的所有宇宙成因核素都衰变成它的子产物 ^{10}B。无论 ^{10}Be 位于何处，这种衰变都会发生。在被俯冲的沉积物中，^{10}Be 仅存在于顶部几米的最年轻的沉积物中(图 12-11)。地幔中没有 ^{10}Be，而且在洋中脊玄武岩中也没有。尽管如此，许多最近喷发的汇聚边界的岩浆中含有一些 ^{10}Be。在新喷发的弧状火山岩中，^{10}Be 的存在要求最上面的沉积物在几百万年内被带到海沟，离开板块再进入地幔楔中，并在火山中被带出。这是俯冲沉积物中元素参与弧岩浆形成的决定性证据。对许多其他元素的评估显示，俯冲板块沉积物中元素的比例与上覆弧火山岩中元素的比例有良好的相关性，这证实了俯冲沉积物的再循环作用有助于汇聚边界的火山活动。

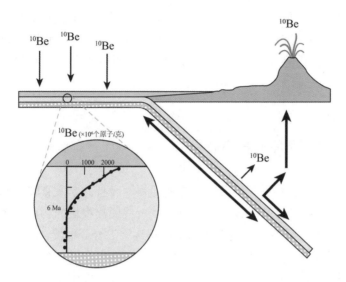

图 12-11 深海沉积物 ^{10}Be 含量。由于 ^{10}Be 的半衰期为 1.6 Ma，在较老的沉积物中随着较年轻沉积物的堆积，其半衰期逐渐衰减(图引自 Terry Plank)

更微妙的证据表明，洋壳中的元素也可以循环。板块各层元素的流动使得弧火山岩的化学组成与洋脊玄武岩的大不相同。沉积物中富集的元素、易在变质流体中运移的元素或板块部分熔融物中富集的元素在汇聚边界岩浆源中大量增加。洋脊的火山岩具有非常低的亲岩浆元素丰度，那些处于汇聚边界的火山岩则有大量富集的岩浆活动元素丰度(许多岩浆活动元素的 10 倍、100 倍，如 K、Rb、Cs、Ba、Th、U、Pb)。在地球历史上，板块的通量导致亲岩浆和流体的元素逐渐向地表聚集，其中包括 Na、K 和 P，这三种元素是生物体所必需的。

含水量高也会导致岩浆中二氧化硅含量高，而矿物的沉淀会导致岩浆冷却时向更高的 SiO_2 演化。洋脊玄武岩中 SiO_2 的含量全部较低，接近 50%，而汇聚边缘岩浆的 SiO_2 通常为 55%或更多。含较高二氧化硅的岩浆密度也较低。汇聚边缘岩浆作用导致轻薄的地壳，充满亲岩浆元素，其不能被俯冲并成为地表的永久居民，浮在板块顶部。大陆地壳的形成就可以从概念上看作是固体地球化学循环的结果。首先，玄武岩地壳形成于洋脊，然后通过与地表的相互作用对其进行改性和水合；其次，当俯冲到深处时，它就成为形成大陆地壳所必需元素的载体，而现在地球上大多数高级生命都居住在大陆地壳上。

水是这个过程的核心要素。水循环到地幔是形成大陆地壳的必要条件。

与此同时，为了海洋的长久生存，被俯冲下来的水必须返回到地表。如果改变后的洋壳和沉积物中的水简单地返回地幔，那么海洋将在短短数亿年内随着水返回内陆而逐渐变空；因为水是生命所必需的，那行星将变得不再宜居。

12.8   板块再循环的最终后果

板块在汇聚边界后，将会继续进入地幔，而且并非所有转移到地幔楔的物质都能到达俯冲带火山中去。因此，一些脱离板块的物质仍然保留在地幔中。俯冲的最终产物随着时间的推移逐渐混合到地幔，在地幔演化过程中起着至关重要的作用。

这种循环最重要的后果之一是来自水在地幔黏度中起的作用。虽然大部分水返回地表，但有一小部分再生水能够被列入名义上是无水地幔矿物——那些分子式中没有"OH"的矿物，但在矿物结构中可包含百万分之十的水。

因此，地幔矿物通过与板块的流体接触而变得"润湿"，水合矿物质比完全干燥的矿物质弱得多。少量的水使地幔的黏度降低了 1~2 个数量级。黏度的变化对瑞利数有显著影响，进而影响地幔对流的强度。一些科学家认为，金星没有板块构造，因为它的地幔是干燥的，因此很坚硬。地球上海洋的存在，加上板块构造地球化学循环，可能是地球内部和地表之间稳定、活跃的对流和交换的原因。

板块再循环的过程也影响着地幔的主要元素组成及其分布。循环再造的板块不同于在洋脊融化的熔体，它将地壳与残余地幔分离，并在会聚边缘进行加工。特别是 6 km 厚的地壳具有与地幔橄榄岩不同的矿物学、密度和物理性质。虽然从行星的角度来看，对流是强烈的，但它仍然是一个相当缓慢的过程，这是在固态下发生的。循环的物质不能有效地搅拌和均化进入地幔，而是以 Allègre 和 Don Turcotte 描述的作为"大理石蛋糕"的方式慢慢地变形和变薄。这个过程导致不同厚度的岩脉分布在地幔中 (图 12-12)。

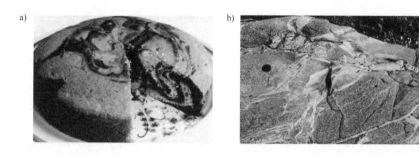

图 12-12 (a) "大理石蛋糕"概念的插图，其中地幔是多层次的混合物；(b) 分布多种岩脉的地幔岩露头，其中一些岩脉可能反映了再循环地壳(摄影：Peter Kelemen)

还有一种可能性是，一些俯冲板块，或其中的一部分，有足够大的密度使它们穿过地幔，并在核幔边界积聚。如果这个边界也是地幔柱形成的地方，地壳会优先形成地幔柱。然后这些地幔柱上升到地表，产生岩浆并释放挥发物。其中一些喷发物是非常强烈的，以至于对气候和生命产生重大影响(见第 17 章)。地幔柱将俯冲地壳和从地核到地表储层的热量输出联系起来。

由于循环地壳相对于周围地幔的熔融温度也较低，因此在地幔对流期间也更容易熔化，俯冲板块的低熔点是板块再循环的可能结果，而俯冲板块富含亲岩浆元素。所有这些不同的过程导致各种尺度上的地幔异质性——地幔组成的变化是由板块的再循环产生和保存的。这种异质性在几亿至数十亿年后，导致在洋脊和大洋岛屿上出现了一系列不同的玄武岩成分。大陆地壳形成和海水成分持续的补充使板块再循环形成异质地幔。

12.9 小 结

板块构造地球化学循环涉及地幔、地壳、海洋和大气。岩浆在洋脊上的侵位在地壳和深海之间产生了较大的温度差异，从而在山脊轴上形成了巨大的热液系统。这些系统提供了重要的海水源区和储库，极大地影响了海洋的化学成分。同时，地壳矿物转化为含有挥发物的矿物，如绿泥石和碳酸盐。

在板块通向俯冲带的过程中，低温热液环流和沉积作用继续影响着化学成分。板块在汇聚边界向地幔俯冲时，富挥发分的矿物经历变质并释放

出 H_2O 和 CO_2 以及 Na、P、K 和 Pb 等多种亲岩浆元素。水降低了板块的熔化温度，可能引起熔化，特别是上部沉积层的熔化。液体和含水的熔体很轻，向上渗透到热的地幔楔中。

在那里，它们降低了地幔的熔化温度，并导致富含水的岩浆形成，这些岩浆上升到地表形成弧火山。高含水量使得这些火山的喷发具有很强的爆炸性，因为水在喷发时脱气。

地球化学数据显示了大洋板块的俯冲物质对于形成汇聚边缘的重要性。汇聚边缘火山活动的奥秘，即火山如何在冷、不断下沉的环境中形成，可以理解为大洋中脊处火山活动的一个简单后果，伴随而来的热液相互作用向地壳中添加挥发物和其他元素，然后板块构造将这些挥发分和其他元素输送到俯冲带。从汇聚边缘火山喷发出来的水，源于通过在海平面以下约 3.2 km 处的洋脊处循环的热液系统产生的。

高含水量还有助于较低密度岩浆中的高 SiO_2 含量的组成，低密度地壳在地表稳定，不受俯冲作用的影响。由于汇聚板块边缘是大陆形成的地方，大陆的起源和继续存在取决于在海底的大洋板块的功能和再循环。大陆岩石的独特组成在很大程度上归功于板块之外流体中元素的运输，以及沉积物通过侵蚀、深海沉积和俯冲进地幔的循环利用。于是大陆成为海洋火山作用和板块构造在海洋下发生的自然产物。正如我们在第 9 章中看到的那样，海洋本身能够存在是因为气候反馈，包括大气与太阳的相互作用以及由俯冲控制的二氧化碳循环。板块构造的地球化学循环也可以维持板块构造的持久性和地幔对流的活力，因为循环水使地幔黏度降低了 1~2 个数量级。这也有助于地幔柱从整个地幔上升到地表形成地表储层的可行性。大气、海洋、洋壳、地幔、地核、大陆和板块构造形成了一个相互联系的系统，维持着我们这个宜居星球的生存条件。

补充阅读

Morris JD, Ryan JG. 2003. Subduction zone processes and implications for changing composition of the upper and lower mantle. In: Carlson HW (ed.), The Mantle and Core, vol. 2 of Treatise on Geochemistry. Oxford: Elsevier Science, pp. 451–470.

Special Issue on InterRidge 2007. Oceanography 20, no. 1.

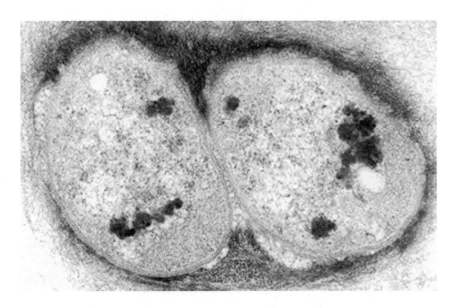

图 13-0 一个微生物细胞完全分裂的透射扫描电镜图像。细胞膜使细胞质和外界基质分开。放大倍数 20000 倍(图像得到作者 M. Halit Umar 和版权所有者©Microscopy UK or their contributors, Copyright 2000 许可)

殖民地表 作为一个行星过程的生命体起源

　　生命的起源是我们这个宜居星球发展过程中鲜为人知的方面。有证据表明，最原始的生命在30亿~35亿年前诞生，但只有最近10%的地球历史才有完好的化石记录，那是约5.43亿年前的寒武纪早期。地球最早期的历史，也就是生命可能起源的时期，根本没有直接的记录。了解生命的起源需要深入的研究工作，以推断出隐藏在最深处的行星的演化历史。

　　最重要的生命起源证据来源于生命本身。生命取决于α粒子核素碳，它能形成各种类型、各种大小以及各种氧化状态的三维分子，氧化状态的分子能促进电子转移过程的发生，而电子对生命的能量传递至关重要。其他构成生命的关键元素是H、O、N和S，这些元素占了生命体的98%以上。S元素在生命体中起着关键作用，但实际浓度很低。所有这些元素都是核合成时大量产生的。除了氢和构成岩石的重元素等少数几个外，生命的化学物质组成其实和太阳的非常相似，这表明了核合成对生命发展的强大影响。

　　从所有生物体的共性可以明显看出生命的起源是单一的。所有的生命体都是细胞构成的，最原始的单细胞生物和现在的大部分原始生物有着很多相似之处。现今的所有细胞与碳水化合物、脂类、氨基酸和核酸基本组成部分都具有相同的分子，而氨基酸具有特定手性——左手手性。所有细胞也具有相同的化学机理，其中最核心的是控制细胞运作的从DNA到RNA到蛋白质的通路、DNA在遗传中的作用，以及通过三磷酸腺苷(ATP)储存和释放能量的过程。

　　生命体的统一性和生命随着时间推移的逐步进化指向第一个共同祖先，即产生所有后来生命进化的原始细胞。生命体的起源可以看作是通向第一个细胞的一系列步骤。这些步骤包括：(1)在适宜的物质状态下形成分子构建块；(2)由简单的分子构建复杂的分子；(3)形成包裹细胞内容物的外膜；(4)手性选择过程；(5)自我复制的化学循环。前三个步骤已经有明确的证据了，后两步也有一定的可能性。

生命往往被视为违背自然，因为有了生命就意味着提高序次、降低熵，这似乎违反了热力学。生活中也有许多鸡和蛋的悖论。但实际上，日益提高的序次是可能的，因为生命是一个嵌套的系统，即从太阳和地球中转换能量。在更大的系统中，生命促进了能量的转换，而且比没有生命的系统更快地产生熵。先有鸡还是先有蛋的问题是不可避免的，因为这是一个不断进化的、相互依存的化学循环序列。这样的过程有着自我维持的巨大优势。

生命体的起源与进化实际上是一个太阳系的演化过程，它从太阳和地球获得能量，并且完全依赖于行星的周期。如果不探索行星形成的条件，则生命的起源是无法解决的。如果生命被看作是一种有效的、自然的行星过程，那么它很可能在整个宇宙中无所不在。

13.1   引　言

现在的地球已经完全被各种生物所占据。从微观角度来看，数以百万计的物种占据着每个生态位，其中大多数尚未被确认，甚至包括那些明显相互敌对的个体，像油田中的盐卤水、有毒的废料堆或者地壳深处的裂缝。而生命是如此灿烂以至于每毫升海水中包含超过千万个微生物，人的皮肤上每平方厘米都是由数百万微小菌落组成的动物园，它们靠着我们的废弃物而生。那这些生命从何而来，又从何而始呢？生命是由行星的意外事件产生的，还是行星正常运转的一部分？生命是地球表面被动的过客，还是行星系统不可分割的一部分？居民是否影响并改变了星球的居住性？接下来的章节将讨论这些问题，它们对于我们理解地球这个宜居的星球至关重要。

13.2   生命体和宇宙

生命是一种基于分子的化学现象，分子以复杂的循环在生物体内部和生物体之间传递物质和能量,并与环境进行交换。就像地球本身一样,生命也是一个系统,并具有第 1 章中概述的生命体的自然系统的特征。生命体与其他自然系统的区别在于,它能够接受达尔文的进化论。生命也是基于一种与构成固体行星的岩石和金属截然不同的化学结构。然而,生命体和岩石也有共性,那就是它们都取决于占据在周期表中间位置的单个元素的化学行为,具有+4 价,使得键在三维空间中可以构建三维模块。对于岩石来说,+4 价的元素为 Si,且基本构建块是在第 4 章讨论过的二氧化硅四面体。而对生命体来说,+4 价元素是碳,其结构是几乎所有生命赖以生存的有机分子。作为 α 粒子的核素,碳和硅在宇宙里都非常丰富。

那么在元素周期表中间的其他元素呢?在元素周期表中,碳和硅元素下面是锗(Ge),这也是一个+4 价元素,也可以形成一类复合的三维分子,称为锗酸盐。然而锗的质量有 72,远高于 Fe 的 56,而且恒星中几乎没有锗。它尽管是一种难熔元素,但在地球上的丰度仅为硅的百万分之一——比硅低 25 万倍。核合成的恒星过程使得锗在与行星的重要性相比时变得微不足道。

与硅相比,碳有五大优势,它们可以有更复杂的三维结构、更加多样的化学反应且更容易进行化学运移:

(1)在正常的行星条件下,碳既能与其他元素结合,也能与自身结合。碳碳键是许多有机分子的骨架。

(2)有机分子可以弯曲和褶皱,形成大型复杂的三维结构,如蛋白质和 DNA,它们是生命过程的核心,而硅酸盐矿物相对来说是具有刚性和不易弯曲的。

(3)碳形成各种常见的分子,它们可以是固体(如骨、石灰石和木材)、液体(如酒精、汽油和丙酮)和气体(如二氧化碳和甲烷)。在相同的温度和压力下,这使得碳在固体、液体和气态储库之间的运移和交换成为可能。

(4)碳可以形成分子,其中一些可溶于水(如糖和酒精),一些不溶于水(如木材和石油),使固体和液体之间共存并交换。

(5)碳可以有多种价态(如 CO_2 中 4+、C 的中性和 CH_4 的 4−),使电子转移反应允许能量流动和储存。

碳键更大的弹性导致分子的组合比硅酸盐要大得多,与成百上千万的硅酸盐矿物相比,已知的有机分子有数百万种(图 13-1)。与硅酸盐不同,有机分子的变化和调整的能力几乎是无限的。它们能够以不同的物态存在,并在流体中保持一种稳定形式,而以另一种形式随流体迁移则是允许化学循环。电子传递过程允许从环境中吸取能量(例如通过进食或光合作用)及其存储和传递，允许生物体内和生态系统中的能量系统的存在。固体地球的质量和能量的转移是基于数千年到数百万年的地质时间跨度，并且主要依赖于温度和压力的巨大变化来实现状态的变化和能量的转移，而有机化合物可以在不同的时间尺度上发挥相似的作用，这些时间尺度与细胞内部短于微秒的能量转化有关,也与食物储存以及通过生态系统传输物质和能量转化的时间跨度长达数年至数十年有关。

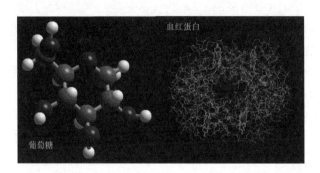

图13-1 简单和复杂的有机分子的球棒模型。左边是葡萄糖$C_6H_{12}O_6$,由24个原子组成,分子量为180。有4个键的灰色球是碳原子。右侧是血红蛋白($C_{738}H_{1166}N_{812}O_{203}S_2Fe_4$),分子量约为67,000。每个小点都是一个原子。大的灰色小球是血红蛋白中的4个铁原子。血红蛋白是一种由20种不同类型且具有574种氨基酸组成的蛋白质(亚利桑那大学)

关于宇宙中的生命和地球上早期生命的最大问题之一，即是否可能存在其他与我们的生命形式完全不同(例如不以碳为基础)的生命形式。虽然我们不能明确排除这种可能性，但从刚刚有可能出现一个以碳之外的元素为基础的生命系统的角度来看，这种可能性似乎确实很遥远，特别是与碳基生命系统相比，硅酸盐生命有着巨大的劣势。相反，从我们有限的样本看来，核合成产生的元素丰度和周期表中的元素性质直接导致了这一结果。对 Si 和 Fe 起核心作用的金属和硅酸盐形成了岩石行星的三维结构，而对 C 起核心作用的有机分子形成了生命的结构。它们都是在宇宙中大量产生的,依赖于元素周期表中揭示的基本原子结构所具有的独特特征和三维能力。

在第 6 章中，我们能够了解整个地球中不同元素的丰度。通过将它们与太阳和陨石中的非气态元素进行比较，我们注意到球粒陨石和固体地球之间的整体对应关系，并根据不同元素的相对波动性进行了调整。这导致了人们对占地球的 90%以上的铁、镁、硅和氧的主导地位的认识。

由于固体行星系统主要由 4 种元素组成，所以有机生命也主要由几种元素组成。以原子数计算，H、O 和 C 占人体的 98%，以重量计算占 93%。接下来的 3 种最丰富的元素是 N、S 和 P。99%的有机分子由这 6 种元素组成。很明显，生命的化学成分与岩石和金属有着根本不同，我们人类不仅仅是由具有代表性的地球碎片组成。

然而，如果从宇宙的角度来看待生命的化学成分，那么 H、C、O、N 和 S 占据主导地位并不奇怪。对于固体地球，考虑到在行星形成过程中核合成的数量和挥发性元素的损失，我们可以理解元素 Fe、Mg、Si 和 O 的主导地位(见表 5-5)。我们同样可以理解生命的化学组成，认识到生命依赖于挥发性元素，并在很大程度上排除了主要进入岩石的难熔亲石元素和进入地核的亲铁元素。让我们从这个角度再来看一下元素周期表的前 28 个元素(见表 5-5)。氢是宇宙中最丰富的元素，对生命也是非常重要的。氦气和其他惰性气体都不具有化学反应性，因此不会显著地参与类似生命的低温化学体系。在宇宙大爆炸期间只产生了少量的 Li、Be 和 B。在核合成过程中产生的另外两种最丰富的元素是 α 粒子核素 ^{12}C 和 ^{16}O，而 ^{14}N 是它们之间在元素周期表上出现的偶数核素。所有这些都是由核合成大量产生的且是生命的核心。F 和 Na 是奇数，Ne 是惰性气体。Mg、Al 以及 Si 含量丰富，但都是难熔的亲石元素。P 起初看起来更像是一个谜，在元素周期表上，它紧挨着 Si，低于 N，在核合成过程中产生了大量的核素，但远远小于 α 粒子核素和 N，否则它就成了主导元素。当我们注意到 P 是重要有机分子的共同组成部分时，这一矛盾就容易解决了。例如，位于生命能量转移中心的三磷酸腺苷分子含有 3 个 P 原子和 44 个 C、H 和 N 原子。磷的作用非常重要，且它的整体丰度小。S 是生命中第二丰富的元素，也是一个 α 粒子核素，虽然它是生命的中心，但实际上相对丰度很低，这可以通过它与 Fe 的结合和融入核心来理解。所有比 S 重的元素要么是奇数的，要么是惰性气体，要么是亲石的和/或亲铁的。

图 13-2 形象地显示了除惰性气体和成岩元素 Fe、Mg、Si、Al 以外的所有元素，太阳丰度和人类丰度之间存在相似的对应关系。从宇宙的角度来看，生命的化学成分是有意义的。从化学角度来看，生命是固体地球的补充。固体地球代表太阳和太阳系减去大部分挥发性成分，而生命代表了太阳和太阳系减去构成固体地球的岩石和金属元素。

当然，像水和二氧化碳在行星系统中起着重要的作用，Fe、Ca、Zn

等微量元素在生命系统中起着非常重要的作用。骨头和骨骼需要钙。血红蛋白含有 Fe 作为其中心和重要分子。大约半数酶都有一个金属原子作为重要成分。生命的化学成分是完全行星化的。

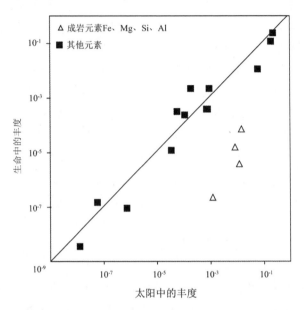

图13-2   Li、Be、B、C、N、O、F、Na、Ca、Al、Si、P、S和Fe在活组织和阳光下的相对丰度比较。所有值被归一化为H/1000。注意，除了强烈亲石的Si、Al、Mg和亲铁的Fe，生命和太阳在相对丰度上有着广泛的相似性

13.3   生命的统一

对我们大多数人来说，对周围生活的印象是非常多元化的。在陈旧食物、巨大的红杉、牡蛎、眼镜蛇、蟑螂和人类身上生长的霉菌看起来非常不同。同时，我们也看到不同种类的哺乳动物和许多开花植物有许多共同点。

虽然我们往往能看到活的生物体之间的差异，并会惊叹于生命体的多样性，但在微观和分子水平上对生命体的探索提供了一个非常不同的角度，表明所有生命都具有基本特征。这一事实允许生命体起源的问题可以归结为最简单的单细胞有机体的起源,这种单细胞生物具有今天所有生命所共有的基本特征。这些特征是什么呢？

13.3.1 生命体是细胞

所有的生命都是由具有相似属性的细胞组成的。无论一个有机体是单细胞细菌还是组成人体的大约 210 种不同类型的几万亿细胞的复杂组合，生命都是细胞的 [1]。图 13-3 显示了单细胞真菌与人体细胞的比较。在显微镜下观察任何生物体，它们都是由细胞组成的，其外部的细胞膜提供了一个与外部世界的接触边界，在这个边界上进行选择性运移，而内部则是类似的分子和类似的地球化学反应及循环进行新陈代谢和复制的地方。动物细胞和植物细胞有重要的区别(植物细胞也有外壁，纤维素是最重要的分子)，但是它们的相同点更多。

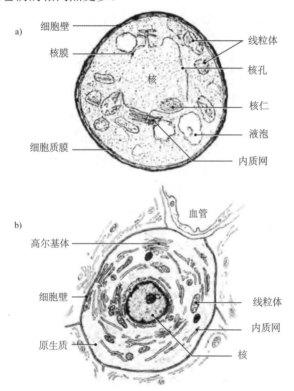

图 13-3 两种真核细胞的比较。(a) 真菌细胞; (b) 人类细胞。注意两种细胞在外观和结构上大体相似，包括外部细胞膜、细胞核、细胞器和原生质

---

[1]病毒是这一现象的一个明显的例外，但它们并不独立于赖以复制的细胞生命而生存。

13.3.2 所有的生命体具有相同的分子组合

20 世纪下半叶见证了生物化学的兴起，人们可以在分子水平上研究生命。对生命的详细研究发现，所有生物体之间还有更多惊人的相似之处。在原子层面上，这种相似性是通过构成所有生命的少量元素来表达的。反过来，这些元素结合起来形成少数的组成单元，如 H_2O、CH_4、NH_3、CO_2 等，这些组成单元又结合起来形成具有巨大多样性的大有机分子。

这些较大的分子，即便在细节上显示出巨大的多样性，仍可以分为四组大分子，即碳水化合物、氨基酸、脂质和核酸。它们是所有细胞共有的，即满足细胞的基本功能。

碳水化合物是细胞运作的燃料源。碳水化合物是水合的碳原子——也就是碳原子与大量的水分子结合。通过氧的光合作用产生有机碳的化学反应为：

$$CO_2 + H_2O + 能量 = CH_2O + O_2 \tag{13-1}$$

需要注意的是，二氧化碳中+4 价的 C 变成 CH_2O 中的零价态，两个氧的价态从–2 改变到 0，这是电子转移到碳原子中的结果。这种电子的转移是大多数有机反应的核心。碳在这方面比较特殊，因为它可能会失去或获得多达 4 个电子，并有一个完整的电子壳层。

一种简单的碳水化合物，如葡萄糖(图 13-1)，有着简单的分子式 $C_6H_{12}O_6$ 和结构。果糖具有相同的分子式与不同的原子结构。果糖和葡萄糖结合形成蔗糖。也有非常大和复杂的碳水化合物，如淀粉或纤维素，它们的分子式由几百个或更多的原子组成。

碳水化合物的氧化释放出的能量可以通过反应被细胞利用，这些反应可以简化为，例如：

$$C_6H_{12}O_6 + 6O_2 = 6CO_2 + 6H_2O + 能量 \tag{13-2}$$

当电子转移与反应式(13-1)的方向相反时，有机碳转化为二氧化碳，并产生能量。当我们在壁炉里烧木头时，可以促进这种电子转移，并在这一过程中产生热量。我们的身体以一种更可控的方式"燃烧"碳水化合物来产生细胞新陈代谢所需的能量。

脂质比碳水化合物的氧含量少得多，所以碳还原性更强。由于发生了较大的电子转移，势能较高。脂类是一种非常有效的储存每一分子高能量的方法，我们的身体将碳水化合物转化为脂肪，以紧凑的形式储存额外的食物能量。脂质是在动物中发现的脂肪和在植物中发现的油类，它们还有其他功能，例如创造细胞膜的基本结构。

蛋白质由 22 种氨基酸构成。氨基酸都具有一种特殊的化学结构，由一个中心碳组成，中心碳的四个键与一个"氨基"基团(NH_2)、羧基(COOH)、氢原子和一个称为 R 基团的侧链相连(见图 13-4)。所有氨基酸的前三个基团是相同的，因此可用 R 侧链的分子来区分氨基酸种类。氨基酸的化学式可写为 $H_2NCHRCOOH$。R 基团的分子可以是疏水的——即它们不想与水共存，也可以是亲水的——希望紧挨水分子(后一类的氨基酸被称为极性类)。第三种类型的氨基酸，称为带电类，它含有一个正或负电荷的 R 基团。在这些类型中，氨基酸也可以有不同的大小和形状。在陆地生物中发现的最大(也是最稀有)的 R 基团，例如色氨酸，其 R 侧链由 18 个原子组成。最小的甘氨酸 H_2NCH_2COOH，只有一个氢原子作为它的"R 基团"。在实验室中可以合成的氨基酸比作为陆地生命的蛋白质构建分子存在的氨基酸多得多。氨基酸也普遍存在于碳质球粒陨石中，是星际空间分子形成的重要有机成分。

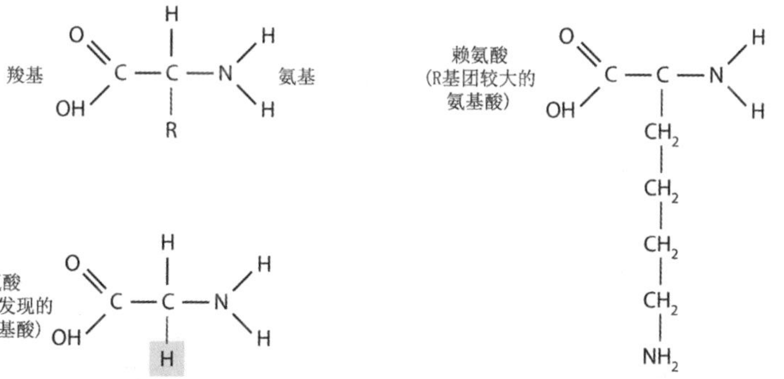

图 13-4 氨基酸的一般结构。氨基和酸性基团是所有氨基酸都具有的，R 基团从一个氨基酸到另一个氨基酸是变化的，如甘氨酸简单的 R 基和赖氨酸较大的 R 基

氨基酸的一个重要方面是，羧基和氨基可以连接在一起形成一个肽键(图 13-5)。这种氨基酸结合在一起的通用能力使得构建巨大的蛋白质分子成为可能。这些蛋白质形成超过 10000 种不同的分子，包括生物的基本结

构以及酶、激素等。它们参与氧气输送、肌肉收缩和无数其他代谢活动。如果把蛋白质看作"单词"的话，那么在生物体中发现的 22 个氨基酸就是蛋白质的"字母表"，它们的组合能够创造出活生物体中发现的蛋白质的巨大差异。氨基酸可以构成非常复杂的分子。例如，血红蛋白是一种化学式为 $C_{2952}H_{4664}N_{812}O_{832}S_8Fe_4$ 的蛋白质，由围绕着 4 个铁原子的 500 多个氨基酸组成。

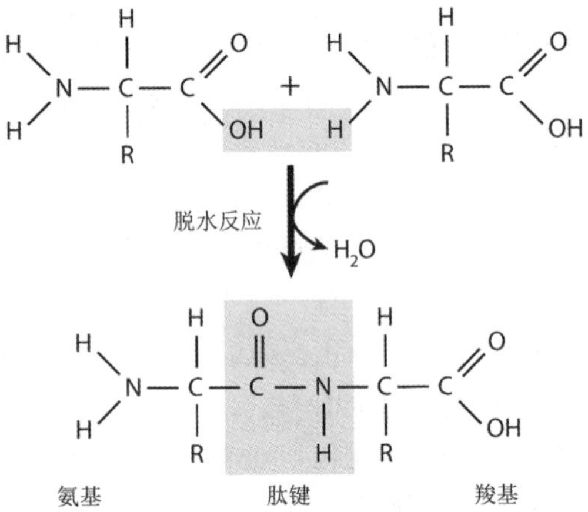

图 13-5　氨基酸结合形成蛋白质的肽键反应的图解。注意这个反应包括脱水，两种氨基酸的氨基和酸基结合会脱去一个水分子。蛋白质一般由数百个氨基酸通过肽键反应结合而成

　　每种类型的氨基酸也可以以左手手性和右手手性的形式出现，它们可以是彼此的镜像(图 13-6)。此手性对于氨基酸如何结合是非常重要的。例如，如果一个人使用左手，另一个人用右手，那么用传统的方式握手是非常困难的，而且将左右手互相堆叠以至重合是不可能的。具有不同手性的分子对身体的影响也可能非常不同。例如，在 20 世纪 50 年代，沙利度胺是一种有效的抗抑郁药物，适用于孕妇，但在制造过程中产生的少量右旋形式会导致婴儿出生缺陷。

　　大约有 70 种氨基酸可以在实验室中产生，所有这些氨基酸都具有右旋和左旋形式。地球上生命体的显著特点是，所有的生物体只利用了 22 个左旋氨基酸。

　　核酸在细胞内执行信息、通信和记忆功能。和氨基酸一样，核酸也有共同的结构，具有 1 个糖骨架、1 个磷酸基和 5 个由嘌呤(腺嘌呤、鸟嘌呤)

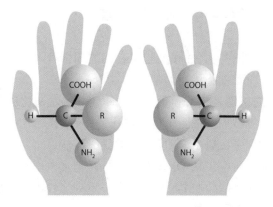

图 13-6　氨基酸分子手性的说明。左旋氨基酸和右旋氨基酸都是在大多数自然过程中形成的，但生命体只使用左旋氨基酸。这需要一个早期选择的过程，能够在两者之间进行区分。注意蛋白质的形状，当这两种形式通过肽键连接在一起时，根据手性会有很大的不同(图片由 NASA 提供)

以及嘧啶(胸腺嘧啶、胞嘧啶、尿嘧啶)这两类化合物组成的碱基团。脱氧核糖核酸(DNA)利用腺嘌呤、鸟嘌呤、胞嘧啶和胸腺嘧啶，而核糖核酸(RNA)利用尿嘧啶代替胸腺嘧啶。核酸的重要特性是它们形成互补链，这使得分子能够复制和传递。RNA 可以与 DNA 匹配，携带制造蛋白质的细胞的其他部分所必需的信息。DNA 可以分裂和复制，将几乎相同的信息和指令代代相传。

　　这四类分子可以从组织的角度来看，其中每一类分子都提供了一组不同的功能：能量来源、能量存储、结构以及指令和传递。碳水化合物是直接的能量来源，碳水化合物氧化回 CO_2 加上 H_2O 则是细胞运作的基本燃料。脂质可以有效地储存多余的能量，以备将来使用。过多的碳水化合物积累时，脂肪就会堆积起来，然后在粮食短缺的时候释放出来。脂质还有其他重要功能(如血液中的胆固醇)，也是细胞膜的重要组成成分。氨基酸结合形成了多样化的蛋白质，构成了生命体中的物理结构。它们还充当重要的酶，催化细胞高效运作。核酸为细胞内的以及代代相传的细胞运作和通信手段提供了指令包。在所有的生命中，所有的植物、动物和单细胞生物都使用相同的分子和相同的基本结构组织。从这些角度来看，生命是一个整体。

13.3.3 所有的生命体具有相同的化学机理

除了基本细胞外观的共性和细胞中存在的同样有限的分子群之外，有限的化学机理是所有细胞运作的基础。

也许最根本的机理是核酸和蛋白质之间的关系，在这种关系中，DNA中所包含的指令包被放入细胞中进行操作。DNA 携带的代码指定了哪些氨基酸将被添加到蛋白质中。RNA 读取代码，然后将其携带到可以放置适当氨基酸的蛋白质中。从 DNA 到 RNA 再到蛋白质是细胞活动的"中心法则"。每一种氨基酸在 DNA 中都由一系列三种不同的碱基（称为密码子）编码。由于有四个碱基，密码子指令的总数是 4^3 或 64，它们为 22 个氨基酸进行编码，以及执行"开始"和"停止"命令，这是必需的，因为一条给定的 DNA 链可能为许多蛋白质编码，所以 RNA 需要知道工作何时完成。由于可能的命令数量大于氨基酸的数量，所以存在一定的冗余，不同的密码子能够指定相同的氨基酸。这种蛋白质的合成、信息的存储和遗传信息代代相传的机制在所有细胞中都起作用。

每个细胞都有一个基本的能量驱动，即细胞膜上的电荷。这个电势就像一个微电池，能引起电子流动，这是细胞功能的基本化学反应所必需的。介导细胞转换的化学循环也非常相似。细胞能量的电流(将在第 15 章详细讨论)，是腺苷二磷酸(ADP)和腺苷三磷酸(ATP)之间的转换，涉及磷酸盐分子的添加或去除。在大多数细胞中，这种转换的基本机制是柠檬酸循环。它是一系列复杂的化学步骤，在 ADP 和 ATP 之间进行转换，并可以双向进行，这取决于能量是被利用还是被创造。

这些共同特征显示了地球上所有生命的巨大共性。所有生命体有相同的化学结构单元，细节到具有手性相同的、数量有限的氨基酸，并且由使用相同的基本机制来制造蛋白质，将信息从一代传递到下一代，以及生产、储存和使用能量的细胞组成。20 世纪后期的发现揭示了生命体从细胞到原子领域惊人的统一性。

13.4   最早的生命体

我们对地球上生命历史的认识是通过对活生物体的详细研究以及保存在沉积岩中曾经的活生物体的化石得到的(图 13-7)。化石记录揭示了生物的显著多样性，其中大多数在今天都没有活着的例子。

大部分非专业人士都没有意识到的是，可见的化石记录始于 5.43 亿年前，也就是前寒武纪和寒武纪的分界线。事实上，正是矿化骨骼的出现才产生了肉眼可见的化石，确定了这一界线。虽然 5.43 亿年以人类纪年标准是一个漫长的时间，但它只占地球历史的 12%。如果我们以 10 亿年前的地球作为参考，地球的历史还不到 25%，我们认不出这个星球：没有草、树木或灌木，没有植物；没有哺乳动物，没有鱼、蠕虫或昆虫。除了贫瘠的土地，我们没有什么可吃的，也没有什么可看的景观。从这个角度来看，时间旅行有它的缺点。

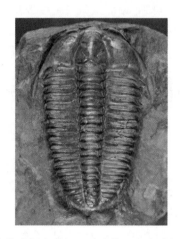

图 13-7 捷克波西米亚施洛泰姆寒武纪三叶虫化石。寒武纪以前(5.43 亿年以前)，没有发现过硬体生物化石(图片来自哈佛大学比较动物学博物馆)

然而，有大量的证据表明，早期的生命体并不具备可以作为化石保存下来的坚硬部分。虽然没有动植物，但最丰富的生命形式却蓬勃发展，无所不在。生命体是数以百万计的单细胞生物，是更复杂的多细胞生物的建造单元，它们在寒武纪大爆发。

单细胞生命体可分为原核生物和真核生物两大类(见图 13-8)。虽然这两组细胞都具有上述生命的共同特征，但它们彼此之间却有很大的不同。原核细胞通常较小，直径小于 1 μm(1/1000 mm)。它们有少量的 DNA，没有细胞核，并且可以在 20 分钟内分裂而使种群倍增。这些细胞的内部结构都没有分化。它们本质上是一个膜袋，含有细胞代谢和繁殖所必需的基本成分。在这些原始生物中，许多光合作用或呼吸作用的重要方面都发生在细胞膜上。

原核生物在我们身上、周围和体内继续以令人难以置信的丰富性而存在。虽然真核细胞构成了我们认识到的解剖学部分，但在一个人体内，原核细胞的数量是真核细胞的 10 倍。数十亿的原核生物围绕着我们，栖息在我们周围，小到无法看见。我们皮肤的每平方厘米都有数百万的微生物附着，腋下有十倍之多。更绝的是驻留在每个人的身体表面的微生物比地球上的人口数量还多。每立方厘米的海水包含 1000 万个这样的细菌。每立方厘米的土壤都是一个拥有一亿生物体的繁荣大都市。它们的多样性、数量和灵活性轻而易举地击败了所有动植物。它们是一个无形的世界，是大多数地球化学循环的基础，是使生命可持续发展的无形支柱。它们的影响无处不在，从土壤的健康、海洋的光合能力、人类消化系统的合理运行，到腐烂食物的发霉和许多疾病的发生。

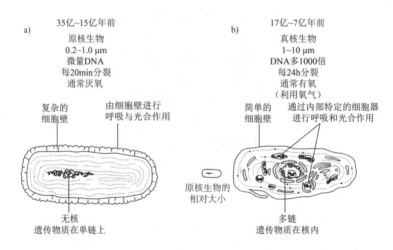

图 13-8　原核细胞和真核细胞的示意图。虽然图像的大小相同，但该细胞的实际大小是非常不同的。真核细胞左侧的小符号表示相对大小。原核细胞通常很小，一般长度不到 1 μm，而真核细胞通常是 10 μm。它们体积上有 1000 倍的差异，为真核生物是由原核生物之间的合并或共生关系进化而来提供了证据

与原核细胞相比，真核细胞是复杂的工厂。它们大得多(直径 1~10 μm，所以在体积上大 1000 倍)，内部结构复杂，细胞核中含有 DNA，内部由一系列称为细胞器的分子机器填充，这些细胞器承担呼吸(线粒体中)和光合作用(叶绿体中)等功能。相比之下，原核细胞的内部分化程度要低得多。真核生物的 DNA 比原核生物多 1000 倍，并在 24 h 内进行复制。

在真核细胞中起重要作用的细胞器有自己的 DNA，与一些原核细胞有强烈的血缘关系。琳·马古利斯(Lynn Margulis)首创的想法现在已被广泛接受。这个观点认为，真核细胞中的细胞器是通过在不同的原核细胞之间进化出共生体而发展起来的，这些共生体最终完全融合成独立的个体，保留了它们祖先的基本功能。真核生物可能是早期原核生物群落的进化产物。尽管如此，关于原始真核生物是如何产生的问题仍然存在着很大的争议。

大约 600 万年前出现的多细胞生命体是由真核细胞群组成的，而真核细胞群本身也变得专门化，以完成特定的功能。例如，在我们的身体中，肾细胞、肝细胞、神经细胞、血细胞、肌肉细胞等都是真核细胞，它们已经适应了自己的特定的、协调的功能。生命的整体发展可以简单地看作是原始的原核细胞的早期阶段，结合和转换形成更大、更复杂的真核生物，进而结合和转换形成多细胞。宏观生命浮现的早期阶段在寒武纪，现在形成了在我们身边可见的生命体。

13.4.1 生命体何时开始？

这些生命在历史上的总体趋势需要一个时间尺度，包括地质记录中第一个有机体出现的时间。虽然单个微生物太小，只有好的显微镜才能看见，但微生物的大型群落是肉眼可见的。对于地质记录来说，特别重要的微生物群落是那些创造岩石的微生物群落，它们被称为叠层石。叠层石是保存在碳酸盐沉积物中的生长结构，通常是由生活在浅海的光合微生物群落形成的。一些细菌的新陈代谢导致细胞间碳酸钙沉淀，活细菌向上朝着太阳繁殖，然后其上沉淀另一层薄薄的碳酸盐。几千年来，这样形成了一个独特的岩石结构。有时在特殊情况下，这些结构甚至能保存导致微生物沉积的细胞残留物，尽管在大多数情况下，碳酸盐的逐步胶结作用往往会破坏这些残留物。

叠层石可能存在于一些最古老的岩石中，在数十亿年前的地球早期历史中变得普遍，并保存在今天地球上的罕见环境中。因此，可以考察现在的例子，并试图把它们的沉积构造与那些可以在遥远过去观察到的联系起来。图13-9a显示了来自澳大利亚鲨鱼湾的经典叠层石的现代例子和类似于今天保存下来的叠层石的沉积结构，以及一些35亿年前地质记录中最早的岩石(图13-9b)。该叠层石的证据被一些人认为是35亿年前细菌生长旺盛的证据，其与最古老的岩石年龄相仿。

早期生命的进一步证据来自于稳定的碳同位素。生命体明显更喜欢较轻的^{12}C同位素而不是较重的^{13}C同位素，大约轻2.5%。利用在第9章中讨论的稳定同位素命名，2.5%的优先意味着生命体制造的碳化合物的δ^{13}C(^{13}C/^{12}C比率的标准化度量)比无机化合物如碳酸钙中的每毫升轻2.5%。

另一个证据来自生物标记，即不易分解的复杂有机分子，它们只可能是生命的产物。罗杰·萨曼斯(Roger Summons)和他的同事在27亿年前的岩石中发现了生物标志物的证据，表明地球可能在35亿年前已有生命活动。甚至有迹象表明，光合作用早在27亿年前就已经进化出来了，远远早于24亿年前大气中氧含量上升(将在第15章和第16章中详细讨论)。

然而，所有关于非常古老的生命体及其功能的证据都受到了质疑。约翰·格罗辛格(John Grotzinger)已经证实，类似于古叠层石的结构能够通

图13-9 (a) 来自澳大利亚鲨鱼湾的现代叠层石(图片来源：哈佛大学Paul Hoffman和Francis Macdonald)；(b) 右边显示的是在澳大利亚发现的形成于34.5 亿年Warawoona组的一个叠层石结构。一些迹象表明这些叠层石与微生物团形成有关。比例尺：15 cm(图片来自Andrew Knoll, Harvard University, based on Allwood et al., Proc. Natl. Acad. Sci. 106 [2009], no. 24: 9548–55).

过无机过程形成。来自碳化合物的证据也有一个问题，那就是所讨论的岩石在地球历史上存在了数十亿年，而在这一时期，生命一直存在。所有通过地壳裂缝和孔隙率循环的水都含有微生物，要使岩石在数十亿年的时间里不受这些影响是极其困难的。此外，石油化合物是由生命物质构成的，因此包含"轻"碳，它们在地壳深处形成，并四处迁移，从而提供了进一步的混染源。由于这些原因，来自碳化合物的证据不能被认为是决定性的。事实上，最近详细的研究表明，27亿年岩石中的生物标志物证据来自年轻的化合物，而非古老的化合物，这就排除了光合作用开始于非常古老时期的主要证据。

因此，确定最早生命的存在需要证据和推理、可靠的视觉证据、碳同位素、岩石的原始程度、它们来自什么地质环境等。缺乏碳同位素、微体化石和生物标志物的结构证据来自34.5亿年前的叠层石组合(图13-9b)，最确切的证据(截至2010年)来自于32年亿前的岩石(图13-10a)，其中的结构，如细胞膜都还保留着来自远古的微生物。许多地质学家还认为，从35亿年岩石和碳同位素的证据表明，那时存在着生命。光合作用合成的蓝藻被发现于距今20亿年的古老岩石中，其发生时间一定早于20亿年，这也是大气中氧含量第一次上升的原因。如果34.5亿年的叠层石包括光合细菌，那么光合作用的开始可能要早得多。清晰的视觉证据显示真核生物出现于15亿年的岩石中(图13-10b)，且有它们大量存在于20亿年时的证据。

从原核生物到真核生物再到多细胞生物体的进化过程与相关生物体的最大尺寸有直接的关系。乔纳森·佩恩(Jonathan Payne)和其他人从不同的证据中观察了生物体的最大尺寸，绘制出了一幅最大尺寸的时间图，很好地显示了生命随时间的发展(图13-11)。所有这些证据表明，我们所能识别的最早的生命体与原核生物类似，它们的祖先至今仍在繁衍生息。从地质学家的角度来看，这是很大的福气，因为对原核细胞和它们今天所形成的群落的研究，为我们在岩石记录中寻找原始原核生物何时首次出现提供了线索。生命起源的问题可以简化为我们所知道的最简单生命的起源，即一个具有必要特征的细胞，它是所有后续的生命体的共同祖先。

13.5 生命体起源

上一节中给出的背景为更好地理解生命的起源提供了一个框架。生命

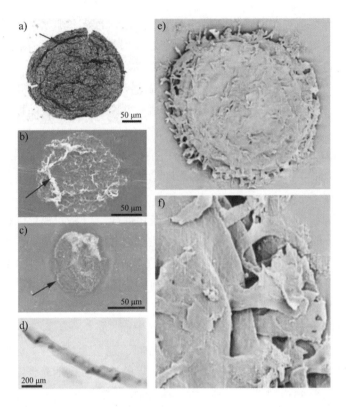

图13-10　早期微化石的图像，用透射光显微镜、背散射环境扫描电镜和透射电镜对图像进行分析。左图(a)–(d)图像解释为32亿年前岩石中细胞生命的特征(Javaux et al., Nature 463(2010):18)。右图是来自中国华北汝阳群真核生物*Shuiyousphaeridium macroreticulatum*，显示出约15亿年的真核细胞存在的确切证据(e)，照片尺寸约300 µm宽和(f)细胞特征，具约40 µm宽

是在地球早期历史上进化而来的，最有可能是在缺乏直接证据的 35 亿年前。今天所有的生命体的化学成分都有着惊人的一致，映射出太阳系以及一个表明所有生物体之间的关联性的大的特殊过程。进化的生命可以理解为从最简单的原核生物进化而来的一种渐进的发展，我们今天可以对其进行研究，并在岩石记录中找到证据。于是，生命体的起源就变成了一个问题：早期的地球环境是如何在相当短的时间内，在行星历史的早期，孕育了所有生命中最原始的共同祖先的？什么是这种最简单的生命体形成和发展的必要步骤？

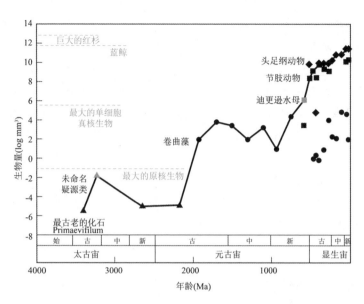

图 13-11 岩石中的以及现今的生物最大体径随时间变化图。三角形是原核生物，圆圈是真核生物，正方形是动物，菱形是维管束植物(修改自 Payne et al., Photosynth. Res. (2010) Doi 10.1007/s11120-010-9593-1)

　　50 年前，这个问题还不容易被科学研究所发现，那时还存在着很大的挑战，但现在已经不是这样了。随着对细胞分子机制的了解程度不断增加，使生命体运行的化学描述比以往任何时候都要准确，而对早期行星环境认识的不断发展，导致了在特定的实验室中可以研究这种机制的潜在发展。当生命的起源不再是一个模糊的概念，生命起源的面纱如何解开？这可以被分解成一系列更具体的问题。由于人们对早期行星环境的了解越来越多，在没有生物存在的情况下，构成生命体的各个组成部分是如何自然形成的呢？基本的有机构成是如何形成的？这些分子如何结合成所需的更大的聚合物？细胞膜的基本构成是如何形成的？稳态的化学循环是如何产生的？

　　这种从无法估量的大问题到集中的、具体的问题的转变是科学发展的特征。在这本书中，我们也遇到了一些问题，这些问题不久以前还是无法估量的奥秘，现在却要靠定量的理解来揭示。宇宙是如何开始的——现在从大爆炸的证据中可以发现。这些元素来自哪里——对恒星内部的理解可以看出。地球有多少年的历史，以及它是如何保持足够的温度，使其在如此长的时间内处于地质活跃状态——从放射性和对流的发现中可揭示。家族相似性等特性是如何代代相传的——从 DNA 的结构中揭示。为什么大陆像个谜一样横跨大西洋——从板块构造作用揭示出。"生命体是如何起源的？"——是生命的又一个重大问题，现在还无法得到满意的解释。我们将在本章的其余部分看到，由于能提出的问题越来越精确，对生命起源认识的架构正在迅速发展。所谓"构架"，我们指的是解决方案的整体结构，在 21 世纪的未来几十年可能会出现更令人满意的理解。该构架来自于两个方向：

(1) 通过化学生物学的持续革命，能更透彻地了解生命是如何运行的；

(2) 对现在和过去的行星环境进行更彻底的调查，可能为形成早期生命提供物质和能量流动。

13.6　创造生命体的步骤

对生命史的理解告诉我们，我们所知道的、在化石记录中最容易发现的最原始的生命体是原核细胞，它包含着构成所有复杂生命基础的基本化学结构。化石记录表明生命的逐步多样化和不断增长的复杂性，进化论为这种发展提供了框架(参见第 14 章)，而对 DNA 的理解提供了它发生的详细的化学机制。化石、进化和化学生物学都结合在一起，把最原始的细胞同现在的多样性联系起来。但是，这种情况并非如此简单，因为没有一种已知的有机体可以被放在生命树的底部，而所有其他生物体都可以从生命树的底部进化而来。所有现在的生命体都是进化的，而生命进化的最早记录至今仍然是个谜。今天的原核生物并不是早期生命体的代表，而是经历了数十亿年进化的遥远的后代。然而，从生命体指向一个共同祖先的方向，我们可以推断出它们的特征。这种未知的有机体可称为通用共同祖先(universal common ancestor，UCA)。UCA 具有所有生命体所共有的主要特征：

(1) 所有细胞都是由相同的有限单元组成的，这些单元包括处于适当物质状态的 H_2O、C、N、P 等；

(2) 所有的细胞都有一层细胞膜，可以将有机体与其周围环境隔离开来，并进行化学交换；

(3) 所有的细胞都在同组的有机化学物质的作用下完成生命体碳水化合物、氨基酸、核酸和脂质的基本机制。所有的细胞都与左旋的氨基酸和

右旋的核酸一起工作,也就是说,它们有一个确定的手性,而不是随机的;

(4) 所有的细胞都有一个细胞组织来管理细胞内的化学循环,允许在面对环境变化时保持稳定状态;

(5) 所有的细胞都可以将信息复制并传递到下一代。

现在,我们开始探索这些步骤可能是如何发展起来的。

13.6.1 元素和简单分子的构建模块

氢、碳、氧和氮构成了细胞质量的98%以上。如前所述,生命体的基本组成部分是由核合成产生的最丰富的元素之一,在整个银河系中并不短缺。与特殊元素的存在相比更具挑战性的是,这些元素需要以精确的化学形式和物质状态存在。例如,目前大多数科学家认为,碳最初需要处于还原的化学状态,一些C与H结合而不是与O结合,因为还原形式的碳(CH_4)比氧化形式的碳(CO_2)更容易生成有机分子。

更重要的条件是液态水。所有的活细胞主要由水组成,细胞内约70%是水。水具有不同寻常的化学性质,这使它在维持生命和气候稳定方面发挥着重要作用。它是极性物质,这意味着许多物质可以溶解其中。我们将在下面看到,极性对于形成第一个细胞容器必不可少。它有很高的熔化热、汽化热和热容量,这使得它能在大变化的条件下保持液态。它的固体形式比液体形式轻,这增强了水体的对流和垂直循环。这些特性使水成为生命不可或缺的媒介。分子溶解在其中并被输送,它提供了一个持久稳定的环境,在这个环境中,生命开始所需的各种反应都可以发生。很明显,今天地球表面的水很丰富。在早期地球历史上,充满了陨石轰击,甚至被认为是导致月球形成的大规模撞击,都会导致表面温度升高,使水沸腾,因此,液态水在早期地球历史上不太可能存在。然而,正如我们在第9章中所看到的,液态海洋中锆石的氧同位素组成早在44亿年前就有证据。看起来液体水对生命起源不是一种阻碍,这远早于地质记录中的最初证据。

13.6.2 制作必需的生物化学装置

有了必需的元素和分子,下一步是形成有机分子,这是生命过程的基础。"有机"这个词被用于形容这些分子,是因为人们最初认为它们只能由活的生物体构成,而非完全由物理机制构成。我们现在知道,很多物理过程构建的有机分子那么多，很难知道其中哪些可能是最重要的。在第3章中，我们提供了在银河系星际介质中有机分子的证据，并指出今天到达地球上的碳质球粒陨石含有有机分子，包括氨基酸。对彗星的研究还揭示了有机分子的存在。因此，一种可能性是，地球上并不需要早期有机体成为生命体，因为它们是在行星的形成过程中从太阳星云非常小的环境中释放出来的。我们不能确定它们在多大程度上不会受到冲击的破坏，也不能确认它们有足量的数量。事实证明，地球本身也有多种方法可以形成简单的有机分子。

1952年，当斯坦利·米勒(Stanley Miller)在诺贝尔化学奖得主哈罗德·尤里(Harold Urey)的实验室里还是一个学生时，做了一项最重要的实验。米勒设计了一种装置(见图13-12)，将放电作用施加于水蒸气、CH_4、H_2和NH_3的混合物中进行蒸发和沉淀循环。这个实验产生了丰富的氨基酸及其他有机分子。随后在不同条件下进行的实验已经能够产生所有必要的氨基酸、糖、核苷酸以及生成三磷酸腺苷(ATP)所必需的碱基，而这些条件在地球早期的某些环境中可能已经存在。

另一个前景被看好的环境是深海热液喷口，那里具有对化学反应来说良好的属性——无处不在的海水、温暖的温度和大的温度梯度、包括氢气的气态化合物、其他还原分子、非均衡的条件、作为有机反应催化剂的金属、丰富多样的矿物表面，以及不同化学成分流体的混合，所有这些导致了许多化学反应的发生。这些条件往往难以在实验室中复制，因为这些反应往往不处于平衡状态，并发生在高温、高压和温度梯度很大的情况下。然而，从热力学角度计算出在各种条件下可能产生的各种有机化学物质已经付出了很大的努力。这些计算表明，热的、适度还原的海底水热溶液与海水的流体混合可以导致多种有机分子的合成。

各种实验、观测和热力学计算表明，氨基酸、脂质、碳水化合物以及核酸的组成部分可以在各种潜在的行星环境中形成。生命的许多基本分子成分的非生物假说已经得到证实，证明了形成生命所需的复杂有机分子的基本构建块的可行性。

13.6.3　构建复杂分子

今天生命中所涉及的分子大多比在实验中产生的简单构建块更复杂。一些较小的构建块需要联合起来才能形成更复杂的单体。例如，构成RNA

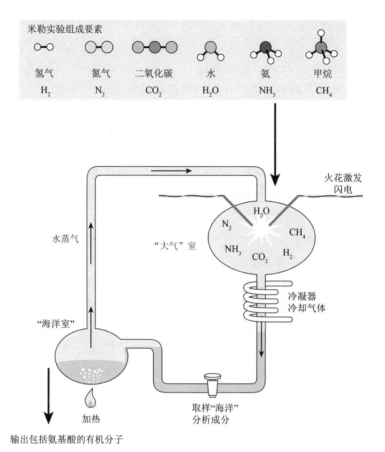

图13-12 米勒装置示意图，它表明大气过程能够产生多种有机分子，包括氨基酸

和 DNA 的核苷酸需要将碱基与糖骨架和磷酸基团连接起来。然后，单体需要以聚合物的长链聚集在一起，简单的分子群像链条一样连接在一起。氨基酸结合形成蛋白质和酶的显著多样性遵循非常具体的规则。核苷酸需要加入长链来组成 RNA 和 DNA 的核酸。单糖结合形成复杂的碳水化合物，同单脂结合形成大的脂质群，而脂质群又结合形成细胞膜。对生命体而言，下一步是形成更复杂的单体，并将它们聚合在一起。

人们已经提出了许多可能的制备聚合物的方法，并且正在进行积极的研究，但这些问题并不简单。由碱基、磷酸根和糖组分形成核苷酸并非是一个无明确解决方案的问题。单体存在后不会自动形成聚合物。这需要高浓度单体，因此必须以某种方式对单体进行浓缩。许多反应都涉及水的流失，当溶解发生在海水中时很难做到这一点。此外，氨基酸的聚合物具有左旋手性，而那些形成 DNA 和 RNA 的是右旋手性。聚合物不仅需要形成，还需要有一个区分左旋与右旋的选择性过程。这些挑战都还没有完全得到解决。

大多数生成更复杂分子的有机构建块的过程都是在稀浓度下发生的，这些分子之间的进一步化学反应要求它们变得浓缩。例如，如果一种氨基酸是在大气中由米勒-乌里(Miller-Urey)过程形成的，然后被雨水带入海洋，那么它在海洋中的浓度是微不足道的。此外，许多分子的寿命很短，因为它们逐渐被其他分子的化学反应或热或冷地调整过。因此，不仅需要制造出必要的分子建造模块，而且还需要浓缩它们，在它们分解之前可用的时间是有限的。

因为水是所有生命形成过程所需要的共同溶剂，水的冻结和蒸发是两种可能的浓缩机制。氨基酸可以通过从其稀释溶液中蒸发水而变得高度浓缩。这种结合氨基酸的键被称为肽键，是由脱水产生的，因此浓缩氨基酸的过程也可以促进它们的合成。例如，潮汐池可能在早期的地球上更为丰富，因为那时月球比现在更接近地球，可能会产生更大的潮汐，也可能会经历反复的补给和蒸发。这些浓缩过程也降低了系统的含水量，使脱水反应更有可能发生。例如，让含氨基酸的水在热岩石上蒸发可以导致肽键的形成和氨基酸聚合物的形成。

仅仅聚集有机成分并不足以形成生命有机体特有的化学特性，因为我们今天所知道的生命在分子的旋向性方面具有高度选择性。除了一种氨基酸(甘氨酸)外，所有的氨基酸都可以按右手和左手形式发生，而自然的行星过程能够使氨基酸产生大约等量的右手和左手形式的变体。只有左手形式的变体才能形成生物体。手性是至关重要的，因为蛋白质的物理性质是它们的一个重要属性，而这取决于许多氨基酸结合在一起组成蛋白质时的角度和弯曲方式。氨基酸的手性一致性是我们所知道的生命运行的核心。

手性对 RNA 和 DNA 也很重要，因为糖核糖能以左手和右手的形式出现。在自然界中，只有惯用右手的形体。这种选择性使右手双螺旋结构的形成成为可能，它总是朝着相同的方向旋转，而且与左手螺旋是对称的。选择性手性是陆地生物的一个重要方面。

选择性手性的起源尚不清楚。一些实验已经证明了使用左手组件可以终止右手螺旋的生长。在这种情况下，只有手性一致的螺旋才会生长，从而导致最终的成功。对于氨基酸来说，其手性的起源就更不清楚了。在活细胞中，手性是由参与蛋白质合成的酶控制的——它们是手性的，因此保持了蛋白质合成的一致手性。因此，手性选择性的开始似乎需要一个手性模板，而这只会选择性地与两种氨基酸中的一种结合，即使这两种氨基酸都存在于最初的化学溶液中。

一种推测是，矿物表面可能为聚集和手性问题提供了一种解决方案，而且还有助于从简单的有机构建块中形成更大的分子。实验表明，矿物质能在许多矿物分子上形成单层分子。黏土特别有趣，因为它们的分层结构和细粒大小提供许多规则的表面，这些对矿物表面分子层的排列很有用。这些表面提供了一种机制，使水分子聚集起来使表面结合的分子与水中其他分子相互作用，并形成聚合物，一个接一个单体被吸附到具有相同结构的矿物上。黏土具有足够细的颗粒并悬浮在水中，这使得它们具有更大的相互作用和运移的空间。一个有趣的可能性是，矿物表面也可能有助于单手性。有些矿物表面是手性的，吸附在其上的层也可能具有单手性。因此，矿物表面可能是分子聚集的场所，选择特定的分子，为聚合物形成提供环境，并且只接受具有相同手性的分子。

人们甚至推测，在早期的生命中可能会有左手和右手的形式。它们无法有效地相互作用，以一种形式发生的有机反应对另一种形式可能是无效的或致命的。这两种形式都生存下来是不稳定的，因此不可避免地会有一种死亡而另一种继续存在的情况。

13.6.4 细胞容器

所有的细胞都被包含在一个细胞膜内，它将化学物质与外界环境隔离开来，并允许物质选择性地跨膜运输，以维持细胞膜的稳定性、输入营养物、排泄废物。正如我们所知，创造一个合适的容器对生命至关重要。

膜容器的特性与水的特殊化学性质有很大关系。水分子的一端有两个带正电的小氢原子，另一端有一个带负电荷的大氧原子。这使得水成为带正电荷和负电荷的极性分子。这些末端像小磁铁一样排列，在液体中呈有序排列。水的极性对其他分子的溶解有很大的影响——极性分子一般溶于水，而非极性分子，如脂肪和油，则不易溶于水。有一类分子，一端是极性的，因此是亲水的，而另一端是非极性的，疏水的。亲水端喜欢溶于水，而疏水端则尽可能避开水。洗涤剂就有这样的特性，这就解释了为何它们容易形成泡沫。

细胞膜由脂肪酸组成。脂肪酸在形成后就非常稳定，不容易被破坏，其寿命可以让它们随时准备进行生命起源以前的过程。这些酸有亲水端和疏水端。当脂肪酸放入水中时，它们的亲水端更倾向于与水接触，而它们的疏水端则是孤立的。这导致了双层膜的形成，亲水端在外侧，而疏水端在内侧(图13-13)。更稳定的结构是将双层膜包裹成一个球体，其内外表面由分子的亲水端组成，完全将分子的疏水端与水隔离。这些被称为脂质体的小球与细胞膜的基本特征非常相似，尽管现代的细胞膜已经进化出许多复杂的细胞机制来促进细胞内部和外部环境之间的运输。

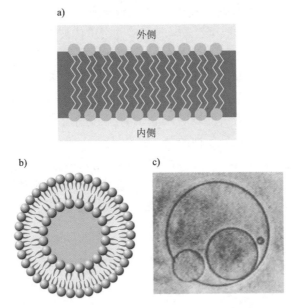

图13-13 早期细胞容器形成示意。具有疏水性和亲水性端部的脂肪酸分子形成双分子层，因此只有亲水端与水接触。然后它们弯曲成球形，脂质体(b)完全隔离了该层的疏水端。现代细胞膜有这种结构。图像(c)显示出了这种结构的实验形成，以及它们如何结合和掺入其他脂质体。它们也能够分裂和分离

　　这些不同的考虑表明了形成早期脂肪酸容器的一个简单过程，即可以在导致细胞前体的初始步骤中加入其他有机成分。

13.6.5 缺失的环节

　　在这点上，我们对生命起源的理解差距最大。到目前为止，我们已经讨论了生命必要元素的丰富性，制造简单有机结构单元的不同环境，单体

浓度和聚合物形成的可能性，选择一种手性的可能机制，以及细胞膜的产生。所有这些都是生命体形成的基本步骤，但生命是一种自我维持和自我复制的过程，且远远超出任何其他步骤。到目前为止，所讨论的步骤没有一个能把我们引向所有生命进化的共同祖先。从现在回溯那些不再存在的宇宙祖先的观点与通过早期行星过程向前看可以导致生命的基本组成部分的观点之间仍有很大的差距。尚未解决的缺口包含所有必要成分的共同作用以形成自我复制化学系统的基本步骤(见图13-14)。

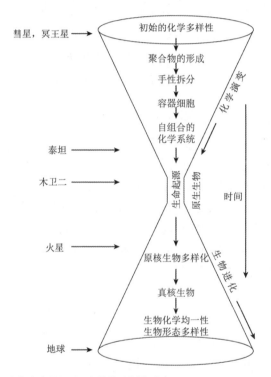

图13-14 我们对生命起源理解上的瓶颈(转引自Jonathan I. Lunine, Earth: Evolution of a Habitable World. Cambridge: Cambridge University Press, 1999)

　　许多方面使我们在理解上的差距极难填补。首先，我们看到的是一个广袤的时间，可能长达十亿年，但没有良好的历史记录。例如，在十亿年里可能发生很多事情，在大约一半的时间进程时，生命已经从单细胞生物进化成我们今天所看到的复杂生态系统。对广袤时间的认识是难以涵盖的。在这段时间内，可能发生了许多进程，小概率事件可能会成为必然。例如，如果某个事件有百万分之一的可能性，但有百万个机会，则该事件从不太可能就会变成不可避免。这就像一个人每周买一张彩票，持续一百万周，最终他会成为赢家。长的时间尺度给实验室试验出了一道难题，实验必须在几周到几个月的时间尺度上进行。

生命的发展也必须涉及许多连续的步骤，这些步骤发生在很少有约束条件的环境中。实验室通常试图探索和限制单一环境——黏土表面的实验，或与硫化物相互作用的热水反应，或大气中受到紫外线辐射的反应——新生生命卷入的交换和反应，而后者取决于地球所提供环境的多样性和它们之间的循环。在一个环境中产生的化学物质会被输送并与另一种完全不同的环境所形成的化学物质发生反应，而且可能会产生一些严重的灾难性事件，比如撞击彗星和陨石、大规模的火山活动以及气候的突变。我们知道，过去的10亿年里，这样的事件深刻地影响了生命，它们在地球的早期历史上的频率会更大。

很明显，我们所看到的现代生命过于复杂和相互关联，不能简单地把它与上面讨论的基本成分联系在一起。必须有一系列连接的中间步骤，把生命的基本组成部分与一个功能完备的自我复制系统连接起来。所有现代生命中的一个错综复杂之处是DNA、RNA和蛋白质之间的关系。DNA携带细胞记忆和指令，RNA读取指令，并使蛋白质和酶的构建成为可能。蛋白质和酶依次被用来使DNA和RNA之间的交流成为可能。因此，我们有一个经典的"鸡和蛋"的问题——DNA需要编码蛋白质的形成，而蛋白质需要DNA给出指示。这样的一个系统该如何演变？

随着生命体消失并进入下一阶段，对生命形成过程至关重要的某些步骤似乎不可避免地消失了。我们可以用一个简化的示意图来考虑这个问题。想象一下，在不同的环境中，一系列的化学反应最终产生了分子A和分子B。这些环境是特定于地球的某些时期的，现在已经不存在了。然后A和B反应生成分子C，C转而又形成A和B。它们成为一个稳定循环的一部分，这个循环包括能量的产生和释放，例如由阳光或热液喷口维持。从目前的观察来看，生成C需要A和B反应；反过来，生成A和B也需要C。这个化学循环又成"鸡和蛋"的特征。循环之所以存在，是因为它是一个循环，而不是一个单向的反应。然后，这个循环可以与其他循环交互，从而创建更复杂的关系，这些关系也会有从视图中消失的前兆。现在想象一下，科学家试图弄清楚在最后出现的这一切是如何开始的，却没有直接了解导致当前系统前身的环境。"鸡和蛋"的悖论来自于一系列的反应和关系，这种关系随着时间的推移而逐渐联系和发展。

DNA-RNA-蛋白质的循环是一个复杂的循环，包括无数个步骤，需要高度专一的酶才能使其有效。这肯定是由数千个微小变化的复杂过程造成的。这种认识导致了一种更简单的复制和蛋白质的形成，这种复制和蛋白质形成可能早于今天在生命体中存活的完全发达的系统。

一种观点是DNA-RNA-蛋白质连接之前，"RNA世界"中的DNA还没有起作用。RNA的优势在于它的核苷酸携带信息，比如DNA(在DNA和RNA的四个核苷酸中，只有一个是不同的)；它可以作为蛋白质结构的促进剂；它更适合于生命起源以前的合成。另一个支持RNA世界的观点是一种形式的RNA也可以作为一种酶，称为核糖酶的发现。因此，仅RNA就有可能实现原始细胞记忆、复制、蛋白质合成和酶活性的必要功能。这引出了"RNA世界"的概念，它可能先于一个更进化的世界，在那里，DNA具有从一代传到下一代的遗传记忆功能。DNA比RNA更稳定，是一种更好的细胞记忆的存储装置。从长远来看，DNA碱基系统将具有进化优势，而RNA世界可能是一个必要的但不再存在的前体。

13.7　对生命体起源的一些总则

我们所讨论的各个步骤显示了对生命起源的可证实的理解方面所取得的进展和存在的问题。科学文献中经常出现这一领域的重要新进展。问题之一是地球上环境的多样性。如果生命体是一个行星进程，那么它就不是一个试管的过程。例如，有人提出，古老的热液喷口是生命起源的有利地点。一些最原始的细菌是嗜热的，与通风口的位置一致。而热液喷口是能量聚集和化学梯度的源头，在很大程度上屏蔽了紫外线辐射和近地表储层的破坏性影响。这样的环境在实验室里是很难复制的——最现代的喷口生物体不能在实验室中培养。自然科学的方法是严格控制变量和实验参数，这些变量和参数可能是对生命起源各方面都很重要的、波动和多样的条件。更加可能的情况是，不同行星环境之间的相互作用是必要的。有了这个多样性和数亿年的时间，人类实验室的挑战是艰巨的。

然而，有一个更大的问题，那就是行星系统中是否存在生命的基本趋势，或者地球上的生命是否是一种罕见且极不寻常的现象，这需要采取一系列统计上不太可能的步骤。对于这个更大的问题，生命体的两个方面似乎特别令人困惑。一种观点认为生命违反热力学定律。在热力学中，总是朝着越来越混乱的方向发展，并且每一个过程中都会出现不可避免的能量损失，使你永远不会得到更多的能量。生命体似乎违反这些原则，因为它的出现是从无序到有序的，且伴随进化人类随时间的有序程度会增加。生命体似乎违背了这些原则，因为它是无序中有序的表现；在进化过程中，可以认为有序的程度随着时间的推移而增加。而且生命体产生能量——植物从空气和土壤中获取原材料，并通过光合作用将其转换为有更多能量的化合物，供动物的生命体消费。从氧中分离碳产生一种能量潜能，这种潜能可以被用在食物链上，也可用于燃烧，为现代文明提供动力。那么我们如何理解秩序和能量是在一个受热力学定律约束的宇宙中的创造呢？

能量问题可以通过这样一个事实来解决：有序和高能化合物是在嵌套系统中产生的，其中较小的系统正在利用来自较大系统的能量。巨大的能量流从太阳进入到大气层，又从地球内部进入大气层。地球表面的生命体依靠这些外部能源生存。在整个太阳系内，能量是向下流动的，大部分能量都流失了。植物利用太阳能，但效率不高，并且光合作用产生的能量比接收到的光子更少。因此，生命体对宇宙中能量的利用具有不可避免的低效。之所以能生命体，是因为它只是一个更大系统中的一小部分。我们的存在完全归功于宇宙源源不断的能量流。

不断升级的问题或许更耐人寻味，因为它似乎违背增加熵定律。然而，从热力学角度来看，生命是有意义的，如果再调整尺度，使大系统产生最大熵，即熵的变化率最大化；如果能产生更高效率的熵，其进程会更成功。从简单的物理系统中可以更容易地理解这一原理。如果一个平底锅有两个孔，一个大一个小，那么大部分水会从较大的孔中流出。如果有两个水轮，其中一个摩擦比较小，那润滑的车轮转速加快，并抽出更多的水，单位时间内会产生更多的能量。液体与对流取决于哪种过程更有效地耗散了可用的能量。如果岩石从斜坡滚落，会沿着最陡的路径运动。以最高效率利用可用能源的进程获取这些能源，并相对于效率较低的过程取得进步。最有效利用可用能源的过程可以获得这种能源，并且相对于效率较低的过程来说是"赢"的。

生命体也可以在这种背景下观察到。例如，一块木头与大气不平衡——木材中的有机化合物在氧存在时热力学不稳定。然而，干燥的木材在无菌环境中却腐烂得很慢。我们据此可建造使用期长的房子。如果木材放在有水和细菌的地方，虫子就会利用可获得的能量，从而导致木材腐烂更迅速。白蚁甚至比细菌更有效地生产熵。同样，细菌在堆肥堆的高效运行也是必不可少的。我们人类在这方面也非常有效率。我们摄取植物和动物的物质，并在几小时内将其转化为较低的能量形式，而相同的物质在厨房的柜台上腐烂则比在堆肥上需要多几周或几个月。

那么植物情况如何?如果你想象绿色的地面有相同反射特征的树叶，没有光合作用，你把它放在太阳下短暂的时间，它会变暖，把它从阳光中带走，那热量会逐渐消失。一片叶子通过光合作用使之保持凉爽，因为它立即将阳光转化为化学能。与惰性物质相比，叶子能产生更多的熵。

任何能吸收势能并使反应更有效地进行到完成的过程都是有利的，即相对于效率较低的过程来说，它是成功的。从这个角度看，生命体是一个使能量处理最大化的过程。从这方面来说，甚至进化也可以被观察到，进化的变化是一系列逐步提高熵增率的步骤。生命非但没有为熵的产生而斗争，反而使它最大化。这也解释了它的巨大成功。生命体占据了每一个生态位，利用了大量的能量;一旦水源、能源和营养物质出现，它们就会大量出现。如果我们把生命看作是最大化利用能源的必然结果，那么生命的这种特征就显得很自然。在这种情况下，我们作为一个物种的成功是有意义的——通过使用工具和燃料，我们能够比其他任何有机体更有效地利用来自我们环境的可用能源。

如果一个人把生命体看作是一个导致更有效的能量耗散的过程，那么生命体的起源就不再是统计上的不可能，而是宇宙能量的自然结果。从熵的角度出发，生命并没有违背熵增加的基本热力学定律，而是服从它。有序的产生需要在较大的系统中造成更大的混乱，能量流与有序创造的结合使得熵增率最大化。而导致生命起源的一系列步骤，将由它们在最大限度地利用能源与熵增率方面的成功所驱动。酶是生命体化学反应的有效驱动者，它的成功是因为它能更有效地处理可利用的能量。共生现象的产生是因为相互作用使每一个有机体都能更高效地利用能量。能够生长、复制并利用循环来补充必要的原材料的系统，将比那些没有循环和再生产而耗尽能源和物质的系统更成功。从这个角度看，虽然生命形成的许多详细机制仍有待阐明，但行星中生命的驱动力是宇宙的一个基本特征。

13.8　小　结

生命体的化学成分与太阳系的成分大致相同，且生命体的基本化学物质很丰富。生命体的核心是碳元素和水分子。在元素周期表的所有元素中，碳具有独特的属性，使得它非常适合在生命体中存在。水具有特殊的化学性质，这使它发挥了核心作用。水和碳分子都存在于最早的地球历史中，并为地球上的生命体提供了适宜的生存环境。

所有的生命在其基本分子、分子机理和细胞结构方面都非常一致，这表明它们有一个共同的起源。最早的生命可能开始于35亿年前，是原核细胞，从那时起，生命体的进化在逻辑上与它们有关。发现生命起源的任务是找到一个可能产生最简单原核生物的共同祖先的候选物种，所有后来的生命都可能在数十亿年的时间里从这个祖先进化而来。我们可以制订出通向生命起源的可能的步骤和框架，其中许多步骤可以在实验室环境中近似完成。因为在最古老的岩石记录之前，肯定还有许多步骤依赖于行星环境的细节，所以对生命起源的真正生化复制仍然存在问题。最困难的步骤是从细胞容器中含有的聚合物过渡到能够通过自然选择进化的自我复制有机体。

通过建立秩序和增加耗能效率，生命提高了更大系统中熵的创造性。从这个意义上说，生命是对基本热力学定律的自然反应。如果有一个合适的行星环境，生命体就可以被看作是行星演化的自然结果。

补充阅读

Knoll AA. 2004. Life on a Young Planet: The First Three Billion Years of Evolution on Earth. Princeton, NJ: Princeton University Press.

Lunine JI. 2005. Astrobiology: A Multidisciplinary Approach. Boston: Pearson Addison-Wesley.

Schopf JW. 2002. Life's Origin: The Beginnings of Biological Evolution. Berkeley: University of California Press.

Ricardi A, Szostak JW. 2009. The origin of life on Earth. Scientific American, 301(3): 54–61.

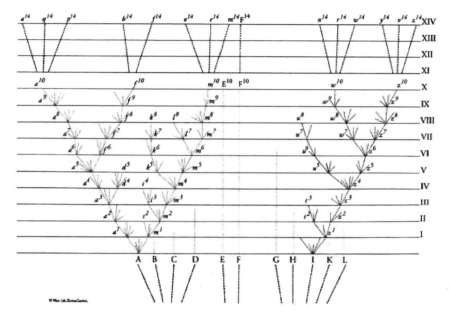

图 14-0　达尔文首先在《物种起源》(于 1859 出版)中引入了"生命之树"的概念，并引用此图。他写道："从树的生长开始，许多枝干和树枝已经腐烂和脱落。这些不同尺寸的脱落的树枝可能代表整个目、科、属，现今已没有活着的代表，只有化石。因为芽的生长产生新的蓓蕾，而这些，如果充满活力，就可以到处分叉出许多弱小的分支，所以我相信它已成为伟大的生命之树，在地壳中充斥着死亡和断枝，并以分枝和美丽的分叉而覆盖地球的表面"。

物竞天择 进化与灭绝在生物多样性进程中的
作用

　　所有的生命在其细胞结构、新陈代谢以及化学途径等方面都有显著的统一性。然而，当环顾四周时，我们只能感叹生命的多样性。早期的自然学家建立了一个从界到科的分类系统来对生命的多样性进行分类。最初，分类系统分为植物和动物两大界，但随着对微观世界的进一步了解，分类系统以细菌、古菌以及真核三大域为基础，细分了 5~6 个界。动植物都是由复杂的真核细胞构成的，故而属于同一域。单细胞原核生物基因具有多样性并且相互之间有较大的差异，它们分为两个域——细菌域与古菌域。这样的多样性是如何从一个共同的起源产生的呢？

　　古今间的联系以化石的形式作为地质记录留存。对层状沉积岩的专门研究揭示了地球发展历史进程中生命的演变、历代生命体走向灭绝与新生生命体诞生的过程。今天存在的生命体都可以在地质记录中追溯到共同的祖先。地质时期的划分大多是以生物群的突变事件为基础的。正是由于这个原因，在 5.43 亿年前第一块保存有硬壳部分的化石出现以后，才会出现将显生宙从前寒武纪分离出来的各种地质时期划分法。显生宙以生物大灭绝时间为界分为三个时期。查尔斯·达尔文(Charles Darwin)对今天的生物与化石标本进行研究，观察到在不同大陆间生物的巨大差异以及邻近大陆间生物相对较小的差别而提出了进化论——生物在自然选择下产生多样性，生物竞争与环境变化刺激物种并促进具有某些特定性状的生命体更好地繁衍。长时间的微小变化可能导致了生物的多样性，即量变引发质变。DNA 可以保留生物遗传特征与 DNA 序列中稳定的微小变化，这一发现证实了达尔文的直觉理论是正确的。现今的 DNA 序列也是远古生物进化的活记录。具有相近 DNA 的生物一般具有相近的祖先，而那些具有明显不同 DNA 的生物在远古时期就相互迥异。

由于新物种的出现是基于现存物种的缓慢进化，故而宏观世界中生物的进化速度太慢，难以在人类历史中呈现。对于可以在一天内经历多代繁殖的细菌来说，它们的进化速度快到能在实验室观察到。理解了进化既是物种起源又是物种灭亡的根源这一事实，就能理解进化的具体历程。地质记录显示，除了生物大灭绝，生物每年以大约 0.00001% 的正常灭绝率灭绝，这导致 99% 的物种在 4 亿~5 亿年内灭绝。然而，物种数量在地质时期大幅上涨，这一现象表明物种的生殖速度远超灭绝速度。虽然物种起源是一个循序渐进的缓慢过程，但其灭绝却是突然的。人类对地球的主宰大幅加速了生物的灭绝速度，比以往提高了 1 万倍，并且最终生物进化进程中的一半物种灭绝对人类自己的影响也是非常明显的。一旦继续保持现今由人为导致的物种灭绝速度，大部分现今宏观世界的生物多样性将会在几百年内消失殆尽。

14.1 引　言

在上一章节中，我们强调了生命的统一性，从细胞层面观察生命体的同一性并对所有生命体的源头——第一个原始细胞的出现与形成进行探讨。由于这些细胞非常小，我们只能在显微镜下对它们进行观察。同理，如果没有经过专业训练并借助专业工具，人类无法对地球表面的生命体进行探索。

这和现今的生命体恰好相反。现今生命的无处不在令人叹为观止：巨型红杉、牡蛎、眼镜蛇、蜜蜂、人类以及久置食品上的霉菌——几乎所有我们目光可及之处，哪怕是沙漠与冰川地区都有生命的存在。很明显，从古至今，地球的宜居程度已经显著提高。我们所处的这个适宜生存的星球已不仅仅是一个生命起始的地方，更是一个能够让生命发展壮大到像今天这样无所不在的程度的福地。宜居星球的形成除了需要我们目前已经讨论过的初始条件以外，还需要该星球从 30 多亿年前的第一个原始生命演化到现今所能观察到的这个复杂多样的生态系统。因此，我们的任务是描述这种变化并探究发生这种变化的原因。

怎样才能充分描述生命的多样性？在发现生命多样性的同时，我们也能看到不同种类生命体之间的共性。哺乳类动物和许多开花植物有很多共同的性状。我们可以直观地发现有机体之间存在一系列相似性：有些有机体之间具有高度的相似性，有些略微相似，其他的则完全不同。一直以来，人们试图从这些明显的不同中对生命体进行系统的划分。18 世纪的自然学家们费了九牛二虎之力尝试对身边可以观察到的生物多样性进行描述、分类并使之有意义(他们对包罗万千的微生物世界只有浅显的了解)。来自瑞典的卡罗勒斯•林奈(Carolus Linnaeus)是这个领域最具影响力的自然学家之一，他创立了动植物分层分类体系，该体系一直沿用至今。如专业术语"智人"(有一定智力的人)，就是他运用双名法对不同物种进行命名的例子。

林奈用人们容易理解的方式，根据生物的共性将物种进行分组。人类、黑猩猩以及大猩猩共同点多，狼、狗、土狼或山猫、猎豹还有老虎也是如此。其中，相较于大猩猩、老虎，狗跟土狼更为相似，但鱼类、蜥蜴就没有这些特征，更别说蚂蚁、花类植物以及海藻了。对以上情形的深度考量便于我们对宏观生命体进行分类，其中一些特性在大类中(如植物和动物界)非常广泛与普遍，而其他的特性(如植物依靠独立根茎生存而动物以四肢前行)则只有小部分生物有，细化到生物界分类的下层，越往下分类具有的生物特性就越独特。早期的自然学家们想要对地球上所有肉眼可见的生物进行细致分类。他们通过长期艰苦的航行，停靠在充斥各种瘟疫的码头，以便探索、收集、整理和尝试了解生命的多样性，并将标本保存在新建立的博物馆中。了解生物的多样性以及根据其共同特征划分为不同的组别是探索地球生命的一个伟大而激动人心的过程。为了减少普遍性与划分层级——界、门、纲、目、科、属、种(见图 14-1)的数量，早期的系统论倡导者们按照等级体系划分生物。由于他们对微观世界还缺乏认知，因此将生物界分为动物界与植物界。

显微镜技术的发展推动了微生物与细胞结构的发现与研究。19 世纪中期，人们建议将原生生物界归入微观世界。一旦把原核生物与真核生物进行清晰区分，由于动植物都是由真核细胞组成，它们之间的亲缘关系就变得显而易见了。最终，在 20 世纪后期，DNA 分析数据显示原核生物与真核生物具有完全不同的遗传基因谱系，故而它们又被分为细菌和古细菌，也被称为真细菌和古细菌。生物界被划分为三大域(真核域、细菌域以及古菌域)，这三大域又可以细分为 5~6 个界，有 2 个属于原核生物(细菌域和古菌域)，有 2 个是单细胞或简单多细胞真核生物(原生生物与真菌)，以及 2 个复杂真核生物(动物界与植物界)(见图 14-1)。

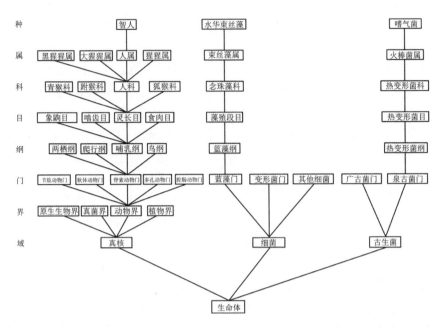

图 14-1 现存生物的早期的嵌套层次结构分类系统。该系统以域和界为最宽阶层，科为最细阶层。比如我们人类的层次结构分类系统为：界：动物界；门：脊索动物类；纲：哺乳；目：灵长类动物；科：人科；属：人属；种：智人

DNA 对生物多样性进行严格的定量测量。现今 DNA 测序技术只记录了少数生物体，但这个数据正在飞速增长。该数据结果可以与早期自然学家们进行的以视觉为基础的定性分类进行对比。肉眼可见的宏观世界变化与对应了所有生命的出现与新陈代谢的 DNA 分子序列的变化相吻合。人类自身相同的 DNA 高达 99.9%，人科与大猩猩具有 96% 的相同 DNA，与老鼠相似度为 90%，与如鸭嘴兽等亲缘关系较远的哺乳类动物相似度为80%。哺乳类与植物类只有 22% 的相同基因。由于肉眼可见的生物特征以化石的形式存留而 DNA 却无法保存，宏观的不同与 DNA 差别的一致性证实了依旧存在的生物体与已经灭绝的生物体之间的关系。虽然微观世界几乎没有肉眼可见的差异，但它的发掘为研究生物多样性的蓝图增添了一个新的维度，我们将在后文进一步讨论。

14.2 岩石记录揭示的生命和地球历史

在早期生物学家对现代生命的多样性识别和分类的同时，地质学家也在从事着地层层序记录工作——将岩层从老到新进行排序。这对于预测煤层的具体位置有着十分重要而实际的作用，因为煤能够推动工业革命的迅速发展。由于 18 和 19 世纪并没有放射性年代测定法，人们无法确定特定岩层的确切年龄。所以，地质学家只能根据沉积岩推测大致年代。丹麦地质学家尼古拉斯·斯坦诺(Nicolas Steno)在 17 世纪推导出了计算相对年龄的简单法则。他指出沉积岩通常由从水中沉降或沉淀的颗粒组成，并且这些单个沉积岩层能够追溯到很远的地方。同时，上部地层的形状与下部相符合也说明上部地层沉积时下部地层已存在。地层的层序律对此作了规定：对一套水平岩层，在地层剖面上越靠近表层，岩石年龄距今越近。当然，这个原则在细节方面也有例外。沉积岩能够在斜坡上沉积，在断层作用下逆冲于其他地层的上部，但该原则基本上是合理的。地质记录中未变形的层序非常多 (图 14-2)。层序律也用于揭示复杂的变形层序和断裂岩石。

a)

b)

图 14-2 两个水平地层的例子，遵从层序律，即一个地层覆盖在另一个未变形序列之上，较新的地层覆于老地层之上。(a) 大峡谷的沉积岩；(b) 俄勒冈州造山带哥伦比亚河玄武岩的玄武岩熔岩流 (引用自美国地质调查局)

这个方法对于地层可以持续追踪到的有限区域效果较好，但不同区域的岩石如何进行对比？更别说那些本身少有特别之处的岩石——页岩、砂岩或石灰岩看起来非常相似。化石为我们提供了罗塞塔石碑(图 14-3)。化石中包含的上千种动植物能够被完整地保存在化石组合中，即在一个特定时间段生活在同一区域的动物群。研究发现，不同大陆的化石组合的地层层序不同。然而，即使不同区域岩石类型的确切序列可能不同，化石组合的变化总是有规律的。尽管没有哪个地区含有完整的地层记录，但化石组合使得部分序列交联成了一个整体。

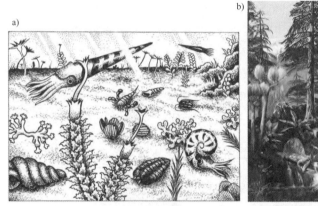

图 14-3   化石组合在地球历史的不同阶段具有不同的组合方式。(a) 奥陶纪生态系统(500~425 Ma)的艺术演绎图，以无脊椎动物为主，没有脊椎动物和植物(Figure © C. Langmuir)；(b) 二叠纪生物组合，以爬虫和高等植物为主(Image©by Karen Carr (www.karencarr.com))。由于这两个时期的岩石含有完全不同的化石组合，这使得不同大陆的岩石能按照地层序列进行排序

最老的沉积岩不含化石，这些不含化石的沉积岩的地质年代被称为前寒武纪(图 14-4)。保存良好并具有坚硬身体部位的化石突然出现在地层记录中，这些最早含化石的地层所处的时代被称为寒武纪，其特征化石是三叶虫(见图 13-7)。当人们从头至尾审视地层序列时会发现三叶虫在细节上的不同，接着它们便消失了，没有再在新的岩层中被发现。很长时间之后，第一批鱼出现了。树木出现得更晚些。用这种方法，基于老的岩层在下而新的岩层在上的原则，以相对时间为序的全球地层层序得以建立(图 14-4)。

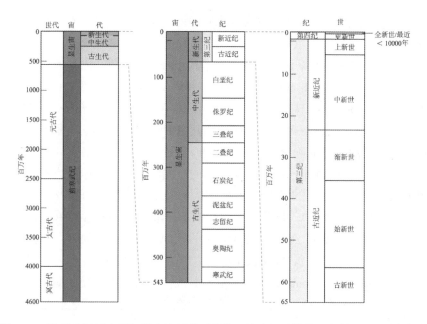

图 14-4 地质时间尺度最初是由地层关系和化石演变记录推算而得的,经由放射性年代测定法确认并量化。左侧的时间尺度代表了地球的全部历史,同时也表明含化石的显生宙仅占了地球历史的10%。右侧两根柱子是对左侧短间隔的详细补充

无论是在我们个人生活还是在古代历史中,由于没有确切的日期,我们都用名称来指代某个时期,比如少年时期、青铜器时代、中世纪,以事件定义时代的开始和结束。地质学家使用相同的方法界定相对年代表,将名字用于命名具有特定化石组合的时代,在化石组合产生突变的地方并且通常出现大量物种突然灭绝的状况作为该时代的分界线。这些命名具有分级系统,按宙、代、纪、世和期的时间阶段划分(只有专家对世和期具有详细的知识)。具有坚硬身体部分动物的出现是地球历史中的特定事件,被用于区分显生宙和前寒武纪。在显生宙,偶尔会有大量物种突然消失,现在称之为生物大灭绝。最大的生物灭绝事件被用于定义这个时代。二叠纪和三叠纪间的生物灭绝导致了 80%现存种属的灭绝并区分了古生代和中生代。在白垩纪末期恐龙(以及大约一半其他物种)的灭绝事件被定义为中生代和新生代的界线。与人类文明崛起相关的大规模物种灭绝、砍伐森林、环境改变及人类活动造成的整个地表改变很可能形成另一个时代边界的特征。

早期的地质学家认为,这个时间变化的记录是相对的。同位素测年法

(于第 4 章讨论过)使得基于生物学建立的地层年代的假设得到了验证。沉积物由不同年代岩石风化的不同颗粒组成,而在同一时间段发现的火成岩则提供了离散的年代。这些数据证实了地层柱的有效性,也为地质时期确定了准确的时间(图 14-4)。显生宙和前寒武纪分界线(Phanerozoic/Precambrian boundary)被发现位于约 5.42 亿年前,只占地球历史的 12%。

　　同位素测年法逐渐揭示了更多前寒武纪的情况,特别是那些不同区域化石记录无法进行准确交叉校正的地方。定量的年代表把前寒武纪分为了与纪元时期(eon-era-period)框架相对应的时间间隔。在地球形成到现今发现的最古老岩石之间的时期被称为冥古代(当更古老的岩石被发现时,冥古代的顶界将会变化)。目前最老的岩石是加拿大的 Acasta 片麻岩,距今 40 亿年,定义了延续到 25 亿年前的太古代(Archean eon)的开始。接下来已知的最早时代是元古代(Proterozoic),延续了 25 亿年,直到距今 5.42 亿年的寒武纪(Cambrian)的开始。由于太古代和元古代持续了如此长的时间,它们又分别分成三个时代,元古代也有明确的起始。元古代最晚期的岩石形成于新元古代(Neoproterozoic era),距今 1000~542 Ma,这是一段非常重要的时期。在这段被称为成冰纪(Cryogenian period)的时间中,地球数次被冰雪覆盖("Snowball Earth")。多细胞生命的早期发展发生在新元古代最年轻的时期埃迪卡拉纪(Ediacaran),这个时代的地层正好位于古生代(Phanerozoic eon)的寒武纪地层之下。尽管这些名字一开始看起来有些古怪,但它们得到了广泛的使用。地球各个时代的命名为我们提供了讨论地球历史事件的词汇。

14.3　与现今生命有关的化石:进化论

　　19 世纪早期,科学家们发现了两条探索生物多样性的康庄大道:第一条是现存生物,展示了现今的多样性;第二条是化石记录,展示了随着时间推移的多样性。这两者怎么会有联系呢?化石中的生物与新发现的生物学系统中的生物相比有何异同点?生命是否随着时间而在变化?令人瞩目的发现是,大部分化石都没有与之对应的现代生物。没有活着的三叶虫或恐龙,甚至在最晚的化石记录中出现的大型哺乳动物如乳齿象和剑齿虎也灭绝了。接下来的任务变成了使用已经在现存生物身上使用过的相似技术对化石记录中的变化进行分类。由于大部分的生物分类是基于形态学上

的差异(生物有多少条腿、甲虫的触角有五节还是六节等),化石中的生物
形态也揭示了形态学,故而把现今的生物和化石记录中的生物进行对比是
可行的。对比结果显示,现今大多数具有相似特征的物种的多样性能够在
地质记录中找到共同的祖先。回溯过去,这个共同的祖先可能在形态学上
与其他物种共同的祖先相似,最终在地质年代中发现一个相互的共同祖
先。这个关系使我们推导出生命树(图 14-5)的概念,现今物种的多样性处
于树木小枝的末端,生命的终极来源在于树干。请注意生命树展现了生命
随时间的变化,不要被现代生命的树形分类所迷惑(图 14-1),树形分类只
针对目前存在的物种。

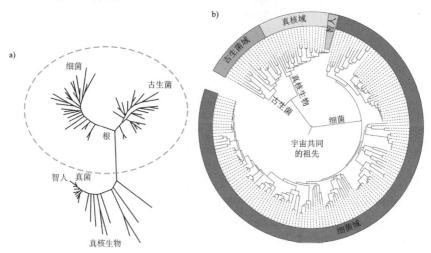

图14-5 生命之树的两种现代表示形式。(a)第一个生命之树(引自Pace, Science 276
[1997]:734–40);(b)另一个生命之树是基于基因组测序。图的中心表示生命共同的祖
先,与生命之树的根相对应。不同的阴影区域代表着生命的三个域:深灰色代表细菌
域,灰色代表古菌域,浅灰色代表真核域(原生生物、真菌、动物、植物)。注意智人(人
类)的存在是在最右边的第二个浅灰色的边缘部分,大多数的遗传多样性的生命是由单
细胞生物发展而来(修改自iTOL: Interactive Tree Of Life; http://itol.embl.de/itol.cgi)

19世纪中叶,随着人们把生命多样性作为一个整体,从细节不断深入
了解,加上漫长的地质时间作为可信的证据,人们对生命发展史和多样性
的理解有了巨大的飞跃。达尔文在他的旅行中观察到了如澳大利亚这样的
大陆的物理性分离导致了生物种类的巨大差异,他在加拉帕戈斯
(Galapagos)群岛上发现了临近群岛之间的种群发生的微小的变化(图
14-6)。大量的信息积累和对地质记录所隐含的广阔时间的认识,推动了

达尔文进化论的完成。达尔文提出，生物多样性是通过自然选择逐步形成的，竞争和环境改变对物种加压，迫使种群中拥有某些更具优势的个体出现。小的变化在时间的作用下逐渐形成了生物多样性。这个过程可通过生物在物理隔离情况下的变化观察到，也可以在化石记录中看到物种的渐变。通过这种方法，现今的生物多样性和生物随时间的变化能够相互关联。

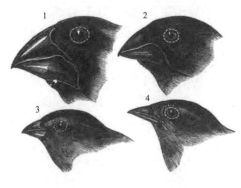

1 大嘴地雀   2 中嘴地雀
3 小嘴树雀   4 加岛绿莺雀

图 14-6 达尔文在厄瓜多尔近海的加拉帕戈斯群岛不同岛屿上发现的雀类的细微差别的原始插图。达尔文注意到，不同岛屿雀类之间只有细微的差别，而且它们与在气候条件上相差很大的南美洲的类似雀类相似。达尔文这样记录："就群岛的地质性质而言，谈不上什么好的环境条件……事实上，在所有这些方面都有相当大的差异。另一方面，加拉帕戈斯和佛得角群岛之间在火山土的性质，在气候、海拔和岛屿的大小方面都有相当程度的相似之处，但是它们的居民却截然不同。佛得角群岛的居民与非洲居民有亲缘关系，正如加拉帕戈群岛与美洲居民的关系。"

达尔文的观点在 18 世纪是备受争议的，他的理论至今仍难以被非生物学家所理解和接受。一个一直存在的难点是进化经历了数百万年到数十亿年，而我们人类的生存期不过是其中的万分之一甚至更短，所以，我们无法看到新的物种出现的明显过程；相反，生命看起来相对是不变的——人类一直在那里，栎树还是栎树，狗还是狗。进化论的推断是根据不同地域生物的差别经由历史推断和推理得到的，而非直接观察变化和实验得到的。或许，我们能够接受细小变化的可能性，但这些细小变化怎么能导致生物之间有如此之大的差别呢？一头鲸鱼和一棵树真的拥有共同的祖先吗？地质时代面对着相同类型的问题。与人类短暂的历史相比，地球看起来是相对不变的，故而我们很难理解以数亿计年变化带来的结果。类似的断层使人们很难理解板块构造论。我们现在被迫去接受以放射性元素测定为基础的地质年代表这一事实。今天，地质板块论是一个已被现代科学家基于板块运动的精确测量所证明的事实，并且与来自地磁异常条带的推断准确契合。进化论是否也有类似的决定性证据呢？

14.4 DNA 革命

发现 DNA 作为一种遗传物质能够控制物种特异性并提供遗传机制的成就，对于理解和发展进化论作出了令人震惊的贡献。进入 20 世纪以来，随着科学家可以对各类物种的基因组进行精确描述，我们对物种内部和物种之间差异的起源有了更详细的了解。变异不再是达尔文进化论里的设想，而是 DNA 链上精确的序列。变异可以通过多种方式产生。DNA 的复制效率并不是 100% 的，部分 DNA 链通过断开、粘贴或者复制，推动生物学上不可避免的变异产生。这些改变有的会导致死亡，有的会为生物体带来竞争优势，其中有利的变化能使物种幸存下来，即适者生存。DNA 为生物进化提供遗传机制并保证生物变异代代相传 (图 14-7)。

微观世界是一个能让生物进化在实验室的仪器下被清楚观察到的领域。随自然选择和环境的改变而发生的 DNA 复制和物种的更迭对生物进化起到了主导作用。如果人类以 30 年左右为一代进行繁衍，繁衍 1000 代则需要 3 万年，我们无法记录过于久远的过去，也无法预测过于遥远的将来。若想观察这些变革的运转，需要生命体的寿命足够短，能够在人类的短暂的发展史上进行几千代的更迭繁衍，而且环境变化是可以控制的。最低级的细菌可以一小时左右分裂一次，使一天完成二十代或者更多代的繁衍成为可能。一种低级细菌，暂且命名为 Adam，可以在一周之内繁衍一百代，产生数十亿或更多的细菌数量。它的繁衍速度取决于各类细菌的繁殖速度与它们生存时长的比率及可供它们生存的营养的丰富程度。营养短缺、自然环境变化或者病毒的入侵等危机都可能导致细菌数目的大幅下降，仅剩少数具有优势突变基因的细菌能够生存，而这有可能导致一个具有独特遗传基因的细菌种类产生。如果这些细菌能够记录自己的发展史，这些史册记载的都将是它们在试管里成百上千代或繁衍或死亡的大事件，而这些事件发生的时间往往比人类一个暑假的时间还短。一些实验室已经在十几年前就完成了这些能带来大量不同基因组的细菌的培育。

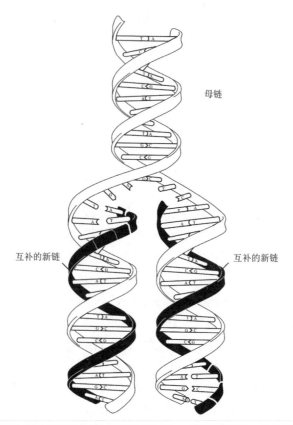

母链

互补的新链   互补的新链

图14-7   DNA通过复制将遗传特征和基因变异从一代转移到另一代的示意图(图出自画家Darryl Leja，由美国国家人类基因组调查机构授权)

通过这些详细的实验和观察结果，人们开始在实验室观察生物的进化过程。生物学家已经能够从一个单细胞开始，观察它经过成千上万代的进化，发展出对环境变化作出反应的各种能力和行为，然后在进化生物体的**DNA** 中绘制出这些变化的图谱。各种类型的基因转移和依赖共生行为的发展也可以通过实验观察到。因此，虽然大型生物体基因改变的时间很长，我们很难直接通过实验来知晓，但利用短寿命微小生物的基因改变过程可以成功揭开进化的真相。

在宏观尺度上，复杂物种在世纪演替中的变化是非常明显的。狗类、家养动物和植物的多元化、特殊化以及通过杂交得到基因特定属性在人类实验中也是常见的。这些变化中的一部分促成了物种的变异，但在圣伯纳犬和吉娃娃犬的杂交中，这样的变异在生理上几乎是不可行的，且当母本是吉娃娃犬时很有可能导致母本的死亡。通过人为干预得到的杂交作物极有价值，虽然大部分城市居民对此并不清楚。而新疾病的出现及对抗生素效力产生耐药性的新菌株的产生，对人类日后的健康产生极大的挑战。

在对活体进行观测的实验研究中可以发现，DNA序列的不断进化是必然的，故而进化论也可以理解为一种不可避免的统计学进程。如果同一个物种的两个群体被隔离在两个不同的岛上或者置于因为环境参数不同而形成的两种不同的生态系统中，两个群体会逐渐向不同的方向进化。随着时间流逝，这些变异日渐累积直到它们因为基因相似度太低而形成生殖隔离。基因差异的程度将随着时间的推移而增加，这就提供了一个时钟，可以确定两个新物种基因相似的时间。几百万年来，这个过程被不断重复，导致共同祖先较近的群体DNA更为相似，共同祖先较远的DNA差异更大。这解释了为什么相近岛屿上的物种只有细微的差异，而像澳大利亚的动物和生活在北美的就相差甚远，比如袋鼠就与北美本土生物相差很大。这一过程完美地解释了化石记录中的一个事实：当非洲和南美洲两个板块还未分离的时候，存在于这两个板块的有机生命体是一致的，经过基因逐渐的进化才有了今天这些大陆上存在的不同的动植物种群。

通过DNA鉴定物种的定量特征使得生命树可以通过定量方法来构建，而不是从物理特征来推断。物种可以通过DNA间的相似程度进行量化，从而预测出其共同祖先存在的时间。换言之，现有的遗传多样性还涵盖了历史的信息。需要多少基因变异才能使得有机体A的基因组和有机体B的基因组相同？如果基因变异发生的频率或多或少是有规律的，那基因钟就可以预测出生命树出现两个分叉的具体时间(图14-5)。

这个观点揭示了没有两种现存物种是彼此进化而来的。而一个常见的关于进化论的误区是由这个概念解释的，例如"人是类人猿的后代"。我们通常用这个观点来表明人是由大猩猩或者黑猩猩进化而来的，而这个推断却是错误的。相反，人类和黑猩猩是由共同祖先进化而来的表亲关系。通过基因组测序，量化得到人类和黑猩猩有大约96%的DNA都是相同的。利用变异钟，两者之间的差异性产生起码得追溯到600万年前。结合生物多样性、已认证的化石史以及DNA的定量检测，共同祖先即可与化石记录中的特定物种相关联。DNA中用于判断人类与黑猩猩不同的区域最终会揭示导致这两个物种从共同祖先进行多样化突变路径的细节。

DNA定量化同样可用于对微生物世界的详细调查，因为和宏观世界、多细胞生物相比，肉眼观察微观世界的效果并不明显。人类拥有超过30

亿个碱基对，而一个典型的原核生物只有近100万个碱基对。当越来越多的细菌种类被测序，产生了一个历史性的发现，即单细胞生物拥有如此多变的基因，它们的基因包含了这个星球上绝大部分的基因种类。美国微生物学家卡尔·伍兹(Carl Woese)率先提出了基于DNA的物种多样性的新观点，真核生物代表了所有我们可见的生物，却仅仅是在地球历史中已构成的整体基因多样性中的一小部分(图14-5b)。

对细菌DNA关系的详细研究，也揭示了进化论中除去渐进突变外的另一种进化机制。细菌有时可以将基因从一个有机体转移到另一个。这种类型的DNA变化被称作水平基因转移，因为它只发生在生命树的不同分支之间，而不是沿着一棵树的一个分枝直线型发展。病毒的基因转移是与突变不同的另一种机制，因为一部分病毒可以通过向一个细胞植入它们的DNA达到与宿主DNA合并的目的。水平基因转移在微生物中很常见，在某种程度上，许多生物学家认为严格的线性生命树理论并不适用于微生物领域，而且生命树的根也会有很多交互和联系，使得一个枝芽能在基因方面和另一个进行交流。微生物有一个巨大的空间来储藏基因信息，因此在有机体间基因信息能相互传播，而它们也能以此来适应竞争压力和变化多端的环境。

专栏 语言的演变

在较短的时间尺度下，语言的发展与随着时间推移导致的生物多样性的微小变化和交互类似。虽然我们在有生之年几乎没有意识到语言的变化，但任何一个读过莎士比亚剧本的人都能清楚地看到现代英语和莎士比亚英语之间的对比，而事实上，这些变化发生在不到400年的时间里。而现代英语和乔叟时代之间的差异、乔叟时代和贝奥武夫时代语言之间的差异甚至更大，而这些变化发生在1000多年前。从拉丁语中分化出的欧洲语言只出现了200年。印欧语系在公元500年前就已经分化为北印度语、波斯语、俄罗斯语和盖尔语。一些演变是由单个孤立的语系缓慢渐进变化而发生的。一些演变是由于两个不同语种之间的交流发展或者是一个语种侵袭了另一个语种，产生的新语种利用原先两个语种的发展作为基础而发展。隔离时间越长、间隔越远会导致语系间的差异越大。语系相互之间的交流带来了更多的共性。现今发生的全球化语言交流已导致许多小语种的消失。全球语言变化也包括一些历史因素：它们从哪来，什么时候从先祖的语言中分化出来，又是如何与其他语言相结合的。语言的传承十分真实但并不完美。语言的多样性清楚地表明随时间推移，微小的变化和语系间的结合是如何导致巨大的差异，以至于两个种群之间不能进行交流的。

语言的演变与生物进化之间的相似之处是显而易见的——随着时间的推移，明显的微小变化导致语言分化以致种群间无法交流。时间和分隔导致了变化。新语言不是突然出现的，而是随着时间推移由小变化逐渐累积形成的。现在的语言可以追溯到它们共同的祖先，"语言树"与生命树构造有很多相同点。在数学术语中，语言演变和生物进化有很多相似之处。DNA 是细胞的"语言"。然而生物变化比口语变化发生得更加缓慢，但两者在原则和结果上有很多共同点。

DNA 进化理论的神奇之处在于它提供了一种遗传机制。这种机制为理解进化逐渐变化提供了一个简单而定量的基础，并使得量化多样性成为可能。它也包含了历史因素，记录了当前的多样性是如何随着时间的推移而演变的。因此，DNA 为进化提供了一个非常精确和定量的机制。在今天的实验室中，科学家可以操纵 DNA 链去改变生物体的特征，产生新的进化机制——人类基因转移。

14.5 进化的另一面——灭绝

进化的另一方面就是需要明白总是有两种互补的过程发生——旧物种的灭绝和新物种的逐渐发展。地球上物种的总量总是处于物种灭绝和新生之间的平衡。图 14-8 表明化石记录中显示的物种数量随时间变化的总趋势。地质数据显示存在着一个背景灭绝率，生物进化因短时间的大规模物种灭绝而中断。在最大的物种大灭绝时期，从古生代到中生代仅仅几百万年间就有 70%~90%的物种灭绝。这种急剧下降之后，物种的多样性和数量在中生代增加，而在中生代末期的白垩纪与新生代初期的第三纪之间又出现另外一次突然下降。由于大规模的灭绝，物种的数量再次大幅上升，直到最近，人类造成的最新的大灭绝开始影响着地球。

对化石记录的研究表明，标准灭绝率为每年 0.00001%。这个数字可以类比为一种放射性衰变的衰变常数，物种每年消失的速率类似于在该年原子衰减的比率。在此术语中，物种灭绝率的衰减常数是 10^{-7}，其对应于一个存活了 1000 万年的物种的平均寿命。使用这个数字作为"衰减常数"

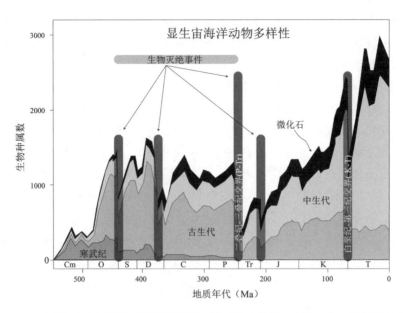

图 14-8   通过地质时间量化不同属的数量。需要注意的是，在显生宙，属的数量大幅增加，但整体涨幅被周期性的突然灭绝所打断，称为生物大灭绝。灰色条显示的是 5 次最大的生物大灭绝。独特的寒武纪动物群在显生宙和中生代分界的二叠系–三叠系中永久消失了(修改自 Sepkoski, Bulletins of American Paleontology 363 (2002)，另请参见 strata.geology.wisc.edu/jack)

推导得出所有物种的半衰期是 690 万年。有了这个灭绝速度，4300 万年内 99%的物种都会灭绝。

然而图 14-8 显示的物种数量并没有随时间的推移而减少。甚至在寒武纪之前，就没有复杂的生物体存在了，并且在地质记录中，物种的数量总体上还增加了。如果物种只走向灭绝，那么物种的多样性和数量必然会下降，所以物种的新生速度必须比物种的灭绝速度要快得多。使用标准灭绝率，可以发现几乎所有物种在 43 万年都完成了物种的更替，其中 99%的现存物种灭绝，这还不到地球历史 1%的时间段。生物变化在地球上具有非常动态的时间尺度。这种变化是幸运的，因为它可以让生命适应不可避免的环境变化，前提是变化不要太突然。

然而，在我们人类的时间尺度上，新物种的出现似乎是一个非常缓慢的过程。每百万个物种中，每个世纪只会出现 16 个新物种。而这种出现并不是像雨后春笋般，不知从何处突然就冒出来——这是一个循序渐进的进化过程，并不停变异，两个原本几乎相同的物种，现在变得不同到足以被认定为两种独立的物种。新物种的出现是如此微妙，循序渐进，在人类时间尺度上几乎是完全察觉不到的。

然而进化的另一面——灭绝更容易被觉察到，因为灭绝可能是突然发生的。人类时间尺度上的灭绝对我们来说是明显的，因为人口数量的指数增长和相关的文明使得人类栖息地快速扩展，从而导致了大规模的生物灭绝。从事该领域的生物学专家预计宏观生命目前的灭绝率约为每年 0.1%，或衰变常数为 10^{-3}，是正常灭绝率的一万倍。事实上，人类已经使得物种灭绝速率加速了一万倍，故而进化的过程对我们来说变得很明显。如果有新物种的出现率也具有类似的加速，那么地球物种的20%在过去的两个世纪内都是新出现的，那么这方面的进化也是显而易见的。物种灭绝的速度变化很快，然而新物种的出现受到 DNA 突变这一不可阻挡的缓慢分子过程的限制。这就解释了为什么物种的出现对我们来说并不明显，而进化的另一面——灭绝却如此明显。

进化的证据牢牢地建立在生物的地质记录上，通过 DNA 从分子细节上理解生命，这显然是观察灭绝所必需的，并需要经过实验室验证。就像宇宙大爆炸和板块构造一样，它在我们的理论尺度上排名第 10，是科学认识我们所居住世界的坚实基础之一。

14.6 小 结

从目前生命的多样性、化石记录、进化论和 DNA 研究的现代证据来看，我们可以把生命呈现的复杂性和多样化理解为一个能够从分子层面证实的循序渐进的演化过程。追溯历史，我们能够发现现有物种皆具有共同的祖先，而它们的祖先又具有共同的在更早时期出现的祖先。因此，所有生命都有一个共同的祖先。而进化过程中的细节表明多样化已经出现在这种统一的机制中。

概括达尔文凭直觉得出的天才理论是困难的。他直觉知道这些生物特性是可以遗传的，这些特征能够随着时间推移而逐步发生微小的改变，同时随着物竞天择(比如就成功生存与繁殖而言)，小的改变随着时间推移也会导致逐步的改变，这同化石记录所揭露的和我们都知道的生命的多样性和统一性中显示的一样。当达尔文提出这些想法时，还没有已知的机制。DNA 精确描述了遗传特征代代相传的机制，以及通过特定 DNA 序列的突变确定生物突变和渐变的方式。故而，DNA 使得现代生物化学严格而又详细的证据与对生命和达尔文提出的进化论的全面理解之间提供了一种联系。两个独立的方法不谋而合地论证了一个结合了生物化学、生物学、古生物学和地球历史等学科的理论，这在科学的历史上应该算是一个伟大的时刻。

　　进化过程的两方面包括新物种的出现和现有物种的灭绝。这两种情况显然都发生了，因为古老的物种现已不复存在并且在显生宙时期地球上的物种总数增加了。新物种的出现十分平缓以至于在人类时间尺度上来看几乎无法察觉，尽管在微生物领域其结果非常明显。灭绝是突发的，人类在生态系统中的统治地位所造成的巨大环境变化使物种灭绝率增加了一万倍，使进化的另一面——灭绝过程十分明显。

补充阅读

Darwin C, Wilson EO. 2005. Darwin's Four Great Books (Voyage of the Beagle, The Origin of Species, The Descent of Man, The Expression of Emotions in Man and Animals). New York: W. W. Norton & Co.

Dawkins R. 2004. The Ancestor's Tale: A Pilgrimage to the Dawn of Evolution. Boston: Houghton Mifflin Harcourt.

Knoll AH. 2003. Life on a Young Planet: The First Three Billion Years of Evolution on Earth. Princeton, NJ: Princeton University Press.

Margulis L, Dolan MF. 2002. Early Life: Evolution on the Pre-Cambrian Earth. Sudbury, MA: Jones & Bartlett Learning.

图15-0　森林火灾是一种不受控制的、在地球行星燃料库中的能量释放，因为还原的有机碳分子与氧气发生反应。这张照片来自于20世纪俄勒冈州最大的Biscuit森林大火，毁灭了将近2023 km^{2}的森林(照片得到©Lou Angelo Digital on Flickr的许可)

向地表供能　生物与行星共同进化产生行星的燃料圈

　　纵观地球历史，生物的进化与地球的演化紧密相关。生命在起源时需要化学上还原性的条件，早期的地球缺乏自由的氧气，正好提供了这一环境。现代的生命则需要充满氧气的环境和自由的氧气来新陈代谢。在介于古代和现代地球之间的太古代和元古代，地球的演化使大气、海洋和地壳逐渐被氧化。

　　这样的演变是生命活动的结果。为了形成所需的有机分子，生命需要氢和具有还原能力的电子，这些电子能够将 CO_2 中 4 价碳还原为构成有机物 CH_2O 中的 0 价碳，这个转化需要氢和电子来还原碳元素。早期的生命受到氢源和化学还原能力的限制，但在太古代的某一时刻，生物发展出了光合作用，从而能够从无所不在的水分子中取得反应所需的氢元素和电子；它们通过光合作用，将太阳核聚变产生的能量经由电子传递转化为储存在有机物化学键中的能量。

　　有机物中还原物的补充是氧化能力的产生。每一个被还原为碳并被储存于地球的二氧化碳分子将产生等量的高活性氧气分子。生命与行星物质的相互作用释放的能量使得海洋、土壤和大气逐渐被氧化。氧气作为光合作用的废弃物，最初是对有机体有毒的，但氧化和还原储层的形成也创造了一个巨大的潜在能源，生命也在进化的过程中对此加以利用。有氧呼吸的发展使得每一分子葡萄糖所提供的能量增强了 18 倍。地球的氧化经历了一个漫长的过程，最终，氧气在大气中达到了足够的浓度，使得多细胞生物的进化成为可能，并且形成了一个可以阻挡有害电离辐射的臭氧层，保证了地球上生命的多样性。

地表的逐渐氧化使得地球不再是内外同质状态，它已经变成了一个巨大的能量圈，具有还原性的内部物质和大部分被氧化的外部物质相结合产生了能量。从这个意义上来说，生命给地球提供了能量——生命利用太阳能，经光合作用将电子分离出来，产生出还原产物和氧化产物，为生命和地球提供了能量。古代的地球呈现还原态，缺乏氧气的制造，而现代地球中的氧气是多细胞生物生存的必要条件，这一化学机制的演变是与生物和行星的演化相关联的；在行星与生命的逐渐转变过程中，地球、生命和太阳三者紧密相连。

15.1 引 言

在第 13 章中，我们了解到生命的起源并不是孤立的生物过程，而是取决于海洋的存在、稳定的气候、适宜的大气、火山活动以及矿物表面所有这些行星现象。现今，陆地的生命与地球是如此不可避免地相互依存，生命依赖于水、土壤、空气和气候，这些都是行星的组成要素。生命活动同样对它们有影响，存在于空气和海水中的氧气就是由生命过程产生的，这些氧气使动物的生命成为可能。同样地，有机过程为植物提供了肥料，气候的稳定性依赖于碳循环，碳循环将生命活动、气候与火山活动、岩石循环联系在了一起。与此同时，生命活动通过对矿物质的分解增强了风化作用，大多数元素可以在不同的地球圈层间循环，从而将生物过程和地质过程联系在了一起。

尽管如此，早期的地球和如今的地球仍旧有着诸多的差异，这样的差异既表现在地球的生命上，也表现在行星本身。早期地球地表贫瘠，遍布单细胞生物，这些单细胞的有机体结构简单，比最原始的原核细胞还略逊一筹。对早期的生命体而言，氧气是有毒的，当时的大气具有极为不同的化学成分，CO_2 很多而 O_2 稀薄。如今，多细胞生物支配着地球表面的每个角落，大气中 O_2 的含量多达 21%，氧气由植物供应，这对现代的动物来说是必不可少的。

最初的地球氧气稀薄，一片荒凉，经历了漫长的过程后成为如今氧气环绕、适宜居住的星球。我们需要发掘地球的历史才能了解如今宜居地球的逐渐发展，这样的发展由充满地球表面的各个物种精确地协调。由此，地球从古老的过去转变为我们所能了解的现今行星，这也是我们要在接下来 3 章叙述的目标。生命和行星表面共同进化出氧气层是这一进化史的核心，它们的相互作用也为现代生命的形态/活动提供了能量之源。

15.2 作为一种电流的生命体

生命的新陈代谢产生了有机分子和能量，供给生命的能量可以被看作一种缓慢的、包含电子传递的电流。碳是电子传递的重要媒介，具有从-4 价到+4 价的各种化学价态，有着与元素周期表中各种元素进行电子传递的最大可能性。对于绝大多数的生命而言，碳源是来自火山喷发气体的 CO_2，这里的碳具有+4 价的化学价态。相比 CO_2 而言，有机分子中有的 C 呈现更多的是还原态且具有碳—氢化学键。有机物的化学式一般可以写为 CH_2O，这里碳元素的价态从 CO_2 中的+4 价被还原为 0 价。有机合成中最常见的一种产物是葡萄糖，化学式是 $C_6H_{12}O_6$，亦可写作 $6(CH_2O)$。C 元素还可以继续被还原，如在化合物 CH_4 中，碳元素呈现-4 价，相比 CO_2 中的碳原子多出了 8 个电子。在将碳元素还原以构成有机分子的过程中，生命体需要电子和氢作为原料。在大多数情况下，地球上生产有机物的化学反应可以表示为：

$$CO_2+电子+氢 \rightarrow CH_2O+氧化的副产品 \qquad (15\text{-}1)$$

反应中供给电子的元素称为还原物，还原物在将电子转移给碳元素的过程中被氧化。

反应式(15-1)说明了有机分子的形成，此过程需要获得能量，这些能量来自太阳、地球或能量潜势中的不平衡特性。(15-1)中的反应是可逆的，可逆反应将释放能量。植物利用来自太阳的能量遵从式(15-1)的正向反应，而动物的呼吸作用则是式(15-1)的逆向反应，通过消耗 CH_2O 来制造能量。上述的两个过程都与电子的转移有关，也即我们所说的缓慢的电流，这个现象发生在所有的生命体里。

我们将涉及电荷转移的化学反应称为氧化/还原反应。由于电荷守恒定律的存在，每种被还原的分子所获得的电子数必然与被氧化的分子失去的电子数相同，这表明如果生命体要制造出被还原的分子，就需要有相应的被氧化的物质。这样反应的存在同样体现了生命与地球在化学上的耦合，因为诸如 Fe、S 等能够被氧化的元素大部分存在于岩石或者固态的地球中，而非存在于生命体中。在能量的制造过程中，生命与地球是相互协同的。

还原性和氧化性的化合物间彼此分离，构成了一种化学势能，二者接触的同时化学势能也被释放，产生出能量的多少取决于发生转移的电子数目的多少，当强还原性物质遇上强氧化性物质时将产生最多的电子转移。例如，当我们使用天然气取暖，也即从逆方向进行反应(15-1)时，天然气(甲烷)中的碳元素显出还原性的最低价态-4 价，它在燃烧时将与强氧化性的 O_2 分子发生如下反应：

$$CH_4 + 2O_2 \rightarrow 2H_2O + CO_2 \tag{15-2}$$

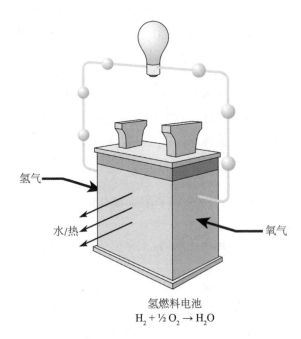

氢气

水/热

氧气

氢燃料电池
$$H_2 + \tfrac{1}{2}O_2 \rightarrow H_2O$$

图 15-1 一个燃料电池的示意图，H_2 加上$\tfrac{1}{2}O_2$ 的氧化/还原反应生成水可产生电流

上述反应中，每个氧原子获得 2 个电子，从而从中性价态转变为-2 价，而一个碳原子在每个反应中提供了 8 个电子，释放了大量的能量。加热取暖包括火焰和释放热量。能量势能释放的另一种方式是直接进入电流，正如图 15-1 所显示的能量转化，这种能量转化的模式也可以推广到所有涉及还原物和氧化物生成电子流的反应。现代动物的所有生命活动都赖于上述强还原性分子(食物)与 O_2 间的受控反应。

15.3 还原环境的早期地球

地球历史的起点是根据在大约 45.5 亿年以前陨石和月球的年龄而确定的。除了第 9 章中所提到的微量锆石，从地球历史开始到有可靠记录的地质年代，陆地上并无岩石记录下这一段时期的信息。最古老的有着可靠记录的岩石是位于加拿大的称为 Acasta 片麻岩的岩石，该岩石有着 40.3 亿年的历史，冥古宙是地球这段历史的名称。当时的地球充满着火山活动，频繁地受到来自陨石的撞击，从现在的观点来看就像是一个燃烧着的地狱，由于除锆石和行星科学以外关于生命和地表条件的直接证据十分稀少，对这一时期的所有科学研究都不可避免地存在猜测的成分。

我们稍微将时间推进一些，来到 40 亿~25 亿年前的太古代。"稍微"是一个恰当的词汇，因为保存至今的太古代岩石只占目前大陆壳中很小的一部分，仅存的这部分岩石在地壳的漫长历史中发生了巨大的变化，留下了难以解译出的信息。从早期地球问题的角度来看，冥古宙和太古代是大陆最初形成、板块运动开始起作用且生命最初出现的时期，其 20 亿年的时间跨度是显生宙有动物生命记录时间的 4 倍之长。由于在地球历史最初的 5.5 亿年没有岩石保存下来，接下来的 10 亿年也鲜有变质岩存留至今，探究早期地球历史的艰难让人望而却步。尽管如此，现存的证据已足以说明早期的地球与今日的地球存在着巨大的差异。

特别地，所有的证据都显示出早期的地球缺乏自由运动的氧气分子。目前大气中 O_2 的含量占到 21% 是一种惊人的不平衡状态，因为 O_2 是一种高度反应性的分子，只要存在还原性的化合物时，O_2 就会与之反应从而不能长久维持气相状态。氧气能与金属、碳、硫以及其他原子发生反应形成氧化物，其中一些反应以人类的视角来看是如此的缓慢，如岩石的风化，而另一些反应则快到足以产生火花和剧烈的爆炸。只有植物持续不断地产生氧气才使得现今的大气状态得以延续。如果没有这些源源不断的氧气供应，大气中的氧气将很快消耗完，在几百年的时间内消耗完地表的有机物，剩余的氧气也将在接下来的几千年里与岩石以及地球内部的还原性气体反应而消耗完。我们怎么知道原始的地球是否也有游离的氧气呢？

虽然没有任何古代大气的样本留存下来，但是有充分的证据显示，从地球的起源到太古代，大部分地区都缺乏游离氧。因为不能直接测量氧气，所以证据来自于其他具有多种价态的元素；如果 O_2 存在，这些元素就会与 O_2 发生反应。

许多原子具有多个化学价态，能够与不同数量的氧结合，当消耗的氧气越来越多时，金属的价态也将逐渐升高。以 Fe 和 O_2 这两种构成地球的主要元素为例，二者可能的分子式有 Fe、FeO、Fe_3O_4 和 Fe_2O_3。在这 4 个化学式中，随着氧所占比例逐渐增加，Fe 的价态也逐渐从 0 价上升为 +2 价，再上升为+3 价。我们将原子的更高价态称为原子的氧化态。铁的生锈以及许多土壤中呈现的红色就是铁与氧气发生氧化反应的明显证据。

硫是在陆地环境中具有多种价态氧化物的另一元素，硫矿如 FeS 也是在陨星中发现的硫所存在的形式，显出 –2 价，FeS_2 中的 S 则显出 –1 价。这些矿物的 S 可以被氧化为具有 +6 价的硫酸盐(如 $FeSO_4$ 和 $CaSO_4$)。许多其他具有多个价态的元素为地质探测提供了额外的线索(见图 15-2)。具有

元素	常见的氧化态	主要种类和矿物				
		还原 $\longrightarrow$				氧化
Fe	0, 2+, 3+	Fe 铁	FeO 方铁矿	FeS_2 黄铁矿	Fe_3O_4 磁铁矿	Fe_2O_3 赤铁矿
S	-2, -1, 0, 2+, 4+, 6+	H_2S 氢化硫 (臭鸡蛋)	FeS_2 黄铁矿	S 硫磺	SO_2 二氧化硫	Fe_2S 硫化亚铁 SO_4 硫酸盐
C	-4, 0, 2+, 4+	CH_4 甲烷	CH_2O 碳水化合物	$C_6H_{12}O_6$	CO 一氧化碳	CO_2 二氧化碳
H	0, 1+	H_2 氢气	H_2O 水			
U	4+, 6+	UO_2 沥青铀矿				UO_3 氧化铀
Mo	4+, 6+	MoS_2 辉钼矿				MoO_3 氧化钼
O_2	-2, 0	FeO, SiO_2, etc. 氧化物				O_2 氧气

图 15-2   重要矿物在地球过程中可能存在的各种氧化状态的图解。还原形式在左边，朝右具有更多的氧化形式。早期的地球有所有的元素，但碳元素以其还原的形式存在。在地球的历史上，生命从二氧化碳中吸收了氧化的碳来还原减少的有机碳，并且这个电子流通过所有其他物种的氧化作用而得到平衡。由于不同的氧化态在水中有不同的溶解度并形成不同的矿物，保存在古老岩石中的矿物记录了它们形成时的氧化状态

多种氧化态的元素形成了不同的矿物,这些矿物的存在或缺失揭示了在这些矿物形成时地表的氧化状态。当自由的氧气供应充足时,只有被充分氧化的矿物才能稳定存在,因此,岩石矿物学揭示了地球圈层的氧化状态。

那些参与构成早期地球的陨石是最早令人感兴趣的,球状陨石中含有金属铁、含 FeO 的硅酸盐以及含最低价位硫元素的 FeS。由于没有充足的氧气,Fe 和 S 处于还原态。含挥发分的陨石、碳质球粒陨石,它们含有金属铁和还原性碳化合物,这些物质在有氧气时不能存在。在第 7 章中我们可以看到早期地球的不同之处还体现在金属铁与硅酸盐之间的相互反应。太阳星云也缺乏游离氧,不足以与那些容易同氧结合的元素(如 H、C、Fe 等)反应生成氧化物。这一证据说明构成地球的物质呈现出较强的还原态。除此以外,在相近时间形成且构成成分与地球相似的月球,直到如今仍显出还原态。月球上不存在三价铁,月球玄武岩与金属铁处于平衡状态。月球是一个没有经过与生命共同进化的"星球化石",因而证明了早期地球在没有经过生命演化时是呈现还原态的。

我们可以通过考察一些最古老的地球岩石往前推进时间。要推断过去的大气状况,关键是一些特定的矿物,这些矿物在地表处形成且没有被埋在地壳的深处。即使在今天,地壳中的氧气也不能有效渗透。沉积岩形成于地表,且河流的沉积物更是不可避免地会与大气发生接触。有一种古老的河流沉积物——一种称作砂矿床(placer deposit)的砂砾类型(见图 15-3),从太古代保存至今。对这些沉积物的矿物学研究可以测试大气中是否存在氧气。

太古代的砂矿床中,两种用来鉴定的矿物包括还原性的硫化物和含铀矿物 UO_2。U 可以具有不同的氧化态,从矿物中发现的两种分别为 U^{4+} 和 U^{6+}。U^{6+} 在水中的溶解度更高且在地球上有氧气存在时不能形成稳定的矿物,U^{4+} 不溶于水但能沉淀构成铀。当铀暴露在如今的空气中,U^{4+} 被氧化为 U^{6+};由于 U^{6+} 被流水带走,于是铀矿迅速消失。铀如今只存在于缺乏氧的还原性环境中,并且不存在于现代的河流沉积物中。然而,太古代河流形成的砂矿床形成了古老的岩石,这些岩石被埋在地下,并与后来的大气隔绝。当这些岩石刚被带到地表时,它们含有铀矿,这表明当这些砾石形成时,表面没有氧气来氧化铀矿。相似的观点也可以运用到黄铁矿上,现代环境中所发现的黄铁矿只出现在还原性的岩石中,如富含有机物的沉积岩中。黄铁矿在大气中不能稳定存在,今天的河砂中也没有黄铁矿的存在。裸露于大气的古代岩石中沉积的黄铁矿表明,过去的大气是一个还原性的环境,缺乏自由的氧气。

图 **15-3** 用箭头表示的是古河砾石含沥青铀矿的颗粒，其中 U 是＋4 价态。这些砾石后来被掩埋，变成了一种坚硬的岩石，最近被侵蚀出土。沥青铀矿能存留并只有在还原条件下才能保存在河砾石中，说明在太古代的大气环境中是没有氧气的(Courtesy of Harvard Museum of Natural History, Dick Holland Collection)

　　另外一些关于早期大气氧化状态的间接证据来自于对生命起源的考察，生命由具有还原性碳的有机分子构成，有机分子能与氧气发生反应被氧化，从而使得有机分子不能保存。对于最早的生命而言，有机分子必须要在环境中稳定存在，而这在氧化的大气中是不可能的，所以还原条件是生命起源的必要条件。一旦第一个细胞形成，它会通过在其环境中利用分子构建生存下去，早期生命体所需的有机分子可能会被氧破坏掉。生命不论是在起源之时，还是在其早期的活动中，都需要一个无氧的环境。

　　这些关于早期地球呈现还原性的证据与推论同样符合我们对于现今地球氧气来源的理解。早期的地球不存在能够产生氧气的光合细菌，那时也没有植物，只有许多显出还原态的化合物如 FeO 和 FeS_2，或者可能有的 CH_4 和 H_2 与可能产生的少量氧气(比如大气层上部的一些反应能产生氧气)发生反应。

　　所有的这些证据，包括陨石，早期地球与金属的分异，月球的氧化状态，古代沉积岩的矿物学研究，生命的起源，以及现今地球上氧气的来源，都引出了早期地球呈现还原态的可信的结论，早期大气中氧气的含量大约只有现今大气水平(PAL)的 10^{-10}，地球呈现出很强的还原态。

　　与早期的地球截然相反，如今地球的宜居和多细胞生命体的存在依靠的是大气中高含量的氧气。若没有氧气，地球上鲜有生命能够生存，并且也将不会有保护地表生命免遭太阳高能宇宙辐射的臭氧层的存在。很明显，地球历史上氧气的含量发生了变化，而这样的变化与生命活动是密切相关的。为什么生命开始制造氧气？如我们在以下部分所见，氧气的产生是生物获取和利用来自太阳的能量的不断发展的表现。这些发展的发生是通过一系列的"能量革命"实现的，从而使生物在地球历史上获得越来越多的能源。

15.4 最初的三次能量革命

正如我们在如上的反应式(15-1)中所见，有机分子的形成需要能量的供应并形成一个被氧化的原子。有机分子的形成不光是构成生命，更是一种能被"燃烧"的食物，释放能量供给新陈代谢所需。细胞中的能量通货是称为 ATP 的物质，它能够给细胞的反应供能。ATP 分子携带有能量，它转化为 ADP 时释放能量供给细胞，之后又重新转变回 ATP 而使分子重新携带能量，如葡萄糖等物质中碳氢键的分解使得电子发生转移，提供了从 ADP 转化为 ATP 的化学路径。有机体"燃烧"糖，利用 ATP 与 ADP 之间的转化关系获取能量用于新陈代谢。

最终，ATP 的形成需要有外部的能量源，一些生命体利用外部能源，如太阳能或与周围环境不平衡的化学能来产生 ATP 和葡萄糖，这些 ATP 和葡萄糖随后被分解用于细胞活动。那些通过外界的能量源自己制造出有机物分子的生物称为自养型生物，自养型生物能够利用可获得的能量为自己提供食物；其他生物称为异养生物，异养生物通过吸收或食用其他生物提供的有机分子来制造能量供给细胞活动。植物是自养型生物，因为它们利用阳光的能量制造有机物；动物则是异养型生物，正如我们人类靠吃食物来获取能量源。同时还存在自养型和异养型细菌。

很难肯定地说最初的生命是自养型的还是异养型的，有一种观点认为早期生命是异养型的，以早期地球上非生物因素合成的有机化学物质为生。此类生物将受到地球环境所供应的非生物性食物充足与否的影响。因此，相比于需要依赖环境获取食物的有机体，那些能够自己获得食物并直接利用能量的生物具有更加明显的优势。或者，早期的生命体进化出了能够利用光能或其他外部能源来制造食物的方法。不管是哪种情况，自养的发展使得生命能够使用地球或太阳的能量来制造食物，这是生命进化过程中很重要的一步，因此我们称它为第一次能量利用革新。

化学自养生物能够利用化学能，例如在火山口的热水中，有一种产烷生物能从以下反应中获取制造有机物所需的能量：

$$CO_2+4H_2 \rightarrow CH_4+2H_2O \tag{15-3}$$

此反应中，H 从 0 价被氧化为+1 价，并且在此过程中释放出了甲烷。

光合自养生物能够从太阳中获得能量，从而能够从 H_2、H_2S 等还原性的分子中获得电子，这些分子同时也是反应中的氢源。这些光合自养生物能够通过如下的反应来制造葡萄糖：

$$12H_2+6CO_2+太阳能 \rightarrow C_6H_{12}O_6+6H_2O \tag{15-4}$$
$$6CO_2+6H_2S +太阳能 \rightarrow C_6H_{12}O_6+6S \tag{15-5}$$

在式(15-4)的反应中，提供电子并作为氢源的 H_2 从 0 价被氧化为+1 价。在式(15-5)的反应中，H_2S 作为氢源，其中的硫元素在从-2 价被氧化为 0 价的过程中提供了电子。值得注意的是，在这些反应中并未生成氧气，并且这些反应需要还原性的分子 H_2 和 H_2S，且必须发生在还原性的环境中。厌氧细菌的光合作用分为两种类型，即光合I型与光合II型(PSI和 PSII)，数字I和II代表了这两种类型被发现的顺序。

上述反应形成的葡萄糖可以生产出 ATP 供给细胞活动。以发酵过程的反应为例：

$$C_6H_{12}O_6 \rightarrow 2CH_3CH_2OH+2CO_2+2ATP \tag{15-6}$$

除此以外，还有一种方式是糖酵解，糖酵解的反应更加复杂，且每一个葡萄糖分子产生 2 个 ATP 分子。这两种新陈代谢的路径均为厌氧型的ATP 产生方式。所产生的无用产物没有被充分氧化，且以这种方式供能的细胞需要有方法来处理这些无用的产物。以下所讨论的有氧呼吸则能够更进一步处理这些"无用的产物"，通过柠檬酸循环(或称克雷伯斯循环)利用存在于化学键中的能量来产生更多的 ATP。

这些机制使得细菌能够为自己制造食物并且将食物处理获得 ATP。当它们死亡或降解进入环境中时，能够为异养细菌提供食物，从而发展出了早期的生态系统以及最初的简单的食物网。这些机制仍然存在于现今的细胞的新陈代谢中,在厌氧环境中生活的原核细胞利用的正是最接近于原始生命的光合作用机制。

反应式(15-4)和(15-5)中的 PSI 和 PSII这两种机制存在一个缺点,那就是它们依赖于 H_2S 和 H_2 来提供电子和氢源。这两种分子在海水中的浓度总是很低,这限制了可以被生成的有机物的含量,也限制了生物圈的范围。最早期的生命更有可能需要一个还原性的环境以便在这个星球上立足,但是它受到地球所能提供的还原物和含氢分子量的限制,那是这种机制下制造有机物所必需的。鉴于这些限制,早期的生物不太可能非常丰富。

然而,在液态环境中,水分子提供了取用不尽的氢源和电子。当有机体产生了一种化学机制使水分子分解为还原物和氢源时,进化史上最大的革新出现了,这一革新需要 PSI与 PSII结合在一起并作出变更,从而产生了需氧的光合作用,直到现今这也是绝大多数食物链的基石。

$$6CO_2+12H_2O+太阳能 \rightarrow C_6H_{12}O_6 +6O_2 +6H_2O \qquad (15\text{-}7)$$

其中用来还原 C 的电子来自 H_2O 分子中的 O^{2-},它在反应后变成了 O_2,因此反应式(15-7)需要使连接稳固的 H—O 键断裂。对 PSII 进行改性,使其能够破坏 H—O 键,然后 PSI 能够完成这一过程。O_2 是还原产物,提供电子使得 C 被还原;与此同时,氧原子从–2 价变为 0 价,而且每一个有机碳原子都产生了一个氧分子的副产物。蓝藻就是发展出这一能力的早期生命体的多样化后代。

有氧光合作用的发展是第二次能量利用革新,它在对太阳能量的使用上迈进了一步,使得太阳的能量被捕获和储存在有机物的分子之中。有氧光合作用的新机制使反应不再受制于氢源和提供电子的物质的缺乏——只要构成水分子的强大的 H—O 键能够断裂,就相当于拥有了取用不尽的氢源与电子,同时阳光也提供了非常充足的能量供应。然而有一点不可否认,有氧光合作用解决了氢源短缺的问题,由于受生命所需的、必不可少的元素如磷和氮的限制,生命的成长依然受到限制。况且早期的原核生物更有可能通过无氧呼吸消耗葡萄糖获得能量。对于所能摄取到的每一分子葡萄糖,它们仍然能够获得两个单位 ATP 分子携带的能量以供生命活动所需。

所有这些形式的光合作用今天仍然存在。例如在黑海,占据浅水海域的蓝藻进行的是有氧呼吸。当它们死亡并穿越海水层下沉时,它们产生的氧气被有机物的分解所消耗，因而在深水区是厌氧的。在这里，厌氧环境中构成各种颜色层的紫色和绿色的细菌分别使用 PSI 和 PSII 进行光合作用，如图 15-4 所示。

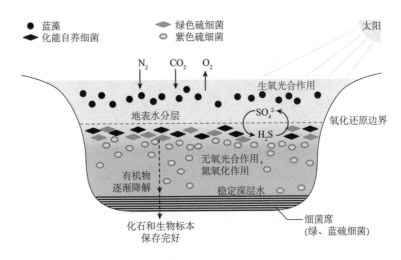

图 15-4　黑海的条件示意图。黑海是海洋中仅有的几个在海水平面以下没有氧气的地方之一。蓝藻的有氧光合作用发生在顶层。下沉的有机物的氧化作用消耗了水下的所有氧气，防止蓝藻细菌的存活。在它们存在的位置，厌氧细菌(紫色和绿色硫细菌)充分利用硫的可变氧化状态来产生它们自己旺盛的生态系统。早期地球的厌氧环境完全被类似的厌氧细菌所占据，而今天，这些细菌已退化到未被氧化且处于从属地位的生物圈中

　　从反应式(15-4)和(15-5)中可以看到，没有氧气参与的 PSI 和 PSII 过程得到了如水这样的无害的无用产物，而在有氧气参与时则产生了有害的产物，虽然今天我们把 O_2 看成是光合作用的有利产物，但对早期的生命体来说却并非如此，O_2 会破坏有机物分子且对早期生命很可能是剧毒的，即便对于现代的生命来说，氧气也是一种强劲的毒药。这正如我们经常使用抗氧化剂来阻止细胞衰老这一事实所揭示出来的那样，倘若没有进化出起保护作用的分子来抗衡这样的毒害作用，有害产物造成的问题可能会限制有氧光合作用的传播。

　　然而，在这样的不利条件之下，同样给第三次能量利用革新孕育了潜在的机会，氧气是一种十分活跃的分子，能够自动与多种金属以及还原性有机物发生反应，那样的反应能够释放大量的能量。在有可用能量时，为

了利用这些能量，一些渐进的适应性变化就产生了。这样的适应对生命的能量供应大为有益。因为如反应(15-5)所示，在没有氧气存在时，分解 1 分子的葡萄糖仅得到 2 分子的 ATP，而在有氧气的情况下，分解 1 分子的葡萄糖可以得到 36 分子的 ATP：

$$C_6H_{12}O_6 + 6O_2 \rightarrow 6CO_2 + 6H_2O + 36ATP \qquad (15\text{-}8)$$
$$葡萄糖 + 6O_2 \rightarrow 6CO_2 + 6\ 水 + 36ATP$$

这种以可控方式呼吸氧气的能力需要巨大的渐进性适应，这也是地球生命的第三次能量利用革新，从单位分子的葡萄糖所能够得到的能量是无氧呼吸的 18 倍，见图 15-5。你每一次的呼吸就遵循着反应式(15-8)的规律，吸入氧气，呼出二氧化碳，甚至于你每一刻的思考也在使用着这个过程所制造的 ATP。

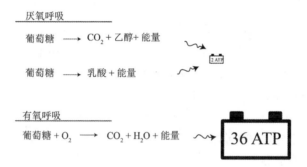

图 15-5 通过葡萄糖的无氧和有氧代谢形成生命的能量货币三磷酸腺苷(ATP)，从而获得不同的能量。葡萄糖的无氧呼吸中，每个葡萄糖分子仅产生 2 个 ATP，用小电池来表示，而有氧呼吸可以完全代谢葡萄糖，产生 36 个 ATP，由大电池表示。更大的能源生产是生命的能源革命

然而，反应式(15-8)释放的所有能量并不能被完全利用。充分利用有氧呼吸需要环境中有充足的氧气。因为氧气十分活跃，易于被还原性的物质捕获，这些还原性的物质以 CH_4、H_2S、FeO、FeS_2 等形态呈现，在早期的地球上非常丰富。要想让生命充分利用氧气产生能量，就必须提高大气中的氧气含量，从而产生足够的氧气，用以克服地表还原性环境的阻碍。只有当地表外部被氧化后，第三次能量利用革新的潜力才能得到充分实现。

因此，生命的进化与地表的氧化是紧密耦合的。大气与海洋起始时没

有 O_2，由于还原物质供应的限制，不足以使 CO_2 转化为含碳的有机物，生物的丰富程度维持在较低的水平。接着，生物进化出了有氧光合作用，从而将水分子分解，提供了取之不尽的氢以及以水分子中 O^{2-} 形式存在的还原物。有机物生产出来的 O_2 在最初是有毒害的污染物，但是生命的进化使氧气成为一种高效能源。一旦有了足够的氧气，生命甚至依赖于环境中高浓度的氧气。最终，呼吸以及内循环系统进化出将氧气有效地输送给多细胞的有机体，从而使大脑等大量消耗氧气的器官得以进化出来。生命的进化导致了地表逐渐被氧化，同时地表氧化的历史也影响着生命进化的历程。整个过程导致了从太阳中获得能量，并将其以电子流的方式输送给生物圈这一能力的提升。

15.5 行星的燃料圈

燃料圈是指一个能将呈现氧化性的分子与还原性的分子相互反应以产生电流的装置。燃料圈就像是一块电池，只不过这块电池是依靠对还原性和氧化性分子的补充来保持它的电势差。正电势和负电势是分离的，以提供电子流的方式给地球的燃料圈供能。

从整个行星的角度看，在地球进化的几十亿年的过程中，生物所产生的电流被用来向地球的燃料圈"充电"，生物利用太阳能使 CO_2 和 H_2O 转变为被还原的碳和被氧化的其他物质。固态地球也发挥了作用，地球的内部圈层是如此之大，以至于它的整体氧化状态几乎不受地表有机过程的影响。地球内部为燃料圈持续地提供了一个还原性的圈层，生命使得还原态圈层加增，且每一个经掩埋而被隔绝的碳原子都将释放一个氧气分子用于氧化地表。地表的氧化是一个漫长的过程，因为丰富的还原性硫和还原性铁的储层提供了用以吸收氧气的巨大的汇，只有这些还原性的圈层被氧气浸润后才可能发展出含氧的大气。当生命还只是单细胞的有机体时，所有这一切就都发生了，而这一过程持续了 20 亿年或者更长的时间。

一旦表面有足够的游离氧，多细胞的生物就可以通过利用地球的燃料圈在有氧呼吸中产生充足的能量来进化。例如，在火山喷发口的温泉中，从地幔来的还原性物质与被氧化的海水相遇，将能量潜势供应给处于深海食物链最底端的微生物。生命进化出利用能量流的方式，使得在没有阳光照射时，火山口处的温泉仍能孕育出丰富的生命。对于地球燃料圈的阴极和阳极，即使不利用阳光，也能通过反应释放出能量，其中由有机碳组成的还原性储层或地球内部构成了阴极，并与地球表面构成的阳极发生反应(见图15-6)。

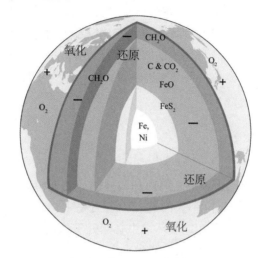

a) 行星燃料电池

容许比早期地史更大的能量流动

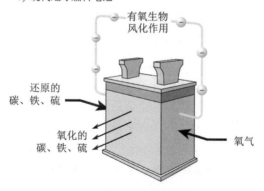

b) 现代地球燃料电池

图 15-6 (a) 现代地球中氧化和还原储库与释放的能量相结合时的状态。还原储库是有机碳和地球内部，氧化储库为氧化的表层岩石和大气中的氧。(b) 图 15-1 的燃料电池概念，显示作为驱动地球过程的氧化和还原物质的地球化学储库

呈现还原性的地球内部与呈现氧化性的地球外部的反应同样对非生物的过程产生着影响。当新的还原性岩石暴露于地表时，它将发生反应并被氧化，促进了风化作用以及地球化学循环。当被氧化的海洋地壳下沉到地

球的内部时，这部分地壳在被地幔吞没的过程中，三价的铁离子和水进入了地幔中，使得此处的地幔被氧化，同时也影响了岩浆的构成成分以及岩浆冷却的路径，因此产生了富含 SiO_2 的岩浆和被氧化的具有大陆性地壳特征的气体。与此同时，燃料圈也能将能量以不可控的剧烈方式转化为热量释放，例如埋藏于地壳中的有机碳在与大气反应过程中被燃烧。正如我们将在第 17 章中所见到的那样，气候变化以及生物进化史上的大跃进都来自地球上还原性和氧化性储层的剧烈接触，所有的现代文明都离不开对地球燃料圈的开发，这样的开发是通过对化石能源的获取和燃烧来实现的。

15.7 小 结

在地球起初的历史中，它的内部和外部都处于相似的还原性状态中，这样的还原状态持续了超过 10 亿年，并且是生物起源的必要条件。在这一时期，还原性的分子在地表环境中必然处于稳定的状态。早期的生命发现了如何利用来自地球的化学能和来自太阳的光能来制造自己所需的食物。这些自养型生物从此不再受限于还原物的供应。太古代中有氧光合作用的出现，通过从无所不在的水分子中获得氢和电子，极大地促进了生命对太阳能的利用。自此，限制生命的就只有另一些同样必不可少的元素如 N 和 P。起初，通过有氧呼吸得到的副产物 O_2 是一种有毒的污染物，但经由对葡萄糖的有氧呼吸，O_2 也蕴含着为细胞提供更多能量的可能性，将对生命的供能效率增加到了原来的 18 倍。鉴于地球内部有如此多的还原性物质，大气中氧气的积累本可能会受到限制，但是生命产生了足够多的氧气使地表储库饱和，大气中氧气的含量才达到了如今的水平，使得在元古代晚期和显生宙多细胞生物得到了发展。在地球的历史中，伴随着有机物的制造，有的地表氧化过程产生了许多氧化性圈层和还原性圈层，成为地球燃料圈的两极，这些圈层之间的反应为现代生命和行星过程提供了充足的能量。

图 16-0 澳大利亚一个条带状含铁地层露头。这些巨大的铁聚集，是当今大多数铁矿石的来源，是在地球历史的一段相当短的时期内沉积下来的，因为地球逐渐变得更氧化，并将海水中可溶还原铁转化为不可溶氧化铁，而不可溶氧化铁沉淀形成这些壮观的岩石。参见图版 25(引自 Simon Poulton and the Nordic Center for Earth Evolution)

外部修饰 来自行星表面的氧化记录

正如我们在上一章节所讲到的那样，行星演化包括表层的逐步氧化和大气中 O_2 的最终上升。原始还原环境的地球表面含有 H_2、以 Fe^{2+}(FeO) 形式存在的 Fe、以硫化物(S^-)形式存在的 S 和不含 O_2 的大气。现在，H_2 是最小的，Fe 在地表是 Fe^{3+}，S 是 S^{6+}，大气中有 21% 的 O_2。这些巨大的变化随着行星和生命的逐步演化，行星的外部修正以及与地球、生命和太阳密切相关的事件而发生。这些巨大的变化发生在行星和生命的逐渐转变和行星的外部更新中，使得地球、生命和太阳紧密相连。这些变化在地球的历史中是什么时候发生的以及怎样发生的呢？

正如我们在上一章所讲到的，每个转化为还原性碳并储存在地球中的 CO_2 都会产生一个等价的高活性 O_2 分子。这种由储存的生命分子释放的氧化能量与其他行星物质发生反应，并且逐渐氧化了大洋、土壤和大气，把 Fe 和 S 转变成它们的氧化形式。氧化铁和氧化硫几乎包含了地球历史上埋藏有机碳产生的全部 O_2。

岩石的记录提供了这个过程的历史，在很大程度上是因为铁和硫的溶解度取决于它们的氧化态。在还原条件下，铁在水中是可溶的和非固态的，硫是固态的。早期地球中，这种条件导致了富 Fe、贫 S 的海洋。在氧化条件下，铁是不可溶的，硫是可溶的。现今这种条件在现代海洋中导致了高 S、几乎无 Fe 的情况，海水的 S/Fe 比例比大陆地壳高出数百万倍。行星表面这两种情形的转变造成了大量铁的沉淀，以条带状含铁建造闻名。接近于 20 亿年的条带状含铁建造的消亡标志着大气中 O_2 的初始上升。从 20 亿到 8 亿年前，O_2 大概是现在水平的 1%~2%。在新元古代发生了第二次氧气上升，导致了显生宙宏观生命大爆发的可能性。截止 600 万年前，O_2 的含量一直是现在水平的一半以内。20 亿和 8 亿年前的氧化事件都多次神秘地发生在全球冰期。

当这个过程是一种地表的重大变化时，氧的上升和它的稳态不均衡与整个地球系统的运行密切相关。有机碳埋藏所产生的氧化能源需要通过火山作用向地表提供 CO_2 的稳态增加。还原物质由地幔到地表不断增加，使得氧可以稳定沉淀。碳同其他氧化和还原物质的俯冲对氧平衡具有重要的长期影响。今天，生命产生的过量氧是由深海(主要在大洋中脊)的洋壳变化所产生的氧化铁的俯冲所补偿的。虽然氧上升的大致过程清晰明确，但至今并没有形成一张完整图画。

16.1　引　言

化学机制的发展，即从一个没有自由氧的早期地球，过渡到一个氧是污染物的地球，到一个氧可以是主要大气成分的地球，再到一个高含量氧对动物生命至关重要的现代地球，是地球的外部更新。这个发展过程与生物的进化机制的发展是密切相关的，也与控制地球各个组成部分元素丰度的地球化学循环密不可分。在前面的章节里，我们看到了生命是如何氧化地球表面，使其从最初的低氧环境转变为宜居行星并维持的富氧环境的过程。在本章节里，我们的任务就是尝试找到这个过程中的主要事件和无机地球外部修正发生的机制。这些变化是稳定的还是间断的？它们什么时候发生的？这个机制是什么样的以及如何被记录在行星表面的？

16.2　地球和氧气

为了解 O_2 的历史，我们需要更深入地探究地球的氧气平衡，因为不能直接测量过去大气中的 O_2。相反，地球历史方面就有点像一部主角从未登台的剧本。幸运的是，虽然 O_2 在这段历史中是一个看不见的主角，但有其他主演角色经常出现。

这些角色就是阿尔法粒子，它占据了多个氧化态，即 C、Fe 和 S，以及宇宙中最丰富的元素 H。当然，许多其他的元素，比如锰(Mn)、砷(As)和钼(Mo)，有各种氧化态，我们将致力于研究这些元素以获得额外证据，但是它们对于氧气的总预算并不是很重要(见图 15-1)。

这些元素中的各种反应反映并控制着地球圈层的氧化态。第 15 章的光合反应方程式 (15-1) 释放出氧气。众所周知，有机质被细菌分解，被异养生物吃掉和燃烧掉。这些过程简单地说就是反向进行的光合作用，即自由的 O_2 被消耗掉并生成 CO_2 和 H_2O。不能以这种方式循环利用的 O_2 可以与其他还原型物质发生反应：

$$C_6H_{12}O_6+6O_2 \rightarrow 6CO_2+6H_2O \tag{16-1}$$
$$2FeO+1/2O_2 \rightarrow Fe_2O_3 \tag{16-2}$$
$$FeS_2+5/2O_2 \rightarrow FeO+2SO_2 \tag{16-3}$$
$$2H_2S+2CaO+4O_2 \rightarrow 2CaSO_4+2H_2O \tag{16-4}$$

注意，所有的这些反应是氧化/还原反应，在反应过程中，Fe、S 和 O 的价态是变化的。根据氧化态的不同，形成不同的固体物质，还原性碳是在有机质中发现的(如煤)。还原性铁存在于许多硅酸盐中，而氧化性铁是在赤铁矿(Fe_2O_3)和磁铁矿(Fe_3O_4)中发现的。还原性硫存在于黄铁矿(FeS_2)中，而氧化性硫存在于石膏($CaSO_4$)中。岩石中发现的物质记录了氧气的历史，虽然氧气本身无法被测量。

地球的内部是相对还原的。地核是由还原性 Fe 金属组成，地幔中约 93%的 Fe 以 FeO 的形式存在，大部分的 S 以硫化铁形式存在。这种还原氧化态被喷发到地表的岩浆和气体所继承，所以板块构造和地球化学循环的运行提供给将与 O_2 发生反应的还原物质一个稳定的环境。大陆结晶岩暴露地表，提供还原性物质。风化作用是这些岩石与 O_2 和 H_2O 反应分解后的氧化作用。如果没有生命不断地供给氧气，所有的游离 O_2 将会被消耗殆尽，地球的表面将会恢复到与地球内部相同的还原态。

由于这种来自于地球深部的还原分子的稳定供给，大气中 O_2 的存在是一个不平衡的状态，在一个非常活跃的地球化学循环的环境下，稳态不平衡反应是正反两面反馈的平衡。

今天，假如氧气含量升高，那么耗氧反应将会更加快速地发生。假如 O_2 达到类似大气含量的 27%，而不是 21%，那么火灾将会猖獗不止，反应(16-1)就会过度发生，消耗有机碳，减少生物圈的质量，从而限制 O_2 的生产。或者，假如氧气下降，有机质将会更加缓慢地氧化，深海就会被还原，导致有机碳的进一步埋藏和海底岩石的弱氧化。两者将会减少 O_2 的吸收，O_2 的含量就会上升。

这些过程适用于现今的地球，尽管生物的光合作用产生大量的O_2，但

是大气中 O_2 的含量保持在 21%不变，因为氧气的来源完全来自碳汇平衡(以有氧呼吸、硫化矿物氧化、铁氧化和还原火山气体氧化的方式消耗 O_2)。反馈运行保持这种水平。我们知道在地球历史的早期，氧气是远远达不到这种水平的。事实上，从理论上讲，这种平衡可能发生在大气中其他的 O_2 水平上，这都取决于光合作用产生氧气的相对速率和消耗 O_2 的相对比率，比如反应式(16-1)—(16-4)。

长期来看，为了 O_2 得以增长，这种平衡必须被扰乱使得 O_2 的产量大于消耗量。纵观地球历史，反应式(16-1)一直从右到左进行，而反应式(16-2)—(16-4)平衡地从左向右进行。产氧光合作用减少碳以创造有机质和高活性的 O_2。但是，如果所有的有机物被氧化殆尽，植物产生多少 O_2 已经不重要了。如果 O_2 能够氧化地表环境，那么地球系统中就应该有某一个地方是有机碳的原子储存库。净 O_2 的产生是指有机物的产生超过了破坏，而这些有机物最终会在某处未被氧化。要补充的另一半故事就是净 O_2 的产生在某处结束，比如大气中或在 Fe 和 S 的氧化型物质中的 O_2。今天，地球表层的 Fe 是大量的 Fe^{3+}，S 是+6 价的硫酸盐(SO_4^{2-})。因此，很明显，大气中氧气的上升仅仅是地球地壳和大洋整体氧化的一方面(图16-1)。事实上，如果其他地球表层没有被氧化，那么大气中不可能存留氧气，因为如果那样的话，氧气下沉将会比当前更加厉害。纵观地球历史，表面的逐步氧化减少了 O_2 的可能下沉，使氧气可在大气中上升。

这是一个不完美的类比，但是我们可以假设地球是一个背负大量债务(还原分子)的人。地球是相当富有的，因为多亏了太阳，金钱持续到来(光合作用产生的 O_2)。一旦所有的收入花完了(有机分子的氧化)，债务就不能付清。存留的部分(来自游离的有机质)首先被用来支付债务(氧化 Fe 和 S)，一旦债务得以偿付，存留的部分就进入建设费用(提高大气中的 O_2)。当资本充足时，新企业(多细胞生物和先进的生态系统)的建立就成为可能。

如果准确地描述这个系统，我们就得到了一个简单的质量平衡——有机物产生的 O_2 应该等于氧化性物质吸收的 O_2。这种质量平衡也给我们提供了两种途径来探索氧气的历史，其一就是通过对有机物的时间(碳循环)研究，哪一个是氧产生的历史，哪一个是氧气消耗的历史(大多数是 Fe 和 S 循环)。

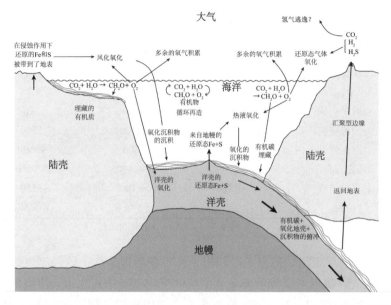

图 16-1 氧循环中各成分的图解说明。O_2 由光合作用产生。产生的大部分有机物是去氧化。有机质的埋藏作用导致氧量过剩，这些氧气被各种反应消耗。来自热液喷口和大陆地壳暴露的还原性 Fe 和 S 被氧化，来自火山的还原气体也被氧化。俯冲作用使各种分子回到地球内部。沉积物的氧化态包含了地球历史中这些反应的记录

16.3 碳：氧气的产生记录

还原碳存在于黑色页岩、土壤、煤炭、石油和天然气中，来源于数百万年前的光合作用。这种储层使得行星表面的高氧化态和依赖于它的动物生命的存在成为可能。如果我们恢复且燃烧所有的有机物，我们将回到行星演化的 300 万年前，地球将回到它的还原态，那个时候只有原始生命是可能存在的。表 16-1 显示了目前地球储层中有机和无机碳的分布。请注意生物圈，活着或目前活着的有机物仅仅占全部有机物非常小的一部分，有机碳总量大约占地壳碳总量的 17%，而地幔是目前为止最大的碳储层。

直接追踪 O_2 的来源需要我们了解有机碳的质量是如何随时间改变的。这是一个棘手的问题，因为有机碳存在于沉积物中，并且有机碳在地球历史中循环非常迅速。所以，科学家不得不求助于一种间接方法，通过测量由海水和古老有机物中形成的碳酸盐中的碳同位素来推断有机碳的形成速率。

表 16-1 地球上的碳储库(以 10^{18} 摩尔为单位)

储库	还原 (有机) C[*]	氧化 C	总量
大气	-	0.07	0.07
生物圈	0.13		0.13
水圈		3.3	3.3
深海沉积物	60	1300	1360
大陆边缘沉积物	>370	>1000	>1370
沉积岩	750	3500	4250
其它岩石	100	200~400?	300~500
总表面储库	~1250	~6100	~7350
地幔			27000

[*]还原碳估算来自于 Des Marais, Rev. Mineral. Geochem. 43(2005): 555-78.

这种间接方法背后的原因是利用了有机碳与碳酸盐中碳同位素比值的对比。首先，我们可以测量地表碳储层的平均碳同位素比值，结果是该值与输入到幔源碳的系统一致。这种幔源碳被地质和生物过程分为(非有机)碳酸盐和有机碳。正如我们从第 13 章中了解到的那样，生物过程使有机碳优先吸收 ^{12}C，这是 2 个碳同位素中较轻的一个，有机碳的 $^{13}C/^{12}C$ 比例比无机碳的比例低 2.5%左右。这种变化是根据相对于任一标准的每千分之一的差异来报告的。这些差异按惯例被标志为 $\delta^{13}C$。举例来说，$\delta^{13}C$值为-25 意味着 $^{13}C/^{12}C$ 比值比标准值低 25‰。

地幔碳的 $\delta^{13}C$ 值为-5，并且必须是系统中的总碳值。同时，有机和无机碳之间必将有一个补偿，大概为 30‰。如果所有碳以无机碳形式存在，那么无机碳将不得不有-5 的平均值。第一个形成的有机分子将会补偿 30‰~35‰。或者，如果所有的碳都是有机碳，那么有机碳值将会是-5，第一个无机碳分子将会补偿+25。平均碳值总是-5，补偿值总是 30，但是有机碳和无机碳的碳同位素值取决于每个相对量(图 16-2)。数学上，数量平衡可以写为：

$$\delta^{13}C_{or} M_{or} + \delta^{13}C_{ic} M_{ic} = \delta^{13}C_T M_T \tag{16-5}$$

其中，M_T 是碳的总质量，M_{or} 是有机碳的质量，M_{ic} 是无机碳的质量，且 $M_T = M_{or} + M_{ic}$。然后可以定义一个参数，按惯例就叫 f，是有机碳的部分，总碳 $f = (M_{or} + M_{ic})$。我们获得：

$$f=(\delta^{13}C_{ic}-\delta^{13}C_T)/(\delta^{13}C_{ic}-\delta^{13}C_{or}) \tag{16-6}$$

通过测量不同年龄岩石中有机和无机碳的 $\delta^{13}C$ 值，可以估计 f，从而估算按时间从有机到无机碳的比例(图 16-2)。

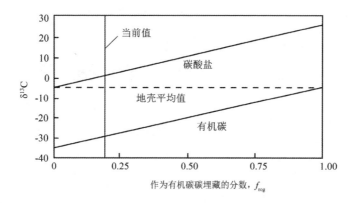

图 16-2 碳酸盐碳的同位素组成与作为有机碳埋藏数的有机碳之间关系图。两者之间的补偿值总是 30‰。总碳量的平均值必须总是低于标准值的 5‰。垂直线代表全球碳循环的现值，这个值在整个地球历史中一直是个显著的常数(修改自 Des Marais, Reviews in Mineralogy and Geochemistry, 2001, 43, 555-78)

16.4 碳：来自岩石记录的证据

碳同位素记录背后的原理是直接测量反映海水成分的不同年代的碳酸盐和有机质。实际上，其中有许多困难。分布在地球历史不同时期的、保存有碳酸盐和有机质的样品是必要的。虽然碳酸盐非常广泛地分布于地质记录中，有时候保存得非常好，但是有机质非常少见，而且非常容易被变质过程所改变。另外的困难就是两种类型的物质经常处于不同位置的不同岩石中，因此要记录它们的年龄，需要在不同大陆间进行对比。这导致很难获得一个可靠的记录，也很难了解前寒武纪特定时期间隔的测量就面积而言是全球性的，还是反映了当地情况。有了这些关于数据的问题，解释就有了回旋的空间。

尽管在细节上有困难，但碳同位素的长期历史却讲述了一个令人信服的故事。图 16-3 显示了有关有机和无机碳的数据。水平线为 $\delta^{13}C$ 的地幔值提供了一个参考。如果没有有机碳产生，我们希望碳酸盐碳与地幔中的碳有相同的值。从图中可以明显看到，贯穿地球历史，碳酸盐碳有过比地幔更高的 $\delta^{13}C$，在小范围内有平均变化，这是因为地幔碳值是-5，碳酸盐碳大约是 0。从图 16-2 可以看出，碳酸盐碳组成了活性碳储层的 80%，而无机碳大约只占 20%。有机碳的 $\delta^{13}C$ 应该是-30。这个数值参考了碳同位素的值，其本质上和表 16-1 显示的总碳平衡是相同的。

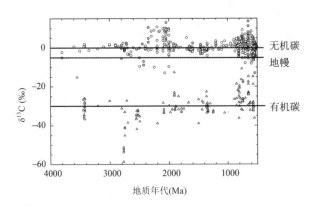

图 16-3　地质时期沉积物的碳同位素数据。空心圆是碳酸盐碳，空三角形是有机碳。注意到无机碳碳同位素组成在 2200 Ma 和 800~600 Ma 附近有两个大的变化周期(源自 Hayes and Waldbauer. Trans. R. Soc. B. 361(2006): 931-50)

　　然而，碳酸盐碳和有机碳之间的对比并不是一个简单的常数，虽然现代有机碳的变化大约在 30‰以内，但古老有机碳的稀疏测量值却很低。对数据采用平均法简化和消除，会导致有机碳的比例随时间变化，如图 16-4。这些零散的数据排除了一个明确的结论，但是数据表明太古代有机质的比例可能从大约 15%增加到现今的 20%~25%。

　　碳酸盐同位素数据还显示出两个时期的变化性增加，包括碳酸盐 $\delta^{13}C$ 值的偏移。这些变化发生在 2.4~2.0 Ga 和 0.8~0.55 Ga 之间。从表面看，在这两个时期内,这些变化可能暗示了更高的有机物比例和更强的氧化能力。然而，如果这真的是一种简单的方式，那么我们将期望在图 16-3 中看到这些时期中一个平稳增长和全球统一的碳酸盐 $\delta^{13}C$ 值,也将看到一个在相同时期有机碳 $\delta^{13}C$ 的相应增长，这些没有一个是明显的。由于有机碳与无机碳记录的相应缺乏，质疑声此起彼伏。幸运的是，这两个时期也显示了某些负的 $\delta^{13}C$ 值。许多工作人员解释过这些数据，以探究氧气在大气中是何时上升的，第一步上升是在 2.4~2.0 Ga 时段，第二步是在多细胞生物发展之前的新元古代。可以确定的是，这是一个快速变化和巨大变异时期，相比之下，2.0~1.0 Ga 时间段是一个非常长的稳定时期，有时被称作为"无聊的十亿年"。

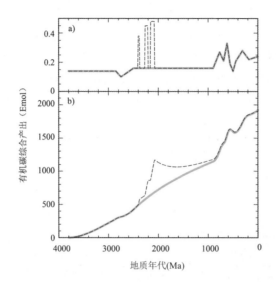

图 16-4 来自图 16-3 的平滑化数据的可能解释。如果 CO_2 从地球内部稳定外流，那么地表上的碳总量随时间而增加。有机碳的固定比例(a)表示总的埋藏有机碳也随着时间而增加。有一个短暂时期发生的有机碳埋藏比例的增加(虚线标注)。因为 O_2 的生成与有机碳的埋藏呈一一对应关系，所以图(b)可以看到地表氧化分子的增加(大部分是氧化性 Fe 和 S)(修改自 Hayes and Waldbauer, 2006)

地质记录显示出在地球历史中，地球表面的氧化程度越来越高。这就需要超过下沉氧气的稳定产出。如果过量的氧无法稳定存在，地壳、大洋和大气中的氧气就可能不会出现。因此，稳定的有机碳比例和岩石中现存的有机比例与长期平均值是相似的，这需要外部储层的碳总量有所增加，除非有一个神秘的氧化能力的来源。如果 CO_2 从地球内部稳定排出，20%的有机质将会稳定地流出地表，导致氧化能力的逐渐增强。有机质埋藏提高氧气的过程未必需要太长的时间，因为氧气一直在产生。用这种方式考虑问题的必要结果就是有机质层的总体大小会随时间而增加。可是，测定地球历史中的总碳预算是一件很困难的事情，因为俯冲消减作用和循环比率是未知的，即使现在也是一样的。

图 16-3 的数据也显示了有机碳与无机碳的变化有很大的分散性，而没有明显的相关性。概念是明确的，数据是混乱的。因此，碳同位素给我们思考 O_2 的增长提供了重要的约束条件和大量空间，但没有提供最后的答案。

16.5 铁和硫：氧消耗的记录

追踪氧消耗的最重要元素就是氧化性 Fe 和 S。地球表面的岩石和海水含有丰富的氧化性 Fe (Fe^{3+})和 S (S^{6+})，相比之下，地幔的氧化态则通过火山作用释放这些元素到地表。氧化分子中氧的数量远远超过大气中的氧(见表 16-2)。因此，几乎所有以有机质形式形成的氧都不可能存在于大气中，主要储存在 Fe 和 S 的氧化分子中。

表 16-2 有机质产生的氧的储存处

大气中 O_2	37.2
Fe^{3+}	1375
SO_4^{2-}	410
氧化的化合物中总 O_2	1847
表 16.1 中有机碳的总 O_2 产量	700~1280
质量平衡问题	$(500~1000)\times10^{18}$，还原碳等量的摩尔数

修改自 Hayes and Waldbauer, Phil. Trans. Roy. Soc. B 361(2006): 931-50.

Fe 和 S 有一个特性，使得 Fe 和 S 对追踪氧的历史特别有用，而且对地球历史也有着根本性的影响，这就是它们的溶解度随着氧化态的变化而变化的方式。

三价铁在水中是难以溶解的，这导致如今大洋中 Fe 的浓度通常低于十亿分之一，即使大陆地壳中铁的含量约为 5% (5×10^7 ppb)。另一方面，二价铁易溶于水。举例来说，热液喷口的还原性流体含有 100 ppm 的 Fe^{2+}。当流体流出喷口，遇到氧化性海水时，Fe^{2+} 就会转变成 Fe^{3+} 并析出，形成深海热液喷口的黑烟(见图 11-4)。

硫的性质正好相反。还原性硫(S^{-1})相对不溶，而氧化性硫(S^{6+})形成了在水中浓度非常高的硫酸盐。举例来说，硫酸盐在今天的海水中导致了硫的浓度大约为 900 ppm，远高于 400 ppm 溶度的大陆地壳。硫化物在还原海域的浓度非常低。

当我们检测地质记录时，Fe 和 S 的相反表现非常有用。还原性地球有活动性的 Fe 和非活动性的 S，这导致了低铁高硫的还原性土壤和高 Fe/S 的大洋的形成。当表面变成氧化性时，铁在沉积物中是非活动性的，在海水中是不可溶的，但是硫在风化作用下是活动性的，在海水中是可溶的。这种情况导致了海水成分具有非常低的 Fe/S。两者的差异不小。今天海水中的 Fe/S 比是大陆地壳的 400 亿倍，它的风化作用促成了海洋的形成。在早期地球，还原性大洋中的 Fe 比 S 要丰富得多。氧化态是很强的元素分离器。

氧化态的这些变化影响了河流和大洋中 Fe 和 S 的分布，也影响了土壤和沉积物中的矿物学。还原性含铁矿物是铁硅酸盐、黄铁矿、铁碳酸盐以及菱铁矿。还原性硫的矿物是硫化物。氧化性铁的矿物是红色的，包括硅酸盐、氧化物以及氢氧化物。氧化性硫的矿物是硫酸盐，最常见的就是石膏 $CaSO_4(H_2O)_2$。科学研究就是要确定这些地质记录中沉积的矿物是何地、何时、何种原因出现的，以及在运移和沉积过程中是如何将变化记录保存在岩石中的。

16.6 铁：来自岩石记录的证据

许多铁和硫的沉积物的特征在地球历史上发生了很大变化。两种具有特殊时间分布的岩石类型就是条带状含铁建造和红层。虽然它们都是红色的，但是它们的矿物和组成却有显著的不同，这也揭示了地表氧气演化的不同阶段。

条带状含铁建造(BIFs)是一种独特的有色岩石，它们的名字来自岩石的细薄层，其中富铁的沉积层与几乎是纯 SiO_2 组成的燧石层相间变化(图16-5)。它们位于浅水下，覆盖了大部分的大陆架，这个时间与它大量出现的时间相对应，约为 2500 Ma。这些独特的岩石含 50%的铁氧化物，是现代文明所用铁矿的首要来源。

BIFs 的详细特征随时间而变化。出现在古老岩石中的 BIFs，比如 38亿年前格陵兰岛的伊苏沉积物，通常很薄(几十米厚)，且常出现在火山岩的夹层中。当几十亿年后，大概 25 亿年前，BIFs 达到它们的沉积厚度最高点时，可能有 1000 m 厚。它们的丰度在更年轻的岩石中下降，除了在18 亿年前的短暂重现，之后就从地质记录中消失了(图 16-6)。新元古代BIFs 的化学特征是铁与亚铁的比例较高，铁总量的 95%为 Fe^{3+}，而较早的 BIFs 中铁总量中只有约 50%为 Fe^{3+}。

图 16-5 一个条带状含铁建造样品，显示了富铁层条带与燧石层的交互现象。这些岩石是现代文明中铁矿的主要组成。见图版 26(引自 Harvard Museum of Natural History, Dick Holland Collection)

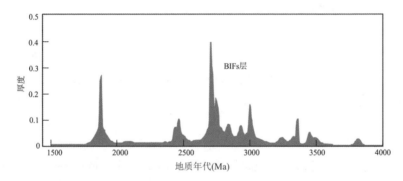

图 16-6 条带状含铁建造随时间的丰度。注意在 3000~2500 Ma 有明显的峰值，然后在 2400 Ma 附近有所下降，1800 Ma 之后从岩石中消失 (来自 Isley and Abbot, J. Geophys. Res. 104(1999): 15, 461-77)

BIFs 的显著特点是它们对太古代和早元古代的限制，以及它们所代表的多价铁的巨大浓度。这些岩石所带来的挑战是要了解在地球历史的这个时期，有多少铁可以被浓缩在沉积物中，而且再也不会富集了，以及它们所传递的关于地表氧历史的信息。

氧化态对溶解度的影响是 BIFs 的关键。因为 BIFs 是从海水中沉淀来的岩石，因此任何模型的核心都是两种情况：一种是全球性还原铁的来源导致了高的海水浓度；另一种是当地的还原环境导致了 Fe 在大陆架中的沉淀。在这种整体框架下，不同的假设是可能的。

普雷斯顿·克罗德(Preston Cloud)在 1970 年率先提出了一种设想，将

BIFs 与氧的光合作用的兴起联系起来。在富氧光合作用出现之前,大气和全部海洋将会是还原环境。从大陆到大洋的河流将会携带还原铁,这些铁来自热液喷口,并在海水中溶解。海洋将会富 Fe^{2+} 低 S。早期还原性的大洋没有将 Fe^{2+} 氧化到 Fe^{3+} 的能力,Fe^{3+} 形成的沉积物也不会大量形成。蓝藻出现后,并且在阳光充足的浅水环境产生氧气之后,浅海是氧化的而深海是还原的。大气中几乎不存在氧气,因为那里存在的任何氧气都会因为与火山气体的反应以及与大陆含 Fe 和 S 岩石的化学作用而减少。

现阶段,浅海中有氧气来源,尤其是在大陆附近,这里是其他营养物质的来源,还有还原性深海和还原性大气。当富 Fe 深水达到有氧存在的浅层时,就容易发生氧化。此外,Fe 的氧化可以产生能量,细菌将会利用这种反应。Fe 的氧化作用甚至有利于早期的生态系统,因为它会从环境中去除有毒气体氧,形成的氧化性铁将是高度不可溶的沉淀物。如果这种情况发生在深洋,Fe 颗粒将会下沉到非常深的地方,在那里它们将会被还原并且回到溶液中去。在海洋深度比缺氧深度浅的浅海和大陆架中,铁可以形成富铁的沉积物。因此,还原态的变化将会允许一种铁形成,铁从深海热液喷口和大陆风化作用输送到海洋并沉积在部分氧化的浅海下(见图16-7)。这种化学机制仅可在一个相对氧化的地球中运行,还原性 Fe^{2+} 和局部氧化性物质导致了 Fe^{3+} 的沉淀。那么,在最古老的太古代岩石中,在最初的氧气上升时期之前,BIFs 是稀有而稀薄的;在过渡时期,在存在少量氧气的情况下,BIFs 将是丰富的。今天富 Fe 沉淀很少,在洋脊附近有少量形成,那里的热液喷口持续释放 Fe^{2+} 到当地环境中,微粒立即形成并沉降到海底。

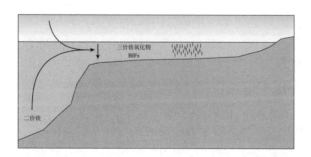

图 16-7 条带状含铁建造(BIFs)的形成图解。大陆风化作用和热液喷口处释放可溶性 Fe^{2+},Fe^{2+} 以溶解态形式保留在还原性大洋中。大陆架遍布光合作用,将 Fe^{2+} 转变成 Fe^{3+},导致铁的沉淀。只要深海大部分具还原性,那么 Fe 将不断从地幔中运移出来,从而在大陆架形成 BIFs

由于大气和整个海洋都被氧化了，海水中的铁含量极少，几乎为零，而且大陆地壳中的氧化性铁是没法运移的，所以它们今天无法大量形成。在这种情况下，BIFs 出现在富氧光合作用发展之后，反映了地球表面储层氧化作用的过渡阶段。

虽然这个场景有很大的吸引力，但它并不容易解释 BIFs 的几个方面。第一个问题就是角岩与铁矿石的互层，一个成功的模型需要同时考虑 Fe 和 Si 的矿床。第二个问题就是虽然 BIFs 含有氧化铁，但是它们也含有大量还原铁，还原铁来自哪里？最后，我们还不能从独立的证据中确定什么时候氧的光合作用变得重要。

最近由伍迪·费舍尔(Woody Fischer)和安迪·诺尔(Andy Knoll)提出的另一种模型认为 BIFs 是通过无氧的光合作用形成的。如果没有产生氧气的光合作用，就必须有另一个电子源来产生有机物。不涉及氧气并可能导致 Fe^{3+} 沉积的来源是：

$$4Fe^{2+} + CO_2 + 2H_2O \rightarrow CH_2O + 2Fe_2O_3 + 2H^+ \tag{16-7}$$

在这种情况下，目前已知存在的铁氧化光合细菌可能会在光合作用下，使用太阳能，利用海水中大量的 Fe^{2+} 来创造 Fe^{3+} 矿物。氧化铁创造非常活泼的颗粒，清除出海水中的 Si。氧化铁与沉积物的有机质中还原碳的反应会创造出还原铁和氧化铁，导致还原铁矿物菱铁矿发生沉淀。这种原理就是把 Si 和 Fe 都带进沉积物中，使部分 Fe 还原，并导致发现于 BIFs 中的菱铁矿的形成。

不管具体的机制如何，大量的 BIFs 要求阳光充足的浅海中有含 Fe 量高的海水，因此形成还原性地球。BIFs 也代表一种地球表面的氧化态，因为大量 Fe^{3+} 已由 Fe^{2+} 生成，每 4 摩尔氧化铁会反应 1 摩尔由二氧化碳产生的储存有机物。

当我们转向陆地时，另一个 Fe 来源的证据出现在少见的保存完好的古老土壤中。迪克·霍兰(Dick Holland)研究了这种土壤的地质年代，显示了早于 22 亿年前的土壤没有足够铁形成还原性铁矿物，不包含氧化性铁矿物。土壤在年轻岩石中变得更加氧化。他用这个和其他证据提出了一个此时期的"大氧化事件"。

因此，来源古老沉积物中的 Fe 证据表明，地球上几乎没有游离氧。即使生氧光合作用在进行当中，但在地球表面仍有大量 O_2 下沉，主要在还原铁和含硫生物中。大量还原性物质要求大量的有机质的形成和埋藏，才能存在自由氧。这些条件足以使大气中的氧气含量保持在很低的水平，以至于大陆风化作用发生在一个还原大气中，从而移除了 Fe、保留了 S。

16.7　硫：来自岩石记录的证据

硫同位素地球化学工具对早期氧气上升的时间有了更精确的测定。我们已经使用了几次稳定同位素变化来揭示地球过程，但迄今为止讨论的所有变化都依赖于质量的分离，利用了不同质量的同一元素的两个同位素的化学行为的细微差异。因为这种表现与质量相关，当质量差是原来的 2 倍时，行为的变化是原来的 2 倍。例如，如果一些过程以 2% 的变化改变了 O^{18}/O^{16} 比例，那么 O^{17}/O^{16} 的比例将会以 1% 的比例变化，因为它有一半的质量差异。

有些过程可以导致稳定同位素质量的相对分离(缩写为 MIF)，这些过程可以在含有 2 个以上同位素的元素中进行研究。除了恒星中的核合成变化外，相对于质量的相对分离，质量的独立分离会更少见，并且分离的大小也要小得多。它们产生的一种方式就是光化学反应，这是由太阳光导致的化学反应。举例来说，在臭氧的形成过程中，氧气质量的独立分离出现在同温层。

硫的同位素质量分别为 32、33、34 和 36，都属于质量相对独立和质量相对分离。事实上，硫同位素的 MIF (SMIF)是在光化学反应的试验中观察到的，并且在今天的上层大气中的一个小范围内发生。然而，今天地球上所有的主要地表储层都显示出低于 0.02% 的质量独立分离。超过 20 亿年的岩石显示更大的 MIF 变化，超过 24.5 亿年的岩石显示硫的 MIF 变化高达 0.4%，是过去 20 亿年所见任何变化的 20 倍(图 16-8)。

在古老岩石中保留如此大量的 MIF 需要两个要求。第一，一定是大气过程造成了巨大的变化；第二，硫循环必须处于一种状态，即多种具有不同同位素组成的硫物质可以在大气中共存，而硫的变化不会被海洋中的混合所破坏。例如，今天的大洋是一个巨大的硫酸盐储层，硫浓度约 0.3%，停留时间为 900 万年。这与数千年的大洋形成时间形成了鲜明的对比，所以大洋中有大量的硫存在，需要大量独特的硫才能改变其同位素组成。

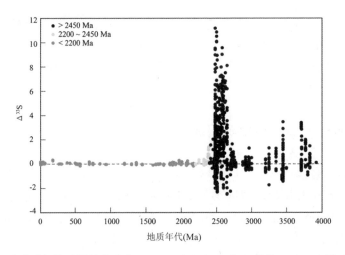

图 16-8 硫随时间的质量单独分离(SMIF)。在距今 24 亿年之前，SMIF 在地球上存在，且是缺氧环境。距今 24 亿年时 SMIF 含量下降，距今 20 亿年之后的样品中没有任何 SMIF，都要求那时大气中 O_2 的上升(由哈佛大学的 David Johnston 提供)

实验室试验和 SMIF 的细节表明，硫是在深度紫外辐射下由 SO_2 和 SO 进行光分解而来的。臭氧是目前大气中吸收紫外辐射的成分，它既能防止光解，又能防止多种硫共存，从而保护同位素的变化。因此，今天没有大量 SMIF 存在。太古代大量 SMIF 出现似乎需要非常低的大气臭氧，与 20 亿年前的低氧水平一致。更详细的模型得出的结论是，SMIF 只能保留在比目前大气低 10 万倍的氧气水平下。此外，实验结果表明，大气作用导致 SMIF 的变化幅度为 6.5%，因此保存变化幅度为 0.1%~0.2% 的 SMIF 需要大气中分离的沉积硫的 1%~2%，这就需要一个较小的大洋硫储层。

需要多少氧气才能关掉 SMIF 信号？实验数据显示，目前大气中 O_2 的水平(PAL)在 10^{-2} 左右，足以阻止必要的紫外线辐射，从而造成大气中的 SMIF 变化。因此，SMIF 数据的最简单解释就是在 24.5 亿年之前，氧气水平低于 10^{-5} PAL，从 24.5 亿年到 20 亿年逐渐增加，从 20 亿年开始达到或高于 10^{-2} PAL。

注意，BIFs、SMIF 和碳同位素都指示一个发生在大约 20 亿年前相同时间的重要变化，表明当时的氧循环发生了根本的变化。也许这种变化与生命本身有关？

限制氧气的一个生物因素可能是古老生物体对高氧水平的不耐受。因为氧气可以分解有机分子，它对早期的光合作用系统可能有毒，所以太多的氧气对现在的我们是一种毒物。今天的厌氧菌——很可能是早期生命的后代，被氧气杀死了。与高氧相反的代谢对生氧光合作用的发展是有必要的，否则就会出现消极反馈，那就是高氧消灭了氧气的产生。我们不知道这种进化适应是什么时候发生的，但可以想象它与地质时期氧的上升是有关联的。

在某种程度上，细菌确实对氧气产生了保护作用，这使得氧气生态系统得以蓬勃发展。由于光合作用为大气提供了稳定的氧气，我们可以想象，最终氧气超过还原性物质对氧气的消耗。在这种情况，大气将有大量的氧，即使远远低于现今的值，也会导致在大陆风化作用下形成氧化环境。这种情况会通过风化作用阻碍 Fe^{2+} 对大陆的补给，而且会切断 BIF 形成的 Fe 来源。同样，它也会导致硫的风化作用增强和海水中硫酸盐的上升。如果大洋在深处继续保持还原性，那么深部的硫酸盐就会还原形成硫化物，导致黄铁矿的沉淀和深海铁的运移。Fe 不能再转移，在海水中将会降到很低的浓度，切断了 BIFs 形成的物质来源。

20 亿年前，BIFs 和 SMIF 的消失仅仅要求氧水平的适度上升，还不到目前大气浓度的 1%。当然，还存在一些重要的细节，比如 SMIF 在 24 亿年前的突然下降，并停止于 20 亿年前，而 BIFs 在 18 亿年重新出现。但是，考虑到地质条件和环境的多样性，这两种标志的高度一致性是相当有说服力的。这种变化也发生在土壤中矿物和碳酸盐 ^{13}C 变化时期。这段时期清晰明确地反映了地球外部表面从无氧到相对氧化的变化。

16.8 显生宙中的高氧气证据

在地质记录中，其他独特的红岩就是红色砂岩，比如在美国西南部的壮丽景观中看到的岩石。这些岩石大多是石英颗粒，表面覆盖着以赤铁矿形式存在的全氧化铁。这些岩石中几乎所有的铁都是 Fe^{3+}，铁的总容量很低，一般低于 2%。红色并不能反映高铁含量，但可以是矿物表面的含氧涂层。像 BIFs，这些岩石也只是在晚于 20 亿年的岩石中才开始出现，这表明从那时开始就有了一个更富氧的环境(图 16-9)。普遍认为，红层反映了一个高度氧化的表面环境，这种环境可以将所有 Fe^{2+} 转变为 Fe^{3+}。

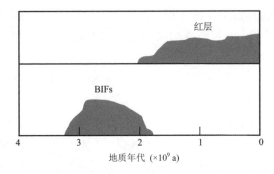

图 16-9   地质记录中 BIFs 减少和红层出现示意图。红层被认为仅仅出现在部分氧化的地表环境中

显生宙含氧大气的存在得到了其他证据的支持。我们知道，现代多细胞生物需要较高的氧水平，而保存下来的化石表明，在寒武纪和奥陶纪，氧气含量相当高。化石记录中较晚出现的大型动物，以及显示有机物燃烧的木炭，都需要较高的氧气量。非常大的昆虫(如鹰翼展的蜻蜓)的存在和地球化学模拟表明，在某些时间间隔内，氧气量水平甚至高于今天。高模型值是由石炭纪(300 Ma)有机碳的大量沉积(如大量的煤炭沉积)推断出来的，此时碳同位素也在增长，支持较高比例的有机碳沉积。

从蒸发岩的组成中也可以推断出显生宙较高的 O_2 值。水在封闭的海盆中蒸发时，形成蒸发岩，留下可溶解固体作为沉淀物。例如，在里海和中东的死海附近，我们可以看到蒸发岩的形成。在第三纪中新世(5 Ma)，地中海蒸发岩干涸，形成了巨大的蒸发岩沉积。现代海水成分中含有大量的硫酸盐，以致现代蒸发岩甚至在岩盐形成之前就沉淀出了硫酸盐矿物石膏。显生宙蒸发岩也有大量的石膏，表明相似的氧化条件和海水中硫酸盐浓度较高。因此，在过去的几亿年间，地球表层氧气含量与现在相似。一个有动植物居住的地球似乎只有在含氧大气的存在下才可能存在。

16.9   从 20 亿年前到 6 亿年前的氧气

岩石记录显示从太古代开始，氧气量在距今大约 20 亿年时开始上升，并在最后的 6 亿年前范围内保持高氧环境。介于两者之间的是元古代的 20 亿~6 亿年前的间隔，在此期间氧气水平从距今 20 亿年时的 1%到显生宙初期动物生存所需的 10%~20%水平。这种变化是在长期处于低水平状态后突然发生，还是缓慢而渐进的增长，或者是一系列的阶段变化？如果我们再看看图 16-3 的碳同位素记录，很明显，大部分时间间隔的出现非常稳定。最后，在新元古代中，碳同位素以正、负状态发生很大波动，尤其是在"雪球地球"时期(图 16-10)。长期稳定之后，又发生了巨大的不稳定，同时发生了从单细胞到多细胞的生物群落的变化，这说明下一个地表储层含氧量的巨大变化发生在新元古代。

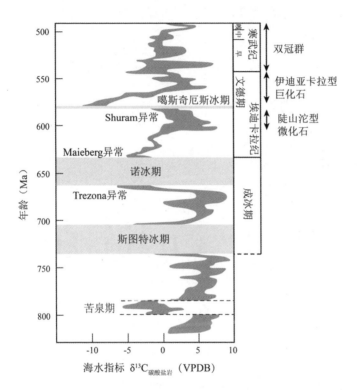

图 16-10 新元古代末期，碳同位素发生了巨大的变化。第一次多细胞生物(无硬体部分)出现在埃迪卡拉纪，刚好在两次主要的"雪球地球"事件之后。因为雪球事件出现在 23 亿年时的氧气初次上升之前，所以多细胞生物很可能需要高 O_2 环境。很可能的是，元古代雪球事件与氧气的第二次上升关系密切(引自 Halverson et al., GSA Bulletin 117 (2005), 9-10: 1181-207)

从黑色页岩的化学成分中有新的证据支持这种可能性。证据来自一个不太可能的来源，即微量元素钼(Mo)，这是另一种具有多重氧化态的元素，随氧化态而改变其溶解度。尽管它在地球上的含量很低，但是今天海水中的 Mo 浓度比任何过渡性金属都要高。出现这种奇怪的结果是因为氧化性 Mo 是很容易被大陆风化的，而且在氧化性海水中是可溶的。当大洋有大量的硫酸盐时，在进一步还原的条件下，Mo 就会从海水中快速地除去。黑色页岩中 Mo 浓度的记录虽然稀疏，但表明海水中 Mo 浓度在新元古代 800~500 Ma 有明显的变化。这种结果与出现在这个时期的生氧大洋一致，阻碍了 Mo 的去除(图 16-11)。因此，目前流行的观点认为，在元古代的大部分时间里，浅海被氧化，深海被还原，然后在新元古代，深海被氧化，氧气再次上升。随着环境逐渐氧化，多细胞生物得以发展，最终出现了寒武纪生命大爆发。

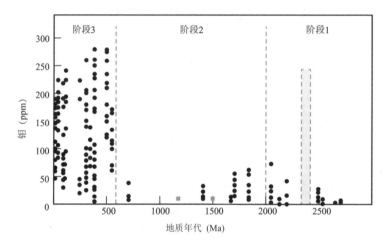

图 16-11　沉积物中钼含量随时间的变化。较弱氧化态使 Mo 难以溶解，因此在海水和大洋沉积物中的浓度较低。高氧化态导致 Mo 在海水中发生溶解，使得它成为今天海水中含量最高的元素之一，即使它在地表岩石中含量很低。在约 600 Ma 时，这种行为的巨大变化与那个时代的地表 O_2 的第二次上升有关。阴影区显示了 O_2 第一次上升的时间间隔(见图 16-8)(修改自 Scott et al., Nature, 452: 456-59)

　　这些观察并不能解释为什么氧气在这个时候会上升到接近现代水平。从提出的各种模型看，主要是关于增加源和减少汇的事。氧化能力的来源是系统的电子迁移，通常是由有机碳埋藏引起的。什么可以使沉淀超过有机碳埋藏？一旦生氧光合作用占优势，分解水产生了实质上无限的电子和氢的来源，限制有机质生产的因素就会变成大洋营养物的供应。这就是今天的情况。大洋中多产地区都是有营养物质供应的区域。一些能够增加养分供应的构造因素可能会导致更多的有机质产出。一种可能因素就是大陆的裂解,大陆的质量越小,风化就越有效率,因为海岸线占陆地面积的比例就越大;另一个可能性就是大陆碰撞,因为山脉风化比平原更快。周期性的板块构造事件导致了有机碳埋藏的叠加和一系列氧气的逐渐上升。另一个对碳埋藏的影响就是海平面、内海容量和扩张的大陆架,这里就有更高的产出和高效率的埋藏。可是,所有这些有机质埋藏的叠加在碳同位素记录中都显示了出来,而这些信号并不清晰。

还有另外两种方式可以将电子从系统中移除,从而使表面氧化程度更高。一个是有机碳的俯冲。如果俯冲沉积物的有机碳/无机碳比例为 1:5,与地表沉积物的比例相同,那么大量的有机碳就会进入地幔。俯冲碳的收支变化对氧气收支产生影响,硫酸盐与硫化物比值的变化也可能有影响。

另一个模型是减少 O_2 汇。一种可能性就是会聚边缘的氧化性地幔,由于氧化铁俯冲,来自火山的气体具有低还原性,减少大气中氧气的下沉。如果有机质保持稳定的产出状态,O_2 就会上升。依靠大陆地壳氧化态的变质气体可能会变得更具氧化性,从而减少 O_2 汇。深大洋可能变得更加氧化,减少了有机碳埋藏、硫酸盐还原和黄铁矿埋藏的数量。虽然大洋中硫酸盐浓度有所增加,但是热液喷口的 Fe 流量却在减少。所有的正反馈即越低的沉降导致更多的氧化物质,又进一步加速了 O_2 的下沉。

这些不同的模型并不是决定性的,因为很难从岩石中获得支持它们的确凿证据。我们知道大气和海洋中氧化态变化的答案,但是关于具体的机制还待进一步了解。

所有信息的最后结果就是试图绘制出大气中氧气随时间的变化曲线(图 16-12)。从这个图可以看到一些明显的固定点,比如 O_2 零含量的早期地球,20 亿年时大气氧气的显著变化,以及在元古代晚期氧气上升到现代水平。这些变化在多大程度上是逐渐的或突然的,以及地球历史中不同时期的精确度,都不是那么清楚。

16.10 全球氧气的质量平衡

不管氧气历史的细节如何,最终形成有机质的电子加法和生成氧化物的电子减法之间有一个一一对应关系,包括氧气。为了用最普遍的方法来解决这个问题,我们可以简单地把氧化和还原储层加起来,看看有机碳和氧气之间是否保持了一一对应的关系。

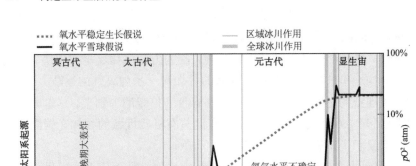

图16-12 大气中O_2演化的一种可能途径。这个图对雪球地球事件(2.2 Ga和0.7~0.6 Ga的垂直标志带)和O_2迅速上升采用了一种假想联系。很可能是随时间变化(灰色的点线)，氧气会进一步上升。清晰可见2.0 Ga时硫的缺失以及BIF的下降，多细胞生物的出现要求0.6 Ga时O_2含量与现代的相近(修改自Paul Hofmann：http://www.snowballearth.org)

还原碳以无数的形式存在于岩石中，比如化石燃料，但大部分出现在沉积物中，主要是地质记录丰富的黑色页岩。全部的有机碳含量估计为$(700~1300)×10^{18}$摩尔(1摩尔是$6.022×10^{23}$个分子)。这种可观察的氧化层为大气、海洋和地壳岩石。从表16-2中可以看出，大气中的O_2是一个微不足道的储层，氧化铁是最重要的储层。对氧化铁的限制是非常好的，因为我们估计了大陆地壳和沉积物中的铁含量和Fe^{3+}/Fe^{2+}比例。我们用大陆地壳的氧化铁来估算存在于Fe^{3+}的大约$1250×10^{18}$摩尔的氧气含量。另一个$175×10^{18}$摩尔含量来自于目前大洋地壳的氧化作用。正如表16-1和16-2对比显示的那样，氧化层是还原碳估计值的2倍。这就涉及氧气上升的质量平衡问题。氧气下沉告诉我们，在地球历史上，存在着比今天保留在地表的有机碳含量更高的氧来源。

这些近似计算引发了一些对于氧气上升模型的争论探讨。首先是氧化铁的重要性。对铁循环的研究也使我们对地幔氧化态可能发生的变化有了新的认识，这种变化有时会导致火山还原气体的供给减少。从质量上讲，氧化铁的俯冲氧化了地幔是合理的。然而，单是上地幔就包含了如此多的Fe，要使Fe^{3+}仅升高1%，低于测量值，就需要像今天这样氧化的洋壳俯冲 60 亿年。这是不合理的。这种数量的 Fe^{3+} 俯冲也将是 5 倍于有机碳的差额，造成了更加严重的质量平衡问题。根据上面讨论的其他证据，深海可能已经被氧化了 10 亿年，在此之前，海洋地壳不会发生毒性变化。因此，通过有机物质的产生来氧化地幔是不太可能的。

相反，为了解决地幔的质量平衡问题，还原性原子还需要被俯冲下去。一种可能性就是古老有机碳的俯冲。古老的还原性大洋在深海沉积物中形成了一些有机质。如果这些物质被俯冲下去而不返回到地表，那么地幔中可能会有一个大型的电子储藏室。750×10^{18} 摩尔的碳俯冲，超过了被氧化的铁。上地幔铁的含量是如此之大，以至于这种还原碳对铁氧化态的影响可以忽略不计。相比于地幔中约 30000×10^{18} 摩尔的碳，它的数量算是少的。因此，有机碳的净俯冲就是记账问题的潜在解决办法。

另一种解决质量平衡问题的方法就是假设除还原碳外，还有一个电子搬运的来源。一个可能的原因是 H_2 的丢失。地球早期的还原大气包含氢气。通过以下产能反应，可以创造生命能量的可能来源：

$$CO_2 + 4H_2 \rightarrow CH_4 + H_2O \qquad (16\text{-}8)$$

一些细菌，如甲烷微生物，利用这种反应提供的能量。在含氢气的古老地球环境，有机质生产的废弃产物就是甲烷，甲烷甚至在现今地球上依然是一种厌氧环境的产物。

在今天的大气中，甲烷并不是一种稳定的气体，因为它与氧气分子反应迅速。生命生产的甲烷分子(比如，牛产生大量的甲烷)在大气中平均只能存活 12 年。然而，在缺氧的条件下，甲烷在大气中非常稳定，比如土卫六的大气中含有超过 1% 的甲烷。在早期地球的低氧环境下，甲烷可能是一种重要的大气成分。甲烷也是一种非常有效的温室气体，可能是造成早期温室效应的原因之一。早期的温室效应使地球在太阳不像今天这样明亮的时候有能力保持温暖。

如果大气中甲烷含量丰富，那么来自太阳的电离辐射可能会将其分解成碳和氢。这个过程中形成的氢气有能力逃离顶部大气。因为氢气是中性化合价的，它比 H_2O 等更复杂分子中的氢原子多 2 个电子。因此，H_2 的亏损是一种让电子从地球表面流向外太空的方式，从而创造了一个未知大小的、没法测量的还原层。大卫·卡特林(David Catling)及其同事的计算结果表明，这种流动可能导致早期地球的不可逆转的氧化，并且解决了电子质量平衡问题。另一个甲烷形成/氢气亏损模型的优点就是它可以解释这样一个事实：大气中氧气的上升似乎发生在地球经历几次冰川作用的时期。如果甲烷还存在于目前的大气中，它就会保持气候温暖。氧气的增加将大大减少甲烷的含量，导致瞬间冰期。

这种模型的吸引力在于，产甲烷的细菌很可能是早期生物圈的重要组成部分，早期的还原性大气与目前甲烷的存在保持一致，甲烷含量的降低可能会导致似乎与氧气快速上升同时发生的严重冰期。然而，这种类型的模型很难进行测试，因为逃逸到外太空的氢气没法测量，早期产甲烷的生态系统与现今的地球可能完全没有相似之处。

质量平衡问题也与大气中目前的稳态氧气有关。碳同位素数据表明，显生宙的 f 增加，随有机碳一起埋藏的 CO_2 应该会持续供给更多的氧气到表面储层。为什么氧气不增长？这个问题的传统答案与本章前面讨论过的有机质埋藏比例的变化有关。然而，这一比例在整个显生宙似乎一直相对较高。此外，1:5 的有机碳/碳酸盐碳比例的俯冲进一步导致了逐渐氧化的表面。所需的东西就是系统外面氧化物质的流动。一个解决方案就是流入地幔中的现代氧化物质。现在 CO_2 的外流量是每年 3.4×10^{12} 摩尔。如果 CO_2 的外流量的 20% 变成贮存的有机碳，那么每年将流出 0.68×10^{12} 摩尔的还原碳。目前俯冲洋壳中氧化性铁的外流等价于每年约 2.0×10^{12} 摩尔的氧气，这就解释了现代生命渐增的氧化能力。板块构造的地球化学循环在古代和现代地球的氧平衡中扮演着极其重要的角色。

16.11 小 结

今天地球的大气、土壤和大洋都是与大气中高浓度氧气一致的氧化环境。这与早期地球形成了鲜明对比，那时地球外层还处于还原态中。地球表面从还原到氧化，是一个长期的复杂的过程。广泛的变化在地质记录中可见一斑，但是许多重要的细节，如时间、原理和不同时间大气中氧气的实际水平，仍有待充分阐明。很明显，这个过程的最终驱动力是生命，它利用太阳和化学能产生电流来减少碳并形成有机分子。这些电子的储存或丢失留下了表面贮存器中的氧化电子，创造了使生命能够利用有氧呼吸的毒性条件，而有氧呼吸是产生最多能量的代谢过程。随着时间的推移，通过进化，生命创造了最大限度获取能源和提高可居住性的条件。

地表的外部变化与地球内部的地球化学循环紧密相关。因为有机碳/碳酸盐碳的比例在地球历史中大致保持不变，有机碳的不断产生和表面氧化分子的增长需要通过火山作用从地球内部不断地释放二氧化碳。因此，地表氧化的最终来源是板块构造中的地球化学循环。地幔向地表供给了还原物质，主要是还原 Fe 和 S，还有一些 H_2，它们是形成还原碳的最终电子来源。氧气是这个过程的中介，生氧光合作用中提供电子形成有机质，然后通过氧化 Fe 和 S(氧化物质的长期贮存体)回收它们。大气和大洋中的稳态 O_2 是参与这个传递的反应层，就体积来看，它只是这整个过程的一个小的副产品。

关于氧气上升的重要问题至今无解。在整个地球历史上，O_2 在不同层次上有一系列的稳态值，从太古代的零开始，在生氧光合作用之后上升到 2.4~2.0 Ga 的 1%，然后在新元古代上升到接近现代值。紧随阶跃变化的长期稳态的存在是一个留待验证的假说。关于变化原因的进一步证据，以及不同时期中保留的不同氧气水平的详细资料也有待发现。

补充阅读

Callen J, Walker G. 1977. Evolution of the Atmosphere. New York: Macmillan.

Catling DC, Claire MW. 2005. How Earth's atmosphere evolved to an oxic state: A statusreport. Earth Planet. Sci. Lett. 237: 1–20.

Hayes J, Waldbauer J. 2006. The carbon cycle and associated redox processes through time. Phil. Trans. R. Soc. B. 361: 931–50.

Holland HD. 2006. Oxygenation of the atmosphere and oceans. Phil. Trans. R. Soc. B. 361: 903–915.

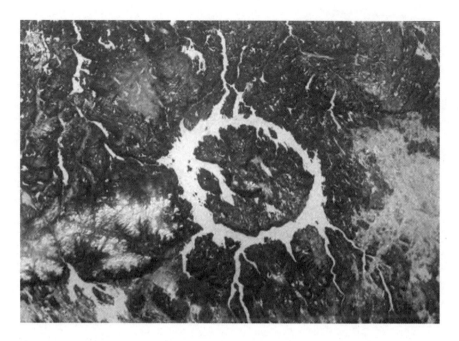

图 17-0 1983 年 12 月加拿大马尼夸根水库(Manicouagan Reservoir)的图像。水库是一个巨大的环形湖，标志着一个 60 英里(100 km)宽的陨石坑的所在地。陨石坑大约形成于 212 Ma，当时一颗大型陨石撞击地球。由于冰川的进退以及其他侵蚀过程，陨石坑已被磨损。水库的南端由马尼夸根河(Manicouagan River)排水，这条河从水库流出，向南注入全长约 300 英里(480 km)的圣劳伦斯河(Saint Lawrence River)直至干涸(资料和图片引自 Image Science & Analysis Laboratory, NASA Johnson Space Center; http://eol.jsc.nasa.gov)

行星演化 灾变的重要性及指向性问题

行星表面的氧化发生在太古宙和元古宙，有限的生物记录不允许事件的高时间分辨率。从显生宙开始，化石记录的高分辨率揭示了各种各样的行星过程，这对生物进化有重要的影响。灾变不时打断显生宙的生物记录，其原因似乎多种多样。恐龙的灭绝标志着白垩纪/第三纪的界线明确地与尤卡坦半岛附近的希克苏鲁伯陨石冲击有联系，但它也同时发生在德干(印度南部的一个高原)大规模溢流玄武岩区域，这标志着地幔柱到达地表。处于二叠纪/三叠纪界线处的更大灭绝事件发生处并没有已知的陨石坑，但是在两次溢流玄武岩时期之后，其中最大的溢流玄武岩穿切大煤层，释放大量瓦斯到空气中。较小的灭绝事件也与来自地幔柱的大量火山爆发有密切的联系。也有可能最大规模的灭绝是一种"双重打击"的耦合性灾难事件的结果。虽然灾难在全球范围内导致了大规模的灭绝，但是它们可能是不断进化的必要条件，也是促进进化变化的一个重要因素。

一旦大陆开始殖民，板块构造理论是另一个对生物有重大影响的行星过程。当大陆连接和分离，并穿越不同的气候环境，隔离可以存在很长一段时间，从而允许进化沿着不同的路径演化，创造了生物的多样性且允许多种创新性实验，有机会探索更多的演化路径，从而加速进化。

虽然所有的进化都是由随机突变发生的，但也有长期渐进的变化。随着时间的推移，生物已经发展出越来越多的内部和外部关系——从原核细胞到更大更复杂的真核细胞，到多细胞生物体，再到具有很多分化器官的生物体——且食物链也随之扩展。随着光合作用的出现，从厌氧代谢到好氧代谢的变化，器官特征化发育首先开始于细胞器，然后发生在器官中，能量转换随之增加。关联、器官的特化和错综复杂性的增强以及能量利用率的提高可能是更多成功生物体的普遍特征，并且为进化提供了方向性。

遗传改变的具体路径是随机的，但是变化会导致能量利用率和联系的增加。不断变化的行星表面和周期性的灾变也促进了进化，这些灾难使得进化能够被表述。这些灾变是由来自太阳系的陨石撞击、从行星内部通过火山活动以及通过气候变化引起的。全球性的灾变、不断变化的行星表面、变化的气候、在能量和网络方面的方向性，都是在其他行星环境中可能普遍存在的现象。很可能，以地球为例的一些普遍原则适用于其他可居住行星上行星和生命的共同进化过程。

17.1　引　言

在太古宙和元古宙大部分时期，生物和行星的演化是一张低分辨率的图片。因为在这个时间段，生物本身的记录是不清楚的，而且清晰的、多样的化石的缺乏使得高时间分辨率变得非常困难。很明显，生物和行星在行星表面逐步氧化过程中一起进化，但正如我们在之前章节中提到的那样，在太古宙和元古宙时期主要事件的发生时间仅仅受到松散的约束，并且单细胞生物的记录是模糊不清的。在这一时间段的最后，人们认为大气中的氧气上升到现在的水平，并且在行星演化中的这一阶段允许多细胞动物的形成，最终，寒武纪多细胞生物的大爆发标志着显生代的开始。如果没有来自有氧呼吸提供的能量，多细胞生物将不存在，或者说不是多细胞生物，比如发生于当今地球上的厌氧环境。与行星演化中的这一进程相一致，我们解读地质记录的能力进入到更清晰的阶段。化石记录使古生物专家能够追踪物种的数目、它们持续的时间以及物种组合经历剧烈变化的时间。化石也在全球范围内开始了一个较低时间分辨率的年代。分辨率的增加使得更多关于生物和行星共同演化的物种问题被考虑进去，正如重大事件可以归因于特定的时间和原因。

17.2　显生宙时期的行星演化

正如我们在第 14 章了解到的那样，寒武纪以来的地质记录并没有显示出 DNA 渐变突进可能带来的稳定改变。相反，有很长一段时间的渐进变化，平均存在了 500 万至 1000 万年(只是地球历史的 0.1%~0.2%)的个别物种被更多突变的时代打断,当时大规模的物种灭绝摧毁了大部分现存生命,并为具有截然不同生物组合的新生态系统奠定了基础。这些突变的时期被用来描绘地质年代表,产生了主要的地质年代。

定义大规模灭绝事件需要一个对生物丰富性与多样性的定量尺度,这只在寒武纪之后才有可能发生,那时生物体发育出了坚硬的部位,化石很容易保存下来。对稍早一些岩石的细致工作已经揭示了一个更早的多细胞生物群——埃迪卡拉纪多细胞群,该生物群的主体部分保存在从未经历过重大变质作用的稀有软页岩中。这些动物和后来所有的物种相比都有很大的不同,所以一些古生物学家推测,大灭绝发生于前寒武纪和寒武纪界线的附近,那时埃迪卡拉纪动物群消失了,取而代之的是早期的古生代物种。更早的大灭绝也有可能发生过,但是没有足够的记录来证明它们。举个例子,"雪球地球"可能导致了大规模的物种灭绝。

显生宙化石记录的发展让使用诸如不同动植物属的总数等标准来定义大灭绝成为可能。海洋生物是生物多样性的最好指数,因为沉积物在海底逐步积累并在陆地上通过侵蚀作用被破坏。图 17-1 显示了动物群的类型是如何随着动物群总数的变化而变化的,这些动物是经过地质年代精心编

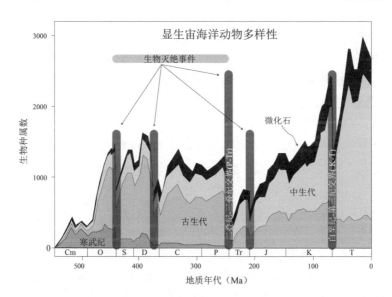

图 17-1 随着时间变化的属数,显示了生物类别的改变。例如,寒武纪动物群在奥陶纪达到顶峰并且在二叠–三叠纪大灭绝中消失。Cm 代表寒武纪动物群,Pz 代表古生代动物群,Md 代表现代动物群[修改自 Sepkoski, Bulletins of American Paleontology 363 (2002)]

制的海洋属类(属是相关物种的群体)。对这一数字的研究揭示了从寒武纪到现在属群的数量的总体增长,但是我们发现这种增长不是单调的,有快速增长的时期、稳定的时期和突然下降的时期即灭绝事件。

随着时间的偏移,生物的种类也发生了巨大的变化,以一个典型的显生宙早期的寒武纪动物群开始,包括无脊椎动物,如水母和海绵以及非常知名的三叶虫(图 17-2a)。其余的无脊椎动物群都是在寒武纪和早奥陶世的生物大爆发时期出现的。在奥陶纪与志留纪之间存在着一个显著的灭绝事件,减少了大概 50%的生物属数量。陆生植物最早出现在志留纪。显著的灭绝事件也将泥盆纪和石炭纪分开。在石炭纪期间,陆地植物经历了重大的发育,并且爬行动物首先出现。直到二叠纪,除了哺乳动物外,大多数主要的化石群组已经出现。因此,古生代的特点是早期属数的爆炸性增长,之后长期保持相对稳定,受到灭绝事件影响,大部分典型的寒武纪生物率先被淘汰。当然在物种层面上,灭绝和演化在这个时间段快速发展;尽管如此,仍存在着一个可辨认的古生代的生物图案。寒武纪、晚古生代和现代化石组合的差异是显而易见的(图 17-2b 和 c)。

晚古生代的稳定突然终结。在二叠纪末期,有两次大规模的灭绝,间隔了大约 1000 万年。总的来说,这两次灭绝事件减少了地球上 80%的属数。三叶虫和其他科起源于寒武纪,存在了 3 亿年,然后消失不见了。在陆地上也发生了大规模的物种灭绝,揭示了这次物种灭绝的原因是全球性的。这种大规模的灭绝被用作划分古生代和中生代的时间标记。在三叠纪的前 1000 万年,也就是中生代的第一时期,生物几乎没有恢复。在三叠纪中期,哺乳动物首次出现。在三叠纪末期,有一个小规模的灭绝事件,之后是第二次快速增长的科数,很快超过了古生代最繁荣时期的数量。到了白垩纪,巨型爬行动物恐龙在食物链的顶端统治着地球(图 17-2c)。

中生代也以一个大规模的灭绝结束,可以用它来把中生代和新生代分开。中生代末期的灭绝导致了恐龙的灭绝,而且在陆地和海里其他主要的化石群也灭绝了。这为另一个多样性的更新提供了舞台,伴随着生物科数的快速恢复并且导致了生物更多元化。这种新的、独特的生物组合的食物链由新出现的哺乳动物主导。在中生代,哺乳动物是一种小型的生物,在爬行动物为主的生态系统中艰难生存。

从进化的角度来看,大规模物种灭绝的一个重要方面是,它们导致了随后更快速的进化。安德鲁·班巴赫(Andrew Bambach)和其他人研究了过去 4.5 亿年的属的消除与形成。灭绝事件导致了物种数目的大量减少。在

图 17-2 艺术家再现了来自地球历史上三个不同时期的场景，它们彼此不同，也不同于现代生态系统。(a)寒武纪海洋场景，只有无脊椎生物在发育(©The Field Museum, #GEO86500-052d，获得许可)；(b)泥盆纪时期，在二叠–三叠纪灭绝之前，出现过更复杂的植物、鱼类和其他脊椎动物(©The Field Museum, #GEO86500-125d，获得许可)；(c)白垩纪，恐龙时代，在白垩纪–第三纪灭绝之前(©Karen Carr，获得许可)

这些事件之后，属的多样性增长最为迅速(在图 17-1 中出现)。现有生态空间的清理使得新的进化得以蓬勃发展。当生态稳定时，优势生物控制了生态系统并且留很少的空间给基因进化发展。生物大规模灭绝为生态位的开放和新生物形式的出现提供了机会，允许了更多遗传变异的表达。在一个占主导地位的生态系统中无法充分表达的改良适应有了蓬勃发展的空间。

17.2.1   灭绝事件的原因

很明显，地球上的进化被大灭绝打断并受到影响，大灭绝是发生在很短时间内的全球性灾难。为什么很短呢？如图 17-3 所示，灭绝事件发生于几厘米的沉积厚度，所以持续时间必须非常短。由于备受关注的主要灭绝事件将古生代、中生代和新生代分离，时间是如此之短使得其确切的持续时间不能很好地通过放射性测年来解决。对锆石的细致研究逐渐缩小了时间范围，它揭示了白垩纪/第三纪灭绝事件发生于 100 万年内，并且二叠–三叠纪的灭绝是两件发生于距今 1000 万年的二叠纪末期事件的结果。从地质学的角度来看，每一事件的持续时间都很短。由于大规模灭绝所代表的生命的巨大变化，人们对其原因进行了深入的研究，但也存在许多争论。引起争议的一个原因是，从现在看来，有多种原因导致了物种的大灭绝，而不是一个单一的理论可以解释所有的原因。

图 17-3   来自希瑞塔(La Sierrita)的白垩纪–第三纪的灭绝，显示了标志着边界的浅灰色黏土岩。注意，边界位于在极短时间间隔内形成的地层(照片由美国普林斯顿大学的 Gerta Keller 提供)

17.2.2 白垩纪−第三纪交界的灭绝事件

最著名的灭绝事件是中生代和新生代之间的处于白垩纪−三叠纪界线的恐龙灭绝。为了确定灭绝持续的时间，路易斯(Luis)和沃尔特·阿尔瓦雷兹(Walter Alvarez)决定研究在沉积物中金属铱的浓度来穿越时间边界。铱是高度亲铁元素，所以地球上大部分的铱在地核里，而在大陆地壳的丰度非常低。陨石中的铱含量是地壳含量的 1 万倍。由于宇宙尘埃进入到大气中并且通过海洋下沉，海洋沉积物中不断添加少量的铱，阿尔瓦雷兹等人认为可以通过测量铱的含量来约束几厘米厚沉积物代表的持续时间。

使他们吃惊的是，铱在白垩纪−三叠纪界线处的含量异常丰富，以至于无法用进入大气层的微小宇宙尘埃来解释(见图 17-4)。这个偶然的发现使他们认为，那时有一个巨大的小行星撞击了地球，带来了大量的铱，这些铱在全球范围内以巨大的尘埃云的形式扩散，且在边界处不断地累积。陨石撞击将是一场大灾难，它可能在几年的时间里灭绝地球上的大部分生物。

这个想法没有被普遍接受，并且另一种假说认为在白垩纪−三叠纪界线处异常丰富的火山活动是灭绝的成因。在跨越白垩纪−三叠纪界线的不到几万年的时间里，溢流玄武岩出现在地球表面上。正如我们在第 11 章所了解到的那样，当地幔柱到达地球表面时，"柱头"体积很大并且产生了大量的火山活动。许多溢流玄武岩代表了这些最初的涌流，之后，"柱尾"的大量减少使得板块迁移并在穿过地幔柱时在地表产生了长脊。德干地幔柱的首次喷发在印度北部生成了数百万立方公里的玄武岩，叫作德干暗色岩，以及一条至今仍活跃在留尼汪岛的热点踪迹(见图 17-5)。这个事件的规模之大，足以使全球大陆上火山活动在数十万年的时间里增加一倍以上，有可能导致非常严重的环境影响，从而影响到了全球的生物。然而火山假说不好解释铱的证据。

在白垩纪−三叠纪界线处，陨石撞击假说随着墨西哥尤卡坦半岛附近 Chixculub 陨石坑的发现成为了事实(见图 17-6)。佛罗里达海岸沉积物钻探(如图 17-4b)也表明了海洋物种中的一个突变与铱的异常相一致，大海啸的证据和在第 8 章中讨论过的撞击迹象即冲击石英和玻陨石的迹象一致。然而，陨石撞击的事实并不意味着这是唯一的因果关系事件。例如，已经发现了陨石坑的其他大型陨石撞击，与在化石记录里的大规模灭绝并

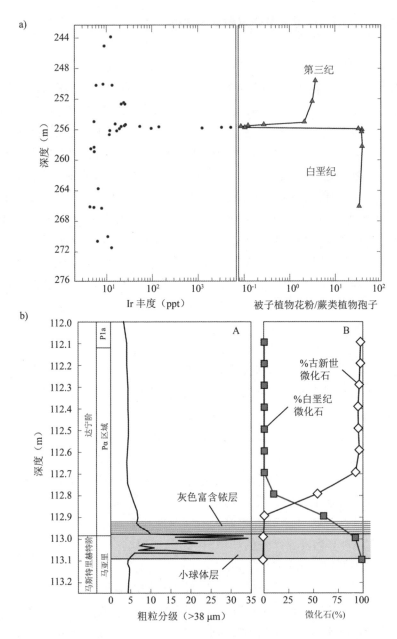

图17-4　在白垩纪边界的变化例子。(a)在边界处铱含量极速飙升的例子，连同数据显示了在碰撞过后蕨类植物的主导地位(在被子植物花粉/蕨类植物里出现了一个负峰)[据Orth et al., Science 214 (1981), no. 4257: 1341–43]。(b)来自佛罗里达东海岸的一个海洋钻探岩芯数据，表明了在那里发生的物种的边界和突变[改编自Norris et al.,Geology 27 (1999), no. 5: 419–22]

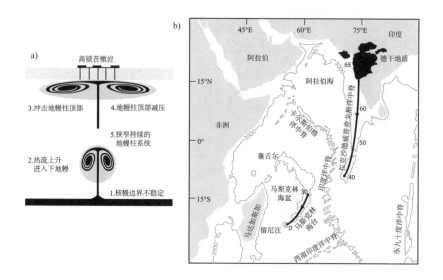

图17-5 (a)一个来自下边界层(可能是核–幔边界层)的新地幔柱的形成图。地幔柱上涌且柱头垂直朝向地表，"柱头"巨大，柱尾窄。当柱头朝地表上涌时，它向四周散开并形成一系列大规模的火山活动。这次溢流玄武岩事件能够在其持续的时间内使全球陆上的火山活动增加2倍或更多。当柱尾与其上的板块运动交接时，一个长且窄的热点轨迹生成了[图片来源于Griffiths and Campbell, Earth and Planetary Science Letters 99, 66–78 (1990)]。(b)由德干柱生成的窄热点轨迹。地幔柱的现在位置是在南印度洋里的留尼旺岛。当部分地幔柱的踪迹生成时，踪迹的数字显示了火山活动的年龄。这条轨迹是作为一个连续的特征产生的，后来被印度洋中脊的扩张分开了(修改自White and McKenzie, Geophys. Res., 94, 7685-7729, 1989)

无关联。此外，一些研究白垩纪–三叠纪界线的古生物学家认为，大陆上生物的灭绝并不像陨石撞击事件所预测的那样突然。也有证据表明在Chixculub 陨石撞击之前环境发生了骤变。这导致了这样一种观点，大规模灭绝是两个主要事件时间重叠的组合，即溢流玄武岩喷发给全球的生物圈加压和在这场危机中陨石撞击给予的关键一击。

17.2.3 二叠纪–三叠纪交界的灭绝事件

二叠–三叠纪大灭绝比白垩–第三纪灭绝事件更具灾难性。然而，大约50%的属在白垩–三叠纪界线处消失，80%的属在二叠纪末消失。在中国

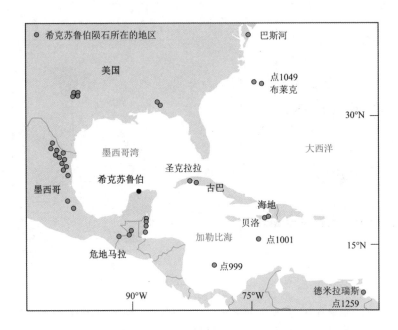

图17-6　地图显示了尤卡坦海岸Chixculub陨石坑的位置并且证明存在喷出物、冲击石英、撞击球、大规模海啸等，并随撞击位置的距离有规律地变化(修改自Gerta Keller, Princeton University; http://geoweb.princeton.edu/people/keller/Mass_Extinction/massex.html#7)

的沉积物中，二叠–三叠纪界线非常明显，并且对这些沉积剖面的详细研究显示了灭绝是一个双重事件，与大灭绝相隔了 1000 万年(图 17-7)。

全球范围内，对陨石坑的密集搜索一直没有成功。就其本身而言，这并不是确定的——最古老的海底比二叠–三叠纪界线年轻得多，因此，任何发生在海洋里的撞击坑都在很久之前被俯冲下来，而海洋受到撞击的可能性是大陆的 2 倍。然而，撞击可能留下了其他痕迹，如铱的异常、玻陨石、冲击石英，而这些都还没有被发现。这些事件的确在适当的时间发生，因为两个二叠–三叠纪事件是类似于德干暗色岩的大火山爆发。较老的事件与在中国西部的峨眉山暗色岩一致。在显生宙地质记录中已知的最大火山喷发同时，也出现了破坏二叠–三叠纪边界的年轻事件。西伯利亚暗色岩(图 17-8)在一个非常短暂的时期内喷发了超过 2×10^6 km^3 的熔岩，并且这在时间上是无法区分的。

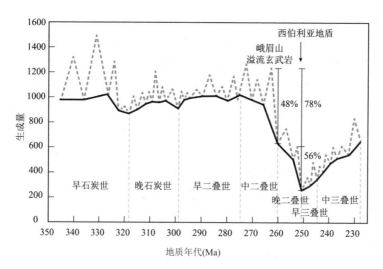

图 17-7 跨越二叠–三叠纪界线的属数量详细变化的曲线。注意底部边界的短时间尺度(以百万年算)。大规模的灭绝可以清楚地看成是一个双峰，每个峰与一个大陆溢流玄武岩区域对应[修改自 Knoll et al., Earth Planet. Sci. Lett., 256 (2007): 295-313]

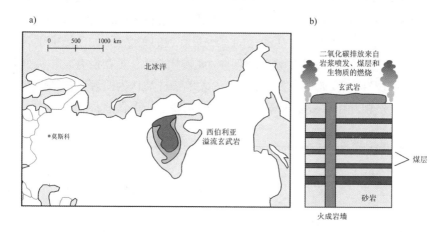

图 17-8　(a)大规模西伯利亚溢流玄武岩省与二叠–三叠纪灭绝的关系。(b)溢流玄武岩是如何与地壳沉积物中减少的碳相互作用的，从而导致了减少的碳大量排放到大气中。多余的气体排放导致了灭绝以及在二叠–三叠纪界线处 $\delta^{13}C$ 的大量减少

　　二叠纪末期灭绝特征之一支持了火山爆发的解释，那就是海洋中碳同位素组成的显著变化。在陨石中没有足够的碳来影响海洋中的碳收支，并且陨石中的碳也没有必需的同位素组成。相反，碳同位素表明了大气和海洋中含有大量的有机碳。由于有机碳是由生物圈产生的，火山喷发可能与

这样的事件有关吗？

在西伯利亚暗色岩的情况下，这是可以发生的。西伯利亚暗色岩是在富含煤炭的沉积物中喷发出来的，在其他地方也有熔岩流经过巨大煤层的例子。煤是由植物形成的，并且拥有合适的碳同位素组成。此外，煤的燃烧会导致二氧化碳的大量排放，这将对气候产生重大影响，包括全球变暖和海洋酸度的变化。来自二叠–三叠纪的证据支持了大规模的火山爆发是灭绝事件的主要驱动力这一观点。

万森·库尔提欧(Vincent Courtillot)和他的同事们致力于精确的同位素测年，他们认为显生宙的所有大灭绝事件都与大规模的溢流玄武岩有关(图 17-9a)。然而，这个数字并不像它看起来的那样令人信服，因为选择火山事件和灭绝可以得出一个良好的相关性(图 17-9b)。撞击更难以精确地确定日期，因为它们限制了时空并且缺乏可确定年代的对象。然而，西蒙·凯利(Simon Kelley)已经证实了，即使存在年代误差，火山事件的对应关系也明显好于陨石撞击的对应关系(图 17-10)。因此，除了白垩–三叠纪界线与一个特殊的陨石撞击影响有关外，大规模火山喷发似乎有一个更加持续的环境和生物影响。最近库尔蒂欧(Courtillot)和奥尔森(Olsen) 提出了在大灭绝事件和地核的活动之间有一个有趣的关系，正如磁场的倒转所显示的那样。导致大规模物种灭绝的"地幔柱杀手"是在没有发生任何磁场倒转的很长一段时间后发生的。因为大地幔柱被认为发源于核–幔边界，所以核–幔相互作用可以与在地表生物的主要进化事件联系起来。

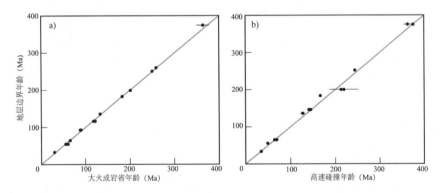

图 17-9　(a) 巨大的环境变化的时间，通常与大规模灭绝相联系；(b) 交汇图显示了陨石撞击(HVI=高速碰撞)或者大陆溢流玄武岩区域(LIP =大火成岩区)之间可能的相关性[在 Kelley 之后修改，Geol. Soc. London, 164 (2007): 923-36]

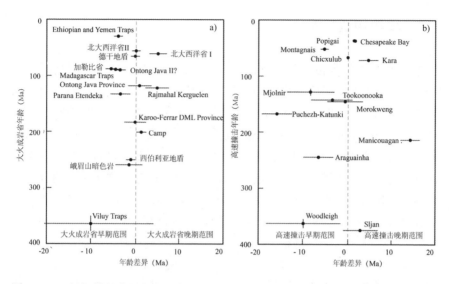

图 17-10 对年龄影响和生物灭绝之间的年龄偏移的详细解释。LIP 代表了大火成岩省。注意处于白垩-三叠纪界线处的 Chixculub 陨石碰撞以及很多其他撞击的显著偏移量，除了那些非常大的误差[修改自 Kelley, Geol. Soc. London, 164 (2007): 923-36]

这可能是很重要的，在二叠-三叠纪和白垩-第三纪界线处的大规模灭绝，似乎是一个双重打击的结果，分别为二叠纪末的两次时间相近的溢流玄武岩和在白垩纪末的一次溢流玄武岩和陨石撞击。这将会对在地质记录中的陨石撞击和溢流玄武岩事件的观察作出解释，并且它们与大灭绝没有关系。生物圈似乎已经足够稳健了，以至于对大多数灾难性的灭绝来说一个"连环出击"是必要的。

因此，显生宙记录显示了生物进化与太阳系及行星内部所决定的事件之间的密切联系。作为行星吸积残余物的陨石撞击对生命产生了重大影响，它所导致地幔柱形成的核-幔相互作用是上涌地幔对流的活跃组分，也对生物的历史有重大的影响。火山活动和大灭绝之间的联系也表明了生物和固体地球形成过程中的一个微妙平衡。火山活动给地球表面带来还原的岩石和气体。溢流玄武岩省的大规模喷发，几十万年间使陆相火山产出增加了一倍，这可能会破坏地球化学循环的正常平衡并且导致大规模的短期气候变化。对于西伯利亚暗色岩来说，煤的燃烧表现了地球行星燃料室的不可控制和灾难性的能量释放，因为数百万年累积的有机碳同时被释放和氧化，极大地扰乱了碳循环。

17.3   板块构造与演化

板块构造对显生宙的生物进化也有实质性的影响。通过自然选择的进化过程导致了由于时间和分离而产生的遗传差异。因为当生态系统变得孤立的时候，进化遵循不同的轨迹，孤立的时间越长，生物体的差别就越大。地球上的分离主要是由构造运动造成的。在最大规模上，不同板块大陆的分离可以导致数千万年的独立演化。我们了解到，不同大陆上的大型哺乳动物的区别也是这种大陆分离的结果。大约 5000 万年前从南极洲分离出来的澳大利亚的区别最为显著。澳大利亚哺乳动物可以追溯到其他现代哺乳动物的一个共同的祖先，但是它从其他大陆分离出来之后，澳大利亚逐渐发展了自己的动物群特征，包括外来的和奇异的物种，比如鸸鹋、鸭嘴兽以及有袋类动物袋鼠。事实上，由于构造隔离和独特的气候历史，从83%到超过90%的哺乳动物、爬行动物、昆虫和两栖动物都是澳大利亚特有的(换言之，在其他大陆上都没有发现)。澳大利亚动物群的一个特点是胎盘哺乳动物的相对缺乏和有袋类动物的丰富。有袋类动物在澳大利亚的盛行可能是因为它们的代谢率较低，适合炎热、干燥的气候。人类引进其他哺乳动物，比如兔子和家畜，已经导致了很多有袋类动物和其他独特的澳大利亚动物群的灭绝，以及澳大利亚生态系统的重大变化。

虽然大陆隔离对于演化的影响最为显著，但大陆的位移和其他构造事件也一定是重要的。板块构造所产生的高山造成了多样的当地环境，并分隔了气候非常不同的广大地域。如今在主要山脉的西坡和东坡上常常存在着不同的生物。板块的位置和它们分离的程度也影响了海洋环流和气候，包括是否存在冰河时期的循环。

冰川作用也会对生物的多样性产生重大影响。一个 2 km 厚的冰盖消除了宏观的物种，导致了间冰期的辐射振荡周期以及冰期的破坏。由于这个原因，冻结成冰的区域相对于没有冻结成冰的区域，拥有较低的物种多样性，比如植物和鸟类等物种的多样性要低得多。

如果所有大洲总是聚在一个具有稳定气候的超大陆中，没有由活跃的板块汇聚生成的大山脉，那么一组物种将主宰每一个生态系统，生态系统可能变得不活跃并且缺少外部灾变，演变的压力(或者机会)很小。移动的大陆允许更大多样性的产生。当大陆重新聚合的时候，最成功的生物将占上风。在分离的大陆上拥有许多机会来找到最成功的进化，这会引起更大的进化，而不是像在单一的大陆上那样，尽管时间可能很长，分离却受到限制。

17.4 行星演化的原理？

我们常常把生命看作某种程度上是与地球整体分离的现象，当然也与地球深部的行星过程分离。前几章已经说明了生物与地球之间的各种联系。我们能否从这些相互作用中总结出适用于一般行星演化过程的原则，且不一定是地球所特有的？

17.4.1 相关性和复杂性的增加

我们在第 12 章讨论了原核细胞和真核细胞之间的不同，与它们的原核表亲相比，更大的真核细胞是复杂的化学工厂。真核细胞内的细胞器，比如线粒体和叶绿体，能够进行能量的生成和光合作用。这些细胞器被认为是由细菌逐步共生和结合形成的，叫作胞内共生，在那里，不同物种的共生关系变得专门化和具有永久性。这个想法得到了事实的支持，这样的细胞器含有自身的遗传物质，这些遗传物质不同于真核细胞的细胞核，而是与具有相似功能的细菌相似，比如叶绿体含有与蓝藻(光合作用的原核生物)相似的 DNA。此外，细胞器的结构和代谢作用类似于原核细胞，并且通过细胞分裂复制细胞器，类似于细菌细胞的分裂。值得注意的是，这些共生的细胞器在真核细胞外不能再独立生存，并且它们的生存依赖于真核细胞代谢的其他方面。这表明，早期的共生和掺入的一连串事件促成了最初独立生物之间的伙伴关系。

这种过程在今天仍然很明显，在热液喷口和碳氢化合物渗漏周围繁盛生长的管虫和蛤蜊中就可以看到。多毛虫是动物，但它们既没有嘴也没有胃，而是在体内存在大量细菌，每盎司多毛虫组织中有 2500 多亿个细菌。细菌利用氧气来氧化硫，并利用这种能量将二氧化碳还原成糖，这些糖为蠕虫提供食物。多毛虫的进化是为了支持它们所依赖的细菌聚落。举个例子来说，多毛虫的红色羽毛含有血红蛋白，和氧气一样获取硫化氢并且给生活于虫子里面的细菌输送这些必要的原料。在这个例子里我们发现，一个有机体的新陈代谢已经进化到支持一种基本的共生关系。这些案例说明了进化的一个核心方面，即生物有机体之间的联系和发展共生关系的趋势导致了更复杂的生物机器，具有更加多样化的过程和关系。

与真核生物从原核伙伴关系发展的相似之处，反映在多细胞生物从单细胞真核生物发展而来的过程中，在那里，单个细胞受到调控并共同发挥作用。多细胞生物体也逐步发展出越来越多的特化细胞。例如，人类有220 种不同类型的 75 万亿个细胞，它们执行不同的身体机能，所有这些细胞一起工作，创造出一个单一的功能生物体。大脑本身可能是这样一个发展网络的另一个例子。在老鼠和人的大脑中，神经细胞间的差异很小。主要区别是脑细胞的数量以及它们之间的关系。增加的联系使其应对不同的、不断变化的环境的能力得到提升。关系对于生成反馈也是必要的，并且越来越多的反馈会导致更大的响应性和稳定性。很明显，在物种内部，合作的关系往往在能力和生存能力方面具有优势，例如威尔逊(E.O. Wilson)所描述的蚂蚁和蜜蜂群落的"超级有机体"。网络增加了个体物种的特化，并且复杂的反馈和网络导致了物种更大的稳定性和生存能力。这种趋势可能是系统性的，而不仅仅局限于地球。

17.4.2 随时间推移能源利用的变化

能量是所有系统的驱动力，包括生物系统，以及物种能够利用更多的能量从而有能力来完成工作(例如，追逐猎物或者躲避捕食者)、成长以及繁殖。

增加对氧气的获取以及由此产生的氧气能量是陆地演化的特征之一。所有的动物都在某种程度上利用氧气(许多微生物也是如此)。正如我们在之前的章节中所见到的那样，生命通过厌氧光合作用、有氧光合作用、厌氧代谢以及最终的需氧代谢逐步获得了越来越多的有氧能量。想要充分利用有氧代谢，需要有一个稳定的氧气供应。对于非常小的生物体，这可能会通过扩散以及细胞壁的运输来进行。更大的生物体需要一种活性氧的运输和呼吸效率的方法及废物的有效去除。真核细胞中的线粒体细胞器进行有氧代谢并成为特化的能量工厂。循环系统和呼吸系统的发展，最终使多细胞生命中有了更多的有氧代谢和更高的能量生产率。最终，恒温动物的新陈代谢会导致更高的新陈代谢率。从这个角度看，生物的历史包括新陈代谢过程中能量的逐步增加。多细胞生命体无法在厌氧环境中生存，因为没有足够的能量来支撑它们。哺乳动物战胜爬行动物，那是哺乳动物具有更高的代谢率和不受外部温度环境影响而产生能量的能力的结果。最终，这使得大脑等器官得以进化。大脑完全依赖于活性氧的运输。它既不生成也不储存食物；它的细胞不能独立存活，需要强有力的血液供应来提供运行所需的葡萄糖和氧气的主动运输。

地球历史上能量代谢的变化与上一章节讨论的关系和复杂性的增加有相似之处。简单的进程发生在开始，比如原核细胞以及厌氧 ATP 的生产。随后的进程建立在早期进化的基础之上。一些早期的创新在遭到取代时就被抛弃了，而另一些则被整合到更进化的形式中。原始的形态也坚持着它们自己的生态地位。原核生物无处不在，同时它们演化的进程已经被随后的真核生物所借鉴。例如，多细胞生命体为原核生物提供了一个广大的生态空间——人类的皮肤、嘴巴和消化系统为数百个物种的数万亿原核生物提供了生存环境。因此，既有扩张，又有包容。这个原则也适用于能量过程。在好氧生物体内，厌氧代谢过程已被合并。举个例子来说，厌氧代谢处理 ATP 的速度比有氧代谢快，所以哺乳动物用厌氧代谢来获得短时间的高能量。

提高能量产量还有另一个重要方面。高能量生产需要在非平衡状态的储库之间的交界面，因为这是为生物历程提供能量并作为从失衡到平衡状态的通道。要使生物体获得更多的能量，就需要通过不平衡来平行地发展潜在的能量，并形成和分离氧化和还原的行星储集层(第 15 章中详细讨论了行星"燃料电池")。提高能源的利用率需要在生物机制和行星环境中找到一个耦合变化。进化是一个包括生物、海洋、大气以及岩石圈的行星进程。

17.5 对进化方向可能性的猜测

从这种讨论中得出的一个自然推论可能是，生物逐步演化为有越来越多细胞的、基因组规模增加以及更高效的能量生成过程的生物体，这是一个进化论的进步观点。这个观点经常被延伸到作为当前进化顶峰的人类。然而，由于基因突变和自然选择过程中固有的随机性，很少有生物学家赞同这种观点。定向的观点也很难证明一个定量的生物分子基础。蝾螈每个细胞中的 DNA 序列比人类和其他哺乳动物都多一个数量级。水稻编译蛋白质的基因组数量远远超过人类编译蛋白质的基因组数量。鸭嘴兽的细胞中拥有比人类细胞更多的染色体个数。大象的大脑尺寸是人类的 4 倍。大规模的原核生物到真核生物到多细胞到器官的进化过程中，随着地质时间的推移，它们之间的关联和复杂程度是一个增加的过程。通过其中一些发展的过程或许可以认为，进化的细节和使有机体变"高级"的原因是非常复杂的，且不能归结于一个简单既定的框架中。

　　另一方面，陆地生命有一个明显的方向性，安迪·诺尔(Andy Knoll) 和理查德·班巴赫(Richard Bambach)称之为 "增加了对生态空间的利用"(图17-11)。他们指出，生命起源后，在生物学领域内的生态空间扩张主要有五个阶段：原核生物多样化、单细胞的真核生物多样化、水生生物的多样化、向陆地入侵和智慧生命。每一步扩张都是生命维度的增加，是通过上一个生态空间中生物进化时日益复杂的内部关系来实现的。同时，每一步都能扩大上一个维度生命的生活环境。虽然个别 DNA 突变的简化范围没有方向性，但观察到的生物进化是有方向属性的。

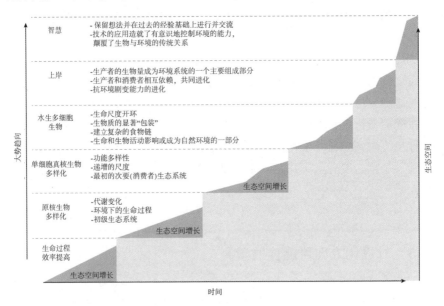

图 17-11　地球历史中的 "大轨迹(megatrajectories)" 进化阶段[据 Knoll and Bambach, Paleobiology, 26(2000) (sp4): 1-14]

　　如果存在有利于特定类型更改的外部约束，那么方向性可以发生随机变化。例如，可以想象一个装有大量骰子的盒子，并且骰子各面上的数字会有周期性的随机变化。并不是所有骰子上都有 1~6，随机变化可能导致某个骰子具有 1，1，3，4，5，6 或者 1，2，4，5，6，6。这些变化将一次一次地承袭下来。如果骰子没有偏袒数字中的任何一个，且有大量的骰子，那么尽管发生了突变，但是在任何时间盒子内的所有数字的数量都是相同的。但是，如果我们把它放入一个 "自然选择" 中，使得一些骰子由于表面的数字而不大可能被撤掉，那么数字的分布将发生变化。这些变化都可能是随机的。如果由于某种原因，数字 4 受到青睐，较少地撤掉表面有数字 4 的骰子，那么最后将几乎全是带有数字 4 的骰子。这个结果将是不可避免的，尽管它是随机过程导致的。而且在重复试验中，这个方向上的特定随机步骤总是不同的，而且无法预测。

我们能想象在进化过程中可能存在这样的外部约束么？如上所述，一个可能的实例就是关于能量处理的效率。如果生物体能通过获得更多的能量具有竞争优势，那么将不可避免地产生一个朝能量使用增加方向的变化。如果增加的稳定性是由复杂环境中可能出现的反馈提供的，那么导致增加系统稳定性的变化也会受到青睐。在食肉动物与其猎物之间的持续的进化战中，双方的大脑尺寸都有所增加，表明更大的大脑是一种进化的优势(图 17-12)。随机的基因变化不会优先选择较小或较大的大脑，但那些选中较小大脑的一方会被再次选择。其他的例子可以是左右对称，或者是用来监控人周围环境的感觉系统的发展。然后从选择优势中出现方向性。在这种分子水平上随机变化的背景下，进化的方向性是可能的。事实上，虽然随机变化是进化的机制，但并不意味着较大规模的方向性不会出现。

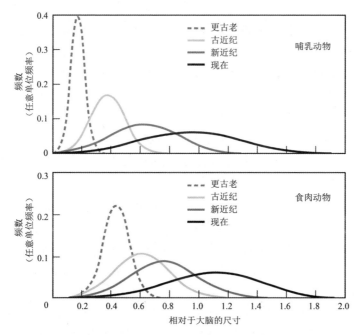

图 17-12 通过食肉动物及其猎物大脑尺寸的增加来显示进化的方向性[修改自 Radinsky, The American Naturalist, 112 987 (1978): 815-83]

从这样的角度来看，有远见的物种，通过工具和燃料提高能量的使用，而且语言带来的许多便利也有很大的竞争优势。在现代文明中，全球通讯和运输网络为物种优势而进行的基因改造和潜在的星际旅行都增强了这些能力。从能量和网络的角度来看，智慧生命的出现可能是行星演化的自然结果。

17.5.1　适宜居住的演化

这一讨论建立在事实观察的基础上，即随着时间的推移，地球变得越来越适宜居住。生物为生物创造了更好的环境。生物参与了地球的重大变化，导致今天的生物多样性远超过去，并随着多细胞性和器官专门化的形成，也变得更加复杂。地球变得越来越适宜居住的例证如下：

(1)在地球前寒武纪时期没有多细胞动物能够生存，虽然那个时代的微生物可能存在于今天的生态系统中；

(2)很可能当今地球上的生命数量远远多于太古宙与元古宙；

(3)通过生态系统流动的能量肯定更多。

例如，在有氧光合作用之前，生物圈从太阳转化能量的能力相当有限。物种的进化和生物圈宜居性的演变也息息相关。越来越适合居住当然和行星环境的变化密切相关。大气成分、海洋化学、海洋生物发展为陆地生物、土壤，所有这些都为生物创造了更好的环境。有机物质的生产提供了一个能量源，用于支持更复杂的食物链和最终支持更耗能的生物体，如哺乳动物。生物为生物本身提供和扩展了环境。

为什么这样的发展会发生？为什么随机的 DNA 突变会导致一个越来越适合居住的行星？在许多层面上，我们可以想象这是一个行星进化的自然过程。如果有两个竞争的生物，其中一个使环境更适宜于它的发展，或者适宜于其他有益同伴的发展，那么它将优先生存。如果一个生物体网络创建了一个更能够维持生命和处理能量的环境，即更宜居，该网络将具有进化优势。使环境更不适宜居住的生物体最终会被淘汰。有生命的行星的自然结果之一可能是行星宜居性的逐步增加，前提是生命的外部条件能够持续存在。

只有生命不可避免地适应行星变化，才有宜居性演变发生。行星演化在许多方面都是漫长而缓慢的，如氧气含量的增加和细胞学说的发展。这需要长久的时间。而在这种缓慢的演变之中，有来自宇宙和行星内部的灾难和不可避免的环境条件改变。对于生命来说，想要延续下去，必须有足够的适应能力，如果能在危机中创造机会当然更好。如果没有这样的能力，生命将会灭绝并且星球也将无人居住。这表明了另一个规则，即生物进化的适应能力是行星适居性的先决条件。

17.6　小　结

如果我们将生命看作一个行星的过程，而不是发生在行星表面的某个单独的现象，那么行星的演变会包括行星系统的各个方面——地核、地幔、地壳、海洋、大气和生命。生命在行星演变中扮演关键角色，它们通过行星物质捕获和储存太阳能，改变了近地表的氧化状态。反过来，行星和太阳系演变的物理进程又极大地影响着生命。生命形成受后期大爆炸事件的影响，同时显生宙时期陨石撞击也对生命产生了重要影响。地球内部的对流过程影响了生命的起源和气候的稳定性。在显生宙的记录中，大量的物种灭绝和极端气候变化时期很可能都是由地幔柱中动态的对流造成的。

虽然生物进化是由微观 DNA 编码的随机变化导致的，但是仍有渐进的进化改变。在地球的历史进程中，生物不管从外部还是内部来看，网络和复杂性都在增加，并大大提高了它们的能量生产力。如果有潜在规则支持竞争优势，那么即使是随机改变也有方向性。从显生宙的记录来看，太阳系和行星内部的大灾难反而促进了生命的进化。这些过程破坏了长时期的稳定，并鼓励在新竞争环境下的进化革新。通过独立却同时进行的进化事件，板块构造和气候变化也促进了进化变化，并创造了多变的环境。通过行星的进化，地球已经变得越来越适宜居住。

尽管在众多行星中，地球的历史只是一个特例，但是它所体现的原则似乎适用于整个宇宙。进化是自然选择的过程，并不限于特定的时间或地点。提高稳定性以及对能源的获取和利用也是一种热力驱动，适用于任何行星体。太阳系和行星内部的周期性不稳定是太阳系形成和行星对流的必然结果，造成了破坏停滞和允许快速进化演变的危机。从这个角度来看，提高适宜居住性的进化可能是一个普遍的行星过程。

补充阅读

Alvarez W. 1997. T. Rex and the Crater of Doom. Princeton, NJ: Princeton University Press.

Erwin DH. 2006. Extinction: How Life on Earth Nearly Ended 250 Million Years Ago. Princeton, NJ: Princeton University Press.

Holldobler B, Wilson EO. 2009. The Superorganism: The Beauty, Elegance, and Strangeness of Insect Societies. New York: W. W. Norton & Co.

Knoll AH, Bambach RK. 2000. Directionality in the history of life: Diffusion from the left wall or repeated scaling of the right? Paleobiology, 26(4): 1-14.

图18-0 阿拉斯加冰川湾的冰川。这些冰川是北美巨大冰原的残留，在过去的数百万年间，这些冰原覆盖了北美大陆的一半(北部) (©Bart Everett with permission under license from Shutterstock image ID 5134369)

应对气候变化 自然诱发气候变化的原因和结果

本书在第9章中探讨过构造恒温器的问题，正因如此，在地质时间尺度上，地球气候使得地表始终保持着液态水覆盖的状态。然而在这种稳定性下，地球的气候在1万~10万年的中等时间尺度上也会发生重大变化，这将对生活条件产生重大影响。这些变化发生的原因是气候对地球运行轨道变化的细节非常敏感。地球沿着倾斜的轴线自转，并且赤道面凸起，这使其大约每2万年就会达到一次旋转最大值。由于各大行星间的万有引力作用，地球的轨道倾斜度和轨道形状在4万~10万年这个时间尺度上发生周期性的变化。现在，科学家们相信由于这些轨道循环(亦称为米兰科维奇循环，Milankovitch cycles)所引起的太阳光照射范围在地球表面呈季节性和纬度变化是造成地球冰帽扩张或缩小的原因。目前，发现于格陵兰岛和南极洲冰芯内的大量证据记录了距今约80万年前的地球冰帽变化事件。虽然对轨道变量使用强制函数可以得出正弦曲线的变化，但冰期循环并不是简单的正弦曲线。恰恰相反，冰期会陡然结束，亦会缓慢开始，这说明了有很复杂的反应在影响着冰期变化。冰期循环也与大气中的二氧化碳和甲烷含量密切相关，可能与冰量相比有一定的滞后性。即使已证明与米兰科维奇循环密切相关，冰期变化中许多复杂现象的细节问题仍有待进一步研究。海洋以其大量的二氧化碳存贮与复杂的作用成了不可或缺的重要因素，它可能在冰消期通过融化冰盖来增加大气中的二氧化碳含量而引发火山活动。在5~1 Ma时，轨道作用致使冰期循环周期为4万年，而不是10万年。在5 Ma以前，北半球是没有冰期的，而在30 Ma以前，南极洲冰盖还不存在。在无冰期，轨道作用也肯定会引起中等规模的气候变化，即使这一类古气候变化影响的细节目前还没有完全探明。

冰芯的记录具有高时间分辨率,也揭示了在10~1000年短时间尺度上的极端气候变化。这些变化极有可能是由于气候从一个相对稳定的阶段跳跃至另一阶段时造成的。造成这些短期变化的具体原因仍有待进一步研究,它们可能是由于海洋热盐环流和大气循环伴随的重组作用而引发的。中期和短期的气候变化都会对陆地的宜居性产生重大影响。约1.1万年前,最后一次冰川抬升事件结束,自此以后,现代间冰期的温和气候促使了人类在大陆间的迁徙和人口大量增长以及人类文明的兴起。

18.1 引 言

今天看地球时,格陵兰岛和南极洲的冰盖对我们来说似乎是永久不变的特征,然而化石记录告诉我们,事情并不总是这样——短吻鳄和繁茂的森林曾经存在于极地地区,这说明了全球气候曾在显生宙时期发生了极大的变化。在前寒武纪,那个被称为"雪球地球"的阶段,说明了气候的变化可以更加极端。这些变化都发生在几百万年前,甚至距离15万年前智人的出现都很遥远。那么,在较短的时间尺度里,气候是否会一直相对稳定呢?是否会有影响人类历史与未来的气候变化呢?我们对于大陆迁移、大气组成、生命演化的认识都通过对地球地质事件的观察得到了提升与帮助。在本章中,我们将看到对现代人类生活造成重大影响的气候变化也具有类似的地质事件特征。尽管在数百万年的时间里,地表液态水的保存非常稳定,然而在较短的时间尺度上,气候变化会对人类生活造成很大的影响。这些变化有可能在足够短的时间尺度上发生,并且与人类文明的历史和未来息息相关。

18.2 中期气候变化:冰河世纪

在19世纪,路易斯·阿加西(Louis Agassiz)的研究揭示了距今最近的冰河世纪存在的证据。通过细致地观察阿尔卑斯冰川,他发现存在于岩石、U型山谷和大的岩块上的条痕都是冰川作用的特征。相似的特征也发现于欧洲中部,并且与现代阿尔卑斯冰川的范围相距很远。他认为冰川搬运可以解释北欧平原上奇异巨石的来源,而奇特的堆积碎屑(冰碛)也可以被解释为早期冰川的运移堆积。此外,观察结果表明,冰川作用可以形成独特的地貌,比如 U 型山谷,这与河流侵蚀作用形成的 V 型山谷不同,瑞士、苏格兰和斯堪的纳维亚半岛的山系都存在由冰川切割形成的延伸长的开阔山谷。对这些巨大大陆冰盖规模的估算可以通过基岩的冰川条痕和冰碛信息来实现,结果表明大范围的冰盖曾经覆盖了欧洲和北美的大部分地区(见图 18-1)。这些冰川的体积可以通过海平面下降的规模来推算。来自印度尼西亚沿海海岸的红树林根系化石提供的一项有关海平面降低的记录表明,海平面降低的最大值约为 120 m。也就是说,如果要复原这些冰川,需要全球海洋表面 120 m 的海水都冻结成冰。距今最近的冰河作用并不久远,因为松散的冰川堆积物目前仍保存完好,而流经 U 型山谷的河流也仅对谷底造成了极小的切割痕迹。

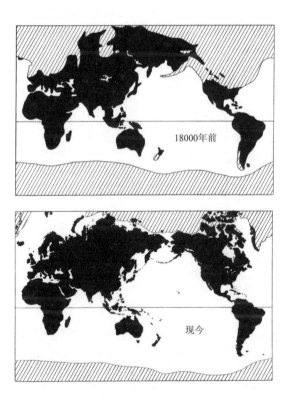

图 18-1 距今约 2 万年前的最近一次冰河时期的冰川覆盖面积最大值与现今冰川的覆盖面积。一部分冰为大陆性的,另外一部分冰漂浮在海上(图幅来源:George Kakla)

在 20 世纪下半叶,海底沉积物的采样分析进一步提升了对冰川作用的时间与程度的推算精度。精确揭示冰川记录的工具是保存在海底微小有壳生物(底栖有孔虫)外壳中的氧同位素的组成变化。根据我们已有的知识,稳定的同位素可以在低温条件下被分解。赤道附近的水分通过蒸发、运移、降雨,在极地附近冻结成冰,致使冰帽中冰的 $^{18}O/^{16}O$ 比率为 3.5%,这一数值低于海水。正如本书第 16 章中提及的有机碳和无机碳之间碳同位素的差异,极地冰和液态海水之间的偏移是相对稳定的。与此同时,全球水体的 $^{18}O/^{16}O$ 比率保持在一个稳定的平均水平。随着冰盖体积的增长,越来越多 $^{18}O/^{16}O$ 比率较低的水分从海水中分离,由于 H_2O 总量不变,海水的 $^{18}O/^{16}O$ 比率上升(图 18-2)。因此,正如在第 16 章中所说,我们可以利用碳同位素来测定有机碳和无机碳的含量(图 16-2),氧同位素可以用于测定冰和液态水的含量。这里需要说明,生物壳内的 $^{18}O/^{16}O$ 比率也会受到水温的影响。值得庆幸的是,冰川环境的低温会使生物壳内的 $^{18}O/^{16}O$ 比率升高,所以,通过稳定同位素记录可以清晰地辨别出冰川环境和间冰期环境。丹·施拉格(Dan Schrag)团队的研究结果表明,有一半的变化与温度有关,一半的变化与冰山体积有关。

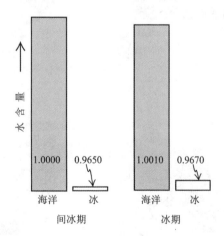

图 18-2   在完全间冰期(如同现在)和完全结冰期(例如 2 万年前),海洋(水体)和大陆冰川(冰)的 H_2O 含量对比。直方柱的高度表示了各储水地点的水分含量。与直方柱关联的数值是 H_2O 的 $^{18}O/^{16}O$ 值除以现在海洋的 $^{18}O/^{16}O$ 值而得到的。由于冰的 ^{18}O 含量比海水低 3.5%,那么冰盖的扩张导致了海洋中 ^{18}O 含量稍有增长。参照图 16-2 可以发现碳同位素在有机碳和无机碳中含量的相似关系

图 18-3 所示为热带深海沉积岩芯不同深度所采的贝壳的 $^{18}O/^{16}O$ 记录。令人惊奇的是，这些微小的生物体为我们提供了大陆冰川体积变化的记录。$^{18}O/^{16}O$ 比值较低表示冰川体积小，$^{18}O/^{16}O$ 比值较高表示冰川体积大。通过对这些记录进行放射性测年，我们得到了一个可信而准确的年代表。这些记录表明，追溯至约 70 万年前，曾有过多次冰河世纪扩张。记录数据呈锯齿状，有一个漫长而缓慢的下降(途中表示为 $^{18}O/^{16}O$ 值增加)直至最寒冷的冰河世纪。然后降温达到了终点，伴随着冰川体积扩张的突然终止，迎来了短暂而温暖的间冰期，正如同我们现在正经历的时期。记录数据有完整的结构，主要的变化时期是距今约 10 万年前，这可以从图中标示的间冰期位置观察到($^{18}O/^{16}O$ 最低的时间节点)。

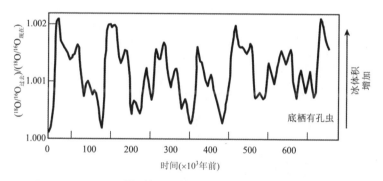

图18-3　深海有孔虫类记录的 $^{18}O/^{16}O$ 是提取于太平洋某深海处的沉积岩芯。冰河世纪生物壳内 ^{18}O 的富集，一部分原因是冰盖的扩张，另一部分原因是深海低温环境。此项记录揭示了气候周期约为10万年，这也主导了过去75万年的主要气候变化，并具有不均匀的特点。骤冷气候间漫长的间歇总是会由突然升温而终结

18.3　轨道周期

地质学家们认识到地球的气候曾经历大幅度的周期变化，这使他们对造成这些变化的原因产生好奇。从一开始，首先提出的原因就是地球绕太阳轨道的周期性变化。虽然在较长的时间内计算出地球绕太阳的旋转路径基本不变，但是地球绕太阳轨道确实出现了相对于理想轨道的重复性偏离。这些轨道变化的重要性在于它们改变了不同季节间的差异。地球上任意地点的阳光照射随季节的变化与地球绕太阳轨道的两个特征有关。第一个特征是地球自转轴相对于地球绕太阳轨道平面是倾斜的(见图18-4)。地

球的自转轴并不是直立的，而是相对于垂直方向偏离了约23°。这就造成了在6月21日北半球正对太阳，而六个月后的12月21日南半球正对太阳。如果地球是垂直自转的，赤道将总是正对太阳，那么也就没有了倾斜引起的季节变化。自转轴倾斜越大，地球上任意地方接收到的辐射量的季节变化范围就越大。

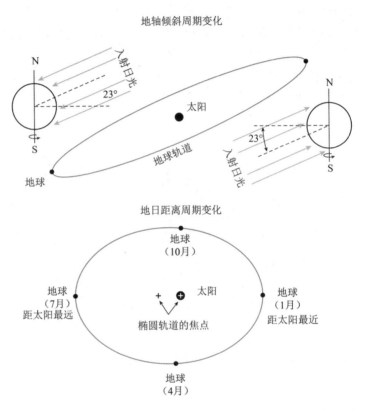

图18-4 季节性及其周期变化。这张图展示了地球上任意点接收太阳辐射的季节性变化。导致季节变化的基本原因是地球自转轴相对于绕太阳运行轨道平面的倾斜。上图：地轴倾斜导致了北半球在6月得到了更多的阳光，而南半球在12月得到了更多的阳光。就像我们日历上设定的一样，6月21日时，北半球达到了接收太阳辐射的最大值；12月21日时，南半球达到了接收太阳辐射的最大值。第二个导致季节性现象的原因是地球的旋转轨迹是椭圆形的。正因如此，地日距离在一年内总是在改变。下图：此时的地球在1月时最接近太阳，而在7月时最远离太阳，因此地球整体在7月相比于1月接收更少的太阳辐射

同样也在图18-4中可以看出第二种决定季节性的特征。前提是指出地球的轨道并不是规则的圆形。用几何学术语讲，地球轨道是一个椭圆。就像你知道的，通过系一根细线到粉笔上可以画出一个圆圈。细线的一端被固定在圆心，通过粉笔的摆动而绘制出圆圈。一个椭圆有两个焦点。如果要画一个椭圆，细线的两端都要被固定，每一个端点作为一个焦点。而粉笔并没有被固定；相反，粉笔可以自由地放在细线拉伸形成的V形角。随着圆周性地摆动V形角，绘制出椭圆。没有任何行星的运行轨道是完美的圆圈，都是椭圆形。根据重力定律，行星运行轨道的两个焦点中，必有一个是太阳的位置。地球绕太阳的椭圆运行轨道导致了一年内地日距离总是在变化。当接近太阳时，地球吸收更多的辐射；当远离太阳时，吸收的辐射减少。

如图18-5所示的是两种类型季节周期的关系。目前在北半球它们是相斥的。原因是地球运行到距离太阳最远距离时，北半球倾向太阳的方向。与之相反，地球运行到距离太阳最近距离时，南半球倾向太阳的方向。因此，两种导致季节变化的原因(地轴倾斜和地日距离)目前在北半球呈相互制约关系，而在南半球呈相互促进关系。

我们之所以对这一切感兴趣是因为这些情况随着时间而变化。出现这种情况的原因是地球像一个陀螺一样旋转。两种情况的原理相同：它们的旋转轴是倾斜的才会旋转，倾斜的顶端旋转着以防坠落。倾斜的地球旋转着以防赤道凸带跟轨道线一致，比如直指太阳方向。正如陀螺的顶端旋转速度大于自身旋转速度，地球也是这样。地球需要花费876万天的时间(2.6万年)来完成一个岁差周期。同时，椭圆形轨道也在缓慢地旋转。这两种旋转的结果导致了周期大约2.1万年的岁差引起的太阳辐射变化。

岁差对于季节性的重要作用在于，它使得每年6月21日地球在运行轨道上的位置逐渐发生变化(图18-6)。1.1万年前，当地球运行到距离太阳最近的轨道位置时，北半球朝向太阳一侧，地轴倾斜和地日距离造成的季节变化在北半球是相互增强的，因而地球的岁差造成了季节间差异的周期性变化。

除了自身的进动，地球的轨道发生着另外两种周期性变化，并都会受到邻近行星引力的影响，尤其是木星。这些引力造成了地球轨道的离心率随着时间而改变。在过去的有些时候轨道离心率比现在大，有些时候则比现在小。轨道的离心率越大，距离季节性作用就越强。行星之间的吸引力也会改变地轴倾斜。倾斜度越大，季节差异越明显；倾斜度越小，季节差

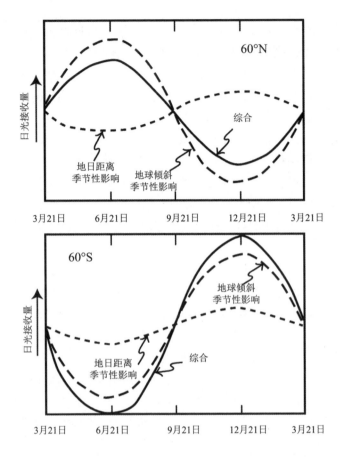

图18-5　北纬60°和南纬60°接收太阳辐射的季节变化周期比较。在南半球，地轴倾斜和地日距离造成的季节变化现在是相互增强的，而在北半球，它们现在是相互削弱的

异也就小。轨道的离心率和倾斜度的时间史可以通过行星质量和轨迹信息精确地计算出，推算结果如图18-7所示。可以看出，倾斜变化周期是比较有规律的，最大值之间的间隔约为4万年。然而离心率变化有更复杂的图形，最大值之间的间隔约为10万年。

地球的进动、地轴的改变以及地球绕日轨道离心率的变化共同导致了季节差异变化的复杂历史。这项记录随着纬度的改变而不同。地轴改变的影响在高纬度地区尤为显著，而距离变化的影响在所有纬度都相同。图18-8展示了在北纬65°(冰川时期冰盖集中的区域)7月平均日照量和冰川体积变化的对比。在这个纬度，接收到的辐射总量变化幅度大约为100 W/m²。

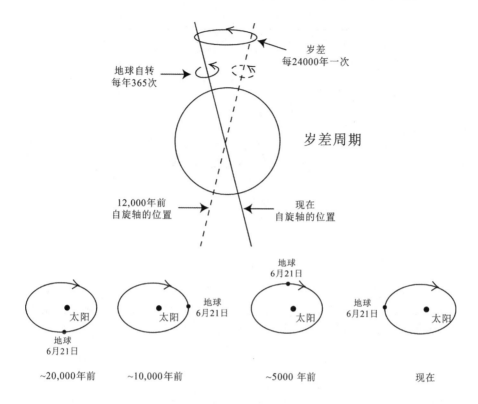

图18-6 如同陀螺一样，地球的自转轴也会发生进动。地球需要约2.6万年的时间完成一个进动(岁差)周期。进动作用改变了地球运动轨迹中北半球日照最充足点的位置。今天，这种现象发生在椭圆轨道的长半径一端，减少了北半球夏季的日照总量。而椭圆轨道本身也在发生旋转，这两种转动的相互影响导致了实际岁差周期约为2.1万年。距今半个岁差周期以前(约1.05万年前)，这种现象发生在椭圆轨道的短半径一端，略增加了夏季的日照总量。地球轴线的进动与太阳对地球赤道突起面的吸引有关，而赤道突起是由地球自转形成的。正如地球的重力会使旋转陀螺倾斜，太阳的重力也会改变地轴的倾斜。就像一个陀螺，地球通过进动来抵消太阳的吸引力

在图18-8中，深海^{18}O记录数据(如冰川体积)用来与北纬65°夏季日照数据对比，两项数据之间有6000年的时间偏移。虽然两条曲线相当不同，但它们表现出了一些有趣的共性。较小的冰川体积对应太阳照射很异常的时间(如距今约60万年和20万年)，而记录数据中呈二阶函数"摆动"与它们的发生时间很契合(但在振幅上不是)。约翰·英布雷(John Imbrie)将这些对应关系定量化，展示出了气候记录数据和地球进动、地轴变化频率间的波形特征。这项结果可作为广为接受的地球轨道造成气候变化的证据。

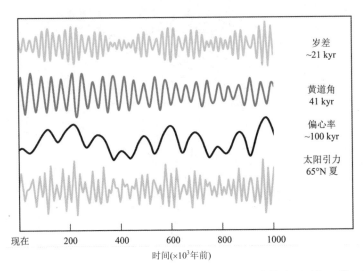

图18-7 地球自转轴的进动和倾斜，以及椭圆轨道的离心率构成了时间函数，影响着北纬65°的夏季日照。自转轴倾斜有2°的变化。离心率在0.01~0.05之间变化。这些记录是通过万有引力定律和现在轨道及行星质量而推算得出的

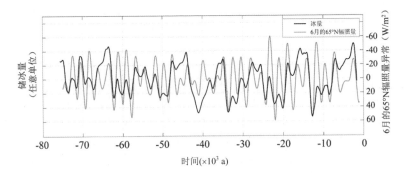

图18-8 夏季日照量和冰川体积记录的关系比较。冰川变化有6000年的时间滞后来达到每项记录中峰值与谷值的匹配最大值。日照量是反演结果，因此低值的日照量会映射高值在y轴上。即使有基本的相关性，这样的匹配不会是完全准确的

　　近期有更多的研究采用了一些略有不同的方法以获取更为准确可靠的结果。由于陆地主要集中于北半球，北半球的阳光照射对冰盖的变化起主导作用。但冰盖很大，仅仅一个夏季的照射并不会导致它们突然消失。然而，太阳照射的峰值应该会造成最快速的冰盖体积变化。所以，并不是冰盖的实际体积而应该是冰盖大小随时间的变化与太阳照射变化契合。华盛顿大学的杰拉德·洛尔(Gerard Roe)开展了这项分析研究，如图18-9展示

的结果，两项记录之间不存在时间滞后。这种响应关系是明显的，即更多的夏季阳光照射就对应着冰川体积变化的最大值。这些结果清晰地印证了米兰科维奇假说中提到的轨道变化对气候的影响：由地球轨道造成的太阳照射量的变化对冰川体积的时间变化有着重要的影响。以这种形式，米兰科维奇理论在我们的理论级别里排到了第9位——轨道变化引起气候改变。

尽管夏季日照记录和冰川体积记录之间的对应关系让大多数地球物理学家相信，地球运动轨道的变化在某种程度上加速了冰川周期，然而，这种关系的具体细节还未完全探明，仍然有许多待解决的问题。

其中一个问题是，从冰川最寒冷期突然转变为间冰期环境。轨道变化都是以正弦曲线的形式，所以对称地增强和削弱了太阳光能量。然而 $^{18}O/^{16}O$ 记录却不是正弦曲线；反之，它显示出漫长而缓慢的降温直至最寒冷期，伴随着骤然停止的并转向温暖的间冰期，造成了冰川体积呈锯齿形变化而不是正弦曲线。这个结果也可以从冰川体积变化比率中得出。从图18-9可以看出，除了在10万年前的融冰期发生了大幅度的冰川体积变化外，通常表示冰体积变化的黑线的振幅低于灰色日晒线。

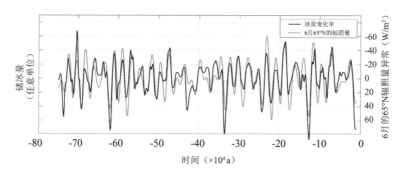

图18-9　与图18-8相同的日照数据用来与冰川体积(而不是绝对冰川体积)变化进行对比。较高的太阳照射数据(图中表示为浅灰色线的低值)对应冰盖体积消融速度加快。需要注意的是这个对应关系的周期约为2万年。不需要冰川体积数据的时间滞后来匹配日照记录数据

另一个难题是对应于冰川体积变化的大气组分的改变。在格陵兰岛和南极洲冰内捕获的小气泡详细记录了过去75万年间的大气组分变化。二氧化碳和甲烷含量与冰川变化相关，较高的二氧化碳和甲烷含量对应着温暖的间冰期，而较低的含量对应着冰川期。详细的调查结果显示，大气变化

相对于冰川体积变化稍有时间滞后，因此冰川体积先开始减少，随后大气组分发生改变。为什么仅由水组成的冰盖，在形成和融化的时候会跟二氧化碳含量变化相关呢？

这些结果呈现出与冰河世纪的结束呈正相关。冰川体积的减少造成了温室气体二氧化碳和甲烷的增加，这会引起气温升高而导致冰川进一步减少。很多研究力求探究造成温度和二氧化碳记录呈锯齿状关系的原因。其中极有可能的一个因素是海洋，因为海洋的二氧化碳含量是大气的50倍。如果间冰期的变化导致了海洋的含碳量减少，就可能造成大气中二氧化碳含量的升高，从而导致升温和冰期的迅速结束。然而此类海洋反应的具体机制仍然有待探究。

另一种可能是冰川期的终结是受到了冰盖与火山活动之间响应的影响。就像我们知道的，岩浆对于压力变化是很敏感的。当冰盖融化，陆地大面积的冰盖迅速移动到海洋，使得陆地地幔压力减小，而大洋地幔压力增加。在冰岛，这会导致大面积的岩浆喷发，接着使形成于最近一次冰河时期的约2 km厚的冰盖发生移动。冰岛籍科学家丹·迈克肯兹(Dan McKenzie)及其团队的研究结果显示此次火山喷发可以解释为地幔压力变化导致的冰川融化增加。与二氧化碳的联系很有可能来自火山气体。因为大气中大多数二氧化碳来自碰撞的板块边缘，这意味着这些地区的火山活动对于二氧化碳总量有着显著的贡献。火山喷发数据显示，全球陆地火山活动在最近一次冰河世纪期间增加了3~5倍(图18-10)。过量的火山活动会产生更多的二氧化碳到大气中，加速了气候变暖、冰盖融化，进而继续增加二氧化碳含量。这个过程看起来可以解释锯齿形数据中的正相关对应的一半。这也可以提供一个解释冰川时期迅速终结以及大气中二氧化碳上升的滞后性的简单机制。

最后一个与地球轨道变化对应相关的难题是近200万年来冰期的变化。图18-11展示了约180万年前的基于沉积岩芯提取的冰川记录。在80万年以前，冰期为4万年，这与地轴的变化相对应。然后冰期突然变化为10万年。这次变化是很神秘的，因为10万年的周期与地球绕日轨道离心率相关，而离心率变化对日照量只有很小的改变作用。例如，10万年的周期对于日照量的变化没有明显作用，但是完全主导了冰川体积变化的记录(图18-8)。这些微小的信号是如何放大而产生如此庞大的冰川活动？为什么周期在100万年前发生了改变？

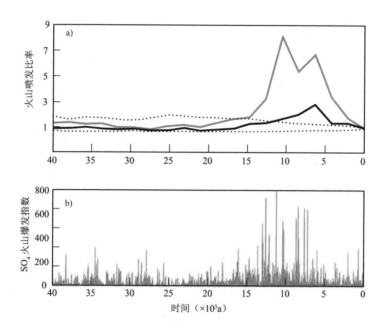

图18-10 最近一次冰河世纪结束后全球火山喷发频率的变化图。约1.7万年前最后一次冰川期最冷时期具有较低的火山活动频率；从距今1.5万年到5000年前，火山喷发频率比冰川期增加了4倍，产生了大量二氧化碳到大气中而加速了气温升高和冰川融化。火山喷发也产生了大量的二氧化硫气体(a)。图(b)展示了格陵兰岛冰芯中硫酸盐沉积记录的火山活动 [图引自Huybers and Langmuir, Earth Planet. Sci. Lett. 286 (2009): 3-4479]

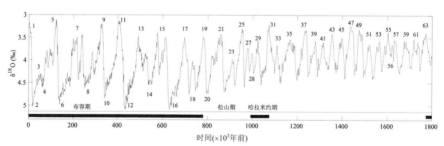

图18-11 一份180万年的冰量记录，显示了冰期从100万年前的4万年周期到最近的10万年周期的变化。追溯至500万年前的冰川期，冰期都是约4万年。而冰期的突然改变仍然是有待解决的问题[图片来自Lisiecki and Raymo, Paleooceanography, 20(2005), PA1003]

　　最后，过去200万年提供了一个清晰的轨道变化记录，因为它们被表示为冰河时期(图18-11)。在地球历史上的其他时期，冰盖还没有出现(图18-12)。为什么呢？这很有可能与大陆分布于高纬度地区有关，但是为什

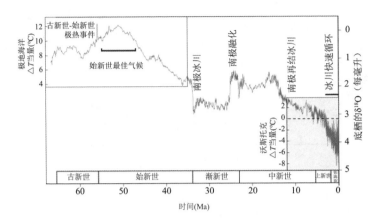

图 18-12　大时间尺度上的气候变化。深海氧同位素记录了冰川体积变化。在 3000 万年前，南极洲冰盖还没有形成，也没有冰期。北半球的冰川形成于约 500 万年前。根据 ^{18}O 同位素记录，正是从这段时间开始，地球轨道运动对冰川体积变化产生了重要作用(图片来自 Wikipedia Commons，基于 Zachos et al., Science, 27, 2001, 686–93)

么地球历史上有些时期有冰期而有些时期没有，这仍是很值得探究的问题。轨道变化是如何影响间冰期气候环境的，也是一个尚未解决的问题。根据始新世和白垩纪岩石的沉积记录，学者们发现了有规律的组分变化可以与米兰科维奇频率相匹配(很难在这些时间段中得到非常精确的年龄)。结果显示即使在间冰期，气候变化也是非常重要的，但是具体变化机制和细节仍然有待进一步解释。在1万~100万年的时间尺度上，轨道变化对于气候变化的作用非常明显，但是在这个领域仍然有许多需要进一步探究的问题。

18.4　气候突变

格陵兰岛和南极洲冰芯中保存的详细气候记录揭示了更短的气候变化时间尺度。从地表延伸到基岩的长冰芯提供了一个非常详细的记录(例如，回到最后一次间冰期中期)，覆盖了格陵兰岛过去 11 万年和南极洲 75 万年的历史。冰中的 $^{18}O/^{16}O$ 比值代表了当地的气温，冰中钙的含量是灰尘进入的一个指标，冰层中气泡的甲烷含量代表热带湿度。除了持续数万年的稳定周期外，千年周期的剧烈振荡也以惊人的频率出现。更令人惊讶的是，这些现象揭示了在冰河时代气候发生的一系列巨大突变(图 18-13)。

极寒、高粉尘和低甲烷的间隔与低温、低粉尘和较高大气甲烷含量的间隔交替出现。这些气候状态之间的转变是在短短几十年的时间里突然出现的。

为什么这个记录看起来与大多数海底沉积物的稳定同位素记录如此不同?有两个原因。首先,在冰芯中,冰的年轮层得以保存,而深海沉积物记录则被海底蠕虫的搅动作用所平滑,这些蠕虫搅动泥浆的深度高达 10 cm。由于这些沉积记录大多数累积速率为 2~5 cm/1000 a(而格陵兰冰的累积速度为 10~20 cm/a),与千年持续事件相关的信号已经消失。第二,加拿大、斯堪的纳维亚和南极洲的大冰期冰盖太过迟钝,无法对千年气候变化作出显著反应。因此,这些事件并没有留在反映冰量巨大变化的底栖生物的 ^{18}O 记录上。

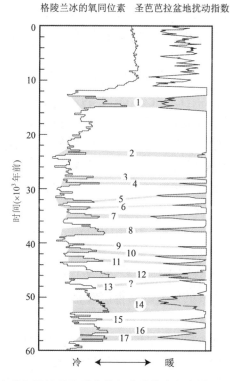

图 18-13　格陵兰岛的气温记录与圣芭芭拉盆地的底部水域 O_2 含量记录的比较。后者是基于蠕虫对沉积物的挖掘程度。在氧气含量高的时候,沉积物中的年轮层完全被这些生物的扰动所消除;在氧气含量低的时候,因蠕虫无法生存,年轮层都保存完好

与 10 万年的气候周期及其在全球范围内近乎同步的 2.1 万年和 4 万年的调整期不同，南极冰的千年记录与格陵兰岛的冰是相反的。然而，在整个北半球，这些变化是同步的。格陵兰岛的冰芯不仅揭示了当地气温的变化，而且反映了大气中含尘量和甲烷含量的变化。锶和钕同位素组成的测量结果可以作为尘埃来源的指示器，显示格陵兰岛沙尘起源于大亚洲沙漠，这表明亚洲上空的剧烈风暴的频率与格陵兰岛的气温变化是一致的。在冰河时期，加拿大、斯堪的纳维亚以及西伯利亚的湿地不是冻结了就是埋在厚厚的冰层之下，而这些湿地是大气中大约一半甲烷的来源。由于这个原因，在冰河时期，全球甲烷的生产规模比较小，主要限于热带地区。如果是这样的话，格陵兰冰芯中记录的甲烷含量的突变就表明了在格陵兰岛几千年的严寒期，热带降水量比中间较温和的时期要少。

这些千年持续事件影响的证据也出现在其他记录中。例如，来自北大西洋的深海岩芯揭示了大量的冰盖中存在的不同事件，这些冰盖从周围盆地中被释放到海里。当冰川融化时，被裹在这些冰山中的岩石碎片落入海底，形成了冰状的残骸。放射性碳年代测定法说明了这些岩层是在格陵兰岛的千年严寒期形成的。与这一证据一致的是，从百慕大附近的深海海底获得了一个高沉积速率的深海沉淀物岩芯的古温度。测量结果表明在此期间，冰川时代的海洋表面温度在 4~5 ℃ 之间来回跳动并与格陵兰岛千年期发生的事件同步。中国石笋的 ^{18}O 记录表明季风性降雨的强度与格陵兰岛的温度一致。季风在强烈的寒冷期表现较弱。

强有力的证据也来自最近的这些短期波动。最后一次冰期发生在 1.7 万年，随后发生了一次典型的突然变暖事件。但是，从 1.3 万至 1.1 万年前，地球陷入了一种被称为"新仙女木(Younger Dryas)"的暂时冰川状态。这一事件在格陵兰岛的冰芯记录中非常明显(见图 18-13)。正如人们所预料的那样，高山地区对降温非常敏感，导致了冰盖往山下大面积扩张。随着冰川的推进，岩石碎片的放射性测年使得最近的山区寒冷期与格陵兰岛近来的寒冷期相关联。已有证据表明，到目前为止，瑞士阿尔卑斯山脉、热带的安第斯山脉和新西兰阿尔卑斯山脉的冰川在格陵兰岛冰川最后一次显示出长达数千年的寒冷时期时，都经历了大规模的重新融化。

除了来自山地冰川的这一证据，还可以加上来自加州圣巴巴拉和圣罗莎岛之间的小盆地沉积物中一个令人印象深刻的记录(见图 18-13)。因为在这个盆地沉积物以 1 m/1000 a 的速度堆积，因此千年的记录得以完好保存。目前它底部水的氧气含量很低，而且有机物中的水如此之高，以至于填满沉积物孔隙的水都是不含氧气的。蠕虫在缺氧条件下不易存活，其与最上层的沉淀物在一个被称为生物扰动的过程中不断地混合。在缺氧条件下，沉积物不发生搅拌，沉积物具有每年的层堆积，反映出到达底部的生物和土壤碎片混合后的季节性变化。

加州大学圣芭芭拉分校的海洋地质学家吉姆·肯内特(Jim Kennett)对这一层状记录在过去的延伸程度很感兴趣，发起了一项在这个盆地中提取岩芯的计划。层状沉积物每年不断沉积，一直持续到现在间冰期的开始(即大约在 1.1 万年前)，但底下是一系列生物扰动沉积物和年轮层沉积的交替区。肯内特很快意识到，混合良好的沉淀物间隔一定代表了圣巴巴拉盆地深层水的氧气含量比现在高的时间。当他把该记录与格陵兰岛的冰芯进行比较时，发现了一个不可思议的匹配(见图 18-13)。在冰芯中的极度寒冷时期，圣芭芭拉盆地堆积了一层良好搅动的沉积物。肯内特认为这意味着新的含氧的表层海水进入北太平洋的中深度的入侵在当时已经大大加强。最近，德国科学家在巴基斯坦附近的阿拉伯海快速堆积的沉积物中获得了几乎相同的记录。

综上所述，这一古气候证据表明，格陵兰岛冰芯如此明显的千年气候时间的影响是广泛的。然而却有一个例外，南极冰芯的记录显示，从完全冰期到完全间冰期的 1 万年过渡期中，几千年的气候调整相对于格陵兰岛的千年调整期是相反的。当北半球进入了新仙女木期温暖替换期，而南极洲却停留在温暖期。当北半球的条件下降到新仙女木冰冷期，南极洲又开始了温暖期。因此，与轨道相关的周期在全球范围内同步，千年期间的变化似乎是反相的。此外，至少在新仙女木期的情况下，这两个范围之间的边界似乎不可思议地位于新西兰南部，而不是在赤道。

18.4.1 伟大的海洋运输

千年期间气候变化是一个具有挑战性的谜题。是什么原因导致地球气候系统发生了巨大而突然的气候变化? 为什么这些变化在南极洲和地球其他地方是反相的?为什么在过去的 1 万年里没有发生这样的变化呢?是什么触发了这些跳跃?虽然令人信服的答案还没有出现，但一些线索表明罪魁祸首在海洋。模型模拟表明，海洋所谓的热盐循环能够进行重组。这种大规模的环流是由地球上两个地方即冰岛附近的北大西洋和南极大陆周边的南大洋下降到冰冷咸水的深渊驱动的。目前，北部的水源淹没了朝南蠕动的大西洋深处，海水向南经非洲的顶端，在那里与南极大陆循环的水迅速地混流在一起。在南极洲周围形成的深水也卷入了这一环流中，产生一种大约等量的两种水的混合物。这种混合物部分脱离，并向北移动到印度洋和太平洋的深部(图 18-14)。

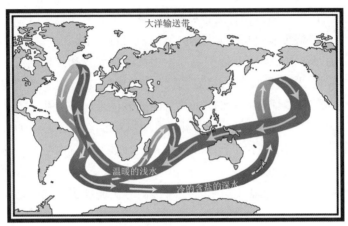

流量相当于60条亚马逊河

图 18-14　海洋海流的全球流动示意图

　　这些洋流对地球的气候很重要，因为它们重新分配热量。这种再分配对北大西洋周围的陆地群尤为重要。置换下沉到北大西洋底部的是温暖的上层海水，这些海水朝冰岛的上缘移动。当这个上缘穿过低纬度时，它被太阳加热。当它到达高纬度地区时，这种储存的热量被释放到空中。在冬季的几个月里，这种热量会使寒冷的北极气团向东移动跨越大西洋。这种热量的增加有助于维持北欧温和的冬天。

　　传送带运输的规模是惊人的。它等于 100 倍亚马逊河流域，并与全球各地的降雨量相匹配。向北移动的洋流携带平均温度为 12℃ 的水进入冰岛周边地区。下沉到深渊中的水平均只有 2℃。因此，每立方厘米的水通过传送带的上缘向北输送，就会有 10 卡路里的热量释放到大气中。这一数字加起来令人震惊，相当于直布罗陀以北的大西洋部分向大气提供的太阳热能的 1/4。

　　在今天的海洋中，在海洋的两端产生的深水密度之间存在微妙的平衡。如果这种平衡被破坏(至少在模型中)，洋流系统重组成一个新的图案。伴随着这些重组，海洋向高纬度大气释放的热量也发生了变化。虽然所有模型都显示了这种行为类型，但是每个模型都有自己的详细特征。在某些情况下，运送完全关闭，而在其他情况下，运送被修正，使得深水向南延伸但不能穿透到海底。所有模型的共同之处在于，来自南大洋的深水渗透到了大西洋的更深处。

可能引发流通重组的因素是什么？虽然我们对这个问题没有肯定的答案，但有一种可能性被称为盐振荡器。如模型所示，最有效的干预深水形成的方法是增加大洋输送淡水对深水形成的某些区域中的输入。这种输入稀释了表面水的盐含量，从而降低其密度。如果这种减少持续到即使是在最严峻的冬季，也不再产生足够稠密的水来移动那些在下面的水，那么重组就可能发生。事实上，这就是为什么北太平洋不能形成深水区的原因。它的表面水含盐量很低，即使冷却至冰点(−1.8℃)，水的密度也不足以渗透到深海。有证据表明，至少有一次重组(如新仙女木期开始)是由北美冰原退缩前形成的湖泊中储存的融水突然释放到北大西洋引发的，早期事件的规律性表明有某种振荡器在运行。在今天的大西洋中，出现了一种盐积累的平衡，由于从大西洋到太平洋的大气中水蒸气的导出，盐经大输送机的下部输出。但是，盐的积累和盐出口之间的不平衡可能会导致振荡。想象一下，在输送机"打开"期间，净盐出口超过盐的积累将导致大西洋盐度的下降。最终会到达一个临界点，在那里因盐度太低而不能形成深水。这将导致温盐环流重组为"关闭"模式。如果在这种"关闭"配置中，由于水蒸气输出导致盐的积累超过盐出口，大西洋海域的盐度将开始上升。最后，传送带会在某一点恢复工作。这个千年循环的平均时间为 1500 年。对于盐振荡器来说，这是一个合理的时间常数。理由如下，大西洋输出水蒸气的平均速度约为 $25×10^4$ m^3/s。如果没有盐的输出，盐度会以每百年 0.1 g/L 的速度增加。因此，在半周期(也就是大约 750 年)中，盐度会以每百年 0.75 g/L 的速度增加。

这种盐度的升高对密度的影响相当于寒冷的极地海域约 3℃的冷却。所以，没有办法估计这些盐诱发的振荡的预期频率，这更意味着它是每 1000 年 1 次的量级，而不是每 100 年或 10000 年 1 次。

这个假说无法回答的是，为什么这些海洋重组对大气的影响是全球性的。在模型中，这些重组只会导致北大西洋周围地区气候的变化，对热带地区没有明显的影响，当然也没有发生在南温带。简单来说，我们不了解这些信息环绕地球传播的远程通信的本质。人们很容易把目光投向热带地区，特别是从赤道海洋上升到平流层底部升起的高耸的对流柱中携带的水蒸气。由于水蒸气是大气中主要的温室气体，其存量的变化可能会引起全球气温的大幅度变化。

为了解释这个现象，有必要将海洋中的大规模环流和热带大气中的对流活动联系起来。最有可能的原因就是沿赤道上涌的冷水，现在一般来说，它构成了这个热带热平衡的主要组成部分。也许赤道冷却的强度与大规模的海洋环流有关。这就是为何肯尼特的圣巴巴拉盆地(Kennett's Santa Barbara basin)的记录如此重要。它告诉我们海洋中的浅层环流是随着格陵兰岛的事件而改变的。难道是这些变化导致了热带气候中水分供应的变化吗？

另一种可能性是，在极地冰层中记录的大气尘埃和海盐气溶胶的巨大变化是罪魁祸首。土壤残渣进入大气中时会反射太阳光。气溶胶作为云滴形成核。核越多，云滴越小而量越多，因此云的反射率就越大。要想作出正确的解释，就必须把搬运灰尘和海洋浪花进入到高空中的强烈风暴的频率与海洋的大规模环流联系起来。一种可能性是，在冰川时期，当传送带"关闭"时，北大西洋被海冰阻塞，从而压缩了寒冷冰层覆盖的极地地区和温暖的热带地区之间的冬季温度梯度，从而促进了暴风雨。

所有这一切暗示我们这个星球的气候远非稳定。季节性变化以及淡水再分配产生的微小触动已引发了大规模的、突然的气候变化。考虑到目前向大气中加入大量二氧化碳和其他温室气体的气候系统时，我们将回到这个话题。

18.5　人类影响

10万年主周期的最后一次终止导致了在智人的发展(比如我们)方面两个非常重要的事件的发生。首先，据我们所知，在此之前，人类未能在美洲建立立足之地。然后在1.3万~1.2万年前，突然有大量人口涌入并很快就遍布了整个新大陆。较好的解释是，在最后一块大冰原融化期间，北美冰盖的西部和东部裂片之间有一条走廊。进一步来说，就是海平面没有上升到淹没白令海峡的地步。走廊和大陆桥的结合允许人类从亚洲迁移到美洲。人类快速遍及美洲各地可能反映出新来者对大型猎物的依赖。我们怀疑人类的到来使得剑齿虎、巨树懒和猛犸象很快灭绝了，这些动物在一个地区被猎杀到近乎灭绝，猎人就移居到另一个地方，然后很快就摧毁了整个新大陆。这并不是人为灭绝的唯一例子。5 万年前，当布希曼人抵达澳大利亚时(再次从亚洲走过由海平面下降形成的大陆桥)，大型动物发生过类似的消失。

第二个影响更重要。它涉及中东人从狩猎和聚集转变到畜牧业和耕作的过程。这个转变是我们文明发展的关键一步。紧随冰消，全球范围内温和的气候和控制粮食供应的能力允许美索不达米亚和埃及古代文明的兴起。现在已知 16 万年前，拥有和我们现在一样大脑容量的智人生活在埃塞俄比亚。随之出现的一个问题是，为什么农业没有在大约 12.5 万年的倒数第二个冰期终止时开始。人们只能猜测是人口压力不大，或者有丰富的食物，或者是当时缺乏发达文化的复杂性。我们可能永远不会知道答案。无论如何，当 10 万年后，下一个伟大的终结出现时，我们所知的文明会进入快速进化阶段。气候变化与人类在地球上的命运息息相关。

18.6　小　结

在中等时间尺度上，由于轨道和随之而来的接收到的太阳能的变化，地球的温度有很大的波动。在地球历史的某些时期，包括最近一次，轨道变化导致了冰期的循环。虽然轨道变化引起的太阳能变化在整个地球历史上都存在，但只有在某些时期，如最近几百万年，才与广泛的冰川相关。地球是否处于冰室状态可能取决于对轨道气候变化有重要反馈的板块和火山的位置。最近几十万年高分辨率的记录显示，在十年之内有可能发生突然的气候变化，并持续一千年。最近这样的事情是新仙女木期，它使地球在脱离最后一个冰河时代时重新回到完全的冰河状态。突然的气候变化不能由构造恒温器或轨道变化引起。相反，它可能是由海洋和大气环流变化引起的，因为它们可能会在非常快的时间尺度内出现。

补充阅读

Broecker W. 2010. The Great Ocean Conveyer: Discovering the Trigger for Abrupt Climate Change. Princeton, NJ: Princeton University Press.
Imbrie J, Imbrie KP. 1986. Ice Ages: Solving the Mystery. Cambridge, MA:

Harvard University Press.

Muller RA, MacDonald GJ. 2002. Ice Ages and Astronomical Causes. Reprint. NewYork: Springer-Verlag.

Roe G. 2006. In defense of Milankovitch. Geophys. Res. Lett. 33: L24703.

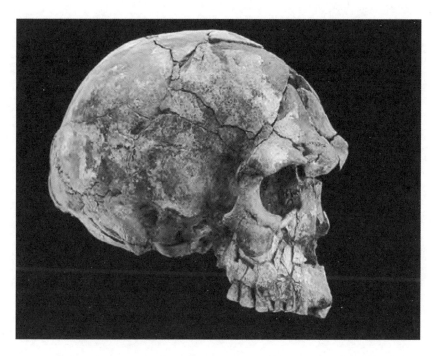

图19-0 一张来自埃塞俄比亚的16万年前的成年男子头骨的照片，与现在的人类是同一物种

智人的出现　善用地球资源宝库，成为万物主宰

　　如果没有智慧生物，我们的星球会一直这样下去，就像过去的无数个岁月：太阳存有足够的氢，足以燃烧数十亿年之久；而地幔中岩浆所辐射出的热能，也能够驱动板块运动相似的时间段。生物在适应变化多端的环境条件的过程中，进化逐渐改变了物种间的种类。如果没有大的灾难，生态系统会在与大自然的和谐共处下欣欣向荣。人类的出现改变了行星的特征和远景，当然这些改变并非一朝一夕就能完成的。最早懂得利用工具的人类祖先出现在约 200 万年前，现代人类出现在大约 16 万年前，这段时间人类和其他地球居民一样，只能适应大自然的变化，而不能反作用于大自然。环境变化有时使得我们的人口减少到不足 10 万人。大约 1 万年前，冰川消融，一切开始发生变化。对火的利用让人类能使用能源、大规模改变地质地貌景观、冶炼金属乃至使用其他更高级的工具。农业和畜牧业的出现更是让人类在生存能力上超越了其他地球居民。为了增加食物供应，人类尽其所能地改变水道、耕田施肥、消灭害虫，有选择性地蓄养动物。同时，部落的出现允许人一展所长，更增加了人类的种群优势。人类能根据需要改变大自然，人口数量大量增长，出现了古老的文明——两河文明、中华文明、埃及文明。

　　从 150 年前开始，人类发现了化石燃料中潜藏的能量，从而引发工业化，这大大地加速了人类对于地球表面的改造。现在，每个人使用的能源是他们通过食物所能获得的能源的 20 倍左右，一些发达国家的公民甚至达到 100 倍。这次能源革命，让人类可以使用到亿万年地球进化过程中形成的各类资源——地球宝库。其中一些资源，如大多数金属，在理论上是无限的，很容易回收利用；其他的，如化石燃料，数量有限且不可再生。我们现在还生活在化石燃料时代，5 亿年的资源能允许人类使用仅仅几个

世纪。除了化石燃料以外，提供食物的土地资源、生物中包含的基因库资源也同样不可再生，目前这些资源都在迅速枯竭。

能源、资源的利用促使人口大量增长，特别是工业时代到来后，能源的广泛利用更加速了这一趋势。如果今天地球上 97%的人类灭绝，只会使我们减少到 500 年前科学革命开始时地球上的人口数量。

19.1　引　言

自白垩纪至第三纪期间恐龙灭绝以来，哺乳动物迅速进化，成为陆地生态系统的主宰。很快，一种特殊的哺乳动物智人，改变了整个地球的历史。智慧生命的出现及其创造的全球文明改变着地球的方方面面，也改变着地球在宇宙间的地位。地球上丰富的能源(化石燃料、风、太阳、原子能)为人类与其他生物的竞争提供了巨大优势。语言允许人与人、代与代间进行精确的交流，促进了人类的发展。工业化时代，人类改变地球表面以适应生存，设计生物进化以获得更好的食物。全球尺度下，无处不在的数据系统在传感器(比如温度、天气、农作物生长情况、大气成分、人口数量以及生物多样性)的监测下建立，这些数据信息让各地的人类建立起紧密的联系，从而采取一致的行动。专业化使团队的技能和能力得到提高，大大超过任何个人的能力和技能。我们可以想象，地球在未来将有能力与太阳系以外的星球通信，并成为宇宙社区的一部分。一个一千年前造访过地球的参观者一定会为今天地球所发生的变革而惊叹。这些变革是怎么被记录下来的，又是什么因素促使它们改变了地球的历史呢？

19.2　迈入人类时代

迄今为止发现的最古老的人类头骨可以追溯至大约 16 万年前的倒数第二次冰期(参考本章卷首语)。那时的人类被叫作"智人"，拥有更原始的、比现在要大得多的脑体。那个时期的人类数量极少，大多分布在东非地区。基因研究表明，大约 7 万年前人类的数量在 1 万左右。5 万年前，冰川时代海平面下降时，有一小部分人类跨越了连接亚洲和澳大利亚的大陆桥。1.5 万年前，人类又穿过白令海峡到达北美。最后一次冰期的某个时段，人类最主要的竞争者尼安德特人灭绝。

直到最后一次冰期的末期(大约 1.1 万年前)，人类的数量超过了其他哺乳动物，成为竞争中的胜利者。那时人口数不超过 100 万。紧接着间冰期到来，温度迅速回升，大量的陆地出现。人类从早期的打猎和采集果实，发展出农业和畜牧业。同时，人类不再四处流浪，逐渐定居并发展出城市乃至古老的两河文明、埃及文明和中华文明。由于原始社会耕地与河流资源在地理上往往被分隔开，灌溉技术对于文明的发展变得至关重要。商业带来了远方的资源与技术，文字和货币随商业发展而繁荣。对火的利用，让人类能够在高温环境中作业，进行特殊的生产活动(如冶炼金属、制陶制瓷)，带来更为复杂的社会分化。在一些领域，如文学、音乐、戏剧、绘画，甚至是战争中，专业化和协作与分工程度都逐渐增加。人类开始分工合作，因此整个社会比任何个人都有更大的力量和能力。

宜人的气候、农业的出现、城市化都带来大量的人口增长，罗马帝国时期人口达到了 2 亿的峰值。帝国瓦解后人口有明显的下降，紧接着中世纪温暖的气候又一次带来人口数量的增长。随后饥荒和瘟疫导致全球人口急剧减少约 25%。直到 1500 年，人口数量仍未超过罗马帝国时期的峰值。但从那时开始，人口一直持续增长。到 1820 年，人口增长到大约 10 亿，在大约 200 年中增长了 2 倍。到 1960 年，又增加了 20 亿人，在过去的50 年里，随着人口再次翻番，又增加了 30 亿人。2012 年，全球人口达到70 亿，并估计至 2050 年时会达到 100 亿(没有大灾难的话)。

图 19-1 显示了自上一次冰河时代结束以来，过去 1.2 万年的人口增长。纵轴是对数值，直线代表稳定的增长率，或者说恒定的人口翻倍时间。在公元前 7 万年到公元前 1 万年期间，人口平均每年增长 0.007%，或者说是每 1 万年翻一倍。农业出现之后，人口平均每年增长率达到 0.03%并持续了几千年，在罗马帝国时期达到 0.1%，意味在 700 年的时间里翻了一番。接着有 1500 年人口没有增长，直到公元 1600 年，人口平均每年增长率一跃达到 0.5%。工业时代的人口每年增长率上升到 1%。这种变化看起来很微小，其实人口翻倍时间缩短到了 70 年。这些统计数据表明，不仅仅人口数量在增加，进入现代社会以来，人口增长率也在上升。如果在接下来的一个世纪中全球人口到达估计的 100 亿~120 亿的话，仅以人口计算，人类每年对地球的影响将是公元 1600 年以前任何一年的 40 倍，是1950 年的 4 倍，是 1.2 万年前现代社会开始的 7000 倍。如果考虑到对能源利用的增长，这个影响会更大。

人类引起地球变化的根本原因是人口增长及其对地球系统各方面的需求。虽然地球上到处都是人，但人口的增长对个人来说并不明显。假设一场灾难袭击地球，人口减少 97%，地球上仍然有与公元 1500 年时相同的人口数量。尽管人口增长率最近有所放缓，地球上仍在每三年增加相当于公元 1500 年的人口数量。

如果人类仍然保持原始阶段捕猎为生的生存方式，这样巨大的人口增长是不可能出现的。想象一下，如果一个主要城市的食物供应被停止一个月，数百万之多的居民都靠外出捕猎和觅食才能生存，那么饥荒和暴乱的

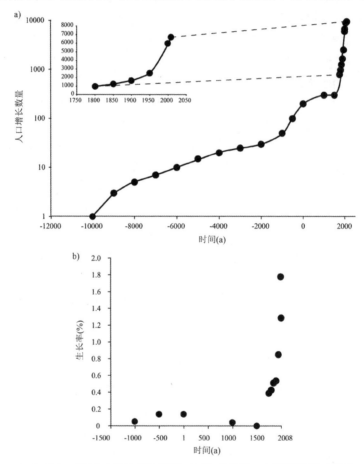

图 19-1　(a)全球人口数随时间的变化情况。要注意的是，主图纵轴是对数值，节点代表人口翻倍。附图则表达了 1800 年到 2010 年期间人口的变化情况，可以看出呈指数型增长；(b)近 3500 年的人口增长率变化情况，不仅人口总数一直在增加，人口增长率也一直随时间变化(数据来源：U.S. Census Bureau)

发生将不可避免。

现在上述情况没有出现，要归功于人类协同合作地开发利用地球资源宝库，特别是利用除消化食物所产生能量之外的能量。这些能量使人类能进一步利用其他资源——最重要的是食物，还有金属、地下水、鱼类等。如果像其他动物一样仅凭肌肉的力量，文明将会崩溃。可以说，人类文明的发展壮大是近代能源革命的结果。

19.3 人类能源革命

能源为人类带来了近千年的文明。人类将流水转换为电能，利用风力推动轮船穿过海洋，在锅炉中燃烧木材以冶炼金属。人类捕捉鲸鱼，提炼油脂用于照明，造成鲸的数量大量下降……化石燃料驱动下的蒸汽机给人类社会带来了最大的变化：为了获取更多的煤，人类开采煤矿、挖掘隧道、建筑公路。随后，汽车的出现，又驱动人类寻找、钻探更多的石油。

以碳为基础的化石燃料，给人类提供了足够的能源保证。如果算上所有使用的能源，人均每天消耗 2300 W 的能量，相当于 23 个 100 W 的灯 24 h 保持照明状态。美国公民人均每天消耗的能量则是平均量的 5 倍，甚至更多，每天达到 11400 W 的消耗量。人类每天通过食物摄取的能量仅仅只有 100 W，这个量对于人体而言，已经能够满足体内的各类生化反应和各项活动需求，甚至足以度过寒冷夜晚。与动物的新陈代谢相比，获得外部能量会使我们的平均能量增加 20~100 倍(图 19-2)。我们需要的时候，随时可以获得更多的能源，比如需要乘坐飞机、驾驶机车或者打开火炉等。能量让人类完成了许多"不可能"的事——比鸟飞得更高更快、快速到达高楼顶层、凿穿墙壁、开辟穿山隧道、阻止飞弹、远距离攻击、与远方即时通信……

从行星层面上讲，人类利用体外能源为人类服务是一次巨大的能源革命。有氧代谢(第 15 至 17 章讨论的)加速了对能量的利用(18 倍)，并发展出多细胞生命。体外能源则将对能量的利用增加了 20~100 倍，这还只是平均值，局部值将远远超过这一数值。看看我们的日常生活，对能量的获取和利用，史无前例地改变着地球系统。

人类利用体外能量，从地壳中冶炼金属、抽取地下水、建筑大坝、蓄养动物。人类在利用这些地球资源的同时，也付出了昂贵的环境和健康上的代价。矿藏开发重塑了地形，破坏了生态系统。煤的燃烧向大自然释放了大量的硫和汞。开垦土地减少了土壤肥力。化工产业向空气、水中排放了大量生物无法降解的物质。地下水资源日益枯竭。过度捕捞也使海洋中的鱼类资源减少。能源利用所产生的 CO_2、CH_4 等温室气体进入大气层，核污染也随之产生。现代文明的希望和恐怖都是由人类能源革命创造的，而人类能源革命的动力主要来自化石燃料的燃烧。

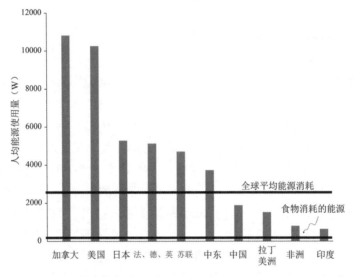

图19-2　各国人均能源使用情况。中间横条代表人均使用量(2300 W)，下部横条代表 100 W，这是人类从食物中获取的能量。动物被限制在通过食物获取的能量值范围内 (数据来源：International Energy Agency, Key World Energy Statistics, 2009)

　　能源革命最关键的部分是提高了土地的利用率和生产力，从而为人类提供了充足的食物保证。农业产业化是高度能源密集型的，其中肉类加工更是如此。一顿家庭晚餐提供两磅的肉需要饲养场消耗一加仑的油，运输、宰杀、打包过程则需要更多的能量。现代许多都市远离农产品生产地，没有化石燃料则无法将食物运输到指定地点。正是对能源的利用和低温存储等技术的发展，让食物可以从生产地运送到消费地，使得人类可在世界各处大量繁衍。

　　人类能源革命之所以成为可能，不是因为生物进化的创新，而是人类自身的进步，能够利用化石能源——将数亿年光合作用积累下的有机碳与百亿年地球演化过程中产生的氧，通过反向光合作用释放出来。如果我们用尽了所有有机碳，大气层中的所有氧气也将被耗尽，就像电池被放电完毕一样。幸运的是，大部分的有机碳在地层深处的页岩中，无法被提取出来。

化石燃料是人类最重要的能源，它让人类有使用更大尺度资源的能力，比如移山填海。也为人类打开了地球的资源宝库，让人类能够充分利用地球在百亿年的发展历史中积累下的各类资源。

19.4 地球资源宝库

地球所提供的丰富资源使得全球人口增长和文明的传播成为可能。随着时间的推移，河流、食物、森林、动物以及越来越多的金属、化石燃料、地下水、土壤、化肥都被用于人类的经济和人口增长。这些都来源于地球的资源宝库。

所有这些资源的积累都是地球数百亿年演化的结果。不同氧化态下离子溶解度的不同，促使氧化物表面产生化学反应，从而富集金属。比如，早期(3.5~1.8 Ga)氧气量的上升，促使 BIFs 分解，同时 Fe 从可溶态的二价离子转变为不可溶的三价铁沉积下来(见图 16-7)。这些沉积的石头成为现代铁矿的主要来源。同时，由于它们成本较低，现代建筑和工业将其作为主要的原料。铀矿石也受氧化状态控制。铀的还原态是不溶的，而氧化态是可溶的。古老的铀矿都是单晶铀矿碎岩(在第 15~16 章中有描述)，在大气层中氧气含量大量上升前就被降解为颗粒。在较年轻的时期，单晶铀矿石在富氧水中被运送，当氧含量下降时就沉降，形成显生宙时期的铀矿。

其他矿床形成需要特定的生物条件和地球内部的温度条件。重要的肥料来源磷大多沉积在显生宙时代的岩石中，主要产生于海洋中生物资源极为丰富的时期。现代文明中大量使用的铬和铂，主要形成于太古宙时期岩浆冷凝生成的玄武岩再次进入地壳的阶段。例如，世界上大部分的这两种金属储量都蕴藏在南非 35 亿年前的丛林草原上。

其他金属矿床是板块构造作用的结果。许多铜矿、钼矿、锡矿的沉积发生在浅层氧化的热液系统中，这些热液系统形成于靠近汇聚边缘的花岗岩体周围。它们大多出现在火山岩地区，源于火山爆发。火山爆发带来的物质循环十分迅速，又需要特定的氧化条件，因此古老的矿藏点要么还未形成，要么已经被侵蚀掉了，尚存的矿床大多与现代板块边缘有关(图 19-3)。

在海洋扩张中心形成的热液矿床同样在人类文明的发展中起到了重要

作用。大洋地壳及其深海热液喷口处形成的矿床有时会产生断层，并逐渐增长为大陆，形成的岩体叫蛇绿岩套。这些矿床十分明显且规模大，在早期文明中比较容易被发现和利用。塞浦路斯有一个巨大的蛇绿岩套，富含矿石。地中海中有一个类似的蛇绿岩套，并在早期为人类提供了大量的金属矿石。

化石燃料从掩埋的植物有机体中转化而来，所以所有的化石燃料都形成于古生代之后。百亿年的光合作用为多细胞植物的进化提供了足够的氧含量。要开发一个商业的化石燃料矿藏，需要有机碳富集到一定程度。随后，变质作用将植物中的碳转变为煤，或者产生更多不稳定成分，比如石油或天然气。煤的富集主要在石炭纪，该时期因发生煤的大量富集而命名。而石油是在更近的中生代和新生代时期产生的。

图19-3　北美、南美地区主要铜矿床分布图。需要注意这些分布点都处于现代大陆边缘，和俯冲型火山作用有关。当加拿大西部板块活动时，该区域铜矿的形成时间早于法拉隆脊(图11-7)[引自Singer, Berger, and Moring (2002); http://purl.access.gpo.gov/GPO/LPS22448. Courtesy of U.S. Geological Survey]

要特别说明的是，化石燃料的形成是非常缓慢的。地球经历了数亿年的时间积累化石燃料资源。图 19-4 的横轴代表了不同化石燃料每年的积累率。全球石油每年增加几百立方米，比现在一个天然气站的年产量还要少。煤每年增加 2 万吨，而现在每年的煤使用量是这个数值的 30 万倍，并且，使用量还在以惊人的速度增长。

其他的资源在迅速地更新，因此从地质角度上看它们是年轻的。一些资源(干净的水资源和土壤资源)依赖于地球表面长期稳定的气候，即便这些资源如岩石、有机物的降解、水循环可以在短期内再生，仍需要花费时间，而且这些时间受到冰川周期较长时间尺度的影响。冰川刻蚀盆地，这些大盆地变成了湖泊，里面充满了从冰川消退而来的大量融水，比如北美的五大湖。多雨的气候为蓄水层提供了丰富的水资源。

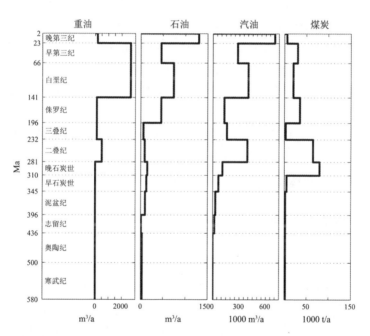

图 19-4 地质年代中化石燃料的积累情况。注意，大量的煤产于石炭纪，稍后石油开始大量积累[修改自 Pimentel and Patzek, Rev. Environ. Contam. Toxicol. 189 (2007):25–41]

对地球历史的了解告诉我们，在这数十亿年的时间里，一系列高度多样化的进程创造了人类文明赖以生存的资源。一些资源，比如雨水和河水，在天气变化中快速地参与循环。其他的比如湖水和地下水，需要更长的时间(和冰川循环有关)参与循环。还有更多的资源，需要在特定条件下形成，只能产生于特定的地质年代。这些不同的过程中积累下的物质，形成了地球的资源宝库。在人类出现之前，没有任何一种物种能够利用这些资源，是人类发现了这个巨大的丰饶的资源宝库。没有对地质时间和地球历史的了解，没有对一颗大小有限的行星或地质时间的认识，古人就不可能有行星资源数量有限、反映了一个漫长的行星演化和储存过程的概念。今天，人类生活在自我主导的地球上，了解这些不同种类的资源是必要的。

19.5 资源的分类

地球上的资源种类丰富、特点各异，根据其存储量、是否能被人类耗尽、通过地质过程补充更新的时间尺度，可分为三类：

(1) 数量巨大、更新时间短，比如空气和表层水；

(2) 数量相对较大，有开采成本，且可以循环的资源，如大多数金属；

(3) 数量有限，不能在人类生存期间被更新的资源。一旦用尽，会在几千年到几千万年间缺失。几千年指土壤与地下水。100 万年的煤成期，或者 1500 万年的成油期，只够为我们提供目前使用三年的燃料。生物多样性的资源，从补充更新时间上讲，是地球资源中最珍贵的了。一旦大量物种灭绝，重新修复需要数千万年的时间。

19.5.1 短循环周期的资源：空气与水

空气和水的数量巨大，也是所有生物生存所必需的，并且可以快速更新。大气层中氧气的更新周期是 5000 年。和存储量相比，人类的氧气产生量和消耗量中的差异可以忽略不计，因此人类不必担心氧气耗尽的问题。当然，能源革命以来化石燃料的燃烧消耗了大气层中不少的氧气，但是增加的二氧化碳和减少的氧气量相同，即 250~770 ppm，这和氧气的总量 $21×10^4$ ppm 相比非常微小。在更小的地方尺度上，几年的气候变化足以清理城市环境中的污染。空气污染是比较容易处理的，一旦政策倾斜，人类管理会立马奏效，空气将自动更新。

水资源的情况会略微复杂一些。不考虑冰川短期内的变化，从海洋中水的蒸发到降水回归海洋仅需要几周的时间，循环周期比较短。在陆地，大部分水被蒸发(或者被植物吸收)，少部分渗漏成为地下水。河流中水的保持时间不超过一年。

尽管水循环极其短暂，但对人类文明来说，它是一种至关重要且有限的资源。随着人口数量的猛增和现代人生活质量的提高，对水的需求越来越大。在大多数地区，水资源被限制使用。农业灌溉、工业生产、家庭用水这些活动降低了水质，使其不可再用于其他活动。灌溉土地中的蒸发作用使土壤中的盐分增加；工业用水中排放了大量化学用剂的废弃物；下水道带走生活废水。虽然越来越多的工业和生活废水在排放前有净化处理，但它们的水质通常达不到饮用水标准，这种处理过的水一般不重复使用。

虽然大自然中水的含量是巨大的，但世界上很多地方依旧处于缺水状态。水的使用者中，最多的是农民。世界上的粮食作物中，40%生长在灌溉土壤中。植物通过光合作用固定每摩尔分子的 CO_2 需要蒸发上百摩尔分子的水。一公顷高科技农田每年产生 100 蒲式耳(一蒲式耳相当于八加仑)的谷物，需要消耗 30 万加仑的水。这意味着仅靠雨水是远远不够的，必须依赖灌溉。自 20 世纪 60 年代以来，耕地只增加了 16%，而且几乎所有的土地都是人工灌溉的。

干旱、半干旱地区的城市发展同样需要大量的水。向缺水地区输送水资源已经是人类社会中不可缺少的一部分了。一些国家的很多城市都处于干旱或半干旱地区，水资源无法满足本地人口需求。以洛杉矶为例，20世纪早期通过取用欧文斯谷的水资源来发展城市，过多的需求导致欧文斯河干涸，北部肥沃的农田变成了荒漠。随后的发展导致引水到洛杉矶更北的区域，包括从摩诺湖流域引水，导致摩诺湖随之干涸。这片干涸的水体原来是百万迁徙鸟儿的补给站，每年它们吃掉咸水中大量的盐水虾(brine shrimp)。自从 1941 年沟渠开始运水以来，湖泊对山地径流的供应基本上被切断，湖水开始蒸发。同时盐度加大，盐水虾大量死亡，水质下降。水底露出通往湖心岛的陆桥，大量海鸟被捕食者吃掉。洛杉矶还从科罗拉多河和萨克拉门托圣华金三角洲分流了大量的水，那里的排水已经威胁到了原本水域的鱼群。仅有 11%的供水来源于当地地下水，其余都调取外地的水源，其中近 2/3 的水是生活用水。

大量取用地表水在整个国家层面来说也是一柄双刃剑。当法老统治埃及时，生命主要依赖尼罗河水。埃塞俄比亚高原的季风带来的丰富降水灌溉了农田，这为近百万居民提供了食物。水中的溶质提供了作物生长需要的营养，携带的矿物质沉淀成为建筑材料。随着人口增长，更多的土地需要被浇灌。因此，人们大量建造运河将河水送往田地，同时也将含盐污水输送入地中海。为了能在旱季也收获庄稼，人们还建造了水库来存储丰富的季风径流。

最终，巨大的阿斯旺水坝被建成，它的存水量可以满足多年的农业用水需求。它还使流向尼罗河下游的水量得到控制，提供了整年的灌溉水源。它高效利用了几乎所有的水，没有一滴水是未经利用就流往地中海的。此外，大坝生产的电能可以满足埃及的大部分需求。一切看起来都非常美好。

当阿斯旺水坝开始建造之时，埃及的人口是 0.27 亿，到 2010 年，达到了 0.80 亿。尽管埃及的耕地是全世界最丰产的，也只能满足全国粮食需求的一半，其余的只能从国外购买(由埃及石油的出口值支付)。同时，过去伴随着尼罗河水而来的营养物质，现在都被大坝后方纳塞尔湖中的水藻所消耗。为了持续高产出，人们开始使用化肥(能量从燃烧汽油中获取)。此外，目前对电力的需求是阿斯旺水电站产量的 2 倍，其余仍需通过燃烧汽油来获得。

埃及再也不能仅仅依赖尼罗河来维持其存在。近年来，埃及经济的发展都来源于其存储的石油资源，当然这是有限的。正如蓄水的大坝一样，再过几百年，纳塞尔河将会充满淤泥，逐渐降低它的蓄水能力，最终侵蚀用来发电的涡轮机。由于淤泥量太大，疏浚河道的成本会很高。在这个例子中，我们看到水源利用、食物供给、石油、肥料、人口是如何关联的。虽然水和石油正在成为稀缺资源，但造成这些问题的主要原因是人口增长。

地下水是另一个问题。地下水也是可持续资源，但是深层地下水需要几千年的时间才能补给。北部地区的大部分深层地下水是在最后一次冰川时代由中纬度地区潮湿的气候生成的，由于雨水补给非常缓慢，需要很长的时间更新。虽然从地质角度而言几千年是短暂的，但对现代社会的缺水问题而言则太久了。一些地方从蓄水层抽取地下水灌溉田地，农民通过向更深的地方打水来满足需求。当抽取量大于补充量时，水位线下降，人们需要打更深的井，直到地下水被抽空或者盐度太高。对于海岸线附近的地区而言，下降的地下水位还会引起海水倒灌，导致地下水污染。对于一些补给充足的地区来说，仅当地下水补给的速率与取用的速率等同时，它才是无限量的。在另一些地方，地下水是在几千年前气候湿润的时候生成的，现在补给的速率已经不足以为农业提供水源了。

用于灌溉农田和生产粮食的地下水被日益消耗，这成了全球性的问题。美国最大的蓄水层奥加拉拉，跨越美国南达科他州、内布拉斯加州、怀俄明州、科罗拉多州、堪萨斯州、俄克拉荷马州、新墨西哥州以及德克萨斯州，如图 19-5 所示。该区域抽取地下水用于浇灌农田，使其成为玉米、小麦、大豆的丰产区。一开始，人们以为地下水是"取之不尽"的，抽取量远远超过补给量，导致了地下水位的逐年下降。地下水的耗竭同样困扰着印度和中国。最近，地球重力场监测表明大区域尺度下的地下水枯竭现象正在发生。图 19-6 表明了北印度区域——全球最大的灌溉农田和人口区域的水位下降情况。地下水以年均 50 km^3 的速度减少，相当于水位线每年下降几厘米。

图 19-5　阴影区为奥加拉拉含水层，该地区位于美国西部半干旱区域的地下。蓄水层抽取的地下水滋润了该地的农业发展。大部分的蓄水层抽取速度超过了补给速度(数据来源：U.S. Geological Survey)

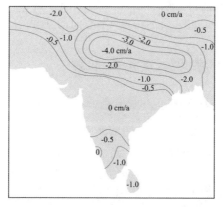

图 19-6　卫星重力监测下北印度与孟加拉国区域地下水的减少情况。北印度区域有 6 亿人口，同时严重依赖灌溉农业。每年该区域地下水减少 55 km^3，是世界上最严重的地下水消耗区

　　一个地下水补充不足的直观例子是沙特阿拉伯。沙特位于干旱地区，国内没有常年河或湖泊。在冰川时代，这里的气温较为湿润，底层深处存储了大量的水。这些地下水不能从现在的降雨中获取补给。为了农业自给，沙特从 20 世纪 70 年代开始利用地下水发展农业。耕地增加了 20 倍，对地下水的灌溉需求也相应增加了 20 倍。到 20 世纪 90 年代，水的用量和粮食产量达到了峰值，在那之后地下水量开始下降(见图 19-7)。2008 年，沙特宣布终止小麦种植，通过进口满足小麦需求以保障水资源。

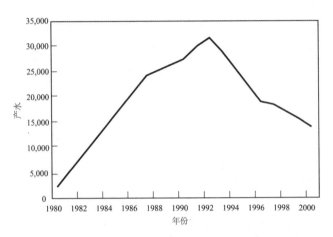

图 19-7　沙特阿拉伯从蓄水层抽取地下水的量随时间的变化。沙特没有常年的地表河。20 世纪 70 年代开始的农业增长导致了地下水位的永久性下降。由于缺水，2008 年沙特宣布终止小麦种植。要注意本图与石油消耗曲线(图 19-10)的相似度[数据来自 Abderrahman. Water demand management in Saudi Arabia, in Water Management in Islam, IDRC (2001); http://www.idrc.ca/cp/ev-93954-201-1-DO_TOPIC]

19.5.2　具有可循环潜力的大量资源：金属

　　大多数金属在某种程度上存在于每一块岩石中，所以从理论上说，金属是"无限量"的。比如，火成岩的基本成分为 5%~10%的 FeO 和含量为百万分之几十到几千的锰、铜、镍、锌等元素。矿床根据开采的经济成本进行分级。随着价格的上涨，低级别的矿床在更大的投入支持下被开采。当价格高到一定程度时，循环利用金属反而更经济，这意味着这些金属不会因为被使用而消耗掉。从市场角度来看，开采矿床和循环利用二者是互相竞争的，存在消耗量上升而采矿量并不随之增加的情况。比如，美国每年使用的铜 50%来源于循环利用，88%的钢在使用后会回收，这些因素使得铜的产量在过去的一个世纪稳步上升(图 19-8)。虽然开采矿床会带来收益，但是遵照环境条例而花费的大量环保费用会使成本高出不少。不限量的供应、循环回收的能力、环境影响，三者间形成一个相互制约的经济模型，使金属的利用能够自动调节。

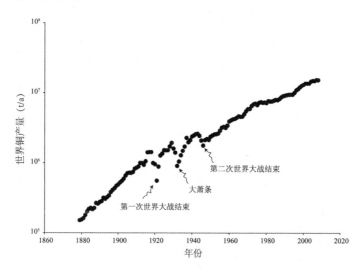

图 19-8　世界铜产量的稳步增长，其间因为第一次世界大战、1930 年经济大萧条、第二次世界大战而出现三个下降点。需要注意的是，对数值下的增长曲线反映出铜的增长已经能够指数增长超过 100 年(数据来源：U.S. Geological Survey)

磷的问题更为严重，因为它是肥料中不可替代的成分，被大量使用以使作物丰产(2008 年使用超过 15 亿吨磷)。由于肥料必须低成本，所以只有非常丰富的磷矿才能得到经济开采。这些高等矿床是在地球历史的某些特殊时期形成的，在寒武纪–前寒武纪附近有一次小高峰，在中生代达到最大值(见图 19-9)。人口增长和土壤退化让肥料的使用变得越来越频繁；据估计，接下来的 65 年时间里，全球一半的磷矿将消耗殆尽。尽管一些时候磷可以通过循环回收利用，但这比回收金属难度高多了，因为磷可溶于水，汇入河流、湖泊、海洋中后会被稀释，提取成本太高。金属在开采和使用过程中是固体，而磷则在开采和使用中被稀释，随水流走。

磷对环境有害。由于磷的营养丰富，进入水体的磷会造成藻类过量繁殖，随着藻类消耗尽水中的溶解氧，鱼类将大量死亡。这就是水体的富营养化，常发生于湖泊和海洋的近岸地区，比如密西西比河汇入墨西哥湾的区域。家禽粪便中也含有大量的磷，这些磷逐渐引起切萨皮克湾的水体富营养化。根据经验，大部分肥料中的磷会流失并对环境造成破坏。然而，目前已有从废水中回收磷的方法，因此回收利用磷的方法的潜力是存在的。

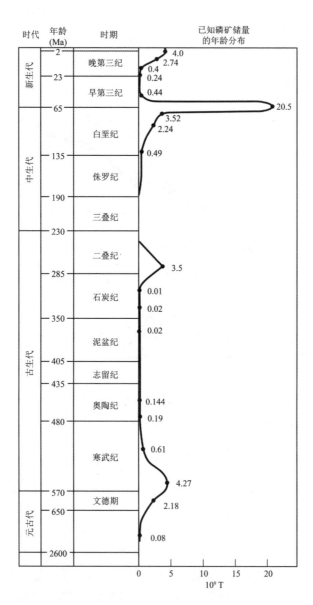

图19-9 磷矿床随地质时间的累积。要注意的是大多数积累量能够积累的离散时间间隔（修改自Yanshin and Zharkov, Intl. Geol. Rev. (1986)）

19.6 有限的不可再生资源

和前面两种资源相比，还有总量有限且不可再生的资源(不可再生是在人类时间尺度层面)。确实存在不可再生的资源，其中最常见的是化石燃料，土壤与生物多样性也属于这一类。

19.6.1 化石燃料

金属是简单的单质，且遍布地球，但化石燃料是复杂的大分子有机物，仅分布在地球表面。有机大分子的价值不仅仅在于组成元素，更在于化学键中蕴藏的能量。一旦这些能量被释放，它们就永久性地消失了，要千万年的光合作用固定有机碳才会再次产生。由于地球历史中产生的有机物数量一定，化石燃料是有限的，这一点与金属资源有很大不同。化石燃料用掉一些，就消失一些，不可循环利用。

化石燃料的用途和金属也有很大不同。开采金属的私人矿山会随着金属价格的提高而增多，因为利润空间在增加。化石燃料则正好相反，只会在一处油气田枯竭后才去开发新的，这是因为油气相比固体的金属资源运输成本更高。哈伯特(Hubbert)发现，每个油气田的生命周期是有限的，且曲线间存在相似性。刚开辟的一块新油气田，其产量会逐渐上升。接着到达顶峰，再进入下降期。这个曲线被各种类型的油气田所证实，比如小型私人油田、北美石油产量、北海油田等，如图 19-10 所示。新发现的油田也在减产，所以资本投入就会减少。这些因素都导致"石油高峰"，全球石油产量也不例外地呈现出与北海油田以及全美石油产量相同的趋势。鉴于在石油勘探上花费的巨大资源和发现速率的下降，石油产量很可能在21 世纪初的某个时候进入稳定的衰减期。

煤资源似乎不必担心短期内的衰竭，它的存量足够人类使用几百年。同样的，一些低级别的、不易开采的资源也有足够的存量，比如油页岩、石油砂、大陆架中丰富的气体包络物等。尽管上百年时间对采集周期来说是相当长的时间了，但对于人类文明来说仍然短暂。图 19-11 展示了两个行星时间尺度下化石燃料的使用情况，一个与化石燃料逐渐积累的显生宙时代有关，另一个与人类文明的 1 万年时间尺度有关。人类处于化石燃料时代，在这个与地球历史相比极为短暂的时期，仅仅人类一个物种就消耗掉 5 亿年地球演化积累下的资源，使用速度是积累速度的 100 万倍。人类的祖先一定会奇怪人类是如何浪费掉这么多地球宝库中的有机大分子的，它们本可以作为新型材料、人工关节、润滑剂等派上大用场，而不是被简单地燃烧浪费掉。人类是怎么想的？

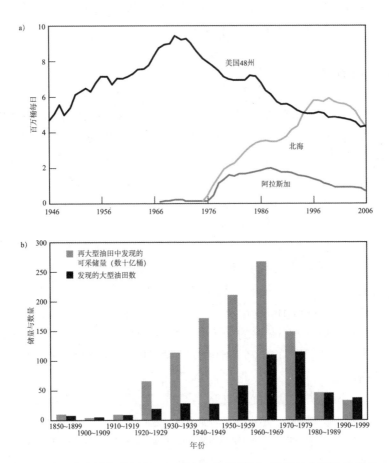

图19-10   (a)油田生命周期特征线。初期在全力开采下，油田的产量迅速增长。接下来，到达峰值后开始稳定下降。这个发现既适用于小型私人油田，如北阿拉斯加北坡油田，也适用于大型油田如北海油田，还能描述美国全国的油田开采。这是"石油高峰"概念的由来(据U.S. Energy Information Agency)。(b)新的大型油田的发现速率柱状图，这些油田是今天石油的主要来源。每个油田最终都会面临产量下降的情况，像图(a)所展现的那样。实际上，全球石油产量在2007—2010年间处于平稳趋势，其中一个原因是2008年油价达到了巅峰(据American Association of Petroleum Geologists, Uppsala Hydrocarbon Depletion Study Group)

a) 地球历史上化石燃料的形成

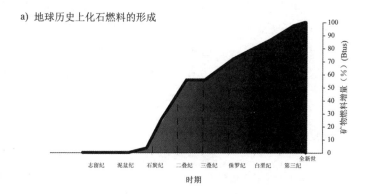

b) 人类历史上化石燃料的消耗

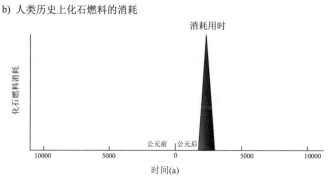

图 19-11　化石燃料的形成时间尺度(a)与消耗时间尺度(b)。5 亿年的积累量在化石燃料时代的几个世纪内被消耗完毕

19.6.2　土　壤

土壤也是人类时间尺度上的不可再生资源。土壤来源于岩石长时间的风化作用，生物参与的风化作用让土壤的生态系统变得复杂。一旦土地表面的土壤剥落，生物将无法生存。地球产生土壤的过程是自发的，人类利用了这一宝贵的资源耕作和生产粮食。自然条件下，土壤下的生化反应能够保持肥力不被侵蚀，并且深层的土壤不会被翻至表面。在耕种过程中，表层土被移走，下面的土壤暴露在空气中，接触到风和雨，深层土壤被翻至表面，凝结度下降，同时也暴露于表面。美国每年的土壤流失是土壤补充速率的 10 倍，每年每亩流失约 10 吨。自从 19 世纪开始，中西部表层土壤的一半已经流失。据估计，全球范围内表层土壤的流失率在年均 1%左右。土壤流失需要增加肥料以维持生产量，但是肥料中的氨是化石燃料

产品，磷是有限的资源。在一些地区，开垦新耕地、废弃荒地的成本比使用肥料低。人口的压力、有限的居住环境、现代社会的食物需求都导致全球土壤的恶化加剧。这个问题普遍分布于发达国家和发展中国家。如美国、欧洲、中国的农业核心区，都经历着土壤流失的问题，大大影响了其农业潜力。

19.6.3 生物多样性

最后一个无法再生的资源是生物多样性。人类的食物来源于地球的基因总库。现代的许多医药和工业加工都依赖有机体(从细菌到哺乳动物)中的基因。生态系统的稳定性依赖生命的多样性，而地球的可居性最终取决于生态系统的生存能力。地球对变化和灾难的反应也取决于生物的进化潜能，而生物潜能来源于基因库的多样性。过去的灾难告诉我们，恢复被破坏的生物多样性需要数千万年的时间，一些古老的物种可能永远消失而无法恢复。因此，对生物多样性的破坏(将在下一章中展开讨论)就是对数十亿年积累下的生物进化潜能的破坏。

19.7 小 结

人类在极短的时间内出现并成为地球上的主导物种。这种优势体现在人口的大规模增长上，从大约 7 万年前的 1 万人口增长到现今的将近 100 亿人口，增长了 100 万倍。人类主宰了几乎整个生态圈，在食物网的最顶端，对所有可栖息的陆地拥有主权。

这种主导的可能性来源于人类的能源革命。通过能源革命，人类可以利用体外能源，而这是其他物种远不能及的。这个革命能够成功，也来源于地球本身就是一个资源丰富的宝库，有着数十亿年演化过程积累下的能量。对这些能量(水、金属、土壤、丰富多样的生态圈)的利用释放了人类的发展潜力。从杀死其他大型食肉动物获得食物和领地开始，人类继续破坏和改造着地球表面，造成大量物种的灭绝。所有资源都被视为是等价的，是由地球免费提供的，不需要付出任何代价。

然而，还存在不同的资源，有一些从潜力上是无限的，可以通过循环更新补充，而另一些，比如磷，是有限的，也很难参与循环。环境影响通常远离其源头，导致河流下游、湖、近海地区富营养化。化石燃料、土壤、生物多样性也是有限的、不可再生的，一旦被破坏或丧失，就人类的时间尺度而言，它们将永远消失。化石燃料和生物多样性对环境的影响是全球性的，一个国家的行为可以影响地球的另一半。化石燃料和生物多样性对环境的影响是全球性的，因此一个国家的行为会影响另一个国家在全球的生存。

　　现代商业界尚未普遍认识到不同资源间的差别。人类对于资源的态度，仅仅着眼于极短的时间和眼前的利益，不是资源的总量，也不是循环利用的潜力，更不考虑环境影响，这直接导致资源过量消耗和不可逆的损失。再过几个世纪，人类文明将用尽地球历经数十亿年累积下的宝贵资源，面临重新寻找家园的困境。过去的两个世纪，人类致力于开发更多的土地以供居住，追求征服干旱或高寒之地，以满足城市人口的巨大增长，同时也使得地球上其他物种可居住和共享的区域大量减少。人类需要问问自己，这样的所作所为是否最终也为后代留下了一个不宜居的地球？

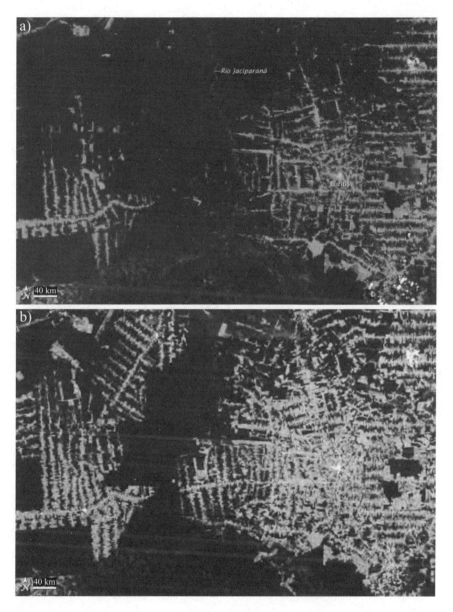

图20-0 2000—2009年间巴西雨林破坏程度的图片。请注意左下角的比例尺为40 km/cm。所示面积相当于美国怀俄明州或波兰国的面积(NASA Earth Observatory (earthobservatory.nasa.gov/Features/WorldofChange/deforestation.php))

人类掌舵　行星环境下的人类文明

　　人类文明的崛起在地球历史上是一个革命性的事件。这是首次由单一物种支配整个地表世界，并位于所有陆地和海洋食物链的顶端，并为了自己的目的占据了生物圈的大部分。我们通过改变大气和海洋的成分、改变水循环、消除土壤和建设前所未有的大规模社区来影响自然环境。对于外部观察者来说，地球作为一个整体的能力也发生了功能性的变化。人类可以从太空、陆地和海洋获取行星尺度的认知；我们能够意识到行星系统的趋势；如果其他行星文明存在的话，我们也可以与它们交流沟通。我们通过利用能源资源、全球通讯、技术发展以及通过改变 DNA 以达到直接影响进化的能力，极大地加快了改变地球的速度和能力。这样的改变在地球的整个发展历史上也是绝无仅有的，它理所应当有这个资格来命名新的地质时代，即按照保罗·克鲁岑(Paul Crutzen)所提议的"人类世"。然而，地球所发生的巨大的变化，更类似于过去在地质时代上所发生的重大事件，例如生命的起源、氧气的产生、多细胞生命的起源，或是发生在二叠–三叠纪交界的生物大灭绝。我们已经进入了一个潜在的"人类世"时代，这个时代中行星的意识、进化的方向以及星球的命运都由其中一个单一的物种来控制。过去的时代持续了数百万年，"人类世"也会如此长寿吗？我们将开启一个充满智慧和道德的新时代，抑或是地球演化史上一次失败的尝试？

　　一个现实的挑战是如何管理行星的资源，以防我们耗尽必要的物质和食物。更重要的是，人类活动现在是如此浩大，以至于它们影响着行星系统。能源的使用使大气中 CO_2 和 CH_4 的温室气体分别增加了 40% 和 100%，大大超过了自然变化，导致了大气变暖、北极冰盖的融化以及海平面必然性的上升。人类产生的 CO_2 一部分被海洋吸收，使得海洋的酸性增加。

温室效应对生物圈的影响更加明显。海洋的酸化造成了珊瑚礁的减少和整个海洋生态系统的衰退。25%的陆生植物和动物与人类的粮食生产联系在一起。这对除我们以外的物种的栖息地也造成了巨大的破坏。作为现存最大的生物多样性储存地，热带雨林正以每年 40000 km^2 的速度被砍伐，这一面积甚至大于马萨诸塞州(见图 20-0)。依赖相邻陆地而存在的各种各样的物种，随着森林面积的减小不可避免地灭绝了。迄今为止，人类是生物多样性丧失的主要原因。气候变化将导致更大的损失。生物多样性的丧失将导致地球的进化潜力及其对行星变化的反应能力下降。

到目前为止，我们还没有表现出愿意为我们对地球的影响承担责任或对行星变化作出反应的意愿。在美国目前的经济模式中，能源使用和人口增长都对环境造成了负面的影响，并且很少有人愿意对此进行限制。地球是免费的，环境成本很少被有意义地包含在经济模型中，而包含环境成本将需要社会的重整，而这将不可避免地遭到抵制。解决方案在很大程度上是个人和政治选择的问题，因为有效的措施是可能的，只需要人类付出花费在为摧毁对方而制造的武器上的一小部分代价。而对化石燃料的依赖在未来几十年内都是不可避免的，从大气(碳捕获和封存)去除 CO_2 是一种新兴的能力，可以在全球范围内应用。如果是这样，它可以为太阳能、风能和核电的发展争取足够的时间来满足我们的能源需求。从目前的观点来看，核聚变发电很可能最终成为一种经济手段，提供一种取之不尽、用之不竭的能源。然而，仅此一点无法避免地球危机。为了避免地球环境的进一步恶化，对地球进行重估是必要的。人类是几十亿年行星演化的结果，并且在地球提供的丰富资源中蓬勃发展。我们是否有资格或只是感恩？只有当人们的观念革命性地从"行星用户"转变到"行星保卫者"时，人类才能高效地对行星进行管理。

20.1 引 言

前一章节介绍了地球犹如宝盒般源源不断又急需管理的资源。事实上，地球是一个动态的系统，它的健康由大气圈、水圈、生物圈以及岩石圈等数以万计的生物地球化学循环决定。如果对这些资源的使用并不会影响这个系统，那么我们所面对的将仅仅是对资源的智能管理问题。但是，如果我们是作为从全球尺度上影响这些生态循环的外力之一，那么还需考虑到这个系统的整体健康，以及人类活动时是怎样影响这个系统的。下面归纳的证据显示了我们人类，不同于地球历史上的其他任何一个单一物种，已经迅速地成了影响地表的主要因素。我们改变了气候，改变了海洋化学成分，控制了大部分的生物圈，并且使得其他物种以大灭绝的速度濒临消亡。

由于我们自身的影响，我们生活在了一个星球变化快速而深远的时代。人类活动已经改变了气候和海洋，并且最后很有可能以人类和其他物种的全球大灾难告终。与此同时，如果人类能够自省，并将自己看作是行星系统中完整、负责的一部分，那么人类文明也提供了一种可能：对行星有正面影响的可能性。作为人类，我们面临着将对我们的行星产生永久影响的选择。选择行星大灭亡还是行星大繁荣？我们无法避免这些选择，因为我们对行星的影响是如此激烈和全球性的。不管结果如何，我们现在犹如掌握着地球这艘大船的船舵——地球的命运掌握在我们自己的手中。

20.2 人类对地球的冲击

人类活动影响地球表面的所有储库：大气、海洋、土壤和生物圈。

20.2.1 气 候

我们在第 13 章了解到，地球的温室效应将地球的气候精确地稳定在了一个狭窄的范围内，尽管这个温度在地球历史过程中缓缓增加。这个范围包含了相对温暖的时期以及极地没有冰川的时期(上一次极地没有冰川的时期距现在已有超过 30 个百万年)，还有米兰科维奇周期引起的冰河期和间冰期之间的振荡，以及更持久的冰期。尽管这个状态的尺度很大，但是变化还是渐渐影响着所有生物的日常生活。从没有冰期的温室状态，经过周期性的冰河时代的变化，到冰室状态，需要几百万年。即使是从冰期到间冰期所谓的"快"变化，也是一个 1 万年的过程，需要 50~100 个世纪，即使长寿如人类的物种，也要传承至少 200 代。生命被迫适应这些变化，但是所有物种的短寿都在缓慢地进行改变，使得生态系统可以在几千到几百万年的时间内逐渐进行调整和适应。

这个行星上的显著变化是由人类引起的吗？为了解决这个问题，我们可以研究过去 70 万年间气候变化的详细记录，这些记录可以从被困在极

地冰块中的 CO_2 气泡中获取。在短暂的间冰期,温度也各不相同(图 20-1)。
CO_2 的变化规律与气候的变化规律一致。在工业革命之前,大气中的 CO_2
含量与间冰期的 CO_2 一致,稳定在 280 ppm 左右。由于工业排放,CO_2
含量开始增加。在过去的 50 年间,非常准确的记录表明,大气中的 CO_2
含量已经从 315 ppm 涨到了 390 ppm,以 1.2 ppm 的年平均增长率增长。
近几年的 CO_2 排放量是如此之大,速度甚至提高到了每年 2 ppm。目前大
气中 CO_2 的含量大大超过了过去 70 万年冰期的任何一个时刻的纪录,并
有可能超过过去几百万年的任何值。这些是在全球范围内的大变化。但是,
大气中 CO_2 的含量在白垩纪时期很可能接近 2000 ppm,甚至高于下个世
纪对 CO_2 含量最可怕的预测。当然,此时的地球是一个"温室"状态,
没有覆盖大部分大陆面积的冰盖和浅海。但它是自然变化,所以 CO_2 含
量在过了数千万年后变化很大。我们怎么知道近期 CO_2 的上升是受人类
影响的结果,而不是简单的自然变化?

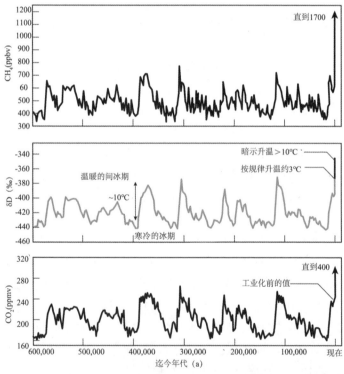

图 20-1　Dome C 岩芯中甲烷、温度和 CO_2 含量,显示出 CO_2、温度和甲烷在过去 70
万年的变化步调并不一致。在短暂的间冰期,所有参数都很高,而在冰期都很低
[European Project for Ice Coring in Antarctica (EPICA), project members, 2006]

有两个独立的方法可以确认人类对大气变化的影响。第一种是简单地将人类排入大气的 CO_2 量相加。这个数字是如此巨大，以至于大气中的 CO_2 实际上增加的比我们根据碳燃量所作出的预期要少。事实上，约 45% 的 CO_2 排放被海洋和生物圈所吸收，仅剩 55% 排放到了大气中。第二种方法是计算大气中来源于自然环境的 CO_2 的变化量。对于 CO_2 的储藏量，占大头的是海洋和地球本身。海洋中包含的 CO_2 含量是大气中 CO_2 含量的 50 倍之多，因此，海洋中 CO_2 含量的微小变化可能是重要的。地球本身甚至含有更大数量的 CO_2。那么，有没有可能是固体地球的排放导致大气中 CO_2 含量的增加呢？

后一个问题是由计算火山 CO_2 的排放量解决的。地球上火山的 CO_2 排放量为每年 2 亿吨。从冰川到间冰期的过程中，CO_2 排放量得到了一个暂时的增长，速度大约为每年 5 亿吨。相比较而言，在 2008 年人类的 CO_2 排放量为 300 亿吨，是自然排放量的 150 倍。相比于人类近期的 CO_2 排放量来说，地球本身的 CO_2 排放量是微不足道的，而且地球的 CO_2 排放量只在长时间尺度上才会显示出变化。

海洋也不再作为 CO_2 增量的主要来源。首先，相对于人类排放的 CO_2 而言，海洋必然是作为 CO_2 的吸收者而存在的。这个结论也可以通过测量大气中 CO_2 浓度以及碳同位素的变化来证实。

碳从海洋中释放时，是以 CO_2 分子的形式排出的，并且从海洋中释放 CO_2 对大气中的氧气含量没有影响。然而，当我们燃烧碳时，碳会结合大气中的氧，从而减少大气中的氧浓度。如果化石燃料是大气层中 CO_2 增加的原因，大气中氧气浓度的减少应与 CO_2 的增加步调一致。现在的难题之一是如何准确有效地对大气中的氧气含量进行测量，它们将只有百万分之几的变化(每年 2 ppm 二氧化碳增量只会使氧气含量从 22.9%下降至 22.8998%)。基林(Keeling)掌握了这种测量 O_2 含量的方法，提供了 O_2 含量变化的记录，如图 20-2 所示。大气 O_2 的持续下降与碳的燃烧产生了对应关系。

碳同位素是另一个独立的测试。在化石燃料中，有机碳的同位素比普通的碳元素更轻，燃烧会将这种更轻的碳排放到大气中。事实上，大气中由碳同位素组成的 CO_2 含量一直在稳步下降，显示出有机碳的大规模燃烧(图 20-2)。

这是一个简单的事实，大气中二氧化碳的增加是由人类排放造成的。

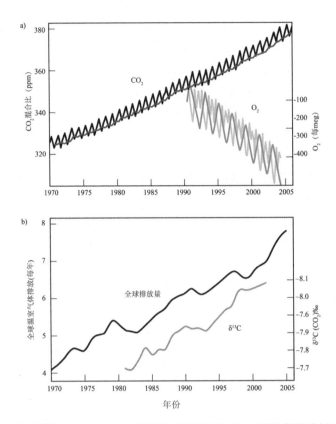

图 20-2　大气中增加的 CO_2 是由人类燃烧有机碳产生的。(a)碳的燃烧消耗了氧气而产生 CO_2，因此碳燃烧导致了 O_2 的下降。O_2 的下降量实际上是大于大气中增加的 CO_2 含量的，这表明了燃烧产生的 CO_2 大部分都被海洋和生物圈吸收了。这种观察还与简单的质量平衡原理相符合，由化石燃料燃烧产生的 CO_2 几乎是大气中积累量的 2 倍。两条 O_2 曲线是两个不同位置的数据。(b)化石燃料中的有机碳 ^{12}C 总是被优先耗尽，这导致大气中 $\delta^{13}C$ 较低。根据我们的观察，排放这种较轻的同位素碳到大气中，使得大气中二氧化碳 $\delta^{13}C$ 的含量较低。需要注意的是 y 轴刻度是倒过来的(©2007IPCC AR-4 WG1, chap. 2, fig. 2.3)

　　冰川记录中最有趣的一方面是，从冰川期出来，温度开始上升，比二氧化碳还早。这难道不能证明 CO_2 不会导致气候变暖吗？在非科学界，这通常解释为"大气温度导致 CO_2 改变，因此 CO_2 改变只是一个结果，而不是大气变暖的原因"。产生这种误解的原因，是因为在冰川消融的过程中，CO_2 上升是一种气温变暖的正反馈，而如今正是它推动气候变暖。在地球轨道变化的推动下，北半球太阳光度的上升导致了温度的轻微上升。这种上升会把一些 CO_2 从海洋中释放出来，导致进一步升温，从而

引起 CO_2 上升，这是一个正向循环。冰盖的融化导致火山活动更加频繁，释放出更多的 CO_2，使气温变得更暖。冰川消融、大气变暖是多重反馈的结果，其中 CO_2 起着关键作用。温室气体的增温效应是物理学的一个基本事实，不是"信仰"问题或政治问题。

另一种重要的温室气体是甲烷。与 CO_2 一样，甲烷的振荡周期与冰川期循环规律相一致，从十亿分之 350 至十亿分之 400 的冰期最大值，到达间冰期时 650 ppb 的峰值，在随后的几千年里迅速下降到中间值(图 20-3)。在过去 150 年中，大气中甲烷的浓度增加了一倍多，达到了 1750 ppb。人类排放入大气中的甲烷，来源于家畜、垃圾填埋场和天然气开采，这些远超天然来源，导致大气中甲烷含量上升。虽然约 1 ppm 的甲烷增量看起来很小，但对大气变暖的影响却很大，因为甲烷作为温室气体的威力是 CO_2 的 20 倍。

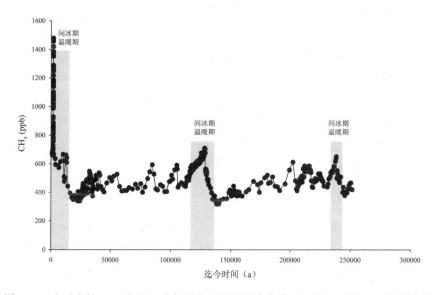

图 20-3 在过去的 25 万年间，南极冰芯处的甲烷变化情况。在 20 世纪，甲烷的含量几乎增加了 2 倍(数据来源于 Loulergue et al., Nature 453 (2008): 383-86; Etheridge et al., J. Geophys. Res. 103 (1998): 15, 979-93)

其他温室气体也变得越来越重要。NO_2 含量显著增加，对大气变暖有显著影响。含氯氟烃(CFCs)在 20 世纪用于制冷剂和其他工业应用，也是温室气体。含氯氟烃还会对地球的臭氧保护层产生毁灭性的影响。含氯氟烃对臭氧层的影响在 20 世纪 70 年代就已经被科学界发现，但直到 1985

年在南极上空发现"臭氧空洞"，国际社会才真正重视这一现象，并于1987 年的国际协议(蒙特利尔协议)中要求消除氟氯化碳的排放。这项全球协议、对人类健康的明确影响以及氟氯化碳专利的到期降低了它们的盈利能力，得到了化学工业的支持，氟氯化碳的排放已基本消除，臭氧层气体消耗从 1995 年的峰值下降了 10%。由于氟氯化碳在大气中的停留时间，臭氧空洞尚未恢复，预计要到 21 世纪末才能恢复。含氯氟烃的替代物(特别是卤烃及 HFCs)不破坏臭氧层，但却是强效的温室气体。它们的应用范围和领域正在迅速增加，尤其是在发展中国家，且预测显示，到本世纪中叶，它们对大气的影响可能相当于 100 ppm 的 CO_2。

　　考虑到人类对环境的影响，我们可以回想一下，在过去的数十亿年间，温室气体对于地球气候的稳定来说是必不可少的，没有温室气体，地球将会冻结。过去几百万年间，大气的稳定性一直由 180~280 ppm 的 CO_2 和小于 650 ppb 的甲烷保持着。在千年时间尺度上，CO_2 和甲烷一直在地球的冰期和间冰期之间气候的波动过程中起着重要作用。我们同样知道，当大气中的 CO_2 浓度上升时，地球将会处于"温室"状态中，冰盖融化，海平面也将升高。地球的发展历史告诉我们，温室气体十分重要，它们使地球可以存在并维持一个宜居的环境，同时对地球从冰期到间冰期、冰库到温室的变化有着重要的影响。从这个角度看，人类的影响大吗？我们现在至少使大气中的 CO_2 含量变成了原来的 2 倍，甚至可能是 4 倍。我们至少已经使大气中的甲烷含量增加了 1 倍以上，并排放了许多之前从未在大气中大量存在过的温室气体。人类对大气的影响甚至比冰期和间冰期之间的变化幅度还要大，它们已经接近温室和冰库的量级。

　　不仅是大气变化的规模，大气变化的速度也许对生态系统的影响更加重要。虽然地球上的储库都很大，但对气候变化的调整较为缓慢。大气中含量较高的 CO_2 会在千余年左右被海洋吸收。在数万年的时间里，更高的 CO_2 导致了更强的风化作用，从而降低 CO_2 含量。生物经历了数千年的适应和数百万年的进化来适应不断变化的环境。地球系统适应缓慢的变化。过去几十年间的改变是非常迅速的，并没有给这些缓慢适应的过程留下足够的时间。CO_2 近期的变化值约为每年 1.8 ppm。为了便于比较，在冰期结束的 5000 年里，CO_2 含量变化了 100 ppm，换句话说约为每年 0.02 ppm。近几年 CO_2 变化的速率要比这快 90 倍。在变化幅度和变化率两方面，人类正在深刻地影响着地球的大气层和地球的恒温器——气候系统。

　　这些变化将会产生多大的影响呢？从基本物理学的角度来说，大气的变暖效应是可以精确计算的，如图 20-4。人类是造成大气变化而致使地球变暖的重要原因。还需注意的是在图 20-4d 中显示的这些影响的变化率。

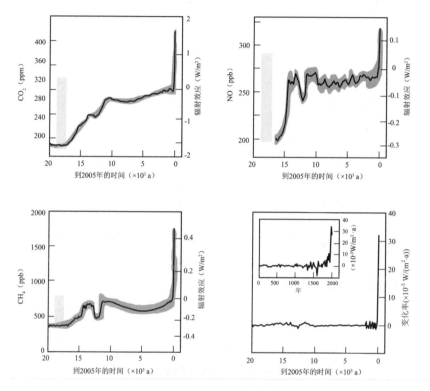

图 20-4 三个最主要的温室气体的辐射强度与 2 万年前末次冰期到现在的变化对比。浅灰色条表示过去 80 万年间的自然变化范围。在冰消期间发生着显著而缓慢的变化，之后的全新世基本都维持在稳定的数值上。人类世时发生了突变。人类引起的大气 2 W/m² 的变化情况与上一次冰期的峰值到间冰期的变化顺序相同，但是前者发生了 100 多年，而后者发生了 1 万多年。CO_2 浓度进一步增加到 500~1000 ppm 将导致更大的变化(©2007 IPCC AR-4 WG1, chap. 6, fig. 6.4)

近几十年中，大气的变化造成了大气平均温度的明显升高。虽然全球气温从 1900 年到 1940 年都有所上升，但是在 1940 年到 1980 年间几乎没有变化。更长的记录(图 20-5)可以显示出 20 世纪到现今有着明显的升温，并且上升的速度正在加快，从 1850 年至 1950 年间的每 10 年上升 0.035°C，到 1950 年到 1980 年间的每 10 年上升 0.067°C，而过去的 30 年间的每 10 年上升 0.177°C。过去十年间的温度是有记载以来最热的温度。自 1880 年以来，温度上升了 0.8°C (1.6°F)，2009 年是有记录以来第二暖的一年。

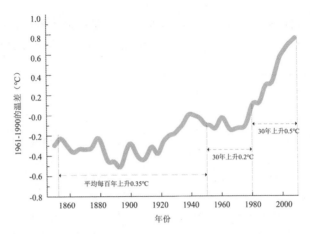

图 20-5 1850—2005 年全球陆地表面温度异常值(°C)同 1961—1990 年的年平均值比较(修改自©2007 IPCC AR-4 WG1, chap. 3, fig. 3.1)

当然，全球气温的升高并不妨碍在局部地区产生异常寒冷的一天或一年。温度升高也不会均匀地分布在世界各地。图 20-6 显示了在 2000—2009 年这 10 年间温度在全球各地的分布图。气候变暖在大陆分布得比海洋更广泛，尤其是在北半球的高纬度地区。在某种程度上，这反映了海洋更大的热容量和更长的平衡时间。

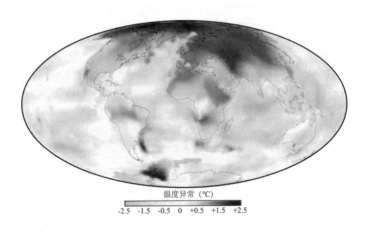

图20-6 与1951—1980年的平均气温相比，2000—2009年的气温升高值。暗灰色显示的是在北极发生的最极端的气候变暖情况。在非洲和南大洋的白色部分是没有温度记录的地方。南极附近的一小片区域显示出轻微的降温。见图版27(NASA images by Robert Simmon, based on data from the Goddard Institute for Space Studies)

可测的增温情况与许多其他研究都是一致的，包括春天的开花期、生物生长季节的长度、各种野生动物向北迁移的范围等。另一个可直接测量的温度变化趋势来自积雪的覆盖情况。图 20-7 总结了自 1980 年以来随着气温上升，北半球海冰、冻土、冰川和积雪的范围都大幅度减少的证据。考虑到在高纬度地区变暖的强度，这种影响在北极地区显得尤其重要(图 20-8)。

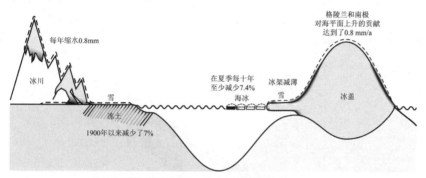

冰川融化使海平面在 1993—2003 年期间每年上升 0.6~1.8 mm

图20-7 在1993—2003年全球变暖期间，可观测的冰、雪和冻土的变化情况一览(修改自©2007 IPCC AR-4 WG1, chap. 4, fig. 4.23)

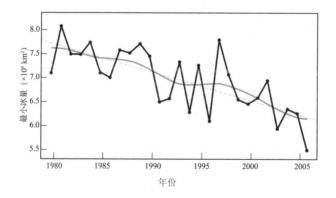

图 20-8 过去 25 年间北极地区冰川最低限度的变化情况。随着全球气温的升高，受影响最大的地区是在北纬的高纬度地区，这导致了北极冰层在夏季更大范围的消融。图中显示了在这个时间间隔中，海冰面积的最低限度减少了 30%左右(©2007IPCC AR-4 WG1, chap. 4, fig. 4.8)

20.2.2 海洋酸化

当溶于水时，CO_2 与水结合形成了碳酸，增加了水的酸度(降低 pH)。这个实验可以简单地在实验台上进行，即正进行的大规模的化石燃料燃烧。大气中部分高浓度 CO_2 被海洋吸收，降低了海洋的 pH。海洋表面的 pH 值已降低了约 0.1 个 pH 单位，对应于氢离子浓度增加了 30%(图 20-9)。这种情况的产生并不是温度变化的结果，而是大气中 CO_2 含量增加的简单、直接的结果。随着 CO_2 的不断增加，海表的生物居住环境将会持续酸化。

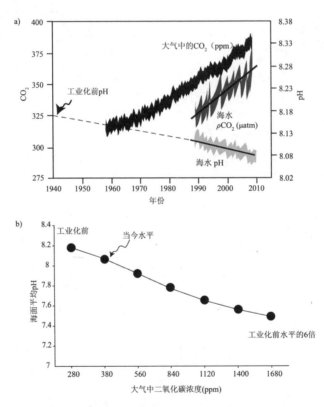

图20-9　(a)亚热带北太平洋莫纳罗山大气CO_2 (百万分之一体积，ppmv)、表层海洋pH和ρCO_2的时间序列。左边的刻度是大气中CO_2的含量数据，右边的刻度是海洋的pH；(b)不同等级的CO_2浓度将会导致海洋表面pH的进一步变化。需要注意的是pH为氢离子的对数，所以一个pH单位代表着10倍的酸度[Doney et al., Annu. Rev. Mar. Sci. 1 (2009):169 - 92. Reprinted, with permission, from the Annual Review of Marine Science, Volume 1 ©2009 by Annual Reviews]

海洋的 pH 对带壳生物有重大的影响，因为构成了壳的 $CaCO_3$ 在酸性的水中不稳定(当地质学家要确定一个石头是否是碳酸盐岩时，便将酸滴在岩石上，看看它是否会冒泡，这是因为 $CaCO_3$ 分解产生的 CO_2 气体被释放)。如果海洋的酸度不断提高，这种效应将变得十分重要。即使是现已发生的微小变化，抑制了海洋生物的生长，使得海洋中的碳酸根离子浓度降低，并造成了珊瑚礁的全球性减少(图 20-10)。对于其他钙化生物的影响现在还不太明确。对增加 CO_2 的反应可能因生物体的不同而不同，也可能不是对所有生物体都有害。例如，对于某些生物体来说，如果有足

图20-10 *Oculina patagonica*珊瑚(a)在正常的海水中(pH=8.2)和(b)在酸化的海水(pH=7.4)中维持了12个月的照片。较高的酸度溶解了珊瑚礁周围的碳酸盐保护层[来源于Fine and Tchernov, Science 315 (2007):1811. Reprinted with permission from AAAS. Source: Doney et al. (2009; see Fig. 20-09)]

够的其他营养物质，较高的 CO_2 可能会导致壳厚度增加。因此，这对海洋的情况类似于对大气的影响。从基础物理学的角度考虑，大气中 CO_2 含量的增加导致全球变暖，但为了进行精确计算，需要考虑其他的反馈情况。同样，化石燃料燃烧增加的 CO_2 使得海水酸性增加。这种变化对整个海洋系统的影响到底是什么，以及可能产生的其他反馈情况，需要更广泛的研究才能得知。并且与大气一样，人类的影响不仅在于变化速率，还在于变化的幅度。

需要注意的是海洋酸化效应的发生，与"全球变暖"无关，也不涉及大气温度的变化。较低的海洋 pH 是大气中 CO_2 含量增加的必然结果。大气的变暖也将导致海表的升温，其对海洋生物圈的影响现在还未知。温度和酸度在海洋生态系统中都是重要参数。因此，相对于自然循环，CO_2 的排放速率是非常重要的，因为 $CaCO_3$ 的溶解需要一定的补偿时间来发生。

20.2.3 生物多样性

每种动物都需要寻找食物，智人也不例外。人类迁徙的足迹标志着其他物种的灭绝，这有可能与狩猎有关。古代波利尼西亚人殖民统治太平洋岛屿时，有多达 75% 的本土鸟类灭绝，很可能是因为它们从来没有天敌，所以很容易就成为捕食的对象。约 45000 年前，由于冰川原因，海平面降低，这一情况使得许多原住民到达了澳大利亚。他们的到来与本地植被的大量减少(如放射性碳年代化石蛋壳中碳同位素比率所记录的那样)和一些物种的灭绝(如塔斯马尼亚虎和许多大型有袋动物)相一致，而且很可能是由他们引起的。当人类第一次穿越白令海峡来到北美，他们发现这里的野生动物甚至比非洲更多样化，比如剑齿虎(图 20-11)、猛犸象、长角野牛、骆驼、大灰狼、羚羊、貘和众多大型鸟类。在北美和南美，70%~80% 的大型哺乳动物如今已经灭绝。类似的物种灭绝，在人类初到马达加斯加和新西兰以及澳大利亚(图 20-12)时都发生过。

农业和畜牧业的出现对环境产生了更大的影响。在土地和草原种什么样的作物和放养什么样的动物，在很大程度上是由我们决定的。基因工程很早就开始通过选择农作物和动物来满足人类的需要。为了防止牲畜逃离和捕食者进入，人们建造了围栏；为了维持稳定的水源供给，人们修筑了水坝和灌溉系统，所有的一切都是为了获得更多的食物。据估计，现在地球上 1/4 的生物生产量是由人类活动产生的。

图 20-11 在居住环境被智人入侵之前，一些常见的巨型哺乳动物

今天，人类的食谱原料已经不局限于当地的环境，而是来自全球。2003年发布的科学数据显示，大型鱼类如金枪鱼、旗鱼、枪鱼，大底栖鱼类如鳕鱼、大比目鱼、鳐鱼和比目鱼等，与 1950 年相比，它们的数量在整个海洋范围内下降了 90%。1950 年的水平相对于工业化前的水平已经降低许多。由于工业渔船在海洋中的捕捞量大量增加，鱼类供应减少。鱼类数量是如此之低，导致现在的鱼类产量逐渐下降。

由于栖息地的丧失，生物的灭绝渐渐向一些不被注意到的物种蔓延。人类将大片的土地用于农业，将极具物种多样性的生态系统转变为一大片只种植单一粮食的土地，在其上生长的其他植物都被视为"杂草"。森林的消退成为人类足迹的象征。目前的大部分土地，如苏格兰高地和欧洲大部分的广袤地区，曾经都是茂密的森林。土地也转化为畜牧业用地，人们清除现有植物，并转化为野生动物栖息地。现在世界地图显示，大约 50%的全球草原、热带干旱森林、阔叶林都被转为人类用地。

全球生物多样性最丰富的宝库是热带雨林，其中有许多目前还未知的生物品种。现代科技使得砍伐森林的效率很高。雨林正以每年 40000 km^{2}的速度消失，相当于罗德岛州面积的 10 倍(见卷首和图 20-13)。大约 70%的印尼热带雨林现在已经消失了。它们的土壤现在是如此贫瘠，以至于补救造林难以展开。

对于栖息地和物种的破坏并不只是局限于土地。在一些地区，珊瑚礁在它们的环境中支持着丰富的生物多样性，但自 1970 年以来，珊瑚礁的数量已经减少了 90%。在湖泊和河流中，磷酸盐的污染也创造了大量的"死区"，其中藻类大量繁殖，但动物不能生存。

虽然大型物种的灭绝对我们来说是显而易见的，但小型物种的灭绝是相对不可见且更难量化的。通过对特定区域的仔细研究，人们已经确定了栖息地破坏对物种多样性的影响规律，由此可以推断出一般影响。威尔逊(Wilson)

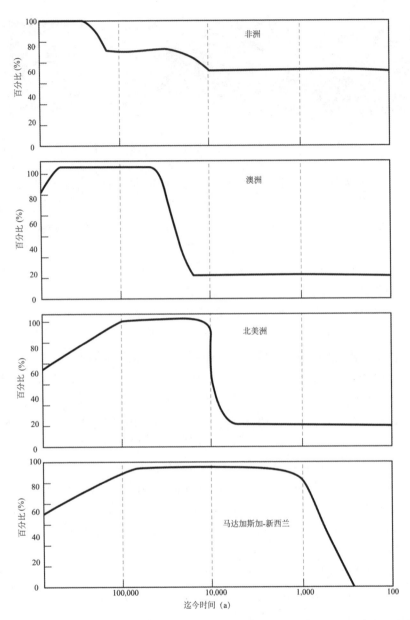

图 20-12 大型哺乳动物数量在过去 2 万年间的减少，可能是由智人出现在新大陆引起的。他们的到来引起物种的快速灭绝现象迅速发生。北美曾经有过比非洲物种更多的大型哺乳动物(修改自 E.O. Wilson et al. Biodiversity, Washington, D.C.: National Academy of Sciences, 1988)

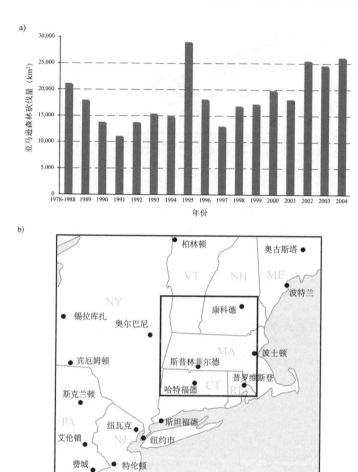

图 20-13 现代热带雨林的破坏速度。(a)亚马逊热带雨林的年均破坏速度，占全球损失的一半以上。全球每年共消失约 40000 km² 的热带雨林，相当于一个边长达 200 km 的正方形土地。为便于观测，(b)显示了美国东北部的面积，其与现在正在减少的雨林地区的面积相同[引自 National Institute for Amazonian Research (INPA)]

利用岛屿来研究和了解栖息地的大小对物种多样性的重要性。图 20-14 显示了爬行动物和两栖动物的数量是如何依赖于相邻的可用陆地面积的。面积减少 90%导致物种减少 50%。当人类占用了动物的栖息地，即使没有直接杀死它们，造成它们栖息地的减少也同样造成了物种灭绝和全球生物多样性的减少。这种减少并不只是在物种灭绝方面，其内部的变化也十分重要。一个物种的遗传多样性将会使它更具生命力，从而有更丰富的基因库。

图 20-14 对海洋岛屿的研究表明，一个岛所能供养的物种数量将会随岛屿面积的减少而减少。同样的原则也适用于大陆的"生物多样性岛"。为了保护物种，我们需要大量的邻接区而不只是孤立的土地。此外，由于气候变化的原因，生物不得不改变栖息地的纬度，但是由于缺少相邻土地，最终导致了它们的灭绝(引自 Biogeography by E. O. Wilson)

在大多数生态系统中，物种竞争并进化成各种各样的生物体，它们处在一个不断变化的平衡中。引入没有天敌的新物种，或本地物种没有防御能力的新物种，都将导致外来物种的数量呈指数型增长，造成本地物种的灭绝和多样性的丧失。人类已经将许多外来物种(通常称为入侵物种或外来物种)运送到了新大陆。早期人类自己就是一种入侵物种，还带来了羊、老鼠和猫等物种，组成当地生态系统的主要部分。现如今，国际运输和通讯的出现提供了便利的交通，使得不同的物种可以在大陆之间迁移。这一点在北美斑马蚌身上表现得很明显，斑马蚌消灭了本地蚌，目前斑马蚌在美国和加拿大的许多湖泊、河流生态系统中都占据着主导地位。这样的例子还有美洲的非洲蜜蜂，太平洋关岛上消灭鸟类种群的树蛇，澳大利亚的兔子、绵羊和山羊，肆虐森林的树皮甲虫以及数百种植物。

所有因素综合之后，将原因指向了人类，过度捕捞、占据栖息地、栖息地和生物性污染、外来物种的引进都极大地影响了地球的生物多样性。这些影响并不是由气候变化引起，而是由人口的增长以及我们对土地和粮食的需求造成。气候变化是一个新的因素，将在现有影响的基础上加以补充。它可能对地球上的生物有更广泛的影响，因为人类活动引起的气候变化的速度比生态系统作出反应的速度要快得多。

从某种意义上说，生物多样性的改变是行星变化的最终结果。正如我们引起气候变化，为了食物和运动改变了海洋、破坏栖息地、毁坏了土地和过度捕捞，极大地破坏了地球几十亿年来积累的遗传多样性。像数亿年间积累的石油和煤炭一样，生物多样性也是一个积累的资源，它们通过不同的地质时期进行变异，得到更多的品种。遗传多样性是生命的核心，遗传多样性越丰富，生命适应变化环境的能力就更强，遗传基因获得积累的可能性就越大。对生物多样性的破坏是对基因库的破坏。通过破坏生物多样性，我们降低了行星生物圈的进化潜力。

20.3　未来前景

所有的人都希望繁荣，而繁荣通常是由经济产出来衡量的，其中一个共同的衡量标准是国内生产总值(GDP)。各国的 GDP 与能源使用密切相关(图 20-15a)，因为绝大多数能源来自化石燃料。能源的使用也与二氧化碳排放量密切相关(图 20-15b)。国家和个人希望经济繁荣，经济繁荣需要能源，能源生产会释放二氧化碳。增加繁荣度和减少二氧化碳排放之间的这种根本冲突导致了一个非常棘手的问题。

国家之间的差异加剧了这些困难。北美和欧洲要对二氧化碳问题负责，1800—2000 年间释放了占全球 70%的二氧化碳。这些国家的人均排放量也继续占主导地位(图 20-16a)。美国人均二氧化碳排放量是世界平均水平的 5 倍，比非洲和亚洲高出 10 倍(除中国)，是欧洲的 2 倍多。从每美元 GDP 所排放的 CO_2 来看，经济效率也存在差异(图 20-16b)。为了获得国内生产总值，苏联和中东这两个资源丰富的地区每美元的 GDP 排放的二氧化碳最多，其次是美国、中国、加拿大和澳大利亚。世界上其他国家二氧化碳效率更高，如欧洲和日本的经济能源率比美国的能源率高 1.6 倍。尽管美国人口仅占世界人口的 5%，但在过去几个世纪里，美国排放的 CO_2 最多，目前是人口大国中人均排放量最大的，也是发达国家中能源利用率最低的大型经济体。

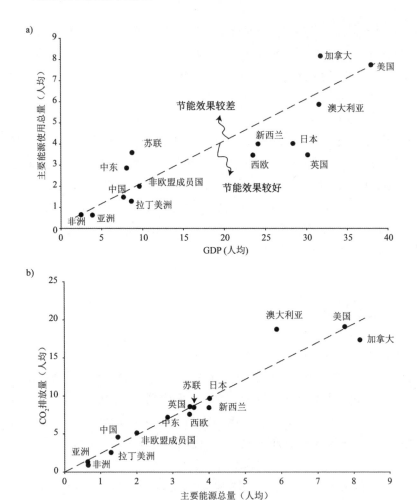

图20-15　初级能源总量(人均等同的吨油量)对比图。(a)人均国民生产总值；(b)人均
CO_2释放量(数据来自International Energy Agency, Key World Energy Statistics, 2009)

　　针对这一现状和历史背景，现在全球二氧化碳排放量的增长来自发展
中国家。2001—2010年，亚洲(除日本)的二氧化碳排放量增长超过70%。
2006年中国二氧化碳总排放量超过美国，并且中国每星期新建一个拥有
30年以上使用寿命的新燃煤电厂。中国的汽车销售正在迅速增长。由于
中国人口众多、能源效率低下、对煤炭的依赖以及国内生产总值的快速增
长，中国的二氧化碳排放量增长不可避免，并将越来越主导全球二氧化碳
预算。印度也渴望如此快速的增长。

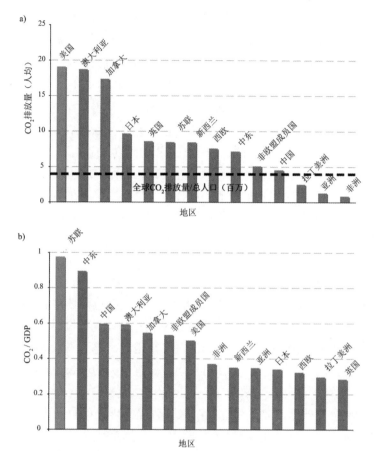

图 20-16 (a)区域 CO$_2$ 释放量比较；(b)区域 CO$_2$/GDP(PPP)比较。单位是千克 CO$_2$/美元(数据来自 International Energy Agency, Key World Energy Statistics, 2009)

这些事实引发了一个政治争论问题。世界具有竞争性，而使用能源最多的国家是最强大的。没有一个国家愿意降低其经济繁荣或全球实力，任何政治家都不能在这样的平台上当选。西方制造了混乱，人们可以说，那些人要对混乱负责，应该把它清理干净。按人均计算，西方国家的能源消耗比例仍然过高。虽然全球二氧化碳的增长来自发展中国家，但他们不应当对当前问题负责，他们的公民并没有公平地享受到由能源带来的经济繁荣。他们为什么要削减排放？

这一背景是在京都会议上关于全球变暖问题时遇到的，当时有人试图制订一项减少二氧化碳排放量的全球计划。欧洲同意减少排放，发展中国家被豁免，而美国拒绝签署。该协议的一个不可预料的后果是 CO$_2$ 排放从发达国家转移到发展中国家。例如，英国减少了 5% 的排放量，但其基于消费的排放量却增加了 17%，最终的结果是，2000—2008 年间全球二氧化碳排放量持续上升了 29%。中国的二氧化碳排放量的增长使世界其他国家的任何节约措施都相形见绌。2009 年哥本哈根会议没有达成任何新的协定，尽管美国政府更愿意这样做。政治因素使得这个问题变得棘手，二氧化碳的排放量将继续增加。那么可能会发生什么呢？

就像我们在上一章看到的，如果不是不可避免的话，石油的有限数量使得石油的使用在未来几十年内可能会下降。然而，有足够的煤为整个世界再提供一个或两个世纪的燃料。此外，不像石油存储在动荡的中东，这些煤炭存储在美国、俄罗斯和中国。作为发电能源，煤炭比石油便宜 5 倍。只要不考虑环境成本，煤炭的使用将继续增加。

当然，有很多关于可再生能源(主要是太阳能和风能)的讨论。今天太阳能和风能不到美国能源生产的 1%。两者都是资本密集型产业，需要大量的安装成本。为了更好地利用它们的能源，电网也需要重做。因此，化石燃料有很大的优势，它们可以很容易地根据需求随时随地运输和燃烧。相比之下，太阳能和风能最经济的地区往往是远离电力需求的地方，它们目前还没有化石燃料便宜。即使可再生能源有巨大的增长，但在很长一段时间内都不会超过能源需求的 10%。

由于所有这些原因，尽管存在削减二氧化碳排放量的乐观假设，大气中 CO_2 含量仍将进一步大幅增加，目前在全球范围内降低排放是不太可能的。通过比较由国际气候变化专门委员会(IPCC)构建的各种"方案"实行的实际情况，结论很显然。该组织在"中间道路方案"的基础上作出了预测，这包括全球为减少排放量增长所做的大量努力。实际情况是，全球排放量已经超过了最悲观的"商业"的情况。没有证据表明我们的政治体系能够有效地减少全球 CO_2 排放。CO_2 上升的时间可能是相当短的。2008 年 CO_2 从百万分之 2.4 上升至 390 ppm，是有记录以来最大的年度增幅。如果排放量像过去 10 年那样以每年 2.5% 的速度增长，那么 2050 年会达到 560 ppm。除非排放量突然为零，否则 CO_2 浓度会继续上升。为了使大气浓度保持在 560 ppm 以下，到本世纪中叶，CO_2 排放量必须大幅减少到几乎为零。

随着二氧化碳的增加，海洋的酸度会继续增加，对海洋生态系统的影响不得而知。随着人口的膨胀和经济的增长，生物多样性将继续减少，珊瑚礁和热带雨林可能会大量消失。

　　地球的温度随着温室气体浓度的上升而上升(图 20-17)。这种变化的幅度估计需要模型，但是，模型是不完美的，气候系统非常复杂。模型变得越来越复杂，可以模拟出当前的全球变暖，并解释大型火山喷发造成的短期冷却降温效果(图 20-20)。该模型表明，若碳浓度为工业化前的 2 倍(560 ppm 的 CO_2)，则全球将变暖 3~5°C(即 6°F)。这时纽约市的气候将像乔治亚州亚特兰大的气候一样。若要将 CO_2 保持在该水平，将需要未来几十年都在减少二氧化碳排放量上作出重大努力。没有这样的努力，CO_2 的浓度将会再上升 2 倍 (即从 560 ppm 上升到 1020 ppm)导致额外的 3.5°C 变暖，纽约将与佛罗里达的气候差不多。

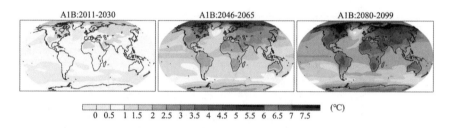

图 20-17　全球地图的温度预测。图中是 A1B 模型预测的在采取了重大措施减缓 CO_2 排放量的增长后，CO_2 将在 2050 年开始下降的年平均地表变暖情况(表面空气温度的变化，°C)。显示了三个时期的预测，2011—2030 年(左侧)、2046—2065 年(中间)和 2080—2099 年(右边)。异常是相对于 1980—1999 年期间的平均水平而言的。对比图版 28 (©2007 IPPC AR-4 WG1, chap. 10, fig. 10.8)。

　　不只是气候会变暖，降水的分布也会改变。同样地，计算机模拟也表明，随着气候变暖，降雨将更集中在热带地区。如果该模型是正确的，那么地球的旱地将会变得更加干燥(见图 20-18)。

　　古气候的记录与这些预测是一致的。最后一个冰期为我们提供了一个极好的冷态模拟。在这样冷的地球，大陆不会像现在这样干旱，热带地区也不会像现在这样潮湿。证据来源于很多方面，但是令人信服和最易理解的是内陆湖的大小变化。它们集水区中储存的降雨时的水已经因为湖表面的蒸发而完全丧失了。像这样封闭的内陆湖只存在于我们星球的干旱地区。这使得它们成为记录干旱数据的极好的地方。如果降雨减少，它们的面积就会减少；如果降雨增加，它们的面积就会增加。

　　这些湖中有两个是众所周知的，一个是犹他州的大盐湖，另一个是位于以色列和约旦的裂谷带的死海。这两个湖在冰川时期都是非常大的，就

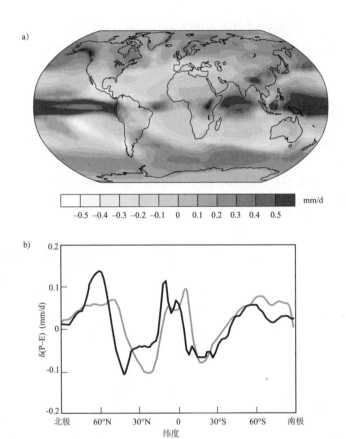

图 20-18 降水变化预测。(a)降水的多模式平均变化。相对于 1980—1999 年，预测的 2080—2099 年年平均变化(©2007 IPCC AR-4 WG1, chap. 10, fig. 10.12)。(b)纬度地区 的平均预测，显示了降水减去蒸发量的变化(P-E)。注意中纬度干旱地区的预测(Held and Soden, J. Cimate 19 (2006): 5686)

像新墨西哥和内达华的湖，像中国西北部的湖或是在阿根廷巴塔哥尼亚的 旱地里的湖。我们知道这个是因为古土壤的年龄线，这是用碳放射性同位 素的方法确定的。

　　同样在冰川时期，地球上中纬度干旱地区的湖泊面积也是现在的几倍，而赤道地区的湖泊，如非洲的维多利亚湖则是干涸的。我们知道这是因为穿透湖泊沉积物的岩芯在土壤中终止。另外，这土壤里的湖泊沉淀中有机物的碳放射性年龄表明，该湖在阿勒罗德(Bolling Allerod)暖期开始时重新存在，这标志着最后一个冰期的结束。

地球变暖和降水模式的改变不仅影响了我们的生活，而且这些变化会给地球上的野生动物带来灾难。随着 CO_2 引起的气候变暖加剧，一个接一个的物种被挤出它们的栖息地，而被它们的天敌所取代。动物、植物和昆虫的稳定组合将不复存在，它们将处于一个不断变化的状态。当然，适应极地环境的物种(如北极熊)可能只能生活在人造的凉爽的"动物园"里。

正如已经发生的那样，地球上的冰川正在缩减。在秘鲁众多山顶上的冰作为储库在旱季和干旱时期提供水源。这些灾难可能会导致严重的水资源短缺问题。当全球的冰川融化时会造成海平面上升，格陵兰和南极冰盖的融化将导致非常严重的变化。如果格陵兰冰川融化使得海平面上升 6 m，弗罗里达州南部将全部被淹没。被认为易受气候变暖影响的南极西部冰盖融化将导致海平面再上升 6 m。大多数预测都认为格陵兰岛融化将需要几个世纪的时间，但最近其主要出口冰川的明显加速和观测到的更广泛的夏季融化池，要求重新评估这个时间尺度。融化的水池中累积的水像瀑布一样泻入两个被认为延伸到冰层底部的深渊的照片戏剧性地表明，这些出口冰川有一个自我润滑机制可能会大大增加流入海洋的速度。人们对冰盖融化的经验和理解不足，无法充分评估适当的时间尺度。

对于所有这些后果，当今是未来的关键。考虑到改变经济和基础设施需要很长的时间，我们没有多少时间可以浪费了。

20.3.1 未来历史观

我们未来的前景如何还需要考虑到地球在过去几千年的整体状况，这是一个稳定的黄金时代。根据历史数据，我们不能假设这样的稳定性将继续下去。

图 20-19 比较了全新世期间与过去 43 万年间冰期的全球气温。虽然类似于 40 万年前的间冰期正在接近，但是当前暖期的长度和稳定性是一直以来最长的和最稳定的，几十年来也没有发生过区域性干旱，但在历史记录中这是很常见的。这种稳定性的部分原因是，最后一次重大的火山喷发发生在 19 世纪早期，而在全新世并没有真正大规模的火山喷发。最后这句话似乎令人费解，因为我们大多数人都很熟悉 1980 年的圣海伦斯火山和 1991 年的皮纳图博火山喷发时的壮观景象。

圣海伦斯火山喷发了 2~3 km^3 的火山物质；皮纳图博火山喷发的范围远大于 10 km^3，并且喷出了 2000 万吨 SO_2 到大气中。平流层里的 SO_2

会

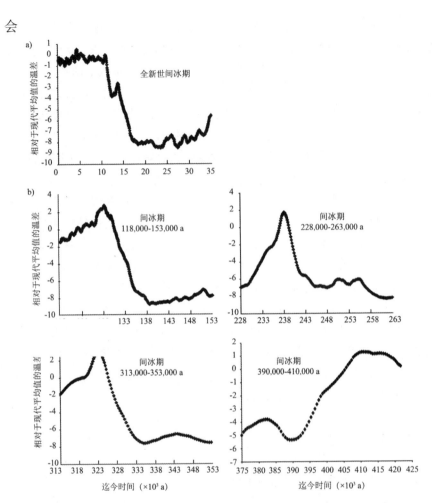

图 20-19 全新世与过去 43 万年间冰期的全球气温对比。注意全新世中漫长而稳定的温度支持了人类文明的崛起，这种现象在近期地球历史中是不常见的。每个水平时间尺度包含 4 万年(数据来自于 Vostok 冰芯)

造成温度降低，皮纳图博火山的喷发导致了 1991—1993 年期间全球温度降低了 0.5 ℃(图 20-20)。这种制冷还提供了一个有用的校准气候的模型，这种模型能够准确预测降温效果。冰岛的拉基火山更早的一次玄武岩浆喷发(1783—1785 年)排出了近 15 km³ 的玄武质熔岩和大量的 SO_2。那时美国东部记录的冬季气温几乎低于平均气温 5.0 ℃，冰岛因饥荒失去了大部分牲畜和 1/4 的人口。2010 年，规模小得多的冰岛火山喷发导致欧洲航空交通严重中断。很难想象，如果拉基火山发生在今天，它将会造成怎样的后果。

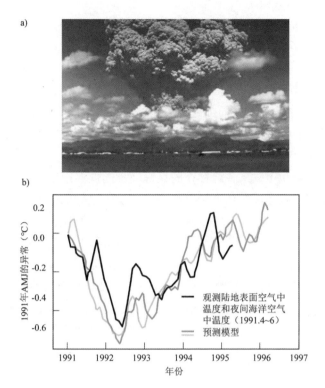

图 20-20 (a)1991 年皮纳图博火山喷发照片。这次火山爆发向大气中喷入了 2000 万吨的 SO_2，导致了全球气候变冷。过去(将来)发生的更大规模的火山爆发将会带来更具破坏性的影响。(b)实线表示了观察到的由皮纳图博火山喷发造成的地表气温变化。这为气候模型提供了一次测试，浅灰色线是模型结果，与实测结果相吻合

然而，在火山活动的历史记载中，皮纳图博火山和拉基火山都算是小的了。1815 年，印度尼西亚的坦博拉火山喷发排出了 160 km^3 的喷出物，导致了北美和欧洲"一年无夏天"的景象。新英格兰的 6 月被大雪和浓雾占据，北美绝大多数的庄稼都损坏了，动物被大量屠杀以获取食物。欧洲经历了 19 世纪最严重的饥荒，许多城市发生了暴动、纵火和抢劫。

相对于"超级火山"的巨大喷发，即使是坦博拉火山活动都只能算是不太大的喷发。大约 7.4 万年前，苏门答腊岛的托巴火山活动喷发了 2800 km^3 喷出物，几乎是坦博拉的 20 倍，遗留的火山口(现在是湖)有 100 km 长，30 km 宽。尽管坦博拉在印度尼西亚，但其大量的喷出物使得印度的火山灰厚达 6 m。这次喷发的记录被保存在全球范围内，包括格陵兰冰芯中的标志性记录。其 SO_2 喷出量比皮纳图博那次的 100 倍还多。托巴火山

喷发的模型模拟结果表明全球 6 年变冷了 12 ℃ (20℉)，毁坏了全球大量的植被，包括所有的阔叶树。人们用托巴火山爆发来解释当时人口数量的"瓶颈"，并且相信那个时候人口已经下降到只有 1 万人。尽管像坦博拉火山、托巴火山这样的火山喷发并不频繁，但是像这样巨大的火山喷发将会周期性地再次发生。它们都是固体地球系统正常的火山作用。

这些例子表明，短期气候变化和全球范围的自然灾害是地表的正常方面。过去两百年的稳定适宜的气候条件是一个例外。全球将处于长期稳定的观点是从 1850 年以来普遍存在的良好环境的偶然结果。

我们大多数人都没有意识到食物生产和供给之间的微妙平衡，这是全球稳定的特点。绝大多数的耕地都进行了耕种，并且粮食生产和消费之间存在一两个百分点的差距。全球有 10 亿人营养不良，但同时又有几个月的食物存储。我们认为现代文明可以养活自己，是因为完全地利用易得的耕地、广泛使用化肥以及绿色革命，但是我们没有意识到的是，这一切要感谢行星生命历史中的这段良性环境时期。大约 1550—1850 年，地球经历了"小冰川时代"，英国的泰晤士河冰冻了，阿姆斯特丹运河都可以滑冰了，乔治·华盛顿的部队失去了福吉谷。"小冰川时代"的结束为农业带来了异常有利的气候条件。

因此，在人类人口增长的 1850—2010 年间没有发生大规模的火山爆发，并且气候一直非常稳定。冰芯记录中没有发生重大的短期振荡。如果继续稳定，没有行星危机，一切都应该是好的，但我们生活在饥荒的边缘。最终，行星将发生变化。不稳定是一种自然的行星状态。鉴于这一现实，我们是否应该谨慎地生活在能力的边缘，以防造成那些会产生无法想象后果的行星系统扰动？

20.4 可能的解决途径

如果人类行为不发生改变，那么造成这些负面影响的根本原因仍在加重，许多上述负面的行星影响将在 21 世纪大大增加。我们的影响可以直接随人口(例如粮食、土地利用)扩大，也可以随人口和经济增长(例如能源消耗和相关的二氧化碳排放量)的结合而成指数级扩大。控制人口增长并不是一个普遍可以接受的环境解决方案。经济增长是建立在无偿增加资源和能源生产的基础上的，这几十年来唯一可行的选择是化石燃料，这是全球经济模式。只要生物多样性、土壤和矿物燃料不被公认为是稀有和珍贵的行星资源，它们就将继续减少，直到它们的稀缺导致危机。这样，以我们的消耗速度，它们将永远无法恢复。如果温室气体积累得足够多，气候变化不再是渐进的，因为二氧化碳在大气中停留的时间很长，什么也做不了。

　　未来不必如此黯淡。我们有能力改变我们的行为，为了所有物种的共同利益来管理这个星球。我们可以简单地通过限制全球每个家庭生一到两个孩子来消除人口增长，通过成为素食主义者来更有效地利用土地和食物，一起向资源可持续发展努力，乘小型汽车和火车旅行，住在恰好够的空间，冬天穿毛衣夏天流汗，采用可持续的耕作方式，减少资源浪费，消除和封存大气中的 CO_2，并开始保护森林和草原而不是摧毁它们。我们可以仔细监测其他共同生活在地球上的生命，保护它们和我们自己的生活空间。所有这些都在于我们的技术和选择。这些变化会大大降低我们的生活质量吗？实际上，这些变化中的许多变化都会提高我们的生活质量。这些变化中的一些将会节省金钱而其他可能只是在利用资源时增加环境成本。

　　阻止行动的一个主要因素是我们的经济模型没有用简单的方法来考虑环境成本。农业没有考虑土壤消耗的成本。化石燃料的燃烧没有考虑大气层成分的变化。人们不为他们排放的二氧化碳付费。栖息地的破坏没有考虑到物种的破坏。渔民不用支付海上捕鱼的费用；对于木材、石油、煤炭，采矿公司除了购买土地成本外不用支付他们的资源费用。经济成本仅是开采和运输的，地球资源的使用是免费的。就好像城里有一个银行，在很久的时间里积累了很多黄金，而且不要求它从哪里来或是任何升值，我们都能走进银行，也许要付少量的入场费，但是可以拿走所有我们想要的黄金并使用它。我们毫无疑问地认为地球资源是免费的，唯一的主要成本应该是开采和运输。我们思考的是"什么会让我现在有更多的钱"，而不考虑长远的后果。我们的经济模式没有考虑环境成本、后果和行星历史。

　　只有在对环境的影响足够小，不会对行星造成有重大影响，并且地球资源无限的时候，这种工业文明的经济模型才会是正确的。如其对环境影响足够大而必须加以考虑时，我们就不能使用免费模型来做这些了。如果资源是有限的，对环境的影响是有害的，那么成本就应该体现这些方面以及开采的成本。

　　另外一个问题是我们不知道要考虑多少成本。威尔逊估计，500 亿美元足以拯救剩下的生物多样性热点地区，这些地区包含了大多数濒危物种，但这个估计不包括减缓气候变化的费用，因为气候变化会改变栖息地。

节约能源的成本可以在几十年的时间内实现盈利，每年将有 1000 亿美元用于控制 CO_2 排放量。从长远来看，可持续农业生产的做法在经济上是有利的。这些费用相对于我们花在全球军事领域的费用来说是很小的。如果美国要用汽油税来资助它的国防预算，每加仑汽油就要花费 8 美元，但即使是每加仑 10 美分，对地球造成的破坏也被认为是不可接受的。所以钱就在那里，而技术可以开发。我们有能力管理行星。这是一个选择的问题，我们是选择保护地球，保护它的宝藏，从而防止资源战争，还是继续目前的行为，花更多的钱在军事能力和战争中，去争夺资源？

在战略、能源和气候利益方面有一个积极的解决方案。减少能源消耗，改用风能、太阳能，将减少获得石油储备的必要性，减少昂贵的军事干预需求，阻止本国货币向其他国家大量出口。气候、经济和国家安全都将受益。

缺乏行动是政治和个人的选择，而不是技术能力的问题。如果我们在行动的层面意识到我们是行星系统的一个组成部分，而不仅仅是它的使用者，就会有采取行动的意愿。如果我们选择保护行星，那么可以做什么呢？

20.4.1 解决温室气体的积累

人类影响最受关注的领域是如何应对能源危机和 CO_2 排放。为了减少 CO_2 排放量，我们可以做下列事情：

- 提高每单位的能源效率(例如节能)；
- 减少对化石能源的依赖，并采用不释放二氧化碳的能源；
- 通过碳捕获和封存从大气中移除的二氧化碳。

所有的这些调整可能会抑制大气中的二氧化碳积聚，以及 CO_2 聚集造成的全球变暖、海平面上升、海洋酸化和生物圈影响。

减少能源消耗的一个最简单的方法就是提高效率。特别是美国和中国，每美元 GDP 的能源效率比欧洲和日本低 160%。如果能源成本上升，这方面的变化将是巨大的，并且将很自然地发生。然而，这种行动只会限制二氧化碳排放量的上升，而最终的目标必须是让它们降到接近零的水平。这是一项长期的任务，需要改造整个能源基础设施。目前 85% 的能源来自于煤、石油和天然气的燃烧。全球大部分电力是由煤炭生产的，每单位能源成本约为石油的 1/5。远离化石燃料会涉及一些其他能源的组合(核、风能、水能、太阳能、地热、植被……)。而这些能源的使用又会出现相关的问题。核能在全球大范围使用可能会导致核事故、核扩散以及加剧的恐怖主义威胁，而来自植被的能量会与农作物竞争，提高粮食价格，限制粮食供应。能量转换是一个多方面的、复杂的问题。

20.4.2　太阳能、风能和原子能

利用太阳能主要有两条途径，一条涉及光伏电池，另一条是其他生物燃料。由于成本高，光伏线路目前停滞不前。此外，这样的能量来源必须加上一个能量存储系统来提供在夜间和沉重的云层覆盖期间的电力。尽管太阳能因其能量巨大且无处不在而成为一种理想的解决方法，但是大规模地使用光伏能源还需等待实质性的技术进步或是巨大的碳税以提高其竞争力。

另一种形式的太阳能是生物燃料，目前已经在积极开发。生物燃料是二氧化碳的闭环。植物将二氧化碳从大气中移除，将其转化为有机碳，然后排放到大气中，并没有净二氧化碳的增加。问题是，生物燃料的生产需要能量，需要给土壤施肥、种植和收获植物、生产和运输这些燃料。在美国，生物燃料生产很可能消耗的能量比产生的更多，或者消耗多达 90% 的能源。与此同时，用于生物燃料的玉米与粮食竞争，导致粮食价格提高。这是农业合作企业的福利，因为在美国几乎所有的剩余粮食都被用来生产乙醇。美国的生物燃料并没有对减少 CO_2 作出有意义的贡献。在巴西，用甘蔗生产的乙醇汽油被广泛应用。由于热带气候和漫长的生长季节，这种生产的节能和价格更便宜(因为巴西乙醇便宜，美国对其进口有重大限制)。虽然原则上可以将更多的土地用于生物燃料，但这一选择也会大大增加对栖息地的破坏，伴随着不可避免的生物多样性的丧失、食品和能源之间的竞争，导致更高的价格。一旦石油储量开始严重减少，生物燃料的合理未来可能会为运输提供液体能源。

风力发电目前在经济上具有竞争力，风力涡轮机的安装正在迅速增长。风有一个基本的限制，那就是如果它占据了能源供应的主要部分，将消耗掉地面风所携带能量的 10%~20%。随之而来的气候变化可能与二氧化碳的大量积累相媲美。风能像太阳能一样也是一种高度分散的能源，不容易储存，也不能根据需求随时得到。阴天、无风的日子里就会没有可用的能量。将这些能源用于超过 10% 的能源供应将需要改造国家电网。风能和太阳能是长期解决方案中的一部分，但是耗时长且挑战大。

现在看来，这些替代能源中没有一个组合是可以作出重大贡献的。太阳能发电仍然太贵了。水电和地热能发电能力已经接近它们的极限，并且非常有限。若大量使用风能和太阳能又与我们目前的电网不一致。

在日本、瑞士，特别是法国，核电站提供了大量电力。经过几十年的安全运行后，2011 年日本核电事故表明了核电利用的潜在危险以及广泛使用的后果，这样的事故都是有可能发生的。然而，即使有这样的事故，从长期的环境成本、释放的辐射量和工业安全记录上看，核能都比煤炭更好。然而，新核电站的建设是长期而缓慢的，在未来几十年中它只能适度缓解我们的能源需求。在日本地震事故后出现了加强监管和安全的需要，这减缓了核能利用的进程。安全问题甚至可能在核能的选择上起到了重要作用。例如，德国计划在 2022 年前放弃所有核电。

如果能源成本考虑大气变化，那么所有的这些选择都比化石燃料更便宜，这将促使这些能源产业的急速发展，但时间尺度很长。核聚变蕴含的能量巨大且十分清洁，但是它很难实现利用。支持者声称，到本世纪中叶，聚变发电可能开始提供部分能源需求。如果化石燃料能源变得更贵的话，就有低二氧化碳排放的长期前景。随着节约、可再生能源、核能和核聚变的发展，本世纪中叶将实现能源全部由非化石燃料提供。然而，要实现这点，我们需要协调一致行动并有一个修正的能源成本经济模型。即使是在最乐观的情况下，未来几十年显然仍有必要采取权宜之计，以减缓二氧化碳的积累。

20.4.3 碳捕获与封存

幸运的是，我们有办法可以避免 CO_2 升高，涉及捕获 CO_2，再加上长期储存。最明显的目标是将二氧化碳从燃煤发电厂的烟囱排放物中净化。然而，由于这种方法可能成本昂贵，一个更经济的替代方案已确定。煤气化是在将蒸汽通过煤产生 CO 和 H_2(即煤+水→ H_2 + CO)，而不是在大气中燃烧煤。之后 CO 氧化为 CO_2，H_2 送入发电燃料电池(即流过电池)。改造这种用于 CO_2 捕捉的工厂很便宜，这种方法更有效地利用了煤中含有的化学能。在二氧化碳排放量最高的前几千个地点中，主要是公共事业工厂，占总排放量的 30%以上。在这些地方集中捕获二氧化碳将作出重大贡献。

无论如何实现，发电厂产生的 CO_2 的捕获也只是答案的一部分。CO_2 也必须从小型来源中移除。今天大约 2/3 的化石燃料在小型单位(汽车、房屋等)里燃烧。一辆普通汽车每燃烧一罐汽油（~50 kg），就会产生 150

kg 二氧化碳。有两种途径可以减少二氧化碳排放量，其中之一是用可充电电池或氢燃料电池供电的汽车。在任何一种情况下，能源最终都来自发电厂。这是一个好主意，但尚不可行。目前还没有研制出能提供车辆长时间行驶的电池，电动汽车仍使用大量汽油，也没有发现任何可行的手段能够在车辆上储存足够的氢气让它使用很多天。所以，除非有重大突破，这不是答案。

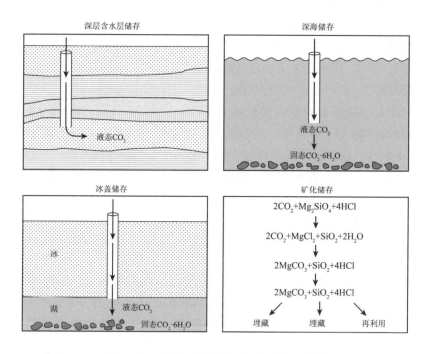

图 20-21 · 捕获后不同的二氧化碳储存方式

美国哥伦比亚大学的科学家克劳斯·拉克纳(Klaus Lackner)认为以适中的价格从大气中去除二氧化碳是可行的。他的案例是基于对风力发电的类比。为了提供美国需要的平均能源，需要一个能拦截 100 km^2 疾风的转子。相比之下，拉克纳表明，为了从大气中去除产生的 CO_2，如果这种能量是由燃烧化石燃料获得，那么人们只需要从相同的风流中捕获 1 km^2 的 CO_2。捕获要么就是通过二氧化碳吸收液，比如 $Ca(OH)_2$，要么就是用装有化学感受器的塑料捕获释放的 CO_2。这种形式的碳捕获优点是可以在任何地方进行。它提供了一种捕捉小来源排放的二氧化碳的方法，如汽车和房屋。一旦被捕获，CO_2 将被回收，并能被利用。空气提取的优点是，它可以在地球上的任何地方进行，而不是像发电厂那样离产生能量的地方很近。

所有这些机制都导致了 CO_2 的捕获。问题是如何处理它。在捕获 CO_2 后，存在若干选择来存储二氧化碳(图 20-21)。

· 深海存储

目前只有大约 1/6 的海洋吸收二氧化碳的能力得到利用，因为地下水通过与大气接触被更新的过程是十分缓慢的，水越深，水体更新就越慢。由于海洋的深部百年来不会被替换，所以产生了直接用泵将液态 CO_2 压入深海的想法。尽管液态 CO_2 的密度比海水轻，但它是可压缩的。在 3500 m 的深度，海水的密度和 CO_2 的密度相等；超过这个深度，CO_2 的密度就大于海水。因此，如果注入到 3500 m 以下，液态 CO_2 将沉到海底。并且，在深海的低温高压环境下，CO_2 结合 H_2O 会形成六水合二氧化碳固体。化学家们认为这种固体是一种包合物。因为这个包合物的密度比 CO_2 和海水的都大，所以它会在海底下沉积。当然，随着时间的流逝，这种包合物会溶解，CO_2 将以碳酸氢根的形式分散在深海中。这样，向深海排放 CO_2 的速度就会大大加快。

· 极地冰盖储存

南极冰盖下隐藏着数百个湖泊，它们形成的原因是地球内部的热量从下向上扩散，温暖并融化了一些地方的冰基。这个想法是用管道将液态 CO_2 穿过冰块注入这些湖中。在到达的时候，CO_2 会结合湖水形成包合物而沉入湖底。因为用管道将液态 CO_2 注入南极实施起来十分昂贵，如果要实施这一选择，就必须同时从冰盖上方的气体中萃取 CO_2。由于大气混合非常迅速，CO_2 的脱除可以在地球的任一地方进行。就像纽约大都会区上空的空气不会经历 CO_2 的大量积累一样，南极上空的空气也不会出现二氧化碳的大量消耗。

· 深层沉积物中存储

在沉积盆地深部地层的孔隙中充满的咸海水被称为卤水。由于卤水被困在这些孔隙里数百万年，另一个选择是将液态 CO_2 泵入这些咸海水。

与南极洲的深海和湖泊不同,这些海水温度太高,二氧化碳包合物不稳定,因此,二氧化碳将保持液态。这是幸运的,因为一旦形成包合物,它们就会堵塞这些沉积物孔隙,从而阻止液态 CO_2 扩散进入含水层。挪威国家石油公司已经这么做了,他们从北海下的水库中开采甲烷,气体中包含的15%二氧化碳气体必须在甲烷燃烧之前分离出来,通常这种分离的二氧化碳会释放到大气中。但随着挪威每吨 50 美元的二氧化碳排放税,挪威国家石油公司决定液化这些分离的二氧化碳并把它们泵回到一个充满水的地层,这样会更便宜。这是现在正在使用的常规方法。这是一个小小的开始。

由于压力随深度的增加而增大,二氧化碳由气体转变为液体,其密度变得比海水更大。库尔特·豪斯(Kurt House)和丹·施拉格(Dan Schrag)提出,这些二氧化碳可以被注入海底沉积物下面并保持稳定,不会对深海生物圈造成影响,也没有向外扩散的倾向。此解决方案将特别适合于有适当深度沉积物的、毗邻大陆架的发电厂。在深海沉积物中储存二氧化碳也有希望用于沿海地区。

· 转化为 $MgCO_3$

通过更多的努力,我们就有可能永久性地固定 CO_2。这个方法涉及二氧化碳与氧化镁反应形成一种坚固且耐腐蚀的碳酸镁矿物。得到 MgO 的方法之一是研磨、溶解超基性岩中的主要矿物橄榄石,橄榄石的化学式是 Mg_2SiO_4。因此,这个反应方程式是:

$$Mg_2SiO_4 + 2CO_2 \rightarrow 2MgCO_3 + SiO_2$$

尽管地球上几乎所有的超基性岩都存在于地幔中而无法获得,但是很多地方存在露头。因此,可以在这些超基性岩石出露地表的地方构建大型发电厂和抽气设施。

自然演化也使得地幔岩石中的碳酸盐岩脉大量出露地表。彼得·凯勒门(Peter Kelemen) 提出的一个有趣的新可能性是,如果岩石破裂并被注入富含二氧化碳的流体,这种反应可能能够自我维持。

所有这些存储方法都存在工程挑战和环境影响。人们已经对深海储存可能对生活在海洋深处的生物造成的影响表示关切。绿色和平组织已经强烈反对这一选择。为了实现南极的处置权，必须修改现有的禁止在南极大陆开采的条约。在允许大量的液态 CO_2 被注入到地下咸水层之前，人们会希望这一活动不会引发破坏性的地震或导致 CO_2 灾难性的释放。最后，甚至将 CO_2 转化为 $MgCO_3$ 也存在环境问题，需要建造具有大量基础设施的大型矿山或注入操作。

另一种替代 CO_2 封存的方法是采用"地球工程"的方法，试图改变大气以减少到达地表的太阳辐射。模型告诉我们，CO_2 倍增相当于太阳光增多 2%左右。如果是这样的话，那么为了抵消倍增的影响，我们必须反射 2%到达大气层顶部的阳光。提出的几种方法中最便宜并且对环境侵扰最小的是将 SO_2 气体注入平流层。由自然实验(如 1984 年爆发的厄尔尼诺和 1991 年爆发的皮纳图博火山)显示，产生的 SO_2 会迅速转变为微小的硫酸(H_2SO_4)气溶胶，它们将反射约 10%的阳光。因此，要反射 2%的太阳光线，它们将不得不拦截 20%的入射光线。这将需要 3200 万吨的 SO_2 常备库存。由于气溶胶在平流层的停留时间只有一到两年，所以需要定期更换。当然，这样的好处就是，如果副作用被证明是不可接受的，就可以终止注射，而气溶胶很快就会消失。当然，它也有不好的地方，如果由于战争或政治动荡的一些原因停止注射，这种温暖就会回归。此外，这样的工程无法停止对海洋的酸化或者生物多样性的破坏，也可能会造成不可预见的后果。

显然，任何解决二氧化碳问题的办法都会有它自己的环境问题。由于这是不可避免的，我们的目标是解决方案产生的环境损害远远小于来自二氧化碳本身造成的环境损害。

不管哪种方法，二氧化碳问题的解决将是一个巨大的工程。如果化石燃料继续主导能源市场，从将要处理的液态 CO_2 的量来说，其巨大的规模是最容易理解的。从现在的使用率看，每年将要生产 24 km^3 的液态 CO_2。如果 2060 年有 100 亿人，如果届时贫困已基本消除，每年液态二氧化碳数量将上升到 64 km^3，二氧化碳的存储将上升到 2500 km^3，超过美国伊利湖和安大略湖的组合。

显然，二氧化碳的捕获和储存会增加化石燃料能源的成本，但增幅不大。据估计，增加成本将是(25±10)%。总的说来，预计到 2050 年，每年全球生产总值将因为控制 CO_2 增长而减少 0.1%~0.15%。这是一个非常小的数目，特别是与政府的其他费用(如国防或健康)相比。

尽管问题很严重，采取有效行动的成本也是合理的，但是有非常大的阻力阻止我们在行星保护上做出任何重大步骤。如果要防止有害二氧化碳的上升,我们将面临一场艰苦的战斗。这项工作所需的技术都是从零开始,必须制订一个经费计划,必须让 180 个国家参与进来,必须要说服持怀疑态度的公众……这些任务的完成将需要几十年的时间,并且技术和基础设施的实施则需要更多的时间。目前,没有任何迹象表明进入大气层的二氧化碳会停止流动。

20.5　更广泛的问题

上面所述的方法是应对大气成分变化和海洋酸化的可能解决方法,但它们不涉及土壤和生物圈的生存环境。大气变化是明显的,从对气体的测量和最近几十年里气温升高和海平面的上升就可以知道。这两种感受和想象直接影响人类的福祉。但是,土壤和生物圈的破坏对人类没有直接的影响,这种影响对大部分很少接触土地或自然的人来说基本上是不可见的。对人类长期的福祉来说,土壤和大气一样重要,但是相比气候变化,媒体对土壤退化的报道微不足道,甚至可以说是不存在的(大多数新闻媒体每天都会报道气候变化)。只有一小群自然资源保护者在关注生物圈的破坏,并非大多数人。与 IPCC 等同的机构都没有在土壤和生物圈这些问题上带来全球关注以及科学鉴定。从长期的影响来看,这些问题与气候变化一样重要。两者都与气候变化有相似的结构,现代经济模式并没有考虑到长期的成本,这导致了不可避免的恶化。解决能源和大气问题可能会给人一种在不考虑后果的情况下,以人类消费为基础的人口和经济进一步增长的清白印象。因此,我们面临的问题不仅是气候变化引起的技术挑战,而且包括了经济模式和人类对所生活的地球的态度。

另一个重要方面是发展中国家普遍存在的粮食短缺和贫困。对于那些处于极度贫困的 10 亿人来说,他们主要考虑的是要有食物、住房和充足的燃料来生存。他们为了食物和燃料而无法选择减少碳排放或不砍伐森林。面对贫穷或饥荒时,我们没有一个人能考虑更广泛的行星健康问题。穷人也生活在人口增长最快和生物多样性受到威胁最大的地区。如果要解决地球危机,我们也必须解决人类危机。我们面临的挑战不仅是对地球的态度,还有对人类同胞的态度。

20.6   灵生代?

　　人类文明引起的变化范围和速度正在改变地球。这使得保罗·克鲁岑(Paul Crutzen)提出，我们现在生活在一个新的地质时代——人类世，随着人类文明的开始，全新世时代结束了。划时代的界线一般都是小行星事件，但是人类带来的变化并不小。人类文明已经导致了第一个单一物种的全球群落的形成、数十亿年来积累的资源的破坏、大气成分的改变、第4次行星能源革命以及大规模灭绝。此外，我们的技术现在允许定向进化、从陆地和空间感应行星系统以及探测银河系中其他行星的潜在通信。智慧生命和文明的创造产生了与1万年前存在的行星系统根本不同的行星系统。有人可能会说，人类造成的行星变化的潜力几乎与生命起源和氧气生成一样大。

　　在地球历史中唯一包含如此巨大变化的其他边界是时代界限。氧气的第二次上升和多细胞生命的发展就是这样的一个边界。二叠–三叠纪间的生物灭绝可以说没有那么严重，因为它尽管涉及生命的巨大变化，但并没有涉及能源革命和进化性质的变化，也没有涉及生命对行星变化能力的根本改变。因此，我们似乎并没有简单地从全新世变为人类世；有人会说我们已经从新生代和显生宙变为灵生代。当然纪元仍然有一个方面是未知的。过去的宙和代的界线将几亿年时间间隔开来。我们用几百年进入到人类时代。我们会生存下去吗？我们会有智慧和良知意识到我们在行星历史上的潜在位置吗？在人类文明进程中，地球有潜力从"宜居星球"转变为"可居住的星球"，即在全球范围内携带智慧和意识的星球，以利于地球及其所有生命的利益和进一步发展。或者说，灵生代可能是一个不成功的、失败的突变，因为智慧物种破坏了自身及其环境。如果我们失败了，再过几千万年就会有另一种形式的智慧生命出现，他们会发现一个缺失了大部分宝藏的星球。第二次文明的发展将会更加困难。

20.7   小 结

　　尽管人类数量少，但对地球及其生物圈产生了巨大的影响。早期干预的证据来自于大型动物的灭绝，这些动物是在人类迁移到那些尚未开发的土地之后灭绝的。随着有利气候条件的出现以及更多的获得能源的机会，我们能够根据需要改变地球，与其他物种相比具有无可比拟的优势。我们的人口和资源的增长实现了现代文明的所有奇迹，也造成了潜在的环境灾难。人类在行星尺度上影响大气、海洋、土壤和生物圈。我们之所以成功，是因为地球经过了漫长的演化，变得越来越适合居住，而且在气候和火山活动方面，地球也相对稳定了很长一段时间。我们最近的行动使地球在短期内更适合我们自己居住，而对于我们不为食物而保护和收获的所有其他物种来说，则更不适合居住。从长远来看，我们对自然环境的改变以及对其他物种和整个生态系统的破坏，可能会影响我们自身生存的行星危机。这种情况在生命史上造成了一个独特的问题。我们赢得了生物进化之战。我们在某种程度上已经赢了，我们能够摧毁其他生命，消耗不可替代的行星资源，并在不知不觉中改变行星环境。由于我们的影响，行星的进化现在取决于我们的行为。地球的健康和未来的方向将取决于我们的行动。

补充阅读

Comprehensive Assessment of Water Management in Agriculture. 2007. Water for Food, Water for Life: A Comprehensive Assessment of Water Management in Agriculture. London: Earthscan, and Colombo: International Water Management Institute. http:// www.iwmi.cgiar.org/assessment.

Fourth Assessment Report (AR4) of the Intergovernmental Panel on Climate Change (IPCC). http://www.ipcc.ch/ipccreports/ar4-wg1.htm.

Gleick P, et al. 2006. The World's Water 2006–2007. The Biennial Report on Freshwater Resources.Washington, DC: Island Press.

ISRIC—World Soil Information. http://www.isric.org.

Wilson EO. The Diversity of Life. 1999. New York: W. W. Norton & Co.

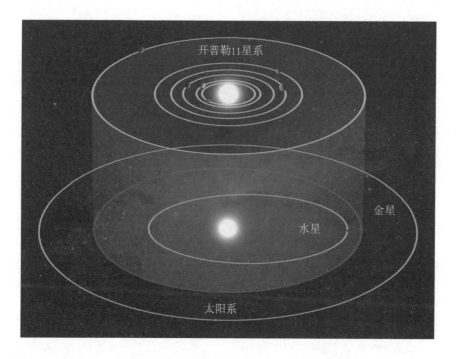

图 21-0 开普勒卫星首次发现除我们之外的太阳系具有三个以上行星，其体积都比地球大(Courtesy of NASA, Tim Pyle)

我们孤单吗？ 宇宙中宜居性问题

关于宇宙最深刻的问题之一是，生命是否是一种突然出现的属性，地球是其中的一个例子，或者生命是否是一个例外，地球可能是独一无二的。从某个角度来看，物理定律的运行一般不会导致唯一性。考虑到仅是我们的银河系中就有数千亿颗恒星，特别是如果生命的出现可能是行星演化的自然结果之一，那么地球是唯一存在生命体的行星这一共识就存在争议。另一种观点认为，地球历经重重阻碍才演化成现今承载科技文明的状态，我们可能是独一无二的。因为缺乏数据支撑，所以我们无从知晓答案，只能明智地提出问题。

对于任一太阳系，其恒星中总是存在一个适合长期行星演化且有液态水的"宜居区域"。在金星的演化早期，可能就有这样一个宜居区域，然而由于失控的温室效应，生命的起源遭受毁灭。也就是说，金星距离太阳过近导致其温度过高。火星可能也有早期生命，因为它有水，而且可以想见它有一个小而深的生物圈。如果生命起源确实曾在火星上出现过，那么其星球演化可能终止于细菌阶段。火星也缺少足够的星体大小来维持足够的大气和充足的温室效应，总之，火星太小而且过于寒冷。木星的卫星木卫二上很可能存在载有生命体的液态海洋，然而缺少必需的太阳能从而限制了行星上生命体进化的潜能。依赖其他溶剂而非水的另一种生命形式可能使得寒冷的行星适宜居住，然而这仅是单纯的猜测。

来自其他太阳系的新证据使答案变得更加明晰。巧妙的天文学方法导致发现的系外行星呈指数增长。最新发现的行星趋于更大且更接近它们的恒星，这表明在银河系中存在着多种多样的太阳系。随着卫星技术的提高，在其他恒星周围的宜居区发现类地行星的工作正在展开，主要调查其大气光谱以分析其他生命体的存在。如果我们发现在其他行星上存在生命体，那么从统计数据来看，生命体在宇宙中大量存在。

然而，其他科技文明的存在又另当别论。一个科技文明存在于行星寿命中的哪个阶段是其中一个至关重要的未知部分。这样的文明是否在数百年内自我毁灭或者持续数百万年？要延续这样的文明，推动这些技术的物种必须要支撑和养育行星的宜居性，而非破坏行星的资源。缺少这些认知，行星将会退化至其发展的更早期阶段。从更有希望的方面来说，智能生命体能够促进行星的演化，使之发展到我们无法想象的更高级阶段。

只有当科技文明持续数百万年，银河系才能拥有相当数量的具有科技能力的生命的太阳系。在此情况下，因为我们拥有这种能力只有一个世纪的时间，所有这些文明相对来说都会有不可估量的进步。它们的生存也有赖于理解和关注目前地球上所缺乏的行星可持续性。只有在其他地方成功地应对了这些挑战，我们的宇宙才有了智慧生命。

21.1　引　言

我们常常在平日讨论中使用宜居星球一词，通常特指地球与其行星的经历。在第17章，有人提出地球的那些重要经历有可能是宇宙中的普遍现象。因此，文明很自然地要解决这样一个普遍存在的问题，即宇宙中是否还有其他适合居住的行星，以及是否有可能与其他有能力的文明进行行星间的通讯。当然，如果没有经过充分合适的公开交流，文明不可避免地会陷入猜测的境地。我们的观点总是潜移默化地受到自己行星经历的影响，以至于无法更为宽广地考虑问题。尽管如此，关于其他恒星周围行星的特征出现了一些非常相关的事实，通过从统计学上考虑这个问题，至少可以确定一些最重要的问题以及不确定性来源的所在。

地球的演化(表21-1)包括了在太阳星云吸积过程中岩石行星的形成，离散层的分化，大气圈与海洋的形成，通过陆上地壳与海洋的反馈机制形成稳定的气候系统，生命的起源，光合作用的演化，含氧大气层和真核细胞的形成，大气层中含氧量上升至约20%，多细胞生物的发展，以及近来人类随着文明与科技进步的进化。其中的每一个事件都是行星演化进程中的量化阶梯，使得行星具有不同的功能和大相径庭的性质。整个演化进程持续了40多亿年，最终形成了现今稳定的行星环境。不难想象，行星可能在其任一演化阶段停滞不前。由于核合成不足而缺乏重元素将使岩石行星在某些太阳系中变得不可能。太阳星云发生的灾难性事件或者与毗邻恒星的相互作用也会抑制行星的形成，早期还可能遭受邻近超新星的破坏。早期的大气圈层有可能消失，或者行星中不具备形成大气圈所需的充足的挥发性物质。气候系统的反馈作用可能会失败。生命可能无法启动或经历与行星环境紧密耦合的共同进化，从而允许多细胞生命的发展，并获得行星燃料电池巨大的能量潜力。很明显，一个科技文明要么无法开始，要么由于战争、气候变化、疾病而自我毁灭，要么在短时间内耗尽技术所需的资源与能源。考虑到这重重阻碍，宇宙中还有存在其他宜居行星的可能性吗？

表 21-1　行星演化阶段划分

阶段 1	充足的金属物形成岩石行星，具良好的银河环境
阶段 2	适当的挥发分收支，允许表面和内部之间交换的构造循环
阶段 3	海洋和稳定气候的反馈
阶段 4	生命的起源
阶段 5	光合作用和氧生产
阶段 6	氧灾难中的幸存和多细胞生命的发育
阶段 7	智能生命
阶段 8	能获得外部能源的科技文明

21.1.1　比较行星学——以金星和火星为例

在我们的太阳系中，金星和火星是离地球最近的行星，而在它们中未发现任何生命体，且在我们的太阳系的其他行星上也未发现任何生命体存在的证据，这表明数十亿年的宜居性引发的科技文明需要特定的条件。金星和火星给我们提供了两个关于生物行星演化失败的最贴切的例子，从中可以了解更多在银河系其他地方生命体存在的可能性。由第8章可知，金星的大小与地球相似，有广阔的大气层，且具有充足的挥发性物质和引发全球火山活动的内能。其行星表面缺少撞击表明这些火山活动是近期的。由于相较于地球，金星距离太阳近约20%，其演化历史中接受的太阳能也是地球的2倍。就行星演化的风险而言，金星过于炎热。

就行星的特征而言，相较于金星，火星在实质上与地球相差甚多。它距离太阳的距离较远，以至于获得的太阳照度仅有一半。早期太阳系的太阳照度更加微弱，相应地，火星获得的太阳能就更少。相较于金星和地球，火星要小得多，其半径仅为它们的1/2，质量约为1/8。较小的质量使得挥发物更加难以保留而大气逃逸更加容易。来自火星地表地貌的证据显示,大量的水曾周期性地存在于其表面。由火星探测器探测的火星土壤的矿物学性质表明,火星土壤的形成需要水,也许现在仍有大量的水埋藏于地表之下。火星上也有CO_2,且由于其温度较低,火星上还有随季节变化的固体CO_2冰盖。然而,目前火星上的大气压力小于地球的1%,且没有在地球演化过程中常出现的不均衡组成。没有证据显示火星上存在生命,尽管其表层下很可能存在一个小型的生物圈。纵使火星上存在生命,其星球演化必然在早期就遭受阻碍。总之,火星既太冷又太小(例如,一个质量为地球数倍的行星,可能具有足够厚实的大气圈层以产生大量的温室效应来克服离太阳距离过远的不足)。

尽管火星与金星是太阳系中最显而易见有可能存在生命的行星,并且有证据显示火星在某个时期可能存在古生物,它们并非是唯一可能存在生命的环境。在深海热液喷口处发现生物,表明在缺少太阳光照的液态环境中行星的热能同样可以供养生命体。木星的卫星之一木卫二就具有这样的行星环境,且数据显示,它也是太阳系中仅有的具备丰富的岩石和液态水的星球。由于受木星的潮汐加热作用,它的卫星不足以冷得使海洋完全冻结,由此可知温度环境也是生命能够存在的必要条件。因为生命需要外界提供能源,在木卫二上最有可能存在生命的环境是在深海喷口处,而不是分布于海洋中。这使得生命的探测更加具有挑战性。

此外,相较于太阳光合作用的地球演化,其可利用的能量十分有限,因此,在木卫二上存在高级生命的可能性很小。如果太阳系是一个可以仿效的模型,那么每个星群中都可能存在一个行星并有机会经历长期耦合的生物行星演化。

这些考虑导致了这样的问题:其他星群的行星通常是怎么样的?与我们的太阳系相比,其他星群的物理特性又是如何?

21.2   行星的发现

直到不久前,我们还没有希望直接观测到其他恒星周围的遥远行星,因为行星太小太暗。然而,新的技术引发了行星探测的飞跃进步,被发现的行星数量呈指数增长(图 21-1)。对于如此高速发展的领域,此书自其出版之日起就过时了。幸运的是,网站(http://exoplanet.eu)提供了关于行星探测的最新报道，读者可以访问该网站及其他网站关注这令人兴奋的新科学领域的飞速进步。

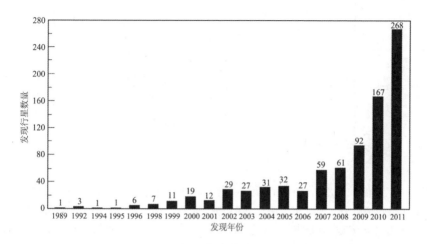

图 21-1 自 20 世纪 90 年代中期发现第一颗行星以来，每年新发现的行星数量。已有 1000 多颗行星被开普勒卫星发现(数据来自 http://exoplanet.eu)

第一种探测行星的方法是利用恒星光谱的多普勒频移，这种频移由于行星对恒星的引力影响而略有变化。当行星距离比恒星远时，其对地球施加了轻微的离心拉力；当行星距离比恒星近时，其对地球施加了轻微的向心拉力。这些变化导致恒星相对速度的微小变化和恒星可见光谱的确切位置的微小变化(图 21-2)。由于引力的影响与距离的平方成正比，且与质量呈线性关系，该方法对于质量较大和距离恒星较近的行星最有效。第一个被探测的行星是炽热的木星类行星，大量的行星紧密围绕其恒星轨道运行，甚至比我们太阳系中水星的轨道更加紧密。

第二种方法是中天法(凌日法)，需要知道在地球上观察时行星经过其恒星前方的精确的几何位置关系。当行星经过其恒星时，它会挡住其恒星的部分光线，导致其恒星光照度的下降。通过观测每个恒星光照度的变化，行星就可以被"观测"到，如图 21-3 所示。通过长时间持续观测，从光照度下降重复出现的时间可得行星绕其恒星旋转的周期，并通过其光照度估算恒星的质量和大小(越大的恒星越明亮)。然后根据旋转周期可以得出旋转轨道的半径，再由光照度的减少量得出行星相对于恒星的大小，从而估算行星的半径。

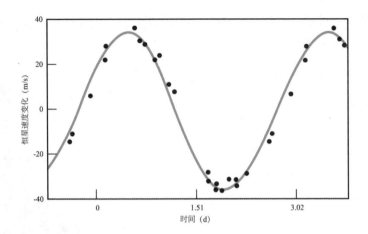

图 21-2　多普勒方法探测行星的示意图。行星运用星群中的引力塞，使得其自身速度在较近或较远距离一侧时速度发生轻微改变。值得注意的是，灵敏的技术手段使得行星速率的微小改变可以被测量，比如 10 m/s 仅为每小时 36 km(修改自 Marcy, Butler and Vogt，The Astrophysical Journal 536 (2000): L43-L46)

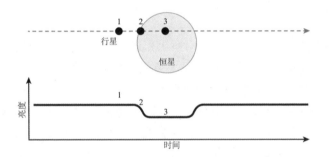

图 21-3　利用中天法探测其他恒星的行星示意图。当行星在地球前方经过其恒星时，恒星的一部分会被挡住，导致其亮度些微降低。经过的持续时间及其周期性提供了行星与恒星距离的信息，而光照度的下降提供了行星大小的信息

　　中天法要求行星的绕行轨道和其恒星在观测视线上相交，因此，只有从侧边观察而不是从顶部或底部观察的太阳系才可以使用该方法。由简单的几何学可知，行星越大，光照度的变化也就越大；绕行速度越快，信号被探测到的可能性就越大。以木星绕日探测为例，需要在每 34 年捕捉到木星遮住太阳的短暂的时间间隔。距离较近的行星有另一个优势，即经过太阳时具有更宽阔的观察视角。例如，在行星紧紧贴着其恒星表面旋转的情况下。所有绕行轨道中仅有一条，它的行星在经过恒星时完全垂直于观

察视线。因此，水星经过时的视角约为海王星经过时视角的 90 倍。一般来说，该方法的概率以恒星的半径与行星同其恒星的距离的比值来衡量。要在其他恒星上观察到地球经过太阳，所需视角为在太阳系黄道面的水平方向上 0.05°以内，而海王星则需要在 0.02°以内。因此，紧密轨道上的大行星更容易被发现，第一批发现的行星既大又靠近恒星，这种情况在我们的太阳系中并不存在。

如果中天法和多普勒频移法两者皆可使用，那么行星的密度就受到约束，因为光照度变化反映了行星的大小，而引力反映了行星的质量。通过这些巧妙的方法，天文学家能够从这少量的数据中提取惊人的有用信息。

由于行星探测困难重重，被发现的行星在质量和距恒星的距离之间有着不同于我们太阳系行星的关系。图 21-4 展示了在这种情况下首次发现的行星。虽然已经发现了许多与我们的外行星一样大小的行星，但几乎所有的行星都比我们太阳系的外行星离它们的恒星更近。距离较远的小行星被发现的难度会逐渐增加。

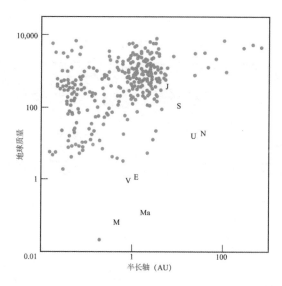

图 21-4 截至 2010 年年初在其他星群发现行星(外星系)的情况。图中指数尺度表明行星大小与轨道半径的巨大差异；字母表示太阳系中行星的质量和距离。在开普勒(详见文中)之前，中天法主要适用于距离其恒星很远的大型行星。在发现的行星中，许多行星比地球大 100 倍甚至更多，且距离其恒星近 20 倍[改编自 Seager and Deming, Annu. Rev. Astr. Astrophys. 48 (2010): 631-72，数据来自 http://exoplanet.eu]

这些发现揭示了太阳系的许多情况，表明太阳系的特征并非是普遍存在的。波德定律并不普遍地适用于行星系统，且大的低密度行星可以离其恒星很近。内行星与外行星的差异表示太阳系仅仅是太阳系的一种类型，并非普遍适用。还需要开展更多的工作以了解太阳系的类型分布。

天文学家还研发了了解行星大气环境的巧妙方法。当行星在其恒星前方时，其光谱由恒星与行星共同组成。当行星没有遮住恒星时，其光谱只由恒星组成。通过将两者分离，就可以推断行星对光谱的影响并了解行星大气环境。

大气组成是行星上存在生命与否的至关重要的因素。图 21-5 对比了火星、金星与地球的大气成分。在火星和金星上，CO_2 是主要气体，缺少水与 O_2(或 O_3)。在我们的太阳系中，行星的组成与行星表面丰富的生命息息相关。如图 9-7 所示，O_3 在红外光谱具有特殊的吸收性。O_3 不会存在于大气中，除非有大量的 O_2。那么，行星的大气光谱就包含了我们所知道的行星生命的迹象。随着测量精度愈来愈高，该方法最有可能探测到其他行星存在生命的证据。数百万年来，地球大气层的特征一直是氧气含量高到足以产生重要的臭氧层以及 CO_2 含量低。在遥远的行星探测到类似的大气会作为其他行星存在生命的强有力证据。

	金星	地球	火星
	T=730 K	T=290 K	T=220 K
CO_2	0.96	4×10^{-4}	0.95
N_2	3.4×10^{-2}	0.78	2.7×10^{-2}
O_2	6.9×10^{-5}	0.21	1.3×10^{-3}
H_2O	3×10^{-3}	1×10^{-2}	3×10^{-4}

大气成分 (mol/mol)

图 21-5　地球、火星与金星大气的相关组成。金星和火星上氧元素和 H_2O 贫乏，CO_2 和 N_2 有相似比例。生命和碳循环赋予地球大气圈一组独特的气体组分，可从其大气的吸收光谱中探测到。行星大气的吸收光谱是最有可能探测其他星群中行星上生命体的方法

21.2.1 开普勒卫星探测新发现

为发现其他与太阳相似的恒星的宜居区域内类地行星的频率，人类发射了这颗名为开普勒的行星探测卫星。遥远恒星的宜居区域取决于围绕恒星运行的行星的黑体温度。由恒星的黑体辐射可知恒星表面的温度。然后，可以简单直接计算行星温度随其与恒星之间的距离变化，如第9章中讨论的太阳系一样。比太阳小的恒星具有离其较近的宜居区域，而比太阳大且热的恒星具有更远的宜居区域。更小且更寒冷的恒星的宜居区域半径小。由于这些行星与其恒星相比相对较大且具有更紧密的轨道，它们会最先被观测到。

开普勒卫星采用中天法，利用一个极其灵敏的光探测系统，能够探测恒星光照度的微小变化。它通过在一小块空间监测超过15万颗恒星(只有可见天空的1/400)而连续进行测量。为了发现离其恒星距离与地球离太阳距离相似的行星，需要进行多年的观测以确定行星轨道周期。到本书完成为止，离最近时间少于一年的开普勒卫星数据可供使用，且其结果仅限于距其恒星较近的行星。尽管如此，这些结果仍意义非凡。随着时间的推移，新的开普勒数据将极大地扩展我们对于太阳系的了解，以及对其他恒星周围适合生命存在的行星数目的认知。

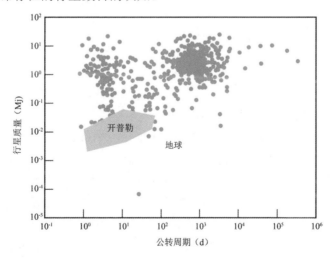

图 21-6 在开普勒卫星之前发现的行星的分布情况。纵坐标表示行星相对于木星的质量。开普勒卫星发现了许多新的大行星，同时也发现有质量小的行星，如图中阴影区块所示，且在不久的将来，有可能发现与地球特征相似的行星(改编自 http://exoplanet.eu)

开普勒卫星已经发现了数以千计的候选行星，极大地扩大了新行星和太阳系的数量与范围。开普勒卫星的灵敏度使得小行星的发现成为可能。最初的结果延伸到探测到的行星质量的下限，尽管行星周期还受到观测时间的限制。随着时间的推移，图 21-6 中的灰色区块将逐渐趋于更长的周期。

开普勒卫星也发现了一个多行星的太阳系，其中有 6 颗行星围绕 1 颗恒星旋转。相较于我们的太阳系，这些行星离其恒星的距离要近得多(见卷首图片)，且它们均比地球要大得多。开普勒卫星也发现了一些候选行星，它们预测的黑体温度将把它们置于各自星群的宜居区域内。未来 10 年将会有新的重大发现，表明我们的行星与太阳系只是银河系中包含行星与太阳系的广袤而多样的群体中的一小部分。

21.3　银河系中其他宜居行星的数量：概率分析方法

以前文中的数据为依据，我们着手开展更多推测性思考，包括银河系中其他可能存在生命的行星的数量，以及可能存在能够与我们进行通信的拥有科技文明的智能生命体的行星的数目。一种便捷的方法可以解答上述问题，即采用统计方式概率乘法定理，被称为德瑞克方程(Drake equation)。该公式如下：

$$N = N_s \times F_s \times nL \times f_L \times f_{Tech} \times T_{Tech} / T_p \tag{21-1}$$

其中，N 表示银河系中能够与我们进行通信的拥有科技文明的智能生命体的行星的数量。该数量可以通过结合一系列的数量和概率进行估算。N_s 表示银河系中恒星的总数，这是该公式唯一一个目前已知的数值；在银河中约有 4×10^{11} 个恒星。F_s 表示其中存在生命的恒星的数量。地球的经历表明生命的进化经历了漫长的时期。寿命小于几亿年的大型恒星的周围不可能存在宜居行星。举一个极端的例子，百万年内成为超新星的最大恒星将没有时间让行星和生命发展，恒星的爆炸将摧毁周围的任何行星。

星际中适合的恒星还需要考虑以下两个方面。其一，恒星的星云中必须具备充足的 C、O、Si、Mg 和 Fe，以形成包含生命所需成分的岩石行星。这就要求其距离银河的中心足够近，那里具有足够高频率的超新星，能够产生足够的重元素。其二，银河系中心的恒星密度很高，据我们所知超新星接受的银河辐射和频率对于生命来说过于强烈。因此，对于整个银河系来说，恒星不仅需要具备合适的大小，而且需要处于银河系的宜居区域内(图21-7)，即整个银河系的中间位置。综合上述条件，F_s 值范围为 0.01~0.1。

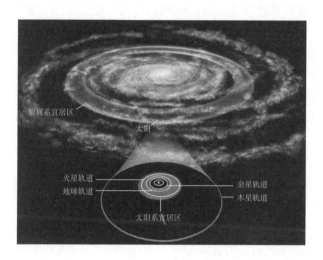

图21-7　应用于太阳系的宜居区域原则，也可应用于整个银河系。银河系的内侧辐射过于强烈，不适合生命存在。银河系外侧没有足够的超新星来产生形成岩石行星所需的足够的重元素[改编自 Lineweaver et al., Science 303 (2004), 5654: 59-62]

德瑞克方程式中其余的参数，N_p 为适合的恒星周围具备对生命适宜能量平衡的行星的数量；f_L 为其中可能存在生命的那些行星；f_i 为其中存在智能生命体的那些行星；T_{Tech} 为其中存在科技文明的那一部分行星；T_{Tech}/T_P 表示在行星的生命中包含科技文明的那些行星的比例。

接下来，要为上述参数确定合适的数值，这样就得出目前银河系中能够与我们进行通讯的拥有科技文明的智能生命体的行星数量。

概率的问题就很难估计，尤其在缺少约束条件的情况下。比如，将概率方法应用于生命起源，并建立类似的德瑞克方程，得到的概率接近零。又比如，有机分子的前体细胞位于合适的位置和比例的概率是多少，它们结合为聚合物的概率是多少，结合为聚合物的分子手性的概率是多少，最后形成一个细胞容器的概率是多少，细胞增殖并在自然选择下进化的可能性又是多少，等等。我们并不知道其中任何一种的概率，且有理由相信其中大部分的概率都十分渺茫，使得地球成为唯一的存在生命的宜居行星。

　　同样地，我们可以认为某一行星上存在生命是不大可能的，因此我们可以将其他参数的值设置得足够小，使得德瑞克方程中的 $N \ll 1$。我们称之为悲观情境。比如，我们可以认为每一百颗恒星中就有一颗恒星具有合适的大小和银河环境，而每一百颗恒星中就有一颗恒星具有一个太阳系且在其具备足够挥发性气体的宜居区域内存在一个稳定绕行轨道的行星。生命起源的几率为万分之一，引发智能生命起源的行星(如火星、金星、木卫二等类似行星)演化概率为千分之一。即使我们将科技文明产生的概率设为1.0，并设定物种的文明平均持续1000万年($T_{Tech}/T_P=10^7/4.5 \times 10^9$)，那么德瑞克方程的结果为 $N=10^{-2} \times 10^{-2} \times 10^{-4} \times 10^{-3} \times (\sim 2 \times 10^{-3})=2 \times 10^{-14}$。乘上银河系中恒星的数量 4×10^{11}，得出 $N=0.08$。也就是说，银河系中可能不存在其他科技文明，地球是唯一存在科技文明的行星。

　　而行星的演化为德瑞克方程提供了额外的乘法参数的一系列概率。比如，行星具备合适的挥发性气体的概率是多少？行星拥有足以提供潮汐和轨道稳定的大型卫星的概率是多少？板块构造发育和稳定天气系统出现的概率是多少？卷入光合作用的可能性是什么？对 O_2 毒性发现的应对机制并将其转化为更先进的能源的概率是多少？生物内共生使得更大型和复杂的细胞产生的概率是多少？这些细胞共同进化为多细胞核生命的可能性有多大？生命从行星与太阳系的大灾难中存活下来的可能性有多大？等等。当涉及这些问题的概率时，其可能性远远小于1，并且包括在这一系列概率中的参数越多，总体的概率变得越小。

　　这些方法忽略了极不可能发生的事件往往能够100%发生，只要给予充分的时间和机会。死亡就是一个很显而易见的例子。从更加乐观的方面来看，如果有利事件发生的概率是千万分之一，但是有数以千万计的机会，这个事件最终会发生。那么，如果不大可能的事情要么已经终结，要么有复制和放大的可能性，极不可能发生的事件最终将成为主导现象。最关键的是时间，行星具有充分的时间。上述推理可以应用于生命起源的各个阶段中，也可以适用于行星演化的不同阶段。诚然，O_2 可能数亿年来都是一种毒气，但是一种保护突变提供了进化上的优势，从而使用氧气作为能源提供了更多的优势。呼吸氧气的有机体逐渐并不可避免地主宰着生态系统。如果行星的演化最终符合能量耗散和增加关系的外力作用，这样的现象可能是普遍的特征，但其具体表现形式可能是多种多样的。

　　如果我们换一种角度看，那么生命可能是太阳系中具有适宜环境条件的行星上能量损耗的必然结果，且行星演化将积极地朝着科技文明出现的方向发展。这就为我们提供了乐观的前景。

也许1/10的恒星能够为生命提供适宜的条件，1/10的太阳系有合适的行星，且1/10的行星成功演化。一旦生命起源，智能生命与科技文明将有1/10的可能性发展，并且坚持到剩余一半的行星寿命。这样，$N=2\times10^7$，银河系中存在两千万科技文明，我们只是其中之一。我们真的不知道哪一种情况更可能发生，因为在没有来自其他多个太阳系的数据的情况下，我们的推理是未知的。

因此，或许我们在银河系中是孤独的，或者存在数百个具有智能生命的行星。当然，这些估算仅适用于银河系。宇宙中存在着超过上千亿的星系，存在文明的数量可能成比例地增加。然而，考虑到离我们最近的星系(仙女座)距离我们有200万光年，而光速是我们目前理解的各种各样的星际通信的最大速度，因而无法通过任何方式探测到邻近星系的文明。

事实将最终把我们从猜测与偏见中解救出来。最关键的真相可能是来自银河系中其他行星(或卫星)存在生命的证据。由于我们仅仅可以调查其中微不足道的一部分行星，相较于银河系中可能存在的数以万亿计的行星，如果我们在其他行星上发现生命，这也表明可能有数百万颗这样的行星。最有可能的证据来自邻近恒星的宜居区域内的行星大气环境。当发现的那天到来时，我们会了解到我们只是生命作为重要部分存在的巨大行星群体中的一个。

21.4 行星进化中的人类文明和宇宙生命体

地球在其行星演化过程中已经经历了一系列长期保持相对恒定的阶段，不时被新的环境突变打断。最近一次的突变是智能生命的出现和现代文明的产生。从行星的角度来说，这一突变是意外现象。人类已知的最早文明还不到1万年，而能够进行远距离通信的科技文明仅出现约100年。从行星的角度来看，这只是地球历史的0.000002%。在地质记录中，绝大多数大规模的物种灭绝都发生在几十万年至几百万年之间，相差几千倍。从行星的角度来说，人类是突发的新现象。

因此，如果有人要在类地行星上寻找生命，他们可能发现几十亿年的单细胞生物，数亿年的多细胞生物，或者几百年的能够进行行星间通信的智能文明。我们不知道这样的智能文明存在了多久。不难想象，我们自己的科技文明在战争、饥荒、资源殆尽或生物多样性破坏的情况下会在很短时间内灭绝，并且这将很难恢复，因为我们已经用尽了在行星演化不同阶段和由4亿多年的光合作用以及生物化石燃料产生的能源。

这为我们探索其他行星的生命提供了重要的参考。以地球的历史为参照，在地球上发现科技文明的概率目前是100年除以45亿年(百万分之二)。发现一个含氧量高的大气环境的概率为600/4500 (约为13.3%)，发现无论多原始的任何生命形式的可能性为3500/4500 (约为85%)。这些可能性差别巨大。因此，德瑞克方程中最重要的参数可能就是智能文明存在的时间长度。如果它仅仅持续了1000年，即使是存在2000万个可通信文明的乐观估计，根据45亿年的行星寿命，银河系中存在智能文明的数目降至4个。由于银河系的直径为10万光年，不可能进行任何的通信，我们再次成为银河系中的孤独者。

这种推理的一个结果是，发现存在微生物的行星的可能性远大于智能生命。在悲观的情况下，这一数目上升至4000，而在乐观的情况下可达4亿。发现含氧大气环境的可能性要略小于该数目。

另一个有趣的推论是，如果智能生命在银河系的其他地方存在，那么文明必然已经存在了了很长的一段时间，如物种存在的平均时间长度为1000万年，更不必说如地球历史的数十亿年的时间长度。如果我们认为技术进步在地球上已有100年，那么一个存在百万年科技文明的行星上的生物将比我们先进得难以想象。我们无法想象几千年的先进文明，更不必说数百万年的先进文明，其知识与技术呈指数发展。

这一事实即费米悖论的观点，如果银河系中存在智能生命，那么它们在哪呢？为什么我们没有探测到他们的无线发射信号？行星演化的时间尺度可以解释这一问题。我们不清楚是否有存在百万年的智能文明用我们认为的显而易见的方式联系我们。假设他们能够了解暗能量与暗物质的秘密，对宇宙有直接的认知，那就使得我们的认知如同穴居人一般原始。可能需要一个与我们通常的观点截然不同的观点，那就是，先进的行星文明之间的通信可能是一种与我们目前所能想象的任何现象都截然不同的方式。

21.5 小 结

我们对于宇宙中其他星球上存在生命的推测，无可避免地受制于个人对于生命、行星和太阳系的认知，直到最近才获得仅有的一些数据。此外，我们还受制于自身对于物质的本质与宇宙的理解。基于这些片面的认识，我们认为，所谓的"如我们所知的生命"的生命可能存在于恒星太阳系的宜居区域内，其中液态水在行星的历史中得以存留，而这样的宜居区域又在位于银河系中部的类似宜居区域内。宇宙中其他星球上存在生命的可能性目前仍是一个哲学问题，因为还需要确定其中许多概率的数值，但我们缺少可靠的数据。最近在其他太阳系中发现的行星有望为我们提供估算银河系中生命存在的可能性的必要数据。在除地球以外的任何地方发现生命都将表明生命在宇宙中是普遍存在的。

其他科技文明问题是一个更为精确的问题，即考虑我们的星球行为。从我们地球的情况来看，作为一个自然系统，地球发展至今已经经历了几十亿年的演化，而科技文明的出现只是其中微乎其微的一部分。为了维持科技文明的发展，根据第 1 章中罗列的原则，它们需要与地球这一自然系统保持一致。为了长久的存在，一个自然系统必须是可持续的，利用反馈和循环来保存资源，并依靠太阳和星球馈赠的有限能源生存下来。自然系统中总是包含许多大尺度和小尺度的关系。人类文明需要了解自身与整个星球的关系、与我们作为其中重要组成部分的生态系统的关系、与其他较小尺度的生命有机体的关系。这是人类文明所面临的巨大挑战，成为自然系统的一部分，进一步参与行星演化的进程。只有其他行星文明遇到这种挑战时，它们才会在宇宙中大量存在。也只有我们自己能够面对这一挑战时，人类才能真正成为银河系中的一员。

补充阅读

Borucki WJ, et al. 2010. Kepler planet detection mission: introduction and first results. Science 327: 977–80.

Lissauer JJ, et al. 2011. A closely packed system of low-mass, low-density planets transiting Kepler-11. Nature 470: 53–57.

Kasting J. 2010. How to Find a Habitable Planet. Princeton, NJ: Princeton University Press. http://www.exoplanet.eu.

Seager S, Deming D. 2010. Exoplanet atmospheres. Annu. Rev. Astron. Astrophys. 48: 631–72.